岩土颗粒材料的
连续离散耦合数值模拟

马　刚　周　伟　常晓林　著

科 学 出 版 社
北　京

内 容 简 介

看似简单的颗粒材料，却能够表现出远比固体、流体更复杂的物理力学特性，如压硬性、剪胀性、各向异性、路径相关性等。这些复杂的物理力学特性与其离散性、多尺度和能量耗散机制有关。岩土工程、水利工程、道路桥梁工程等的附存环境或建筑材料中相当大一部分是由离散形式的颗粒材料组成，如砂土、碎石、粗粒土等，可统称为岩土颗粒材料。岩土颗粒材料的力学特性直接影响堆石坝、堤防、地（路）基等工程的设计、施工和运行，因此受到广泛关注。本书以水利工程、岩土工程中的岩土颗粒材料为研究对象，针对其形状不规则、易破碎的特点，建立基于连续离散耦合分析方法的岩土颗粒材料细观数值模拟方法，系统开展颗粒动静态破碎、颗粒形状表征和集合体细观数值试验研究。

本书可作为土木工程、水利工程、地质工程、冶金工程等相关专业的科研工作者、研究生的参考用书，也可供对颗粒材料有兴趣的相关专业工程技术人员参考阅读。

图书在版编目（CIP）数据

岩土颗粒材料的连续离散耦合数值模拟/马刚，周伟，常晓林著.—北京：科学出版社，2021.5

ISBN 978-7-03-068844-6

Ⅰ.①岩… Ⅱ.①马… ②周… ③常… Ⅲ.①颗粒-岩土工程-水工材料-离散-耦合-数值模拟 Ⅳ.①TV4

中国版本图书馆CIP数据核字（2021）第095566号

责任编辑：孙寓明/责任校对：高 嵘

责任印制：彭 超/封面设计：苏 波

科 学 出 版 社 出版

北京东黄城根北街16号

邮政编码：100717

http://www.sciencep.com

武汉精一佳印刷有限公司印刷

科学出版社发行 各地新华书店经销

*

开本：787×1092 1/16

2021年5月第 一 版 印张：14 1/2

2021年5月第一次印刷 字数：344 000

定价：188.00元

（如有印装质量问题，我社负责调换）

前　言 Foreword

随着水电开发、水资源配置等国家战略的持续推进，我国水电开发建设的主战场逐渐转移到综合条件更加复杂的西部地区。在建和拟建的高坝工程大多位于高海拔地区，地形地质条件复杂、地震烈度高、自然环境恶劣、交通运输不便。堆石坝具有对地形和地质条件适应性好、抗震能力优良、可就地取材等优点，是高坝建设的主力坝型之一。目前在建和拟建坝高超过 200 m 的高堆石坝有黄河茨哈峡、玛尔挡，澜沧江如美、古水、班达，金沙江其宗、叶巴滩、岗托、拉哇，怒江松塔、罗拉、怒江桥、同卡，雅砻江两河口，大渡河双江口等。这些高堆石坝工程对保障我国能源安全、优化能源结构、实现节能减排目标和促进地区经济发展将发挥重要的作用。已建高堆石坝工程在取得成功经验的同时，部分工程也出现了变形总量过大、变形不协调、防渗结构破损等问题，表明我们在筑坝颗粒材料的宏细观力学特性、宏观本构模型和参数取值、堆石坝的变形监测和变形预测等方面的研究还存在不足，还没有全面掌握高堆石坝的工程特性和运行特点，还有诸多关键技术亟待攻克。因此，迫切需要在总结已建工程成功经验和教训的基础上，凝练高堆石坝设计、建设和运行中的“卡脖子”问题，集中攻克技术难题。

随着坝高由 200 m 级向 300 m 级跨越，坝体将承受更高的水压、更大的自重荷载，应力路径也更加复杂，导致堆石体力学特性的非线性增强，坝体变形呈非线性增长。坝体变形不协调或者变形过大，会导致防渗体破损，严重的将危及大坝安全。因此，堆石坝变形控制事关防渗结构安全乃至工程运行安全，是高堆石坝工程面临的重大挑战之一。现有的计算分析理论、设计规范、安全监测技术和工程经验已不能完全满足高堆石坝全生命周期变形控制和预测的需求，高堆石坝变形控制与预测关键技术亟待突破。为了解决堆石坝的变形控制难题，需要进一步深化筑坝颗粒材料的变形机理研究，完善或发展新的分析方法和计算手段，全面揭示筑坝颗粒材料在高水压、高土压和复杂加载路径下的力学特性，为堆石坝的变形控制提供理论基础和技术支持。

除了堆石坝工程，公路与铁路工程、地铁与轨道交通、地下空间开发、海洋海岸与港口工程、能源与环境等的研究对象或附存环境中相当大一部分是由离散形式的颗粒材料组成，如砂土、碎石、粗粒土等，可统称为岩土颗粒材料。岩土颗粒材料也是一些散粒体地质灾害（如土石混合体滑坡、碎屑流、堰塞体）的实际载体。岩土颗粒材料看似简单，但其表现出远比固体和流体复杂的物理力学特性，如压硬性、剪胀性、各向异性、路径相关性等。这些复杂的力学特性与其离散性、多尺度结构和能量耗散机制有关。诺贝尔奖获得者 de Gennes 教授在 1999 年指出：“我们对颗粒这种耗散的非平衡态体系的每一件事都尚待理解，整体认知水平就如同20世纪30年代我们对固体物理的理解。”在庆祝*Science*创刊125周年之际，该刊杂志社将“能否发展关于湍流动力学和颗粒材料运动学的综合理论”列为125个最具挑战性的科学问题之一。2014年中国科学院将颗粒力学列为力学学科的6个基础与前沿领域之一，反映了颗粒物质在当前科学研究的前沿位置，是基础研究和前沿探索的重要领域之一。

作者所在的研究团队在国家自然科学基金项目“特高土心墙堆石坝长期变形特性和开裂机理研究”（U1865204）、“基于连续-离散耦合分析方法的堆石体缩尺效应研究”（51509190），国家重点研发计划项目“粗粒料工程性质多尺度试验与本构理论”（2017YFC0404801）等的连续资助下，针对堆石体细观变形机理、堆石坝宏观变形预测及变形控制等关键技术问题，开展筑坝颗粒材料宏细观力学特性、数值分析方法和全生命周期变形控制的研究。在高堆石坝筑坝颗粒材料宏细观力学特性及工程应用方面，采用物理试验和数值模拟相结合、从二维到三维、从理想圆球到真实形状颗粒、从单个颗粒到颗粒集合体等多层次的研究方法，针对岩土颗粒材料形状不规则、易破碎等特点，建立基于连续离散耦合分析方法的岩土颗粒材料细观研究框架，系统开展了颗粒破碎、冲击破碎、颗粒形状表征和集合体细观数值试验研究，取得了一定的研究积累和较丰富的研究成果。本书是对研究团队在这一领域系列研究成果的系统介绍和阶段总结。

本书共8章，第1章介绍本书的多尺度力学方法——连续离散耦合分析方法的基本理论，包括接触力模型、接触检索、颗粒变形；第2章论述颗粒形状扫描和表征方法及基于内聚力开裂模型的颗粒破碎模拟方法；第3章论述单颗粒的破碎特性，包括真实形状颗粒破碎的数值模拟、颗粒破碎强度的尺寸效应和局部约束模式对颗粒破碎的影响；第4章论述单颗粒的冲击破碎特性，包括冲击产生的碎片形状和分形特性，不同断裂机制和材料无序性对冲击破碎的影响；第5章论述考虑颗粒破碎的岩土颗粒材料宏细观力学特性；第6章论述复杂加载路径下的堆石体宏细观力学特性；第7章论述考虑颗粒延迟破碎的堆石体流变特性；第8章论述基于分形理论的堆石料级配优化。

作者所在研究团队的袁葳博士、陈远博士在本书的撰写中提供了诸多帮助和部分素材，课题组的博士研究生姬翔、黄泉水、邹宇雄，硕士研究生周海娟、吴莹、邓璇璇、陈兴、林力、孙壮壮等提供了诸多帮助，并付出了辛勤劳动，在此一并表示衷心感谢。

感谢国家自然科学基金委员会、华能澜沧江水电股份有限公司、中国电力建设集团中南勘测设计研究院有限公司、中国电力建设集团贵阳勘测设计研究院有限公司、中国电力建设集团成都勘测设计研究院有限公司、中国电力建设集团西北勘测设计研究院有限公司、贵州省水利水电勘测设计研究院有限公司、国电大渡河流域水电开发有限公司等单位给予本书的大力支持！

由于作者水平和经验有限，本书不足之处在所难免，敬请同行和读者批评指正。

作　者

2020年10月

目录 Contents

第1章

连续离散耦合分析方法

连续离散耦合分析方法结合了有限单元法和离散单元法，将基于连续介质力学的有限单元法与基于接触检索、接触力计算和显式动力学求解的离散单元法结合在一起。一个典型的连续离散耦合分析可能包含数以千计的离散颗粒，每个颗粒被离散为单独的有限元网格。颗粒集合体的能量耗散包括：弹性滞后能、塑性应变能、颗粒破碎耗散能和颗粒间摩擦耗散能。颗粒在接触力和边界约束下的变形包括两个部分：转动和有限应变。有限应变与颗粒材料的力学性质有关，此外考虑材料的非线性，如断裂、破碎和磨损。颗粒材料由连续状态向非连续状态转化，导致颗粒形状逐渐变化、颗粒数目逐渐增多。

1.1 接触力模型

1.1.1 接触问题的一般描述

在连续离散耦合分析方法中，颗粒间的接触满足互不侵入条件并传递法向和切向接触力，如何处理颗粒间的接触是关键问题之一。从算法的角度来看，可以将与颗粒接触有关的问题分为两个方面：接触检索和接触力模型。接触检索是在颗粒集合体中找出发生接触的颗粒对，避免在相距较远的颗粒间进行接触力分析。一旦接触的颗粒对被检索到，就采用接触力模型计算颗粒间传递的接触力。颗粒间的接触通常是面接触，而非点接触，接触面的形状往往是不规则的，颗粒通过接触面上的节点传递法向和切向接触力。当颗粒间的法向接触力较小时，接触面的面积较小，而随着法向接触力的增加，颗粒表面粗糙的起伏发生弹塑性变形，导致接触面的面积逐渐增大。基于对颗粒形状、分布和表面粗糙度的假定，学者提出了颗粒间接触的理论模型或者微观力学模型。在计算力学中，通过变分形式进一步简化颗粒间接触的理论假定，并且认为法向接触力是法向侵入量的函数，而切向接触力是法向接触力和接触状态的函数。

将接触的边界值问题转化为在接触边界域 Γ 构造泛函 Π 及其变分形式，在接触边界域 Γ，接触颗粒的位移场满足：

$$\boldsymbol{C}(\boldsymbol{u})=0 \tag{1.1.1}$$

式中：$\boldsymbol{C}$ 是位移函数；$\boldsymbol{u}$ 是接触边界域内的坐标。

接触问题的变分形式需要在接触边界域 Γ 上构造一个泛函，通过寻找泛函的驻值来满足不可贯入条件。根据构造泛函的形式不同，可分为最小二乘法、拉格朗日乘子法和罚函数法。为了接触边界域 Γ 上满足接触约束条件，最小二乘法定义泛函 Π 为

$$\Pi=\int_{\Gamma}\boldsymbol{C}^{\mathrm{T}}(\boldsymbol{u})\boldsymbol{C}(\boldsymbol{u})\mathrm{d}\Gamma \tag{1.1.2}$$

可以看出，当接触约束条件不能完全满足时，泛函始终为正值。当泛函 Π 取极小值时，即可得

$$\boldsymbol{C}(\boldsymbol{u})=0 \tag{1.1.3}$$

拉格朗日乘子法引入接触约束条件的附加泛函 Π_1，与式（1.1.2）中的泛函相加，可得

$$\begin{aligned}\tilde{\Pi}(\boldsymbol{u},\boldsymbol{\lambda})&=\Pi+\Pi_1\\&=\int_{\Gamma}\boldsymbol{C}^{\mathrm{T}}(\boldsymbol{u})\boldsymbol{C}(\boldsymbol{u})\mathrm{d}\Gamma+\int_{\Gamma}\boldsymbol{\lambda}^{\mathrm{T}}\boldsymbol{C}(\boldsymbol{u})\mathrm{d}\Gamma\end{aligned} \tag{1.1.4}$$

式中：$\boldsymbol{\lambda}$ 是接触边界域 Γ 上的独立函数，也称为拉格朗日乘子。

在有限元逼近中，通常采用基函数构造拉格朗日乘子，但会产生额外的未知变量，其物理意义是接触力的大小。在拉格朗日乘子法中，通过增加未知变量的个数来执行接触约束条件。在静态和隐式动力学问题中，通过求解线性代数方程组来求解未知变量，使接触约束条件可以严格满足。而在瞬时动力学问题中，由于没有形成和求解代数方程组，拉格朗日乘子法只能近似地满足。

为了消除和弥补拉格朗日乘子法的缺陷和不足，罚函数法引入接触约束条件的附加泛函 $\varPi_2$：

$$\varPi_2 = p\int_{\varGamma} \boldsymbol{C}^{\mathrm{T}}(\boldsymbol{u})\boldsymbol{C}(\boldsymbol{u})\mathrm{d}\varGamma \tag{1.1.5}$$

式中：p 是惩罚项。

将附加泛函 $\varPi_2$ 与式（1.1.2）中的泛函 $\varPi$ 相加，得

$$\begin{aligned}\tilde{\varPi}(\boldsymbol{u},\boldsymbol{\lambda}) &= \varPi + \varPi_2 \\ &= \int_{\varGamma} \boldsymbol{C}^{\mathrm{T}}(\boldsymbol{u})\boldsymbol{C}(\boldsymbol{u})\mathrm{d}\varGamma + p\int_{\varGamma} \boldsymbol{C}^{\mathrm{T}}(\boldsymbol{u})\boldsymbol{C}(\boldsymbol{u})\mathrm{d}\varGamma\end{aligned} \tag{1.1.6}$$

由于

$$\int_{\varGamma} \boldsymbol{C}^{\mathrm{T}}(\boldsymbol{u})\boldsymbol{C}(\boldsymbol{u})\mathrm{d}\varGamma \geqslant 0 \tag{1.1.7}$$

如果泛函 $\varPi$ 在接触边界域 $\varGamma$ 上为最小值，则 p 必须为正值。通过求解式（1.1.6）中修正泛函 $\tilde{\varPi}(\boldsymbol{u},\boldsymbol{\lambda})$ 的极小值，近似满足接触约束条件。p 越大，接触约束条件的满足程度越好，当 p 无穷大时，接触约束条件能够精确满足。在静态或隐式动力学问题中，通过迭代求解的方法来精确满足不可贯入条件。而在瞬时动力学问题中，放弃完全不可贯入条件，而采用足够大的罚函数，使接触的侵入量相对于颗粒尺寸来说可以忽略不计。

在连续离散耦合分析方法中，基于颗粒的有限元网格离散并结合接触势的概念进行接触力分析。由于每个颗粒都被离散为单独的有限元网格，在接触力分析中，可以方便地使用有限元节点的几何坐标来描述接触颗粒的几何形状，并且接触面上接触力的分布更加真实。更重要的是，接触边界附近的局部应变场的数值畸变性大为改善，当考虑颗粒材料的断裂和破碎时，这一点尤为重要。

1.1.2　二维情况下的接触力计算

罚函数法认为接触的两个颗粒可以相互侵入，并通过侵入产生接触力。罚函数法中，接触泛函的标准形式为

$$U_{\mathrm{c}} = \int_{\varGamma_{\mathrm{c}}} \frac{1}{2} p(\boldsymbol{r}_{\mathrm{t}} - \boldsymbol{r}_{\mathrm{c}})^{\mathrm{T}}(\boldsymbol{r}_{\mathrm{t}} - \boldsymbol{r}_{\mathrm{c}})\mathrm{d}\varGamma \tag{1.1.8}$$

式中：$\boldsymbol{r}_{\mathrm{t}}$ 和 $\boldsymbol{r}_{\mathrm{c}}$ 分别是目标颗粒和接触颗粒位于接触面上点的位置矢量；U_{c} 是接触泛函；$\varGamma_{\mathrm{c}}$ 是接触区域。

当 p 趋近于无穷大时，颗粒间几乎不会产生侵入：

$$\lim_{p\to\infty} U_{\mathrm{c}} = 0 \tag{1.1.9}$$

但在显式时步积分时，过大的惩罚项会大大减小最大稳定时间步长 $\Delta t_{\max}$，因此在实际应用中，罚函数法通常采用足够大的惩罚项使颗粒间能产生一定的重叠量，而重叠量相对于颗粒尺寸来说又可以忽略不计。当采用罚函数法求解颗粒间的接触力时，根据接触力的计算策略不同，可以分为集中式接触力和分布式接触力，如图 1.1.1 所示。集中式接触力认为节点的接触力是节点侵入目标颗粒的侵入量的函数，而分布式接触力则与接触颗粒和目标颗粒间重叠区域的形状及大小有关。

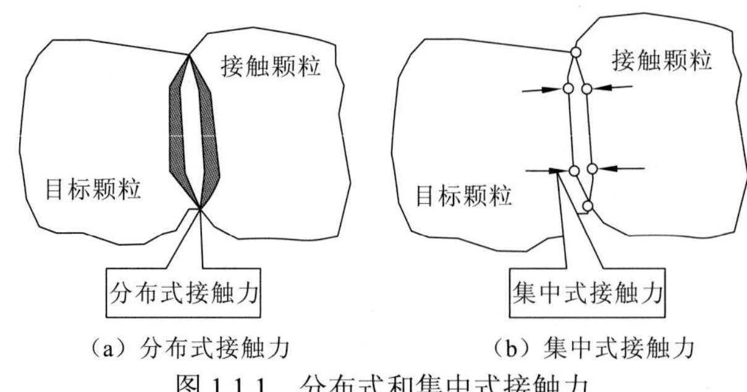

（a）分布式接触力　　（b）集中式接触力

图 1.1.1　分布式和集中式接触力

在本书的研究中，采用分布式接触力的定义，接触的两个颗粒分别表示为接触（contactor）颗粒和目标（target）颗粒。当发生接触时，目标颗粒和接触颗粒相互重叠，被边界 Γ 围成的重叠区域面积为 A，如图 1.1.2 所示。

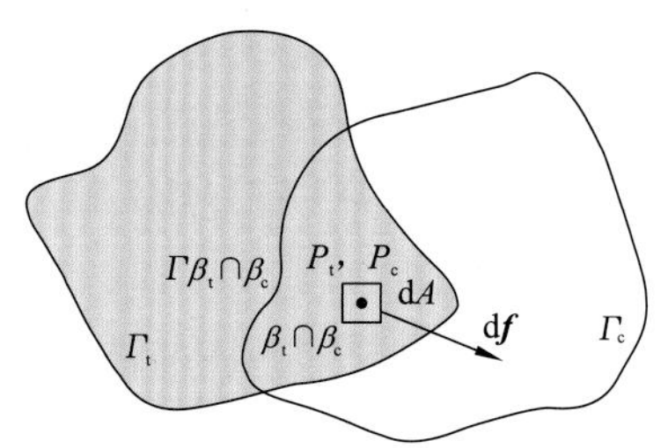

图 1.1.2　重叠的微元面积 dA 所产生的接触力 d$\boldsymbol{f}$[1]

当接触颗粒侵入目标颗粒的微元面积为 dA 时，其所产生微小的接触力 d$\boldsymbol{f}$ 为

$$\mathrm{d}\boldsymbol{f} = [\mathrm{grad}\varphi_c(P_c) - \mathrm{grad}\varphi_t(P_t)]\mathrm{d}A \tag{1.1.10}$$

式中：P 是重叠区域内的一点；φ 是相应的势函数，下标 c 和 t 分别表示接触颗粒和目标颗粒。

式（1.1.10）定义的接触力可以看作接触颗粒的微元先侵入目标颗粒，而目标颗粒的微元随后侵入接触颗粒。对于接触中的颗粒，通过接触颗粒的势函数梯度来计算其接触力，因此接触力场是一个守恒场。如果接触颗粒上的点 P_c 以任意路径 $\overrightarrow{AB}$ 侵入目标颗粒，在此过程中由势函数梯度产生的接触力所做的功与路径 $\overrightarrow{AB}$ 无关，而只与起点和终点的位置有关。如果 A 点和 B 点都在目标颗粒的边界上，接触颗粒的点从目标颗粒的 A 点开始接触，运动到 B 点时结束接触。为了保证系统在 A 点和 B 点时的总能量相同，接触颗粒的点从 A 点运动到 B 点时，接触力所做的功为零，此时目标颗粒边界上的 A 点和 B 点处的势函数满足：

$$\varphi_t(A) = \varphi_t(B) \tag{1.1.11}$$

反之，对于接触颗粒边界上的 A 点和 B 点有

$$\varphi_c(A) = \varphi_c(B) \tag{1.1.12}$$

将式（1.1.10）中微元 dA 产生的接触力 d$\boldsymbol{f}$ 在重叠区域 S 上积分，即可得到总接触力：

$$\boldsymbol{f}_c = \int_{S=\beta_t \cap \beta_c} (\mathrm{grad}\,\varphi_c - \mathrm{grad}\,\varphi_t)\mathrm{d}A \tag{1.1.13}$$

或是在重叠区域 S 的边界 Γ 上积分也可得到总接触力：

$$\boldsymbol{f}_c = \oint_{\Gamma=\beta_t \cap \beta_c} \boldsymbol{n}_\Gamma (\varphi_c - \varphi_t)\mathrm{d}\Gamma \tag{1.1.14}$$

式中：$\boldsymbol{n}_\Gamma$ 是边界 Γ 上的外向单位法向矢量。

在连续离散耦合分析中，每个颗粒都被离散为独立的有限元网格，因此颗粒可以表示为其所离散的有限单元组成的集合：

$$\begin{cases}\beta_{\mathrm{c}}=\beta_{\mathrm{c}_1}\cup\beta_{\mathrm{c}_2}\cdots\cup\beta_{\mathrm{c}_i}\cdots\cup\beta_{\mathrm{c}_n}\\ \beta_{\mathrm{t}}=\beta_{\mathrm{t}_1}\cup\beta_{\mathrm{t}_2}\cdots\cup\beta_{\mathrm{t}_j}\cdots\cup\beta_{\mathrm{t}_m}\end{cases}\tag{1.1.15}$$

式中：β_{c} 和 β_{t} 分别是接触颗粒和目标颗粒；m 和 n 分别是接触颗粒和目标颗粒的有限单元个数。

此时，颗粒的势函数可以表示为其所离散的所有单元的势函数之和：

$$\begin{cases}\varphi_{\mathrm{c}}=\varphi_{\mathrm{c}_1}+\varphi_{\mathrm{c}_2}\cdots+\varphi_{\mathrm{c}_i}\cdots+\varphi_{\mathrm{c}_n}\\ \varphi_{\mathrm{t}}=\varphi_{\mathrm{t}_1}+\varphi_{\mathrm{t}_2}\cdots+\varphi_{\mathrm{t}_j}\cdots+\varphi_{\mathrm{t}_m}\end{cases}\tag{1.1.16}$$

此时，接触力在重叠区域 S 上的积分表达式可以表示为

$$\boldsymbol{f}_{\mathrm{c}}=\sum_{i=1}^{n}\sum_{j=1}^{m}\int_{\beta_{\mathrm{c}_i}\cap\beta_{\mathrm{t}_j}}(\operatorname{grad}\varphi_{\mathrm{c}}-\operatorname{grad}\varphi_{\mathrm{t}})\mathrm{d}A\tag{1.1.17}$$

将有限单元域上的积分等价为单元边界上的积分，可得接触力为

$$\boldsymbol{f}_{\mathrm{c}}=\sum_{i=1}^{n}\sum_{j=1}^{m}\oint_{\Gamma_{\beta_{\mathrm{c}_i}\cap\beta_{\mathrm{t}_j}}}\boldsymbol{n}_{\Gamma_{\beta_{\mathrm{c}_i}\cap\beta_{\mathrm{t}_j}}}(\varphi_{\mathrm{c}_i}-\varphi_{\mathrm{t}_j})\mathrm{d}\Gamma\tag{1.1.18}$$

将在重叠区域 S 的边界 Γ 上的积分转化为在有限单元边界上的积分之和，也就是说通过对重合区域内有限单元边界上的积分求和来计算颗粒间的接触力。在二维情况下，采用最简单的三角形常应变单元离散颗粒集合体，单元的边界是直线并且其几何信息可由三个节点的坐标表示，如图 1.1.3 所示。

如本节所述，颗粒边界上的势函数 φ 应为常数以保证能量平衡，这里定义三角形单元中一点 P 的势函数 φ 为

$$\varphi(P)=\min\{3A_1/A,3A_2/A,3A_3/A\}\tag{1.1.19}$$

式中：$A_i(i=1,2,3)$是如图 1.1.3 所示的子三角形的面积，当点 P 位于三角形的形心时，$\varphi(P)=1$，当点 P 位于三角形的边上时，$\varphi(P)=0$，当点 P 位于三角形以外时，$\varphi(P)=0$。可以看出，势函数 φ 无条件满足颗粒边界上势函数为常数的条件。

根据式（1.1.18），将两个三角形单元的接触问题转化为接触三角形与目标三角形的边之间的接触，以及目标三角形与接触三角形的边之间的接触，如图 1.1.4 所示。

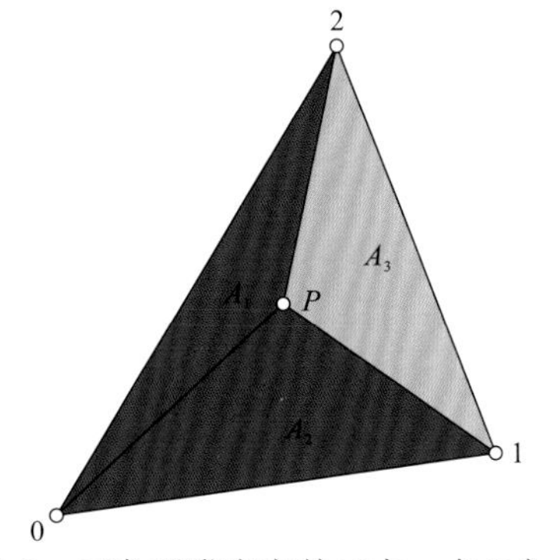

图 1.1.3　三角形常应变单元中一点 P 的势函数 φ

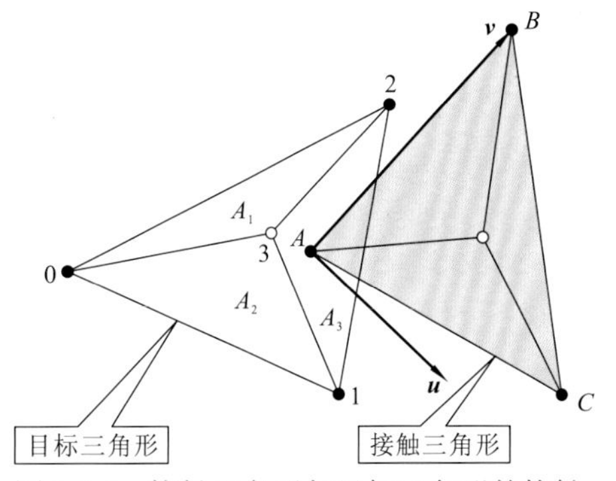

图 1.1.4　接触三角形与目标三角形的接触

图 1.1.5 为目标三角形与接触三角形的边 AB 之间的接触，为了便于分析，定义局部坐标系$(\boldsymbol{u}, \boldsymbol{v})$，通过式（1.1.20）将整体坐标系下的坐标转化到局部坐标系中：

$$\boldsymbol{p}_i = ((\boldsymbol{r}_i - \boldsymbol{r}_A)\cdot u,\ (\boldsymbol{r}_i - \boldsymbol{r}_A)\cdot v) \tag{1.1.20}$$

式中：$\boldsymbol{r}_i$ 和 $\boldsymbol{r}_A$ 是点 i 和点 A 在整体坐标系中的位置矢量；$\boldsymbol{p}_i$ 是点 i 在局部坐标系中的位置矢量。

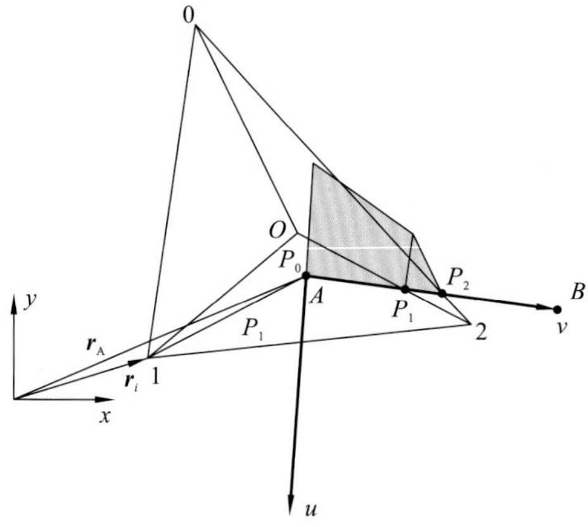

图 1.1.5　目标三角形与接触三角形的边 AB 接触所产生的分布式接触力

在局部坐标系中，确定边 AB 与目标三角形的特性交点并计算相应的势函数值。目标三角形施加在边 AB 上的总接触力为

$$\boldsymbol{f}_{c,AB} = \frac{1}{\boldsymbol{u}^2}\boldsymbol{u}\int_0^L p\varphi(\boldsymbol{v})\,\mathrm{d}\boldsymbol{v} \tag{1.1.21}$$

式中：$\boldsymbol{v}$ 是沿接触边界 L 上的积分操作；由于局部坐标系中矢量 $\boldsymbol{u}$ 和 $\boldsymbol{v}$ 不是单位矢量，故在式（1.1.21）中有 $\boldsymbol{u}^2$。

如图 1.1.5 所示，在特征点之间势函数 φ 线性变化，因此在边 AB 上的积分简化为求解边 AB 上势函数值围成的阴影部分的面积。将计算得到的总接触力转化为节点 A 和 B 上的等效节点力，采用相同的方法计算接触颗粒的其余边上的接触力。考虑由于目标颗粒侵入接触颗粒所产生的接触力，按照上面的方法依次计算接触颗粒施加在目标颗粒边上的接触力。最后更新接触颗粒和目标颗粒节点上的接触力。

1.1.3　三维情况下的接触力计算

在三维问题中，颗粒间接触力的计算与二维情况类似，通过将每个颗粒离散为独立的有限元网格，进而将颗粒内的势函数按有限单元分片。在连续离散耦合分析方法中，颗粒的形状不局限于规则的圆球，而可以是更接近真实颗粒的任意形状，如不规则多面体。为了减小算法实现的难度和提高计算效率，采用线性四面体单元（图 1.1.6）离散颗粒。

基于接触力势概念的接触力模型能够保证颗粒接触处在有限侵入量时能保持能量和动量平衡。如本节所述，通过有限元离散网格可以方便地定义颗粒上的势函数 φ 。本节给出了基于四面体单元离散网格的接触力模型，为了简化几何和数值计算上的困难，在每个四面体有限单元上定义势函数：

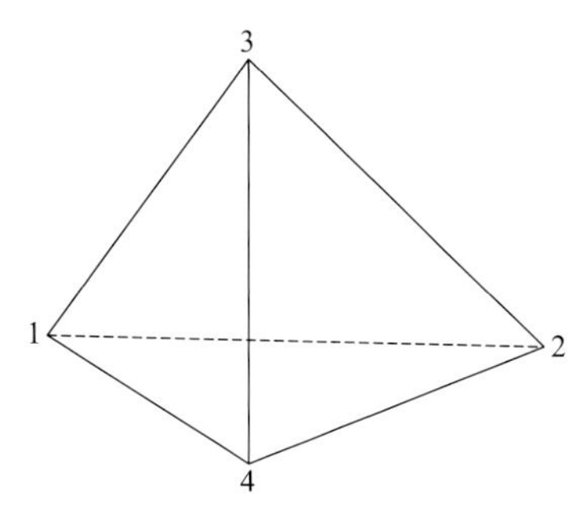

图 1.1.6　线性四面体单元

$$\boldsymbol{x}_5 = \begin{bmatrix} x_5 \\ y_5 \\ z_5 \end{bmatrix} = \frac{1}{4}(\boldsymbol{x}_1 + \boldsymbol{x}_2 + \boldsymbol{x}_3 + \boldsymbol{x}_4) \tag{1.1.22}$$

$$\boldsymbol{x}_1 = \begin{bmatrix} x_1 \\ y_1 \\ z_1 \end{bmatrix}, \quad \boldsymbol{x}_2 = \begin{bmatrix} x_2 \\ y_2 \\ z_2 \end{bmatrix}, \quad \boldsymbol{x}_3 = \begin{bmatrix} x_3 \\ y_3 \\ z_3 \end{bmatrix}, \quad \boldsymbol{x}_4 = \begin{bmatrix} x_4 \\ y_4 \\ z_4 \end{bmatrix} \tag{1.1.23}$$

式中：$\boldsymbol{x}_1$、$\boldsymbol{x}_2$、$\boldsymbol{x}_3$和$\boldsymbol{x}_4$是四面体单元的 4 个节点的位置矢量；$\boldsymbol{x}_5$是四面体单元形心的位置矢量。

颗粒形心 5 和 4 个节点可将四面体单元划分为 4 个子四面体：

$$\begin{cases} \text{四面体} \quad 1-2-3-5 \\ \text{四面体} \quad 2-4-3-5 \\ \text{四面体} \quad 3-4-1-5 \\ \text{四面体} \quad 4-2-1-5 \end{cases} \tag{1.1.24}$$

对子四面体$i-j-k-l$中的任意点 P，其势函数φ为

$$\varphi(P) = p\left(\frac{V_{i-j-k-P}}{4V_{i-j-k-l}}\right) \tag{1.1.25}$$

式中：$V_{i-j-k-l}$是四面体$i-j-k-l$的体积；$V_{i-j-k-P}$是四面体$i-j-k-P$的体积。

接触颗粒 P_{c} 的微元体体积 dV 侵入目标颗粒时产生的微小接触力 d$\boldsymbol{f}_{\mathrm{c}}$ 为

$$\mathrm{d}\boldsymbol{f}_{\mathrm{c}} = -\mathrm{grad}\varphi_{\mathrm{t}}(P_{\mathrm{t}})\mathrm{d}V \tag{1.1.26}$$

式中：dV 是接触重叠区域中一点 P 的微元体体积。

同理，目标颗粒 P_{t} 的微元体体积 dV 侵入接触颗粒时产生的微小接触力 d$\boldsymbol{f}_{\mathrm{t}}$ 为

$$\mathrm{d}\boldsymbol{f}_{\mathrm{t}} = -\mathrm{grad}\varphi_{\mathrm{c}}(P_{\mathrm{c}})\mathrm{d}V \tag{1.1.27}$$

由式（1.1.26）和式（1.1.27）可得接触力为

$$\begin{aligned} \mathrm{d}\boldsymbol{f} &= -\mathrm{d}\boldsymbol{f}_{\mathrm{t}} + \mathrm{d}\boldsymbol{f}_{\mathrm{c}} \\ &= [\mathrm{grad}\varphi_{\mathrm{c}}(P_{\mathrm{c}}) - \mathrm{grad}\varphi_{\mathrm{t}}(P_{\mathrm{t}})]\mathrm{d}V \end{aligned} \tag{1.1.28}$$

将式（1.1.28）在重叠区域$V = \beta_{\mathrm{t}} \cap \beta_{\mathrm{c}}$上积分，即可得到由接触颗粒侵入目标颗粒而产生的总接触力：

$$\boldsymbol{f} = \int_{V=\beta_t \cap \beta_c} (\mathrm{grad}\varphi_c - \mathrm{grad}\varphi_t)\mathrm{d}V \tag{1.1.29}$$

或是在重叠区域的表面 S 上的积分：

$$\boldsymbol{f} = \int_{S_{\beta_t \cap \beta_c}} \boldsymbol{n}(\varphi_c - \varphi_t)\mathrm{d}S \tag{1.1.30}$$

式中：$\boldsymbol{n}$ 是重叠区域表面的外向单位法向矢量。

由于每个颗粒都被离散为单独的有限单元网格，如式（1.1.15）所示，将在重叠区域 $V = \beta_t \cap \beta_c$ 的表面 S 上的积分转化为在有限单元表面上的积分之和，也就是说通过对重合区域内有限单元表面上的积分求和来计算颗粒间的接触力。在三维情况下，由于每个颗粒都已被离散为独立的有限元网格，接触力学模型的数值实现是建立在有限元网格的基础上的，两个颗粒间的接触力是有限单元间接触力之和。数值实现的步骤如下。

（1）目标四面体的节点为 I_1、I_2、I_3 和 I_4，其形心 I_5 的位置矢量为

$$\boldsymbol{X}_5 = \begin{bmatrix} X_5 \\ Y_5 \\ Z_5 \end{bmatrix} = \frac{1}{4}(\boldsymbol{X}_1 + \boldsymbol{X}_2 + \boldsymbol{X}_3 + \boldsymbol{X}_4) = \frac{1}{4}\begin{bmatrix} X_1 + X_2 + X_3 + X_4 \\ Y_1 + Y_2 + Y_3 + Y_4 \\ Z_1 + Z_2 + Z_3 + Z_4 \end{bmatrix} \tag{1.1.31}$$

（2）接触四面体的节点为 i_1、i_2、i_3 和 i_4，其形心 i_5 的位置矢量为

$$\boldsymbol{x}_5 = \begin{bmatrix} x_5 \\ y_5 \\ z_5 \end{bmatrix} = \frac{1}{4}(\boldsymbol{x}_1 + \boldsymbol{x}_2 + \boldsymbol{x}_3 + \boldsymbol{x}_4) = \frac{1}{4}\begin{bmatrix} x_1 + x_2 + x_3 + x_4 \\ y_1 + y_2 + y_3 + y_4 \\ z_1 + z_2 + z_3 + z_4 \end{bmatrix} \tag{1.1.32}$$

（3）将目标四面体划分为 4 个子四面体：

$$\begin{cases} T_1 = (I_1, I_4, I_2, I_5) \\ T_2 = (I_2, I_4, I_3, I_5) \\ T_3 = (I_3, I_4, I_1, I_5) \\ T_4 = (I_4, I_2, I_1, I_5) \end{cases} \tag{1.1.33}$$

（4）将接触四面体划分为 4 个子四面体：

$$\begin{cases} t_1 = (i_1, i_4, i_2, i_5) \\ t_2 = (i_2, i_4, i_3, i_5) \\ t_3 = (i_3, i_4, i_1, i_5) \\ t_4 = (i_4, i_2, i_1, i_5) \end{cases} \tag{1.1.34}$$

（5）对于一对接触-目标四面体单元 $(T_i, t_j)(i=1, 2, 3, 4; j=1, 2, 3, 4)$ 进行如下运算。

第一，确定接触子四面体的底面与目标子四面体相交形成的凸多边形 S，如图 1.1.7 所示，凸多边形 S 表示为

$$S = (S_1, S_2, S_3, \cdots, S_i, \cdots, S_n) \tag{1.1.35}$$

第二，确定由式（1.1.36）定义的凸多边形 S 与接触子四面体的底面相交形成的多边形 P，如图 1.1.8 所示。

$$P = (B_1, B_2, B_3, \cdots, B_i, \cdots, B_n) \tag{1.1.36}$$

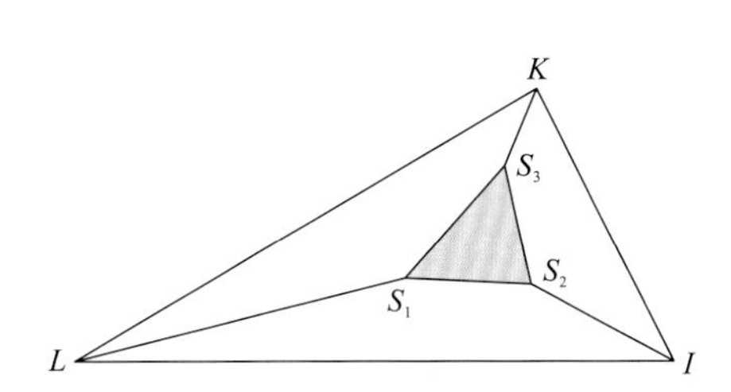

图 1.1.7　目标子四面体与接触子四面体的底面相交形成的凸多边形 S

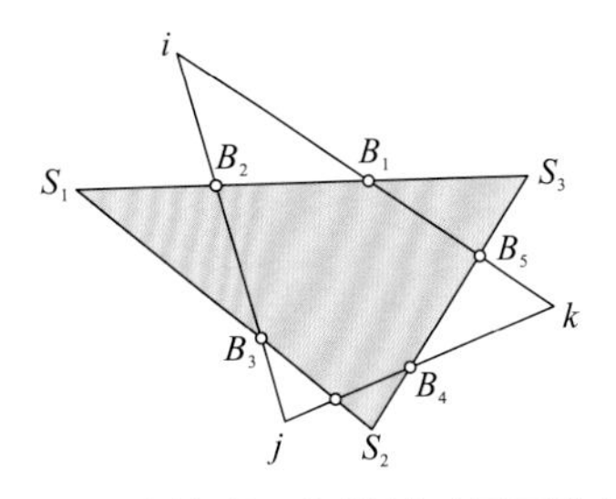

图 1.1.8　凸多边形 S 与接触子四面体的底面相交形成的多边形 P

第三，计算相交多边形 P 上的节点在目标子四面体上的势函数值：

$$\varphi = (\varphi(B_1), \varphi(B_2), \varphi(B_3), \cdots, \varphi(B_i), \cdots, \varphi(B_n)) \tag{1.1.37}$$

第四，在相交多边形 P 上积分计算接触力 F。首先将相交多边形 P 划分为若干个三角形，然后在三角形上积分后相加，如图 1.1.9 所示。

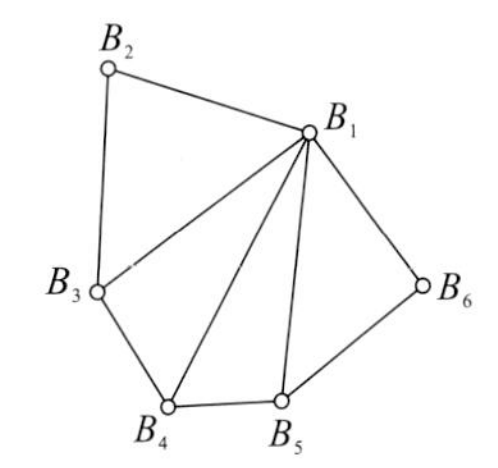

图 1.1.9　相交多边形上分区积分

第五，计算与接触力等效的目标子四面体上的节点力：

$$F_{\mathrm{t}} = (F_I, F_J, F_K, F_L) \tag{1.1.38}$$

第六，计算与接触力等效的接触子四面体上的节点力：

$$F_{\mathrm{c}} = (F_i, F_j, F_k, F_l) \tag{1.1.39}$$

第七，将节点力乘以接触子四面体底面的单位法向矢量 $\boldsymbol{n}_{\mathrm{c}}$ 得到节点力矢量：

$$\begin{aligned} \boldsymbol{f}_{\mathrm{t}} &= (F_I\boldsymbol{n}_{\mathrm{c}}, F_J\boldsymbol{n}_{\mathrm{c}}, F_K\boldsymbol{n}_{\mathrm{c}}, F_L\boldsymbol{n}_{\mathrm{c}}) \\ \boldsymbol{f}_{\mathrm{c}} &= (F_i\boldsymbol{n}_{\mathrm{c}}, F_j\boldsymbol{n}_{\mathrm{c}}, F_k\boldsymbol{n}_{\mathrm{c}}, F_l\boldsymbol{n}_{\mathrm{c}}) \end{aligned} \tag{1.1.40}$$

（6）在每一时步的接触力计算中，得到目标子四面体的 4 个节点上的节点力，其中一个节点是目标四边形的形心，将形心处的力等效为目标四边形的 4 个节点上。对接触四面体也进行相同的处理。

在三维接触力分析中，最关键的一步是确定目标子四面体和接触子四面体底面的相交情况。最好的解决方案是分两步进行，首先确定接触子四面体底面所在的平面与目标子四面体的棱边的交点，所有交点连起来形成一个凸多边形；然后此凸多边形与接触子四面体的底面相交问题就转为一个平面问题。

1.1.4　线性接触模型

在基于罚函数法的接触力模型中，可以将惩罚项理解为颗粒间的接触刚度，采用线性接触模型计算颗粒间的法向和切向接触力增量：

$$\begin{cases} \Delta F_{\mathrm{n}} = K_{\mathrm{n}} A_{\mathrm{c}} \Delta\delta_{\mathrm{n}} \\ \Delta F_{\mathrm{s}} = -K_{\mathrm{s}} A_{\mathrm{c}} \Delta\delta_{\mathrm{s}} \end{cases} \tag{1.1.41}$$

式中：K_n、K_s分别是法向和切向接触刚度；$\Delta\delta_n$、$\Delta\delta_s$分别是接触处相对位移增量的法向和切向分量；ΔF_n、ΔF_s分别是接触力增量的法向和切向分量；A_c是接触面积。

块体之间不能承受拉力，切向接触服从库仑摩擦定律：

$$\begin{cases} F_n = 0,\ F_s = 0, & \delta_n > 0 \\ F_s = -\text{sign}(\dot{\delta}_s)(\mu |F_n|), & |F_s| > \mu |F_n| \end{cases} \tag{1.1.42}$$

式中：F_n、F_s分别是法向和切向接触力；μ是接触面的摩擦系数。

1.2 接触检索

一个典型的连续离散耦合分析方法涉及大量离散颗粒间的接触，在1.1节接触力模型中，接触力是对由目标颗粒和接触颗粒组成的接触对进行运算获得的。对所有可能的接触对进行接触力运算的次数正比于颗粒总数N的二次方，当颗粒集合体的规模较大时，其计算量是无法接受的。因此，在进行接触力计算之前，需要排除颗粒集合体中相距较远的颗粒对，仅对发生接触的颗粒对进行接触力计算，而完成这一工作的算法就称为接触检索算法。一个优秀的接触检索算法必须满足以下4个方面：鲁棒、运算效率高、内存消耗少和易于实现。

鲁棒意味着接触检索算法能检测到颗粒集合体中所有发生接触的颗粒对，而将没有发生接触的颗粒对排除在接触检索结果之外。运算效率高就是接触检索的运算次数应尽可能少，最理想的接触检索算法是CPU计算时间随着颗粒集合体规模的增大而线性增大$T \propto N$，即接触检索时间T随集合体颗粒个数N线性增长。目前，比较成熟的具有线性检索效率的算法包括Munjiza-NBS（no binary search）接触检索算法、Williams C-grid接触检索算法、Screening接触检索算法。其中，Munjiza-NBS接触检索算法是第一个具有线性检索效率的算法，不论是从CPU计算时间还是从内存使用量考虑都是十分高效的算法，也是目前连续离散耦合分析方法中采用的算法。

Munjiza-NBS接触检索算法是一种基于空间分解的算法。空间区域被分割为大小相等的子域，每个子域由坐标$(i_x,\ i_y,\ i_z)$表示，i_x的取值范围为$[1,\ n_x]$，i_y的取值范围为$[1,\ n_y]$，i_z的取值范围为$[1,\ n_z]$，其中n_x、n_y、n_z分别为空间区域沿着x、y和z方向分割的子域的总数：

$$\begin{cases} n_x = \dfrac{x_{\max} - x_{\min}}{d} \\ n_y = \dfrac{y_{\max} - y_{\min}}{d} \\ n_z = \dfrac{z_{\max} - z_{\min}}{d} \end{cases} \tag{1.2.1}$$

式中：d是子域立方体的边长。

每个颗粒只能映射到一个子域内，颗粒的中心坐标为$(x,\ y,\ z)$，映射到子域空间时，坐标变为$(i_x,\ i_y,\ i_z)$，其中

$$
\begin{cases}
i_x = \mathrm{Int}\left(\dfrac{x - x_{\min}}{d}\right) \\
i_y = \mathrm{Int}\left(\dfrac{y - y_{\min}}{d}\right) \\
i_z = \mathrm{Int}\left(\dfrac{z - z_{\min}}{d}\right)
\end{cases}
\tag{1.2.2}
$$

Munjiza-NBS 接触检索算法采用了链表的方式，使该算法具有高效的优点。为了进一步减少 CPU 计算时间，Munjiza-NBS 接触检索算法使用了单向链表。整个映射过程分为三步。

（1）将所有颗粒映射到相应的层子域（空间区域沿着 Z 方向分成 n_z 层子域）。每个非空层子域生成一个单向链表 z_k，通过指针的方式存储该层子域内的颗粒编号信息，创建两个一维数组 $C[n_z]$、$Z[N]$。数组 $C[n_z]$存储每个链表 z_k 的表头，即每个链表的第一个颗粒编号，数组 $Z[N]$存储所有 z_k 链表中的颗粒的编号信息。

（2）将层子域中的离散颗粒映射到相应的行子域（每层子域沿着 Y 方向分成 n_y 行子域）。对于非空层子域 z_k，每个行子域生成一个单向链表 $y_{j,k}$，存储该行子域内颗粒编号信息，创建两个一维数组 $B[n_y]$、$Y[N]$。数组 $B[n_y]$存储每个链表 $y_{j,k}$ 的表头，数组 $Y[N]$存储所有 $y_{j,k}$ 链表中的颗粒编号信息。

（3）将行子域中的离散颗粒映射到相应的列子域（每行子域沿着 X 方向分成 n_x 列子域）。对于非空行子域 $y_{j,k}$，每个列子域生成一个单向链表 $x_{i,j,k}$，存储该列子域，即子域(i_x, i_y, i_z)内的颗粒编号信息，创建两个一维数组 $A[n_x]$、$X[N]$。数组 $A[n_x]$存储每个链表 $x_{i,j,k}$ 的表头。数组 $X[N]$存储所有 $x_{i,j,k}$ 链表中的颗粒编号信息。

当某层、某行或者某列子域未映射颗粒时，数组 $C[n_z]$、$B[n_y]$、$A[n_x]$中对应的元素取负值。当 $X[N]$、$Y[N]$、$Z[N]$中元素为负数时，则表示该颗粒所在的链表终止。遍历所有颗粒，生成链表 z_k；遍历每个 z_k 链表中的颗粒，得到链表 $y_{j,k}$；遍历每个 $y_{j,k}$ 链表中的颗粒，得到链表 $x_{i,j,k}$。按照层、行、列的顺序，将每个离散颗粒映射到相应的子域。对于某一颗粒(x, y, z)，映射到子域空间后，其所在的子域为(i_x, i_y, i_z)（也称为中心子域），提取上述子域处的链表信息，得到所需检测的颗粒的编号，然后进行接触判断。

以二维离散颗粒为例，详细说明 Munjiza-NBS 接触检索算法的实现过程。图 1.2.1 反映了颗粒在二维子域空间中的位置。首先，将所有的颗粒映射到行子域，图 1.2.2 和图 1.2.3 直观地体现了颗粒与行子域的映射关系。映射过程生成了 4 个非空链表 y_5、y_6、y_7 和 y_8，数组 B 在第 5、6、7、8 个元素中存储了相应链表的表头，即最大的颗粒编号 4、9、10、7，其余元素均被赋为−1。数组 Y 采用指针的方式存储了链表中的颗粒编号信息。以第 6 行子域为例，链表 y_6 中颗粒编号由大到小排序，依次为 9、8、6、2，故数组 B 中 $B[6]=9$。数组 Y 中，$Y[9]=8$，$Y[8]=6$，$Y[6]=2$，$Y[2]=-1$（−1 表示链表终止）。然后，逐行将每个非空行子域中的颗粒映射到列子域（单个子域），图 1.2.4 和图 1.2.5 反映了第 6 行子域内的颗粒与列子域的映射关系。映射过程中生成了 2 个非空链表 $x_{3,6}$ 和 $x_{6,6}$，数组 A 在第 3、6 个元素中存储了相应链表的表头，即最小的颗粒编号 2、9，其余元素均被赋为-1。数组 X 同样采用了指针的方式存储了链表中的颗粒编号信息，以第 3 列，即子域(3, 6)为例，链表 $x_{3,6}$ 中颗粒编号由小到大排序，依次为 2、6、8，故数组 A 中 $A[3]=2$，数组 X 中，$X[2]=6$，$X[6]=8$ 和 $X[8]=-1$。

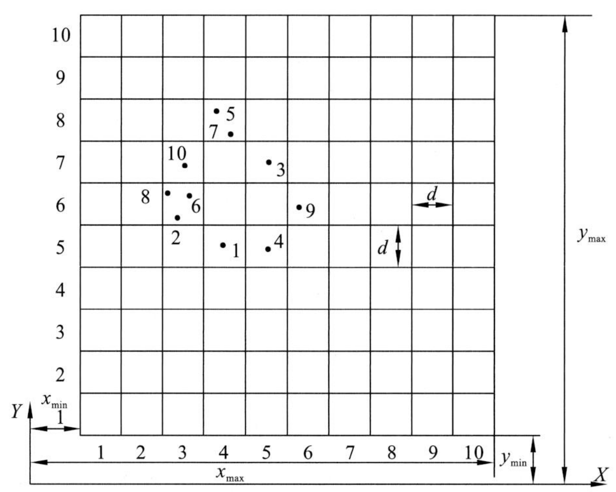

图 1.2.1　二维离散颗粒与子域空间的映射[2]

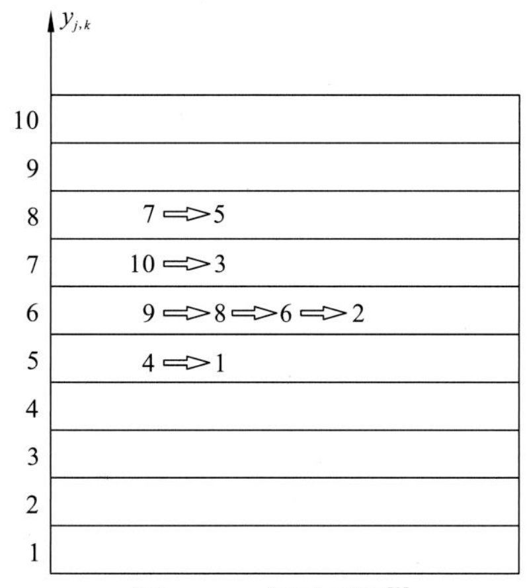

图 1.2.2　行子域图[2]

数组 B

−1	−1	−1	−1	4	9	10	7	−1	−1

数组 Y

−1	−1	−1	1	−1	2	5	6	8	3

图 1.2.3　离散颗粒与行子域的映射关系[2]

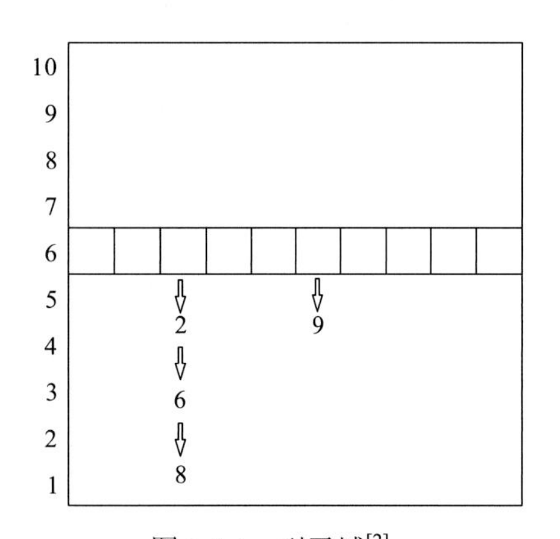
图 1.2.4　列子域[2]

第6行子域

数组 A

−1	−1	2	−1	−1	9	−1	−1	−1	−1

数组 X

−1	6	−1	−1	−1	8	−1	−1	−1	−1

图 1.2.5　第 6 行子域内颗粒与列子域的映射关系[2]

按照行、列的顺序逐步建立所有颗粒与单个子域的映射关系。最后，对各个颗粒进行接触检测，如对颗粒 10，映射到子域(3, 7)内，与之可能发生接触的颗粒位于子域(2, 7)、(2, 6)、(3, 6)、(4, 6)，由于只有(3, 6)子域内映射了颗粒，根据链表 $x_{3,6}$ 得到需检测的颗粒编号为 2、6、8。对三维离散颗粒进行接触检索，在按照行、列映射之前，先沿着 Z 方向逐层建立离散颗粒与子域空间的映射关系，基本方法与二维情况下相同。采用 Munjiza-NBS 接触检索算法时并不需要遍历所有的子域，总的 CPU 计算时间和所需内存正比于离散颗粒的总数 N，并且与堆积密度无关。

1.3 颗粒变形

1.3.1 应力应变关系

Cundall 等[3]提出离散单元法的初衷是为了解决有限单元法、有限差分法等连续介质力学方法不能或者不善于处理的非连续问题。而在大多数的非连续问题中，其所包含的离散介质是可以变形、断裂或者破碎的，因此在连续离散耦合分析方法中，将每个离散介质视为可变形体。

考虑二阶四面体单元，如图 1.3.1 所示，单元中任意一点的位置矢量 $\boldsymbol{x}$ 和位移矢量 $\boldsymbol{u}$ 用形函数表示为

$$\boldsymbol{x}=\begin{bmatrix} x \\ y \\ z \end{bmatrix}=\begin{bmatrix} x_1 & x_2 & \cdots & x_{10} \\ y_1 & y_2 & \cdots & y_{10} \\ z_1 & z_2 & \cdots & z_{10} \end{bmatrix}\begin{bmatrix} N_1 \\ N_2 \\ \vdots \\ N_{10} \end{bmatrix} \tag{1.3.1}$$

$$\boldsymbol{u}=\begin{bmatrix} u \\ v \\ w \end{bmatrix}=\begin{bmatrix} u_1 & u_2 & \cdots & u_{10} \\ v_1 & v_2 & \cdots & v_{10} \\ w_1 & w_2 & \cdots & w_{10} \end{bmatrix}\begin{bmatrix} N_1 \\ N_2 \\ \vdots \\ N_{10} \end{bmatrix} \tag{1.3.2}$$

式中：x_i、y_i、z_i 是第 i 个节点在全局坐标系下的坐标；u_i、v_i、w_i 是第 i 个节点在全局坐标系下的位移值。

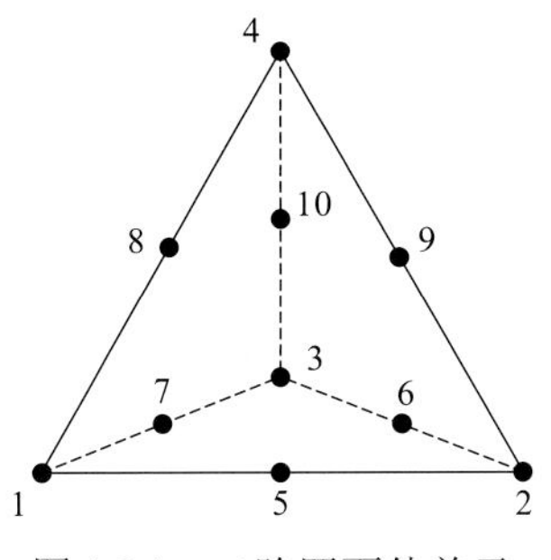

图 1.3.1 二阶四面体单元

二阶四面体单元的形函数为

$$\begin{cases} N_1 = \zeta_1(2\zeta_1 - 1) \\ N_2 = \zeta_2(2\zeta_2 - 1) \\ N_3 = \zeta_3(2\zeta_3 - 1) \\ N_4 = \zeta_4(2\zeta_4 - 1) = 2(\zeta_1^2 + \zeta_2^2 + \zeta_3^2) - 3(\zeta_1 + \zeta_2 + \zeta_3) + 4(\zeta_1\zeta_2 + \zeta_2\zeta_3 + \zeta_1\zeta_3) + 1 \\ N_5 = 4\zeta_1\zeta_2 \\ N_6 = 4\zeta_1\zeta_3 \\ N_7 = 4\zeta_3\zeta_1 \\ N_8 = 4\zeta_1\zeta_4 = 4\zeta_1(1 - \zeta_1 - \zeta_2 - \zeta_3) \\ N_9 = 4\zeta_2\zeta_4 = 4\zeta_2(1 - \zeta_1 - \zeta_2 - \zeta_3) \\ N_{10} = 4\zeta_3\zeta_4 = 4\zeta_3(1 - \zeta_1 - \zeta_2 - \zeta_3) \end{cases} \tag{1.3.3}$$

式中：$\zeta_1 + \zeta_2 + \zeta_3 + \zeta_4 = 1$。

单元的形函数满足：

$$\sum_{m=1}^{10} N_m = 1 \tag{1.3.4}$$

定义单元中任意一点在全局坐标系中的初始位置矢量为 $\boldsymbol{x}_\mathrm{i}$：

$$\boldsymbol{x}_\mathrm{i} = \begin{bmatrix} x_\mathrm{i} \\ y_\mathrm{i} \\ z_\mathrm{i} \end{bmatrix} = \boldsymbol{x}_{\mathrm{i}n}\boldsymbol{N} \tag{1.3.5}$$

式中：$\boldsymbol{x}_{\mathrm{i}n}$ 是单元节点的初始位置矩阵；$\boldsymbol{N}$ 是形函数矩阵。

$$\boldsymbol{x}_{\mathrm{i}n} = \begin{bmatrix} x_{\mathrm{i},1} & x_{\mathrm{i},2} & \cdots & x_{\mathrm{i},10} \\ y_{\mathrm{i},1} & y_{\mathrm{i},2} & \cdots & y_{\mathrm{i},10} \\ z_{\mathrm{i},1} & z_{\mathrm{i},2} & \cdots & z_{\mathrm{i},10} \end{bmatrix} \tag{1.3.6}$$

$$\boldsymbol{N} = \begin{bmatrix} N_1 \\ N_2 \\ \vdots \\ N_{10} \end{bmatrix} \tag{1.3.7}$$

单元中任意一点在全局坐标系中的当前位置矢量为 $\boldsymbol{x}_\mathrm{c}$：

$$\boldsymbol{x}_\mathrm{c} = \begin{bmatrix} x_\mathrm{c} \\ y_\mathrm{c} \\ z_\mathrm{c} \end{bmatrix} = \boldsymbol{x}_{\mathrm{c}n}\boldsymbol{N} \tag{1.3.8}$$

式中：$\boldsymbol{x}_{\mathrm{c}n}$ 是单元节点的当前位置矩阵。

$$\boldsymbol{x}_{\mathrm{c}n} = \begin{bmatrix} x_{\mathrm{c},1} & x_{\mathrm{c},2} & \cdots & x_{\mathrm{c},10} \\ y_{\mathrm{c},1} & y_{\mathrm{c},2} & \cdots & y_{\mathrm{c},10} \\ z_{\mathrm{c},1} & z_{\mathrm{c},2} & \cdots & z_{\mathrm{c},10} \end{bmatrix} \tag{1.3.9}$$

此时变形梯度张量 $\boldsymbol{F}$ 可表示为

$$\boldsymbol{F}=\frac{\partial \boldsymbol{x}_{\mathrm{c}}}{\partial \boldsymbol{x}_{\mathrm{i}}}=\boldsymbol{x}_{cn}\frac{\partial N}{\partial \zeta}\left(\frac{\partial \boldsymbol{x}_{\mathrm{i}}}{\partial \boldsymbol{\zeta}}\right)^{-1} \tag{1.3.10}$$

由式（1.3.3）可得

$$\frac{\partial \boldsymbol{N}}{\partial \boldsymbol{\zeta}}=\begin{bmatrix} 4\zeta_1-1 & 0 & 0 \\ 0 & 4\zeta_2-1 & 0 \\ 0 & 0 & 4\zeta_3-1 \\ 4(\zeta_1+\zeta_2+\zeta_3)-3 & 4(\zeta_1+\zeta_2+\zeta_3)-3 & 4(\zeta_1+\zeta_2+\zeta_3)-3 \\ 4\zeta_2 & 4\zeta_1 & 0 \\ 0 & 4\zeta_3 & 4\zeta_2 \\ 4\zeta_3 & 0 & 4\zeta_1 \\ 4(1-2\zeta_1-\zeta_2-\zeta_3) & -4\zeta_1 & -4\zeta_1 \\ -4\zeta_2 & 4(1-2\zeta_2-\zeta_1-\zeta_3) & -4\zeta_2 \\ -4\zeta_3 & -4\zeta_3 & 4(1-2\zeta_3-\zeta_1-\zeta_2) \end{bmatrix} \tag{1.3.11}$$

$$\frac{\partial \boldsymbol{x}_{\mathrm{i}}}{\partial \boldsymbol{\zeta}}=\begin{bmatrix} \frac{\partial x_{\mathrm{i}}}{\partial \zeta_1} & \frac{\partial x_{\mathrm{i}}}{\partial \zeta_2} & \frac{\partial x_{\mathrm{i}}}{\partial \zeta_3} \\ \frac{\partial y_{\mathrm{i}}}{\partial \zeta_1} & \frac{\partial y_{\mathrm{i}}}{\partial \zeta_2} & \frac{\partial y_{\mathrm{i}}}{\partial \zeta_3} \\ \frac{\partial z_{\mathrm{i}}}{\partial \zeta_1} & \frac{\partial z_{\mathrm{i}}}{\partial \zeta_2} & \frac{\partial z_{\mathrm{i}}}{\partial \zeta_3} \end{bmatrix} \tag{1.3.12}$$

由式（1.3.5）可得

$$\frac{\partial \boldsymbol{x}_{\mathrm{i}}}{\partial \boldsymbol{\zeta}}=\boldsymbol{x}_{in}\frac{\partial \boldsymbol{N}}{\partial \boldsymbol{\zeta}}$$

$$=\begin{bmatrix} x_{\mathrm{i},1} & x_{\mathrm{i},2} & \cdots & x_{\mathrm{i},10} \\ y_{\mathrm{i},1} & y_{\mathrm{i},2} & \cdots & y_{\mathrm{i},10} \\ z_{\mathrm{i},1} & z_{\mathrm{i},2} & \cdots & z_{\mathrm{i},10} \end{bmatrix}\begin{bmatrix} 4\zeta_1-1 & 0 & 0 \\ 0 & 4\zeta_2-1 & 0 \\ 0 & 0 & 4\zeta_3-1 \\ 4(\zeta_1+\zeta_2+\zeta_3)-3 & 4(\zeta_1+\zeta_2+\zeta_3)-3 & 4(\zeta_1+\zeta_2+\zeta_3)-3 \\ 4\zeta_2 & 4\zeta_1 & 0 \\ 0 & 4\zeta_3 & 4\zeta_2 \\ 4\zeta_3 & 0 & 4\zeta_1 \\ 4(1-2\zeta_1-\zeta_2-\zeta_3) & -4\zeta_1 & -4\zeta_1 \\ -4\zeta_2 & 4(1-2\zeta_2-\zeta_1-\zeta_3) & -4\zeta_2 \\ -4\zeta_3 & -4\zeta_3 & 4(1-2\zeta_3-\zeta_1-\zeta_2) \end{bmatrix} \tag{1.3.13}$$

定义变形梯度张量 $\boldsymbol{F}$ 的行列式为雅可比（Jacobian）行列式：

$$J=\det(\boldsymbol{F}) \tag{1.3.14}$$

由变形梯度张量 $\boldsymbol{F}$ 定义右置的 Cauchy-Creen 张量为

$$\boldsymbol{B}=\boldsymbol{F}\boldsymbol{F}^{\mathrm{T}} \tag{1.3.15}$$

将单元中任意一点的当前位置矢量 $\boldsymbol{x}_{\mathrm{c}}$ 对时间求导，得到其当前速度矢量 $\boldsymbol{v}$：

$$\boldsymbol{v}=\begin{bmatrix} v_x \\ v_y \\ v_z \end{bmatrix}=\boldsymbol{v}_n\boldsymbol{N} \tag{1.3.16}$$

式中：$\boldsymbol{v}_n$是单元节点的当前速度矩阵。

$$\boldsymbol{x}_n=\begin{bmatrix} v_{x,1} & v_{x,2} & \cdots & v_{x,10} \\ v_{y,1} & v_{y,2} & \cdots & v_{y,10} \\ v_{z,1} & v_{z,1} & \cdots & v_{z,10} \end{bmatrix} \tag{1.3.17}$$

则速度梯度张量 $\boldsymbol{L}$ 可定义为

$$\boldsymbol{L}=\frac{\partial \boldsymbol{v}}{\partial \boldsymbol{x}_{\mathrm{c}}}=\boldsymbol{v}_n\frac{\partial \boldsymbol{N}}{\partial \boldsymbol{x}_{\mathrm{c}}} \tag{1.3.18}$$

同样地，式（1.3.18）中的$\partial \boldsymbol{N}/\partial \boldsymbol{x}_{\mathrm{c}}$可表示为

$$\frac{\partial \boldsymbol{N}}{\partial \boldsymbol{x}_{\mathrm{c}}}=\frac{\partial \boldsymbol{N}}{\partial \boldsymbol{\zeta}}\left(\frac{\partial \boldsymbol{x}_{\mathrm{c}}}{\partial \boldsymbol{\zeta}}\right)^{-1} \tag{1.3.19}$$

其中

$$\frac{\partial \boldsymbol{x}_{\mathrm{c}}}{\partial \boldsymbol{\zeta}}=\begin{bmatrix} \frac{\partial x_{\mathrm{c}}}{\partial \zeta_1} & \frac{\partial x_{\mathrm{c}}}{\partial \zeta_2} & \frac{\partial x_{\mathrm{c}}}{\partial \zeta_3} \\ \frac{\partial y_{\mathrm{c}}}{\partial \zeta_1} & \frac{\partial y_{\mathrm{c}}}{\partial \zeta_2} & \frac{\partial y_{\mathrm{c}}}{\partial \zeta_3} \\ \frac{\partial z_{\mathrm{c}}}{\partial \zeta_1} & \frac{\partial z_{\mathrm{c}}}{\partial \zeta_2} & \frac{\partial z_{\mathrm{c}}}{\partial \zeta_3} \end{bmatrix} \tag{1.3.20}$$

由式（1.3.8）可得

$$\frac{\partial \boldsymbol{x}_{\mathrm{c}}}{\partial \boldsymbol{\zeta}}=\boldsymbol{x}_{cn}\frac{\partial \boldsymbol{N}}{\partial \boldsymbol{\zeta}}$$

$$=\begin{bmatrix} x_{\mathrm{c},1} & x_{\mathrm{c},2} & \cdots & x_{\mathrm{c},10} \\ y_{\mathrm{c},1} & y_{\mathrm{c},2} & \cdots & y_{\mathrm{c},10} \\ z_{\mathrm{c},1} & z_{\mathrm{c},2} & \cdots & z_{\mathrm{c},10} \end{bmatrix}\begin{bmatrix} 4\zeta_1-1 & 0 & 0 \\ 0 & 4\zeta_2-1 & 0 \\ 0 & 0 & 4\zeta_3-1 \\ 4(\zeta_1+\zeta_2+\zeta_3)-3 & 4(\zeta_1+\zeta_2+\zeta_3)-3 & 4(\zeta_1+\zeta_2+\zeta_3)-3 \\ 4\zeta_2 & 4\zeta_1 & 0 \\ 0 & 4\zeta_3 & 4\zeta_2 \\ 4\zeta_3 & 0 & 4\zeta_1 \\ 4(1-2\zeta_1-\zeta_2-\zeta_3) & -4\zeta_1 & -4\zeta_1 \\ -4\zeta_2 & 4(1-2\zeta_2-\zeta_1-\zeta_3) & -4\zeta_2 \\ -4\zeta_3 & -4\zeta_3 & 4(1-2\zeta_3-\zeta_1-\zeta_2) \end{bmatrix} \tag{1.3.21}$$

此时，可以由速度梯度张量 $\boldsymbol{L}$ 定义变形速率张量 $\boldsymbol{D}$ 为

$$\boldsymbol{D}=\frac{1}{2}(\boldsymbol{L}+\boldsymbol{L}^{\mathrm{T}}) \tag{1.3.22}$$

本书采用 Neo-Hookean 模型来计算单元的应力。Neo-Hookean 模型是各向同性线弹性模型的扩展，适用于可压缩的 Neo-Hookean 材料在大变形情况下的应力计算。此时，

柯西（Cauchy）应力矢量 $\boldsymbol{T}$ 可表示为

$$\boldsymbol{T}=\frac{1}{J}[\mu(\boldsymbol{B}-\boldsymbol{I})+\lambda(\ln J)\boldsymbol{I}] \tag{1.3.23}$$

式中：μ 和 λ 是拉梅常数。

$$\begin{cases}\mu=\dfrac{E}{2(1+v)}\\ \lambda=\dfrac{\upsilon E}{(1+v)(1-2v)}\end{cases} \tag{1.3.24}$$

式中：E 是弹性模量；υ 是泊松比。

黏性耗散部分的应力张量 $\boldsymbol{T}_{\mathrm{D}}$ 为

$$\boldsymbol{T}_{\mathrm{D}}=2\eta\boldsymbol{D}=\eta(\boldsymbol{L}+\boldsymbol{L}^{\mathrm{T}}) \tag{1.3.25}$$

式中：η 是材料的黏滞系数。

此时，总的柯西应力张量 $\boldsymbol{T}$ 为

$$\boldsymbol{T}=\frac{1}{J}[\mu(\boldsymbol{B}-\boldsymbol{I})+\lambda(\ln J)\boldsymbol{I}]+2\eta\boldsymbol{D} \tag{1.3.26}$$

1.3.2　动力平衡方程

在连续离散耦合分析方法中，每个颗粒都被离散为单独的有限元网格，颗粒间的接触力由节点上的集中接触力来表示，颗粒的运动由节点的位移矢量 $\boldsymbol{u}$ 来描述，颗粒在某一时刻的形状及其在空间中的位置由节点的位置矢量 $\boldsymbol{x}$ 表示。定义颗粒的加速度矢量 $\boldsymbol{a}$ 为

$$\boldsymbol{a}=\dot{\boldsymbol{v}}=\dot{\boldsymbol{x}}=\begin{bmatrix}a_x\\ a_y\\ a_z\end{bmatrix} \tag{1.3.27}$$

在将颗粒离散为有限单元网格的同时，颗粒的质量也被离散。在连续离散耦合分析或者显式有限元分析中，最简单的颗粒质量离散方式是采用集中质量矩阵 $\boldsymbol{M}$ 来描述颗粒质量的分布。以二阶四面体单元为例，集中质量矩阵 $\boldsymbol{M}$ 为

$$\boldsymbol{M}=\begin{bmatrix}m_1 & & & \\ & m_1 & & \\ & & \ddots & \\ & & & m_{10}\end{bmatrix} \tag{1.3.28}$$

可以看出，集中质量矩阵 $\boldsymbol{M}$ 为对角阵，非对角元素均为 0。作用在二阶四面体单元节点上的外力矢量 $\boldsymbol{f}_{\mathrm{ext}}$ 为

$$\boldsymbol{f}_{\mathrm{ext}}=\begin{bmatrix}f_{x,1}^{\mathrm{ext}} & f_{y,1}^{\mathrm{ext}} & f_{z,1}^{\mathrm{ext}}\\ f_{x,2}^{\mathrm{ext}} & f_{y,2}^{\mathrm{ext}} & f_{z,2}^{\mathrm{ext}}\\ \vdots & \vdots & \vdots\\ f_{x,10}^{\mathrm{ext}} & f_{y,10}^{\mathrm{ext}} & f_{z,10}^{\mathrm{ext}}\end{bmatrix} \tag{1.3.29}$$

同样，作用在二阶四面体单元节点上的内力矢量$\boldsymbol{f}_{\text{int}}$为

$$\boldsymbol{f}_{\text{int}}=\begin{bmatrix} f_{x,1}^{\text{int}} & f_{y,1}^{\text{int}} & f_{z,1}^{\text{int}} \\ f_{x,2}^{\text{int}} & f_{y,2}^{\text{int}} & f_{z,2}^{\text{int}} \\ \vdots & \vdots & \vdots \\ f_{x,10}^{\text{int}} & f_{y,10}^{\text{int}} & f_{z,10}^{\text{int}} \end{bmatrix} \tag{1.3.30}$$

根据牛顿第二定律，可得到单元节点的动力平衡方程为

$$\boldsymbol{M}\boldsymbol{a}^{\text{T}}+\boldsymbol{f}_{\text{int}}=\boldsymbol{f}_{\text{ext}} \tag{1.3.31}$$

将式（1.3.26）中的柯西应力张量$\boldsymbol{T}$在单元域内积分可得内力矢量$\boldsymbol{f}_{\text{int}}$为

$$\boldsymbol{f}_{\text{int}}=\int_{\Omega}\frac{\partial \boldsymbol{N}}{\partial \boldsymbol{x}_{\text{c}}}\boldsymbol{T}\text{d}\Omega \tag{1.3.32}$$

将作用在单元上的体积力和单元边界上的面力积分，可得外力矢量$\boldsymbol{f}_{\text{ext}}$为

$$\boldsymbol{f}_{\text{ext}}=\int_{\Omega}\boldsymbol{N}\boldsymbol{b}\text{d}\Omega+\int_{\Gamma}\boldsymbol{N}\boldsymbol{t}\text{d}\Gamma \tag{1.3.33}$$

式中：$\boldsymbol{b}=[b_x,b_y,b_z]$是体积力矢量；$\boldsymbol{t}$是表面张力矢量；$\Gamma$是表面张力的作用边界。

颗粒在变形前后质量是守恒的，因此单元节点的集中质量矩阵$\boldsymbol{M}$可表示为在单元初始构型上的积分：

$$\boldsymbol{M}=\int_{\Omega_0}\rho\boldsymbol{N}\boldsymbol{N}^{\text{T}}\text{d}\Omega_0 \tag{1.3.34}$$

式中：ρ是密度。

采用高斯积分方法求解式（1.3.32）～式（1.3.34）。对于二阶四面体单元，4个高斯积分点分别为$(\alpha,\beta,\beta,\beta)$、$(\beta,\alpha,\beta,\beta)$、$(\beta,\beta,\alpha,\beta)$和$(\beta,\beta,\beta,\alpha)$，式中$\alpha=(5+3\sqrt{5})/20\approx0.585\,410\,2$，$\beta=(5-\sqrt{5})/20\approx0.138\,196\,6$，因此在单元域内的积分可表示为

$$\begin{aligned}\int_{\Omega}F(\zeta_1,\zeta_2,\zeta_3,\zeta_4)\text{d}\Omega\approx&\frac{1}{4}[J(\alpha,\beta,\beta,\beta)F(\alpha,\beta,\beta,\beta)+J(\beta,\alpha,\beta,\beta)F(\beta,\alpha,\beta,\beta)\\&+J(\beta,\beta,\alpha,\beta)F(\beta,\beta,\alpha,\beta)+J(\beta,\beta,\beta,\alpha)F(\beta,\beta,\beta,\alpha)]\end{aligned} \tag{1.3.35}$$

式中：J是雅可比行列式。

由$\zeta_4=1-\zeta_1-\zeta_2-\zeta_3$可将式（1.3.35）进一步简化为

$$\begin{aligned}\int_{\Omega}F(\zeta_1,\zeta_2,\zeta_3,\zeta_4)\text{d}\Omega\approx&\frac{1}{4}J(\alpha,\beta,\beta)F(\alpha,\beta,\beta)+\frac{1}{4}J(\beta,\alpha,\beta)F(\beta,\alpha,\beta)\\&+\frac{1}{4}J(\beta,\beta,\alpha)F(\beta,\beta,\alpha)+\frac{1}{4}J(\beta,\beta,\beta)F(\beta,\beta,\beta)\end{aligned} \tag{1.3.36}$$

根据高斯积分方法，单元节点上的内力矢量$\boldsymbol{f}_{\text{int}}$可由式（1.3.37）计算：

$$\begin{aligned}\boldsymbol{f}_{\text{int}}&=\int_{\Omega}\frac{\partial \boldsymbol{N}}{\partial \boldsymbol{x}_{\text{c}}}\boldsymbol{T}\text{d}\Omega\\&=\frac{1}{4}J(\alpha,\beta,\beta)\frac{\partial \boldsymbol{N}(\alpha,\beta,\beta)}{\partial \boldsymbol{x}_{\text{c}}}\boldsymbol{T}(\alpha,\beta,\beta)+\frac{1}{4}J(\beta,\alpha,\beta)\frac{\partial \boldsymbol{N}(\beta,\alpha,\beta)}{\partial \boldsymbol{x}_{\text{c}}}\boldsymbol{T}(\beta,\alpha,\beta)\\&\quad+\frac{1}{4}J(\beta,\beta,\alpha)\frac{\partial \boldsymbol{N}(\beta,\beta,\alpha)}{\partial \boldsymbol{x}_{\text{c}}}\boldsymbol{T}(\beta,\beta,\alpha)+\frac{1}{4}J(\beta,\beta,\beta)\frac{\partial \boldsymbol{N}(\beta,\beta,\beta)}{\partial \boldsymbol{x}_{\text{c}}}\boldsymbol{T}(\beta,\beta,\beta)\end{aligned} \tag{1.3.37}$$

式中：$\boldsymbol{T}$是柯西应力张量，由式（1.3.26）计算。

在以上推导中，求解变形梯度张量 $\boldsymbol{F}$ 时需要计算矩阵 $\partial \boldsymbol{x}_{\mathrm{i}} / \partial \boldsymbol{\zeta}$，而在求解速度梯度张量 $\boldsymbol{L}$ 时需要计算 $\partial \boldsymbol{x}_{\mathrm{c}} / \partial \boldsymbol{\zeta}$。为了进一步减小计算量，Bonet[4]建议先计算变形梯度张量 $\boldsymbol{F}$ 的逆矩阵：

$$\boldsymbol{F}^{-1} = \frac{\partial \boldsymbol{x}_{\mathrm{i}}}{\partial \boldsymbol{x}_{\mathrm{c}}} = \boldsymbol{x}_{in} \frac{\partial \boldsymbol{N}}{\partial \boldsymbol{x}_{\mathrm{c}}} = \boldsymbol{x}_{in} \frac{\partial \boldsymbol{N}}{\partial \boldsymbol{\zeta}} \left(\frac{\partial \boldsymbol{x}_{\mathrm{c}}}{\partial \boldsymbol{\zeta}} \right)^{-1} \tag{1.3.38}$$

这样做的好处是只需要计算一次 $\partial \boldsymbol{x}_{\mathrm{c}} / \partial \boldsymbol{\zeta}$，然后求解变形梯度张量 $\boldsymbol{F}$ 的逆矩阵 $\boldsymbol{F}^{-1}$ 和速度梯度张量 $\boldsymbol{L}$。以此计算 4 个高斯积分点处的 $\partial \boldsymbol{N} / \partial \boldsymbol{\zeta}$ 和 $\partial \boldsymbol{x}_{\mathrm{c}} / \partial \boldsymbol{\zeta}$，分别代入式(1.3.34)～式（1.3.37），即可求得单元节点的内力矢量 $\boldsymbol{f}_{\mathrm{int}}$。

对于二阶四面体单元，其集中质量矩阵 $\boldsymbol{M}$ 可表示为

$$\boldsymbol{M} = \rho V_0 \begin{bmatrix} 0.028 &&&&&&&&& \\ & 0.028 &&&&&&&& \\ && 0.028 &&&&&&& \\ &&& 0.028 &&&&&& \\ &&&& 0.148 &&&&& \\ &&&&& 0.148 &&&& \\ &&&&&& 0.148 &&& \\ &&&&&&& 0.148 && \\ &&&&&&&& 0.148 & \\ &&&&&&&&& 0.148 \end{bmatrix} \tag{1.3.39}$$

式中：ρ 是密度；V_0 是单元初始构型的体积，可由高斯积分得到。

$$V_0 = \int_{\Omega_0} \mathrm{d}\Omega_0 = \frac{1}{4}[J_0(\alpha,\beta,\beta) + J_0(\beta,\alpha,\beta) + J_0(\beta,\beta,\alpha) + J_0(\beta,\beta,\beta)] \tag{1.3.40}$$

如果只考虑重力，体积力矢量 $\boldsymbol{b}$ 可表示为

$$\boldsymbol{b} = [b_x, b_y, b_z] = [\boldsymbol{g}\boldsymbol{N}]^{\mathrm{T}} = \boldsymbol{N}^{\mathrm{T}} \boldsymbol{g}^{\mathrm{T}} \tag{1.3.41}$$

式中：$\boldsymbol{g}$ 是重力加速度矩阵。

$$\boldsymbol{g} = \begin{bmatrix} g_{x,1} & g_{x,2} & \cdots & g_{x,10} \\ g_{y,1} & g_{y,2} & \cdots & g_{y,10} \\ g_{z,1} & g_{z,2} & \cdots & g_{z,10} \end{bmatrix} \tag{1.3.42}$$

当单元边界上没有作用面力时，单元节点的外力矢量 $\boldsymbol{f}_{\mathrm{ext}}$ 可由式（1.3.43）计算：

$$\boldsymbol{f}_{\mathrm{ext}} = \int_{\Omega} \boldsymbol{N}\boldsymbol{b} \mathrm{d}\Omega + \int_{\Gamma} \boldsymbol{N}\boldsymbol{t} \mathrm{d}\Gamma = \int_{\Omega} \boldsymbol{N}\boldsymbol{N}^{\mathrm{T}} \boldsymbol{g}^{\mathrm{T}} \mathrm{d}\Omega = \boldsymbol{M}\boldsymbol{g}^{\mathrm{T}} \tag{1.3.43}$$

为了进一步改善单元的应力自锁现象，Xiang 等[2]提出采用 F-bar 方法调整单元的变形梯度矩阵 $\boldsymbol{F}$，将变形梯度矩阵 $\boldsymbol{F}$ 分解成体积变形和剪切变形两部分：

$$\boldsymbol{F} = \boldsymbol{F}_{\mathrm{dev}} \boldsymbol{F}_{\mathrm{vol}} \tag{1.3.44}$$

其中

$$\begin{cases} \boldsymbol{F}_{\mathrm{dev}} = [\det(\boldsymbol{F})]^{-1/3} \boldsymbol{F} \\ \boldsymbol{F}_{\mathrm{vol}} = [\det(\boldsymbol{F})]^{1/3} \boldsymbol{I} \end{cases} \tag{1.3.45}$$

式中：$\boldsymbol{I}$ 为单位矩阵。

F-bar 方法的基本思想就是保持单元变形梯度张量的体积变形部分$\boldsymbol{F}_{\mathrm{vol}}$在单元内为常数，调整之后的变形梯度张量 $\bar{\boldsymbol{F}}$ 可表示为

$$\bar{\boldsymbol{F}} = \left[\frac{\det(\boldsymbol{F}_0)}{\det(\boldsymbol{F})}\right]^{1/3} \boldsymbol{F} \tag{1.3.46}$$

式中：$\boldsymbol{F}_0$ 是单元中心处的变形梯度。

将调整后的变形梯度张量 $\bar{\boldsymbol{F}}$ 代入式（1.3.26）计算单元的柯西应力张量。

1.3.3 显式时域积分

采用显式时步步进的方法求解单元节点的动力平衡方程，离散单元法或显式有限单元法中应用较多的是中心差分法。与隐式有限元法相比，显式差分法不需要集成和储存单元的刚度矩阵，但其数值稳定是有条件的，通过减小时步步长来控制数值积分的稳定性和计算精度。

对单元节点的某一自由度，其显式的 Leapforg 积分策略可表示为

$$\begin{cases} v\left(t+\dfrac{1}{2}\Delta t\right) = v\left(t-\dfrac{1}{2}\Delta t\right) + a(t)\Delta t \\ x(t+\Delta t) = x(t) + v\left(t+\dfrac{1}{2}\Delta t\right)\Delta t \end{cases} \tag{1.3.47}$$

式中：v 为速度。

当前时刻的加速度 $a(t)$ 为

$$a(t) = \frac{f(t)}{m} \tag{1.3.48}$$

式中：$f(t)$ 是作用在单元节点上的力沿某一自由度上的分量（包括外力、内力、接触力和阻尼力）；m 是单元节点上的集中质量。

从以上研究现状可以看出，在过去的二十年内，连续离散耦合分析法的研究对象从均质材料扩展到非均质材料，从完整岩石扩展到裂隙岩体，从实验室尺度扩展到工程尺度，其研究方法从单纯的力学分析到多场耦合分析，该方法均能给出令人满意的计算结果。尽管目前连续离散耦合分析方法仍处于发展阶段，但已有的研究成果表明，连续离散耦合分析方法具有强大的适应性和广阔的应用前景。

1.4 本章小结

连续离散耦合分析方法结合了有限单元法和离散单元法，将基于有限单元法的连续介质力学分析与基于离散单元法的接触检索、接触力计算和显式动力学求解融合在一起。本章介绍连续离散耦合分析方法中颗粒间的接触力模型、颗粒接触检索算法和颗粒应力

变形的显式有限元计算方法。

（1）通过变分形式简化颗粒间接触的理论假定，认为法向接触力是法向侵入量的函数，而切向接触力是法向接触力和接触状态的函数；基于罚函数法计算颗粒间的接触力，当罚函数足够大时，接触的侵入量相对于颗粒尺寸来说可以忽略不计；由于每个颗粒都被离散为单独的有限元网格，在接触力分析中，可以方便地使用有限元节点的几何坐标来描述接触颗粒的几何形状，并且接触面上接触力的分布更加真实，接触边界附近的局部应变场的数值畸变性大为改善。

（2）接触检索算法是为了避免对没有发生接触的颗粒对进行接触力计算，接触检索效率对连续离散耦合分析方法至关重要。在本书的连续离散耦合分析方法中，采用具有线性检索效率的 Munjiza-NBS 检索算法检索颗粒间的接触状态。

（3）采用二阶四面体单元离散每个颗粒，由单元节点的当前位置对初始位置求导得到变形梯度张量，采用 Neo-Hookean 模型来计算颗粒在大变形情况下的应力。采用高斯积分得到单元节点的外力集中力、内力集中力和集中质量，形成单元节点的动力平衡方程，采用显式时步步进的方法进行节点动力平衡方程的时域积分。

参考文献

[1] MUNJIZA A, BANGASH T, JOHN N W M. The combined finite-discrete element method for structural failure and collapse[J]. Engineering fracture mechanics, 2004, 71(4-6): 469-483.

[2] XIANG J, MUNJIZA A, LATHAM J P. Finite strain, finite rotation quadratic tetrahedral element for the combined finite-discrete element method[J]. International journal for numerical methods in engineering, 2009, 79(8): 946-978.

[3] CUNDALL P A, STRACK O D L. A discrete numerical model for granular assemblies[J]. Géotechnique, 1979, 29(30): 331-336.

[4] BONET J. Nonlinear continuum mechanics for finite element analysis[M]. Cambridge: Cambridge University Press, 1997.

第2章

颗粒形状和颗粒破碎

形状不规则和破碎是颗粒的重要性质，值得深入研究。受限于技术方法和计算条件，早期颗粒材料细观数值模拟常采用圆球、椭球等简单颗粒形状，并且较少考虑颗粒的破碎特性。随着数值模拟技术的发展和硬件水平的提高，颗粒材料的细观数值模拟逐渐精细化，本章详细介绍采用连续离散耦合分析方法考虑颗粒不规则形状和破碎的技术细节。首先，采用光学扫描、X射线等扫描颗粒，获取颗粒表面的高精度点云数据；采用球谐函数对扫描颗粒进行编码存储，建立大规模的颗粒形状库。采用二阶四面体单元离散颗粒，在颗粒实体单元之间插入无厚度界面单元，基于内聚力开裂模型和非线性断裂力学模拟颗粒破碎。

2.1 随机多面体颗粒

堆石坝工程中，堆石料一般为人工爆破料、土方开挖料，或者河床的砂卵石料。在现代大型高堆石坝工程中，由于堆石料的用量极大，绝大多数的堆石料还是通过人工爆破岩石获得，堆石颗粒的形状多为棱角状或者次棱角状[1-3]。基于以上认识，采用随机生成的凸多面体反映颗粒形状的不规则性，假定颗粒可以被一个不等边的椭球外包：

$$\left(\frac{x-x_0}{a}\right)^2+\left(\frac{y-y_0}{b}\right)^2+\left(\frac{z-z_0}{c}\right)^2=1 \tag{2.1.1}$$

式中：a、b 和 c 是不等边椭球的三个半轴长度。

为了简化问题，本章假定 $b=c$ 和 $a=\beta b$，式中参数 β 反映外包椭球的伸长率。首先在外包椭球面上随机布点，点在整体坐标系中的位置用球坐标系表示为

$$\begin{cases} x_i = x_0 + a\sin\theta_i\cos\varphi_i \\ y_i = y_0 + b\sin\theta_i\sin\varphi_i \\ z_i = z_0 + c\cos\theta_i \end{cases} \tag{2.1.2}$$

式中：x_i、y_i 和 z_i 是椭球面上第 i 个点的笛卡儿坐标；x_0、y_0 和 z_0 是外包椭球的中心坐标；顶角 θ_i 在 $[0,\pi]$ 取值；方位角 φ_i 在 $[0,2\pi]$ 取值。

假定不规则凸多面体表面由若干个三角面组成，采用以下方法将由式（2.1.2）生成的一系列点连接形成凸多面体，如图 2.1.1 所示。

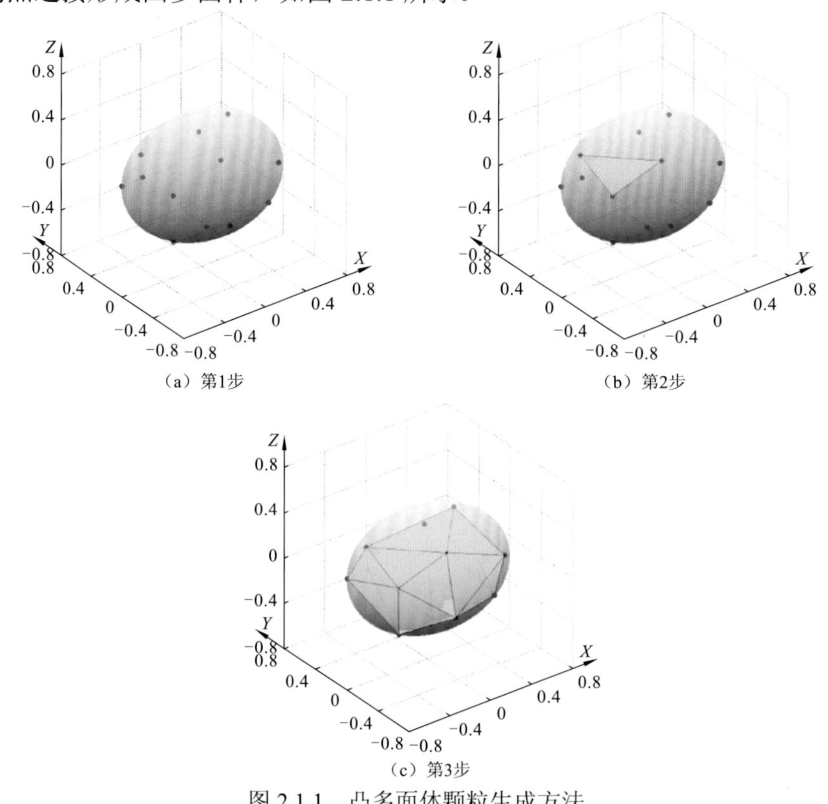

（a）第1步　（b）第2步

（c）第3步

图 2.1.1　凸多面体颗粒生成方法

（1）遍历外包椭球上的点。

（2）寻找距离点 p_i 最近的邻点，标记为 p_{i1} 。

（3）在除 p_i 、 p_{i1} 以外的点中，寻找一点 p_{i2} ，使其余点都在由 p_i 、 p_{i1} 和 p_{i2} 形成的三角面的同一侧。

（4）遍历结束后，删除由相同节点形成的三角面。

（5）将新生成的凸多面体点、线、面和体的几何信息存储在数据库中。

2.2　三维激光扫描颗粒

近几年来，随着三维激光扫描技术的快速发展，三维激光扫描设备也逐渐进入商业化[4]。通过三维激光扫描设备能够快速地获得颗粒表面的扫描点云数据，借助三维重构软件可有效实现颗粒的三维重构建模，为颗粒的三维形状分析提供了技术保障[5-6]。随着扫描技术的长足发展，白光扫描仪、手持式三维激光扫描仪陆续出现，而且大部分扫描仪已经可以对扫描点云数据进行一键封装，得到三角形网格封闭曲面数据。

Illerstrom[7]于 1998 年首次将三维激光扫描技术应用于碎石材料的研究，此后，Lanaro 和 Tolppanen[8]于 2002 年、Latham 等[9]于 2008 年分别采用三维激光扫描技术对岩石颗粒的三维激光扫描技术进行了更深入的研究。采用的三维激光扫描系统如图 2.2.1 所示，从左往右主要由计算机、扫描镜头和转台三部分组成。计算机内安装与三维激光扫描设备兼容的数据接收与后处理软件，输出的文件包括临时存储的单幅扫描点云数据 rge 文件和最终包含封闭网格的点云数据 stl 文件、obj 文件等。扫描镜头包含激光（白光）光源和两个电荷耦合相机；激光（白光）光源将以光栅的形式投射到物体表面，然后通过耦合相机接收由颗粒表面反射回来的光源，从而获得物体表面测点的空间位置信息；相机的像素决定了扫描精度，其范围一般是 100～500 μm 不等，可以广泛适用于粒径为 10～100 mm 的粗颗粒。转台由精密马达驱动，扫描时转台在规定的角度间隔内进行旋转，不同幅面之间需要足够的重叠视图，以通过该部分的位置信息将不同幅面的点云数据拼接、配准、融合，最终得到颗粒整体三维形状。三维扫描颗粒的步骤一般如下。

图 2.2.1　三维激光扫描系统

步骤 1：选择扫描对象和搭建一个稳定的三维激光扫描平台。颗粒的大小、形状、表观颜色均是三维激光扫描选材需要考虑的问题：对于桌面固定类扫描仪，颗粒的尺寸应在其最大扫描范围和最小扫描物体尺寸之间，对于超大颗粒的扫描应选用手持式三维激光扫描仪，对于超细小的颗粒应选用其他扫描方式；对于转台扫描模式，考虑转台旋转时颗粒的固定问题，应避免选用表面太光滑和圆度较大的颗粒；由于图像二值化中，黑色的灰度值为0，颗粒的表观颜色应避免选用黑色的颗粒，否则相机难以识别足够的测点。另外，三维激光扫描时必须确保扫描平台建立在一个稳定的环境中，避免光线过强、地面震动、空气强对流等不利条件，确保三维激光扫描结果受到外部因素的影响较小。

步骤 2：校准三维激光扫描仪。在三维激光扫描前，有些制造商生产的三维激光扫描仪，需要预校准扫描模式，而有些则需要用户校准系统本身。校准非常重要，因为三维激光扫描仪需要知道它在什么环境条件下进行扫描，才可以扫描出准确的三维数据。在校准过程中，三维激光扫描仪会根据预先设置的扫描模式，计算出扫描镜头和转台的相对位置。正确的扫描仪设置很重要，它会影响扫描环境及扫描数据的准确性，一旦校准完成之后，应避免相机位置的改变，而且必须确保曝光设置是正确的。校准后，三维激光扫描仪通过扫描已知测量物体来检查校准准确性，如果发现不同扫描幅面直接无法融合或扫描的精度无法实现时，需要对扫描仪进行重新校准。

步骤 3：扫描准备工作。有些物体表面扫描是比较困难的。这些物体包括圆度较高、有光泽或暗的物体。对于这些物体需要对扫描物体喷薄薄的一层显像剂，这样做是为了更好地扫描出物体的三维特征，数据会更精确。但是要注意的是，显像剂的使用不应过大地影响颗粒本身的形状，避免对扫描精度造成影响。

步骤 4：扫描。用三维激光扫描仪对扫描物体从不同的角度捕捉三维数据，并把不同位置的点云数据自动或手动地拼接、融合起来。

步骤 5：点云处理。使用后处理软件对扫描得到的点云数据进行后期处理，去除点云的噪点，以及对其进行平滑处理，也可以直接对点云数据进行一键拼接。

扫描的三维颗粒可以被用于大多数数值模拟计算软件中，如离散元 PFC^{3D} 和有限元 ABAQUS、ANSYS 等软件中。三维激光扫描仪得到的点云数据集一般非常密集，可以产生非常精细的有限元网格，如图 2.2.2 所示。

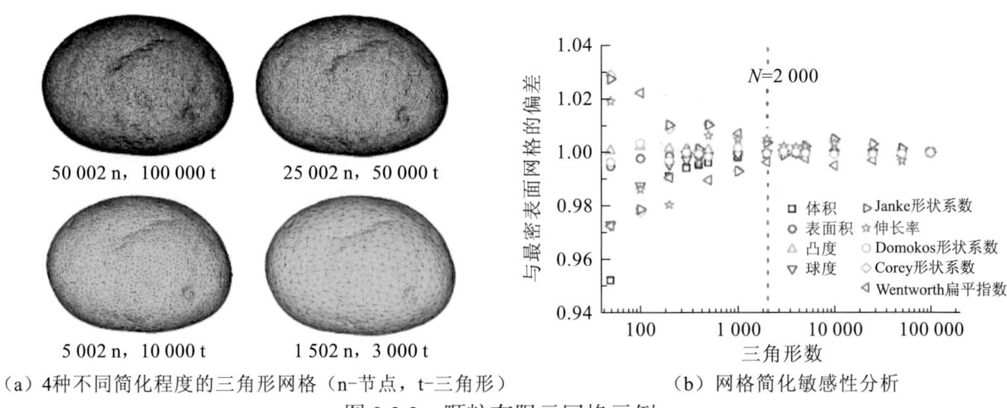

（a）4种不同简化程度的三角形网格（n-节点，t-三角形）　（b）网格简化敏感性分析

图 2.2.2　颗粒有限元网格示例

对于特定的研究目的，如颗粒摩擦行为、岩石裂隙流等，致密的三角形网格是必需的；而对于其他传统领域的研究和应用，考虑计算资源、结果精度等问题，往往需要对网格进行适当简化。网格简化软件可选用一些开源的处理软件，如 MeshLab、3D TransVidia 等；网格简化的同时需要对重点关注的颗粒形状指标（见 2.3 节）进行监控，以保证简化后的网格仍能达到较高的质量。

2.3　颗粒形状表征

颗粒形状的差异可以用颗粒的几何特征进行描述和分类。Barrett[1]建议将颗粒形状表征分为三个层面，分别是形态、圆度和表面粗糙度，如图 2.3.1 所示。Blott 和 Pye[2]系统搜集、整理了颗粒形状的量化指标。但在实际应用中，学者还是倾向于采用形式相对简单的颗粒形状量化指标去描述砂或者粗粒土的颗粒形状。

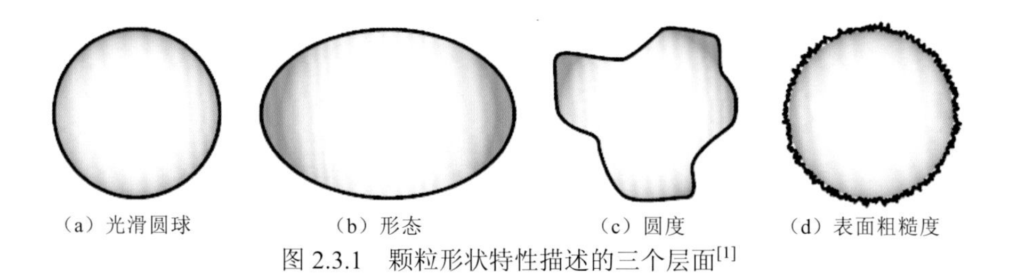

图 2.3.1　颗粒形状特性描述的三个层面[1]

通常采用颗粒的伸长率（$E_r = I/L$）或者扁平率（$F_r = S/I$）来描述颗粒的整体形态，式中 L、I 和 S 分别是颗粒的三个相互垂直的长轴、中轴和短轴长度。在二维情况下，$S = I$，因此颗粒的短轴与长轴之比 $\alpha = S/L = I/L = E_r$，如图 2.3.1（a）所示。颗粒圆度所反映的形状尺度位于形态和表面粗糙度之间，其所描述的是颗粒的棱角状特性，如图 2.3.1（c）所示。在三维情况下，定义等体积球的表面积与颗粒表面积之比 S_{3D} 为颗粒的圆度：

$$S_{3D} = \frac{A_s}{A} = \frac{4\pi[3V/(4\pi)]^{2/3}}{A} \tag{2.3.1}$$

式中：A_s 是与颗粒等体积球的表面积；V 和 A 分别是颗粒的体积和表面积。

颗粒圆度的理论最大值为 1.0，此时对应圆球，而实际的砂或者粗粒土颗粒的圆度大概为 0.7。在二维情况下，定义颗粒的圆度 S_{2D} 为等面积圆的周长与颗粒周长之比：

$$S_{2D} = \frac{P_d}{P} = \frac{2\pi\sqrt{A/\pi}}{P} \tag{2.3.2}$$

式中：P_d 是颗粒等面积圆的周长；P 是颗粒的周长。

颗粒表面的粗糙度反映了颗粒表面的局部起伏程度。从微观角度来看，颗粒表面的微凸起是产生摩擦力的力学机理。在大多数情况下，颗粒表面的粗糙程度隐含在颗粒的滑动摩擦系数中。

通过控制颗粒外包椭球的长轴与短轴之比 α 和颗粒表面的顶点个数来控制生成凸多面体颗粒的形态和圆度，图 2.3.2 为在不同长短轴之比的外包椭球内生成的具有相同顶点数的凸多面体颗粒，图 2.3.3 为在相同长短轴之比的外包椭球内生成的具有不同顶点数的凸多面体颗粒。

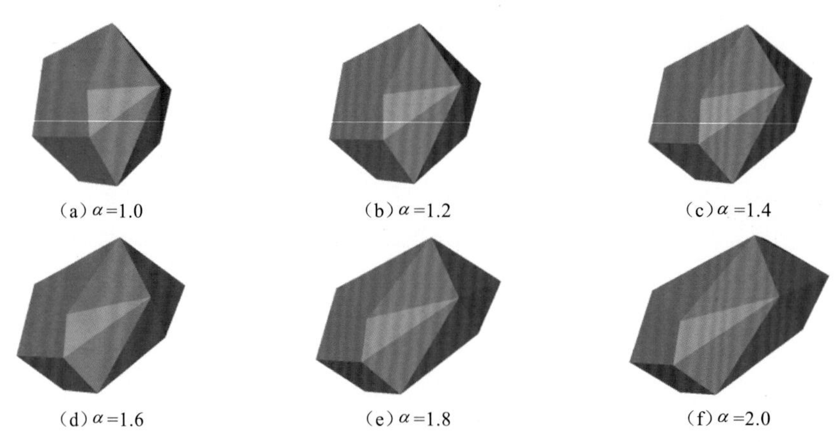

图 2.3.2　由具有不同长短轴之比的外包椭球生成的凸多面体颗粒

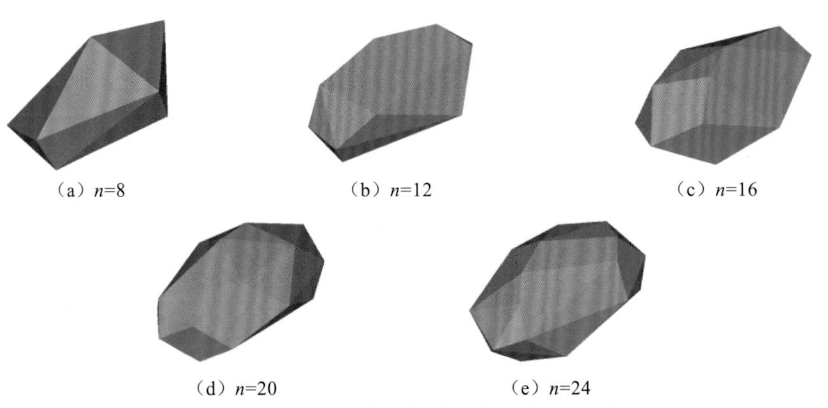

图 2.3.3　由不同顶点数形成的凸多面体颗粒

不同颗粒在形状上的差异可以用不同的形状描述符进行分类和量化，除了上述几个颗粒形状描述符，表 2.3.1 还统计了与圆度和形态有关的几种重要形状描述符。其中，颗粒的表面积和体积分别由表面的三角形网格和内部的四面体网格叠加计算得到，单个三角形网格的面积和单个四面体网格的体积均可由有限元软件 ANSYS 自动获取。其中，颗粒的长、中、短轴通过构造颗粒的外切边界框计算得到。

表 2.3.1　部分形状指标

形状指标		计算公式
凸度		$C_X = \dfrac{V}{V_{ch}}$
球度		$\psi_{3D} = \dfrac{A_s}{A} = \dfrac{\sqrt[3]{36\pi V^2}}{A}$
形态相关的指标	Corey 形状系数	$C_{sf} = \dfrac{S}{\sqrt{LI}}$
	Wentworth 扁平指数	$W_{fi} = \dfrac{L+I}{2S}$
	Janke 形状系数	$J_{ff} = \dfrac{S}{\sqrt{(S^2+I^2+L^2)/3}}$
	伸长率	$E_r = \dfrac{I}{L}$
	扁平率	$F_r = \dfrac{S}{I}$
	Domokos 形状系数	$S_f = (1/S + 1/I + 1/L)\sqrt{S^2+I^2+L^2}\Big/\sqrt{3}$
圆度相关的指标	Dobkins & Folk 圆度	$D_F = \dfrac{D_k}{D_i}$
	Kuenen 圆度	$K_r = \dfrac{D_k}{I}$
	Wadell 圆度	$W_a = \dfrac{n}{\sum \dfrac{D_i}{D_r}}$
	Wentworth 圆度	$W_e = \dfrac{D_k}{(L+I)/2}$

注：L、I、S 是颗粒三个主轴方向长度，且 $L > I > S$；V 是颗粒的体积；V_{ch} 是包围颗粒的凸包体积；A 是颗粒表面积；D_k 是棱角最大曲率半径；D_i 是最大内切球曲率半径；D_r 是不同棱角曲率半径

颗粒形状的表征方法多种多样，许多学者对此进行了研究和分类。Blott 和 Pye[2]从几何角度将形状描述符分为三种类型，即形态、圆度、表面粗糙度，并发现最重要的形态指标是伸长率和扁平率。他们沿用 Sneed 和 Folk[10]对“形态”的定义，即“形态”是用于描述颗粒三维尺寸的特征，通过长、中、短轴的比率来表示。而介于形态和表面粗糙度之间，他们用球度或圆度来对颗粒形状进行描述；其中，颗粒圆度与“形态”无关，与颗粒边角锐利程度密切有关，而颗粒球度与“形态”“圆度”均相关。对于圆球来说，其长度、宽度和厚度相等，而且有最高的圆度。

本章设计了一组交叉实验，定量地研究颗粒外包椭球的长短轴之比和颗粒表面的顶点数对颗粒形态和圆度的影响。交叉实验的两个影响因素分别为颗粒外包椭球的长短轴

之比和颗粒表面的顶点数，颗粒外包椭球的长短轴之比在 1.0～2.0 取值，步长为 0.1，颗粒表面顶点数在 6～20 取值，步长为 1，共 140 组影响因素组合。对每组影响因素，随机生成 5 000 个凸多面体颗粒，统计颗粒形态和圆度的平均值。图 2.3.4（a）为颗粒伸长率的平均值与颗粒外包椭球的长短轴之比和颗粒表面顶点数的关系云图。由图 2.3.4（a）可以看出，颗粒外包椭球的长短轴之比和颗粒表面顶点数都会影响颗粒的形态，随着颗粒外包椭球的长短轴之比的增大，颗粒表面顶点数的减小，颗粒的伸长率逐渐增大，相比于颗粒表面的顶点数，颗粒外包椭球的长短轴之比对颗粒形态的影响更为显著。图 2.3.4（b）为颗粒圆度的平均值与颗粒外包椭球的长短轴之比和颗粒表面顶点数的关系云图。同样，颗粒外包椭球的长短轴之比和颗粒表面顶点数都会影响颗粒的圆度，随着颗粒外包椭球的长短轴之比的增大，颗粒表面顶点数的减小，颗粒的圆度逐渐减小，表明颗粒的棱角性越来越明显，而颗粒表面顶点数对颗粒棱角性的影响要强于颗粒外包椭球的长短轴之比。

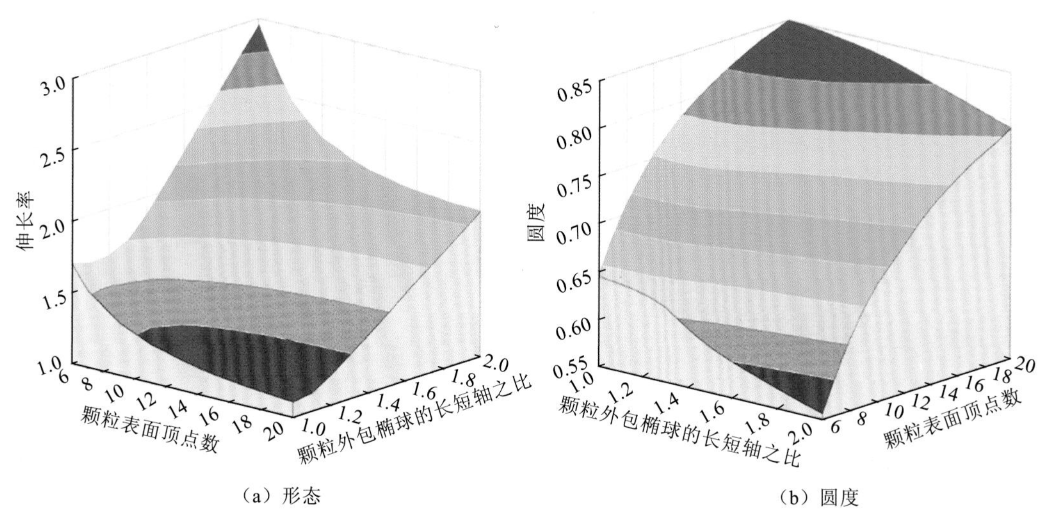

（a）形态 （b）圆度

图 2.3.4 颗粒形状量化指标随颗粒表面顶点数和颗粒外包椭球的长短轴之比的变化

2.4 内聚力开裂模型

断裂力学是研究材料的强度和裂纹扩展规律的一门重要学科。根据经典断裂力学理论，按照裂纹面的受力情况，将裂纹分为三种基本类型：张开型（I 型）、滑开型（II 型）及撕开型（III 型），这三种类型的裂纹对应着不同的断裂模式，如图 2.4.1 所示。I 型裂纹的上、下表面相对张开，对应于拉伸断裂（I 型断裂）；II 型裂纹的上、下表面沿着 X 方向相对滑开，对应于剪切断裂（II 型断裂）；III 型裂纹的上、下表面沿着 Y 方向相对滑开，对应于反平面剪切断裂（III 型断裂）。当断裂模式为以上三种模式的组合时，则为混合断裂模式。

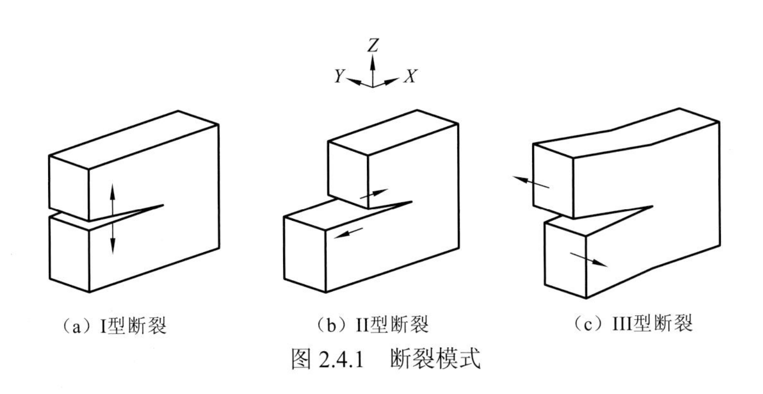

（a）I型断裂　（b）II型断裂　（c）III型断裂

图 2.4.1　断裂模式

根据裂纹尖端变形特性的不同，断裂力学可以分为线弹性断裂力学和非线性断裂力学。线弹性断裂力学以线弹性力学理论为基础，研究含裂纹的材料在线弹性阶段裂纹失稳扩展的规律，主要使用能量释放率 G 和应力强度因子 K 判断裂纹是否萌生，即通常所说的能量判据（G 判据）[11]和断裂韧度判据（K 判据）[12]。在静力学中，能量判据和断裂韧度判据是等效的。线弹性断裂力学的研究对象局限于理想连续、均匀线弹性介质，并且理论本身存在严重缺陷。该理论虽然成功地解释了裂纹端部应力集中现象，但是，基于线弹性本构关系的假设，裂纹尖端存在应力奇异性，这种现象在物理上是不合理的[13]。为了消除裂纹尖端的应力奇异性，Dugdale[14]和 Barenblatt[15]在 20 世纪 60 年代先后提出了内聚力模型（cohesive model）。该模型假设在裂纹尖端附近存在内聚力区域，即断裂过程区，该区域内聚力对应的应力强度因子与外荷载产生的应力强度因子之和（代数和）为零，从而消除了尖端应力的奇异性。与其他材料开裂的模拟方法相比，内聚力开裂模型有如下优势：能够反映材料中裂纹萌生、扩展直至完全失效的全过程；具有模拟多裂纹扩展的能力；相比于线弹性断裂力学和 J 积分方法，材料中无须包含预制裂纹，无须预先设定裂纹的扩展方向，裂纹在任意布置界面单元的位置均能扩展；与采用裂纹追踪技术、网格重划分技术的模拟方法相比内聚力模型的计算成本较低。

目前，内聚力开裂模型已经成功运用于模拟材料的开裂。Yang 等[16]提出混合使用高斯积分和子域积分进行界面单元的应力积分，模拟层压复合材料的脱层扩展过程，研究表明，与传统的高斯积分法、牛顿-科茨法相比，这种积分方法显著提高了求解精度和数值稳定性。Song 等[17]采用双线性内聚力开裂模型研究沥青混凝土的开裂行为，预测的混合模式下裂纹扩展路径与试验结果十分吻合。Roe 和 Siegmund[18]提出了用于模拟疲劳裂纹扩展的不可逆内聚力开裂模型。Ma 等[19]采用内聚力开裂模型研究了颗粒材料的破碎，通过界面单元的失效模拟裂纹的萌生和扩展。

在张拉状态下，内聚力区应力分布如图 2.4.2 所示，t_n 和 δ_n 分别是拉张应力和开裂位移。真实裂纹的尖端应力为零，内聚力区尖端应力为材料的抗拉强度。从真实裂纹尖端到内聚力区尖端，应力逐渐提高。图 2.4.3 给出了界面单元所处的位置即裂纹可能发生的位置。采用考虑单元刚度退化的开裂准则模拟裂纹的起裂和扩展，当界面单元的应力状态或者是应变状态满足开裂准则之后，单元的刚度逐渐退化直至为零，界面单元从此失去承载能力。图 2.4.4 是一个典型的界面单元本构模型，2.4.1 小节和 2.4.2 小节将对其进行详细介绍。

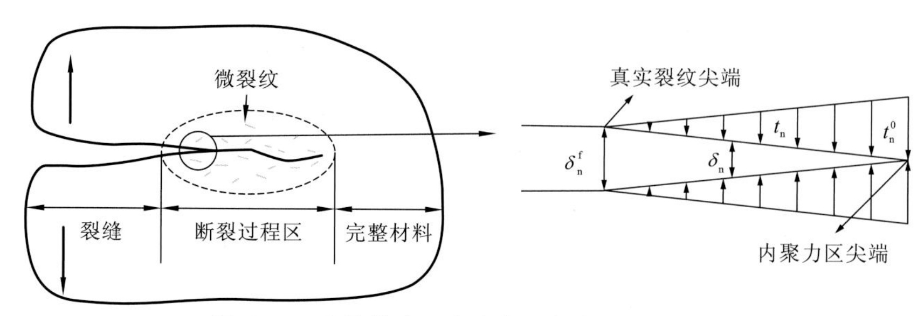

图 2.4.2　张拉状态下内聚力区应力分布示意图

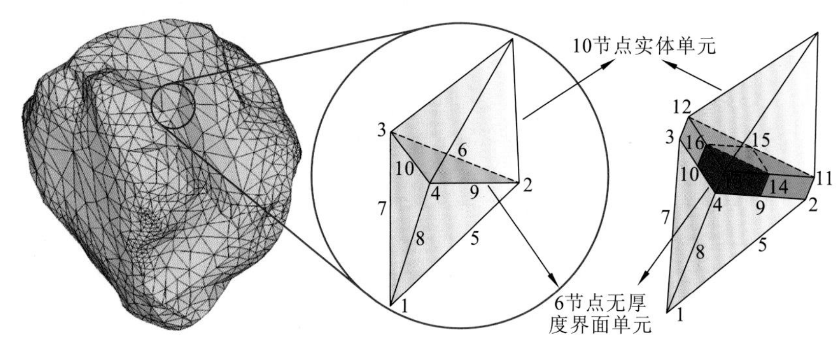

图 2.4.3　颗粒网格剖分及插入无厚度界面单元

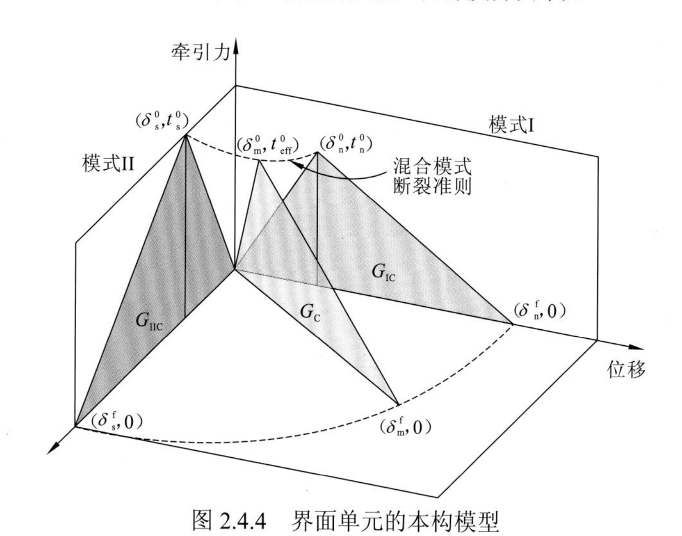

图 2.4.4　界面单元的本构模型

2.4.1　裂纹起裂准则

在界面单元出现损伤之前，其本构关系是线弹性的：

$$\boldsymbol{t}=\begin{Bmatrix}\boldsymbol{t}_{\mathrm{n}}\\ \boldsymbol{t}_{\mathrm{s}}\end{Bmatrix}=\begin{bmatrix}K_{\mathrm{nn}} & K_{\mathrm{ns}}\\ K_{\mathrm{ns}} & K_{\mathrm{ss}}\end{bmatrix}\begin{bmatrix}\varepsilon_{\mathrm{n}}\\ \varepsilon_{\mathrm{s}}\end{bmatrix} \tag{2.4.1}$$

式中：$\boldsymbol{t}_{\mathrm{n}}$、$\boldsymbol{t}_{\mathrm{s}}$ 分别是界面单元的法向应力、切向应力；K_{ij} 是刚度矩阵的元素，计算时未考虑应力、应变的法向分量与切向分量之间的耦合关系，因此 $K_{\mathrm{ns}}=0$；ε_{n}、ε_{s} 分别是界面单元的法向应变、切向应变。

法向应变、切向应变定义为

$$\varepsilon_{\mathrm{n}}=\frac{\delta_{\mathrm{n}}}{T_0},\ \ \varepsilon_{\mathrm{t}}=\frac{\delta_{\mathrm{t}}}{T_0} \tag{2.4.2}$$

式中：δ_{n}、δ_{t} 分别是界面单元沿着法向和切向产生的位移；T_0 是界面单元的本构厚度。本章采用无厚度的界面单元模拟材料开裂，倘若取 T_0 为几何厚度，将会导致应变奇异。为了消除应变奇异，在进行界面单元的应变和应力计算时采用的是单元的本构厚度。通常定义 $T_0=1$，则界面单元的应变与相应方向上的位移大小相等。界面单元的线弹性本构方程可写为

$$\boldsymbol{t}=\begin{Bmatrix}\boldsymbol{t}_{\mathrm{n}}\\ \boldsymbol{t}_{\mathrm{s}}\end{Bmatrix}=\begin{Bmatrix}k_{\mathrm{n}}\delta_{\mathrm{n}}\\ k_{\mathrm{s}}\delta_{\mathrm{s}}\end{Bmatrix} \tag{2.4.3}$$

式中：k_{n}、k_{s} 分别是界面单元的法向刚度、切向刚度。

为了模拟可能发生的裂纹萌生、扩展过程，首先必须定义合理的裂纹起裂准则，下面介绍几种常用的裂纹起裂准则。

1. 最大应力准则

当任何一个方向的应力达到其临界值时，界面单元即开始出现损伤，公式如下：

$$\max\left\{\frac{\langle \boldsymbol{t}_{\mathrm{n}}\rangle}{t_{\mathrm{n}}^{0}},\frac{\boldsymbol{t}_{\mathrm{s}}}{t_{\mathrm{s}}^{0}}\right\}=1 \tag{2.4.4}$$

式中：t_{n}^{0} 是界面单元法向应力的临界值，即岩石材料的抗拉强度；t_{s}^{0} 是界面单元切向应力的临界值，即岩石材料的抗剪强度；〈 〉是 Macaulay 括号，即

$$\langle \boldsymbol{t}_{\mathrm{n}}\rangle=\begin{cases}\boldsymbol{t}_{\mathrm{n}},\ \ \boldsymbol{t}_{\mathrm{n}}\geqslant 0\ (\text{拉应力})\\ 0,\ \ \boldsymbol{t}_{\mathrm{n}}<0\ (\text{压应力})\end{cases} \tag{2.4.5}$$

2. 二次应力准则

当各个方向的应力与其相应的临界应力的比值的平方和达到 1 时，界面单元即开始出现损伤，公式如下：

$$\left\{\frac{\langle \boldsymbol{t}_{\mathrm{n}}\rangle}{t_{\mathrm{n}}^{0}}\right\}^{2}+\left\{\frac{\boldsymbol{t}_{\mathrm{s}}}{t_{\mathrm{s}}^{0}}\right\}^{2}=1 \tag{2.4.6}$$

3. 最大应变准则

当任何一个方向的应变达到其临界值时，界面单元即开始出现损伤，公式如下：

$$\max\left\{\frac{\langle\varepsilon_{\mathrm{n}}\rangle}{\varepsilon_{\mathrm{n}}^{0}},\frac{\varepsilon_{\mathrm{s}}}{\varepsilon_{\mathrm{s}}^{0}}\right\}=1 \tag{2.4.7}$$

式中：$\varepsilon_{\mathrm{n}}^{0}$ 是界面单元法向应变的临界值；$\varepsilon_{\mathrm{s}}^{0}$ 是界面单元切向应变的临界值。

4. 二次应变准则

当各个方向的应变与其相应的临界应变的比值的平方和达到 1 时，界面单元即开始出现损伤，公式如下：

$$\left\{\frac{\langle\varepsilon_{\mathrm{n}}\rangle}{\varepsilon_{\mathrm{n}}^{0}}\right\}^{2}+\left\{\frac{\varepsilon_{\mathrm{s}}}{\varepsilon_{\mathrm{s}}^{0}}\right\}^{2}=1 \tag{2.4.8}$$

考虑到通常情况下材料破坏往往是由拉应力和剪应力共同作用导致的，本节模拟时采用二次应力准则判断界面单元是否开裂，采用带拉断的莫尔-库仑强度准则计算岩石材料的抗剪强度：

$$t_{\mathrm{s}}^{0}=\begin{cases}c-\boldsymbol{t}_{\mathrm{n}}\tan\varphi, & \boldsymbol{t}_{\mathrm{n}}<t_{\mathrm{n}}^{0}\\ c-t_{\mathrm{n}}^{0}\tan\varphi, & \boldsymbol{t}_{\mathrm{n}}\geqslant t_{\mathrm{n}}^{0}\end{cases} \tag{2.4.9}$$

式中：c 是岩石材料的内聚力；φ 是岩石材料的内摩擦角。

2.4.2 裂纹扩展准则

在裂纹扩展阶段，界面单元的本构方程为

$$\begin{cases}\boldsymbol{t}_{\mathrm{n}}=\begin{cases}(1-D)k_{\mathrm{n}}\delta_{\mathrm{n}}, & \delta_{\mathrm{n}}\geqslant 0\ (\text{拉应力})\\ k_{\mathrm{n}}\delta_{\mathrm{n}}, & \delta_{\mathrm{n}}<0\ (\text{压应力})\end{cases}\\ \boldsymbol{t}_{\mathrm{s}}=(1-D)k_{\mathrm{s}}\delta_{\mathrm{s}}\end{cases} \tag{2.4.10}$$

式中：D 是无量纲的损伤因子，当 $D=0$ 时，表明界面单元未出现损伤，当 $D=1$ 时，表明界面单元完全失效，失去承载能力。

在大多数情况下，界面单元处在混合加载状态下，同时发生法向和切向的变形，因此需要定义界面单元的等效应力 $\boldsymbol{t}_{\mathrm{eff}}$ 和等效位移 δ_{m}：

$$\begin{cases}\boldsymbol{t}_{\mathrm{eff}}=\sqrt{\langle\boldsymbol{t}_{\mathrm{n}}\rangle^{2}+\boldsymbol{t}_{\mathrm{s}}^{2}}\\ \delta_{\mathrm{m}}=\sqrt{\langle\delta_{\mathrm{n}}\rangle^{2}+\delta_{\mathrm{s}}^{2}}\\ \langle\delta_{\mathrm{n}}\rangle=\begin{cases}\delta_{\mathrm{n}}, & \delta_{\mathrm{n}}\geqslant 0\ (\text{拉应力})\\ 0, & \delta_{\mathrm{n}}<0\ (\text{压应力})\end{cases}\end{cases} \tag{2.4.11}$$

下面介绍两种常用的损伤演化准则。

1. 基于等效位移的损伤演化准则

通过确定界面单元开始出现损伤时和完全失效时对应的等效位移 δ_{m}^{0}、$\delta_{\mathrm{m}}^{\mathrm{f}}$，定义损伤因子 D 的演化规律，即可控制界面单元的损伤演化过程。根据软化准则的不同，界面单元的损伤演化准则可分为线性损伤演化准则和指数损伤演化准则。

线性损伤演化准则对应的损伤因子的表达式[20]如下：

$$D=\frac{\delta_{\mathrm{m}}^{\mathrm{f}}(\delta_{\mathrm{m}}^{\max}-\delta_{\mathrm{m}}^{0})}{\delta_{\mathrm{m}}^{\max}(\delta_{\mathrm{m}}^{\mathrm{f}}-\delta_{\mathrm{m}}^{0})} \tag{2.4.12}$$

式中：$\delta_{\mathrm{m}}^{\max}$ 是在整个加载过程中界面单元的等效位移的最高值。

指数损伤演化准则对应的损伤因子的表达式如下：

$$D=1-\left(\frac{\delta_{\mathrm{m}}^{0}}{\delta_{\mathrm{m}}^{\max}}\right)\left\{1-\frac{1-\exp\left[-\alpha\left(\dfrac{\delta_{\mathrm{m}}^{\max}-\delta_{\mathrm{m}}^{0}}{\delta_{\mathrm{m}}^{\mathrm{f}}-\delta_{\mathrm{m}}^{0}}\right)\right]}{1-\exp(-\alpha)}\right\} \tag{2.4.13}$$

式中：α 是无量纲材料参数，用于定义损伤演化速率。

2. 基于断裂能的损伤演化准则

通过定义界面单元在损伤过程中耗散的能量，可控制界面单元的损伤演化过程。在本章中，耗散能量也就是通常所说的断裂能，它等于应力-开裂位移曲线与 X 轴所包围的面积大小。常用的损伤演化准则包括指数准则和 Benzeggagh-Kenane 准则。

指数准则的表达式如下：

$$\left\{\frac{G_{\mathrm{I}}}{G_{\mathrm{I}}^{\mathrm{C}}}\right\}^{\alpha}+\left\{\frac{G_{\mathrm{II}}}{G_{\mathrm{II}}^{\mathrm{C}}}\right\}^{\alpha}=1 \tag{2.4.14}$$

式中：$G_{\mathrm{I}}^{\mathrm{C}}$、$G_{\mathrm{II}}^{\mathrm{C}}$ 分别是材料的 I 型和 II 型临界断裂能；G_{I}、G_{II} 分别是界面单元损伤演化过程中的 I 型和 II 型断裂能；α 是无量纲材料参数。

Benzeggagh-Kenane 准则[21]的表达式如下：

$$\begin{cases} G^{\mathrm{C}}=G_{\mathrm{I}}^{\mathrm{C}}+(G_{\mathrm{II}}^{\mathrm{C}}-G_{\mathrm{I}}^{\mathrm{C}})\left\{\dfrac{G_{\mathrm{shear}}}{G_{\mathrm{T}}}\right\}^{\eta} \\ G_{\mathrm{shear}}=G_{\mathrm{II}} \\ G_{\mathrm{T}}=G_{\mathrm{shear}}+G_{\mathrm{I}} \end{cases} \tag{2.4.15}$$

式中：G_{shear} 是界面单元在剪切荷载作用下的断裂能；G_{T} 是界面单元在混合荷载作用下的断裂能；η 是材料常数，通常由弯曲试验测得，本书中取 $\eta=2$。

与基于等效位移的损伤演化准则相同，基于断裂能的损伤演化准则中界面单元的软化准则分为线性软化和指数软化。线性软化准则中损伤因子的表达式与式（2.4.12）一致，其中等效位移 δ_{m}^{0} 需根据采用的裂纹起裂准则推算，等效位移 $\delta_{\mathrm{m}}^{\mathrm{f}}$ 的计算公式如下：

$$\delta_{\mathrm{m}}^{\mathrm{f}} = \frac{2G^{\mathrm{C}}}{t_{\mathrm{eff}}^{0}} \tag{2.4.16}$$

指数软化准则中损伤因子的表达式如下：

$$D = \int_{\delta_{\mathrm{m}}^{0}}^{\delta_{\mathrm{m}}^{\mathrm{f}}} \frac{t_{\mathrm{eff}}}{G^{\mathrm{C}} - G_0} \mathrm{d}\delta \tag{2.4.17}$$

式中：G_0 是界面单元开始出现损伤时对应的弹性能。

当界面单元失效后，将其从模型中删除，原先通过界面单元相连的实体单元边界成为潜在的接触边界并添加到接触搜索的索引表中。如果检测到实体单元发生接触，则采用线性刚度接触模型模拟其相互作用。接触力增量和接触点处的相对位移增量的关系为

$$\begin{cases} \Delta F_{\mathrm{n}} = -K_{\mathrm{n}} A_{\mathrm{c}} \Delta\delta_{\mathrm{n}} \\ \Delta F_{\mathrm{s}} = -K_{\mathrm{s}} A_{\mathrm{c}} \Delta\delta_{\mathrm{s}} \end{cases} \tag{2.4.18}$$

式中：K_{n}、K_{s} 分别是法向和切向接触刚度；$\Delta\delta_{\mathrm{n}}$、$\Delta\delta_{\mathrm{s}}$ 分别是接触点处的相对位移增量的法向和切向分量；ΔF_{n}、ΔF_{s} 分别是接触力增量的法向和切向分量；A_{c} 是接触面积。

分开的实体单元之间不能承受拉力，切向接触服从库仑摩擦定律：

$$\begin{cases} F_{\mathrm{n}} = 0, F_{\mathrm{s}} = 0, & \delta_{\mathrm{n}} > 0 \\ F_{\mathrm{s}} = -\mathrm{sign}(\dot{\delta}_{\mathrm{s}})(f\,|F_{\mathrm{n}}|), & (|F_{\mathrm{s}}|) > f\,|F_{\mathrm{n}}| \end{cases} \tag{2.4.19}$$

式中：F_{n}、F_{s} 分别是法向和切向接触力；f 是接触面的摩擦系数。将得到的接触力分配到相关的节点上，在每一个节点处将所有分配到的接触力叠加就得到了该节点所受到的接触力合力。

2.5 本章小结

本章介绍了连续离散耦合分析方法中复杂颗粒形状的模拟，以及岩石材料界面开裂行为的内聚力开裂模型。

（1）考虑实际颗粒的复杂形状，提出了不规则形状颗粒的随机生成算法和基于三维激光扫描技术的真实形状颗粒构建方法，并归纳了颗粒形状的描述指标。

（2）在连续离散耦合分析方法中引入内聚力开裂模型，提出模拟岩石类材料破坏全过程的连续离散耦合分析方法。将颗粒离散为实体单元和基于内聚力模型的无厚度界面单元，实体单元对应于颗粒，无厚度界面单元对应于颗粒间的胶结层。损伤和断裂发生在界面单元上，裂纹起裂准则为带拉断的莫尔-库仑准则。

参考文献

[1] BARRETT P J. The shape of rock particles, a critical review[J]. Sedimentology, 1980, 27(3): 291-303.

[2] BLOTT S J, PYE K. Particle shape: a review and new methods of characterization and classification[J]. Sedimentology, 2008, 55(1): 31-63.

[3] GUISES R. Numerical simulation and characterisation of the packing of granular materials[D]. London: Imperial College London, 2008.

[4] 徐源强, 高井祥, 王坚. 三维激光扫描技术[J]. 测绘地理信息, 2010, 35(4): 5-6.

[5] 叶文权, 廖炜婷. 基于三维激光获取点云的三维模型构建[J]. 智能计算机与应用, 2017(3): 68-71.

[6] 陈德立, 陈航. 三维激光扫描技术应用于建筑基坑变形监测[J]. 福建建筑, 2014(7): 88-90.

[7] ILLERSTROM A. A 3-D laser technique for size, shape and texture analysis of ballast[D]. Stockholm: Royal Institute of Technology, 1998.

[8] LANARO F, TOLPPANEN P. 3D characterization of coarse aggregates[J]. Engineering geology, 2002, 65(1): 17-30.

[9] LATHAM J P, MUNJIZA A, GARCIA X, et al. Three-dimensional particle shape acquisition and use of shape library for DEM and FEM/DEM simulation[J]. Minerals engineering, 2008, 21(11): 797-805.

[10] SNEED E D, FOLK R L. Pebbles in the lower Colorado River, Texas a study in particle morphogenesis[J]. The journal of geology, 1958: 114-150.

[11] GRIFFITH A A. The phenomena of rupture and flow in solids[J]. Philosophical transactions of the royal society of London: Series A, containing papers of a mathematical or physical character, 1921, 221: 163-198.

[12] IRWIN G R. Analysis of stress and strains near the end of a crack extension force[J]. Journal of applied mechanics, 1957, 24: 361-364.

[13] 李世愚, 和泰名, 尹祥础. 岩石断裂力学导论[M]. 合肥: 中国科学技术大学出版社, 2010.

[14] DUGDALE D S. Yielding of steel sheets containing slits[J]. Journal of the mechanics and physics of solids, 1960, 8(2): 100-104.

[15] BARENBLATT G I. The mathematical theory of equilibrium cracks in brittle fracture[J]. Advances in applied mechanics, 1962, 7(1): 55-126.

[16] YANG Q D, FANG X J, SHI J X, et al. An improved cohesive element for shell delamination analyses[J]. International journal for numerical methods in engineering, 2010, 83(5): 611-641.

[17] SONG S H, PAULINO G H, BUTTLAR W G. A bilinear cohesive zone model tailored for fracture of asphalt concrete considering viscoelastic bulk material[J]. Engineering fracture mechanics, 2006, 73(18): 2829-2848.

[18] ROE K L, SIEGMUND T. An irreversible cohesive zone model for interface fatigue crack growth simulation[J]. Engineering fracture mechanics, 2003, 70(2): 209-232.

[19] MA G, ZHOU W, CHANG X L. Modeling the particle breakage of rockfill materials with the cohesive crack model[J]. Computers and geotechnics, 2014, 61: 132-143.

[20] CAMANHO P P, DÁVILA C G. Mixed-mode decohesion finite elements for the simulation of delamination in composite materials[R]. NASA, Report-No. TM-2002-211737.

[21] BENZEGGAGH M L, KENANE M. Measurement of mixed-mode delamination fracture toughness of unidirectional glass/epoxy composites with mixed-mode bending apparatus[J]. Composites science and technology, 1996, 56(4): 439-446.

第3章

单颗粒的破碎特性

大量的试验研究表明，颗粒破碎与试样密度、应力水平、级配特征、加载条件和颗粒特征有关。本章将进行圆球颗粒、多面体颗粒和真实形状颗粒在单轴压缩下的颗粒破碎研究，采用连续离散耦合分析方法研究局部约束模式、颗粒尺寸和颗粒形状对颗粒破碎特性的影响。对颗粒局部约束进行奇异值分解（singular value decomposition，SVD），量化得到约束状态特征值，研究颗粒破碎强度和破碎形式与约束模式之间的关系；采用形状不规则的凸多面体颗粒，选取 5 组颗粒尺寸分别进行单轴压缩，分析颗粒尺寸对颗粒破碎强度的影响；采用光学扫描技术获取岩石颗粒表面的点云数据，得到真实形状颗粒的计算模型，分别进行棱角状颗粒和卵石颗粒的单颗粒破碎研究，系统分析不同形状颗粒的破碎模式、强度 Weibull 统计特性和碎片尺寸分布等。

3.1 真实形状颗粒破碎模拟

当颗粒压缩到高应力时会表现出不可恢复的变形特性，这种宏观的“屈服”已被证明来源于颗粒破碎[1-3]。这种颗粒尺度的行为会引起颗粒集合体宏观响应的显著变化。大量的室内试验研究表明，颗粒破碎与初始密度、应力水平、分级特征、加载条件和颗粒特征有关[4-8]。先进的现场测量技术，如 X 射线计算机断层（computed tomography，CT）扫描和微型计算机断层（synchrotron micro-computed tomography，SMT）扫描技术，在试验研究中可用于轴向压缩下裂纹发展的可视化[9-11]。作为试验研究的有效补充，离散单元法（discrete element method，DEM）已被广泛用于研究可破碎颗粒材料的力学行为。目前离散单元法中用于模拟颗粒破碎的两组建模方法分别是团簇法[12-16]和替换法[17-19]，两者各有优缺点[20]。团簇法的缺点之一是单个颗粒表面缺乏连续性和棱角，而这两者对于准确模拟接触行为至关重要。替换法已被证明可以有效地研究可破碎颗粒材料的微观力学行为，但是替换法中的颗粒普遍使用圆球或圆盘，不能反映粒状土壤颗粒的真实形状和几何方向[21]。Cho 等[22]研究表明真实颗粒形状对砂的刚度和强度有显著影响。因此，在数值模拟中考虑实际的颗粒形状能够更准确地捕捉颗粒集合体的行为。

目前各种成像技术，包括扫描电子显微镜、X 射线 CT 成像、光学成像和中子成像都被用来表征颗粒材料的微观结构[23-24]。成像技术还可以用来进行颗粒形状采集和颗粒重建[25-32]，并进一步用于数值模拟。例如，Matsushima 等[29]基于 X 射线 CT 数据，采用黏结的圆球组成团聚体来模拟不规则形状的颗粒；Cil 和 Alshibli[33]采用了同步辐射 X 射线显微成像技术和离散单元法来研究颗粒形状对硅砂开裂行为的影响；Latham 等[28]采用三维激光测距（laser detection and ranging，LADAR）来捕捉真实岩石颗粒的几何形状，并建立了一个形状库。

颗粒形状和颗粒破碎对颗粒材料力学性质有重要影响，因此在进行颗粒尺度的细观数值模拟时，有必要考虑颗粒形状和颗粒破碎[21]。Ma 等[34-35]研究了颗粒形状和颗粒破碎对颗粒集合体力学行为的影响。本节采用连续离散耦合分析方法进行真实形状颗粒材料的细观数值模拟，对两组不同形状特征的岩土颗粒进行单颗粒破碎试验，定性比较棱角状颗粒和圆形颗粒的开裂过程。基于棱角状颗粒和圆形颗粒的破碎试验，讨论导致颗粒碎裂的主导开裂机制，并系统地分析和讨论颗粒形状对碎裂模式及碎片尺寸分布的影响。

3.1.1 颗粒形状数据库

利用 X 射线 CT 或 LADAR 获得真实的颗粒形状，有助于更好地研究颗粒材料的宏细观力学特性。LADAR 适用于扫描较大的颗粒（粒径为 1～10 cm）[28, 36]。图像数据经过处理后转换为表面网格，并可以导入各种软件中进行可视化。为了平衡计算时间和颗粒形状描述的准确性，颗粒表面网格密度的选择非常重要。在本章中，采用网格粗化来减少表面网格数量，提高计算效率，同时在颗粒棱角等形状变化较大的部位采用较密的网格以保证颗粒形状表征的准确性[28]。

本节选择两组岩石颗粒来研究颗粒形状对颗粒破碎特性的影响，第一组从采石场破碎花岗岩获得，主要由棱角状和次棱角状的岩石聚集体组成（图 3.1.1），第二组是石英岩砂卵石，这些卵石通常是圆形到次圆形（图 3.1.2）。这两组分别标记为“Q”（采石场）和“P”（卵石）。颗粒形状库中的部分颗粒由 Latham 等[28]采用 LADAR 扫描得到，扫描精度为 100～500 μm。为了扩充颗粒形状库的规模以便于进行数据统计分析，采用光学扫描技术获得了棱角状和砂卵石两类颗粒的形状信息。扩展后 Q 组共 63 颗岩石颗粒，P 组共 64 颗岩石颗粒。颗粒表面积可以从扫描颗粒的表面网格中获得，颗粒体积为所有四面体的体积总和。

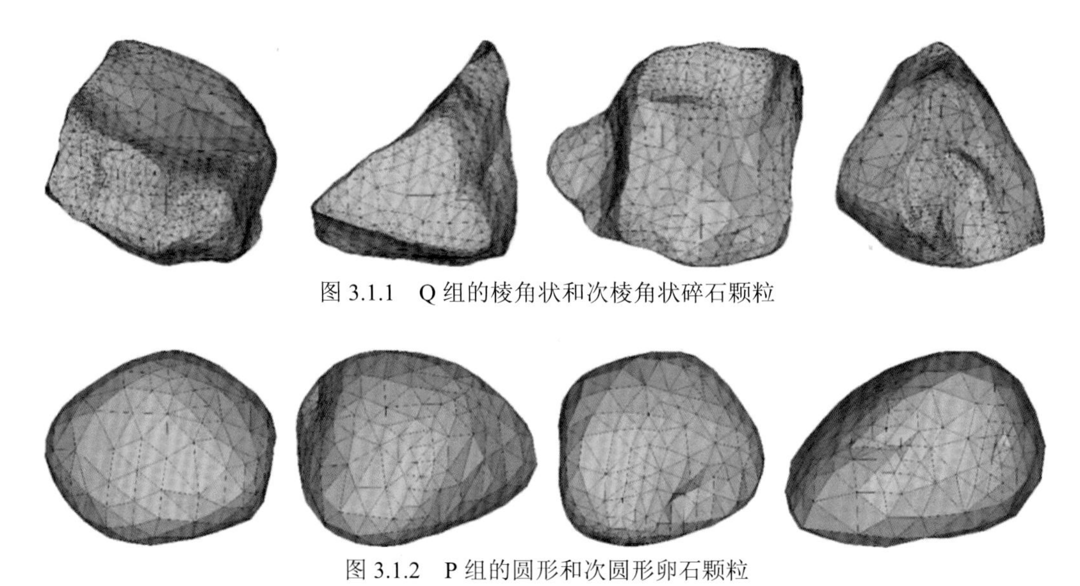

图 3.1.1　Q 组的棱角状和次棱角状碎石颗粒

图 3.1.2　P 组的圆形和次圆形卵石颗粒

颗粒之间的形状差异可以用不同的形状量化指标来分类和量化。Blott 和 Pye[37]将形状描述符按几何角度分为三个等级，即形态、圆度和表面粗糙度。虽然形状指标种类繁多，但是在实际应用中学者仍倾向采用相对简单的形状指标来表征颗粒形状。通过三个主轴 $S<I<L$ 构造每个颗粒的包络盒，通常使用伸长率（I/L）或扁平率（S/I）或三个轴的组合[37]来表征该颗粒形态。在形态和表面粗糙度之间的中间尺度上，可以用球度或圆度来描述[38]。球度 ψ_{3D} 可以表示为

$$\psi_{3D}=\frac{A_s}{A}=\frac{\sqrt[3]{36\pi V^2}}{A} \tag{3.1.1}$$

式中：V 和 A 是扫描颗粒的体积和表面积；A_s 是具有与扫描颗粒具有相同体积的圆球表面积。表 3.1.1 中列出了一些常用的颗粒形状指标，其中括号内外的数字分别代表颗粒库的该形状指标的平均值和标准差。

表 3.1.1　颗粒形状指标

参数	公式	花岗岩（Q 组）平均值（标准差）	砂卵石（P 组）平均值（标准差）
Wentworth 扁平指数	$\dfrac{L+I}{2S}$	1.52（0.207）	1.40（0.180）
Krumbein 截断球度	$\sqrt[3]{\dfrac{IS}{L^2}}$	0.77（0.094）	0.82（0.096）
Corey 形状系数	$\dfrac{S}{\sqrt{LI}}$	0.68（0.091）	0.73（0.083）
最大投影球度	$\sqrt[3]{\dfrac{S^2}{LI}}$	0.77（0.068）	0.81（0.062）
Aschenbrenner 工作球度	$\dfrac{12.8\sqrt[3]{P^2Q}}{1+P(1+Q)+6\sqrt{1+P^2(1+Q^2)}}$	0.55（0.112）	0.61（0.105）
Aschenbrenner 形状系数	$\dfrac{LS}{I^2}$	1.03（0.296）	1.00（0.210）
Janke 形状系数	$\dfrac{S}{\sqrt{(L^2+I^2+S^2)/3}}$	1.26（0.151）	1.35（0.143）
Domokos 形状系数[49]	$(1/S+1/I+1/L)\sqrt{S^2+I^2+L^2}/\sqrt{3}$	3.26（0.175）	3.09（0.153）
球度	$\psi_{3D}=\dfrac{A_S}{A}=\dfrac{\sqrt[3]{36\pi V^2}}{A}$	0.82（0.023）	0.92（0.040）

注：表中 $P=S/I$；$Q=I/L$

3.1.2　单颗粒压缩试验

许多学者采用两个刚性板进行单颗粒压缩试验，研究了不同颗粒的破裂行为，如砂[39-41]、岩石[42-44]和玻璃[45]。在数值模拟方面，单颗粒压缩试验的离散元数值模拟已有大量报道[12，46-53]，此外分子动力学等方法也可以用来研究颗粒破碎[54-55]。为了防止颗粒在压缩过程中产生较大的翻转，将颗粒在重力作用下下落，在刚性板上达到稳定状态，此时颗粒表面与底部刚性板之间的接触较为稳定，从而保证压缩过程中颗粒的稳定性。将颗粒放置在上下均为刚性板之间，底部刚性板全约束，顶部刚性板采用位移控制加载，模拟准静态单轴压缩。单颗粒压缩数值试验的加载如图 3.1.3 所示。

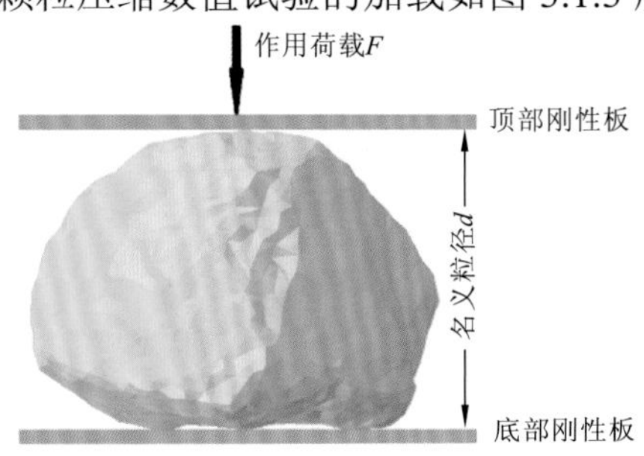

图 3.1.3　单颗粒压缩试验示意图

颗粒形状和初始微观结构对岩石或砂粒破碎模式的影响最为显著[56]，为了减少微观结构的影响，所有不同形状的颗粒具有相同的矿物学特征，并且由相同的一组输入参数表示。颗粒的等体积球的直径为 60 mm。材料的强度用插入的内聚力界面单元（cohesion interface element，CIE）的强度来表征，并通过三个参数来量化：抗拉强度（f_t）、内摩擦角和内聚力。基于对数正态分布随机分配内聚力界面单元的拉伸强度以考虑材料的非均质性。为简单起见，内摩擦角（φ_i）和单轴抗压强度与抗拉强度之比（f_c / f_t）分别设定为 40° 和 15。内聚力根据莫尔-库仑强度准则计算为 $c = 15 f_t (1 - \sin\varphi_i) / (2\cos\varphi_i)$。所有参数见表 3.1.1。

采用四面体单元离散颗粒，在四面体单元之间插入无厚度界面单元。为了准确模拟开裂过程，裂纹尖端的单元尺寸需要比断裂过程区（fracture process zone，FPZ）的尺寸小很多[57]。根据之前的分析和试验研究，拉伸开裂的 FPZ 长度的上限和下限可以估算为

$$l_{\mathrm{FPZ}}^{\mathrm{upper}} = \frac{3EG_f}{4f_t^2} \tag{3.1.2}$$

$$l_{\mathrm{FPZ}}^{\mathrm{lower}} = \frac{3\pi EG_f}{32f_t^2} \tag{3.1.3}$$

式中：$l_{\mathrm{FPZ}}^{\mathrm{upper}}$ 和 $l_{\mathrm{FPZ}}^{\mathrm{lower}}$ 分别是由 Muskhelishvili 解和 Westergaard 解估计的 FPZ 长度的上限和下限；E 是材料的杨氏模量；f_t 是拉伸强度；G_f 是断裂能。

根据表 3.1.1 给出的材料性质，估算断裂过程区长度的上限和下限分别为 24.8 mm 和 6.7 mm。采用 3 mm 的网格尺寸可以将断裂过程区离散为 3～8 个单元，这足以准确模拟裂纹尖端的开裂过程[57]。因此，所有颗粒的有限元网格平均尺寸设置为 3 mm。

3.1.3 开裂和破碎模式

颗粒的不规则形状会影响颗粒内部的应力分布并导致不同的开裂模式，选择 Q 组和 P 组中的两个典型颗粒用于比较颗粒破碎过程。图 3.1.4 为 Q 组棱角状碎石颗粒每隔 0.1 mm 加载位移，力和界面单元的失效频率，表现为典型的锯齿状荷载-位移关系。图 3.1.4 中记录有多个峰值，小的峰值表示颗粒表面棱角的磨损而非大的破碎，最大的峰值对应于颗粒发生劈裂。荷载-位移曲线体现了棱角状碎石颗粒破碎的几个阶段：颗粒棱角的剥片或断裂，接触处的变形，颗粒整体破碎。正如 Cavarretta 和 O'Sullivan[58]指出的，这些阶段有可能存在部分或全部重叠。如图 3.1.4 所示，碎裂后往往会出现一个新的弹性响应阶段，其中的力学行为可能取决于破碎后碎片的形状。

图 3.1.5 为 Q 组棱角状碎石颗粒的破碎过程，图中的各小图代表不同的加载阶段，与图 3.1.4 中标出的各阶段相对应。在单颗粒压缩过程中，颗粒内部可能产生剥片、拉裂、屈曲或者这些开裂机制的任意组合，导致许多裂纹相交、分叉、穿过颗粒，产生大量碎片。颗粒破碎过程中的开裂机制涉及材料缺陷、裂纹的扩展、分叉和碎片分离[55]。图 3.1.6 是压缩结束时从顶部开始计算的 10 个较大碎片。通过用不同的颜色标记将碎片区分开来，使得开裂模式更加直观。大部分颗粒被破碎成几个主要的楔形碎块，并伴随着压缩区中大量小碎片生成。

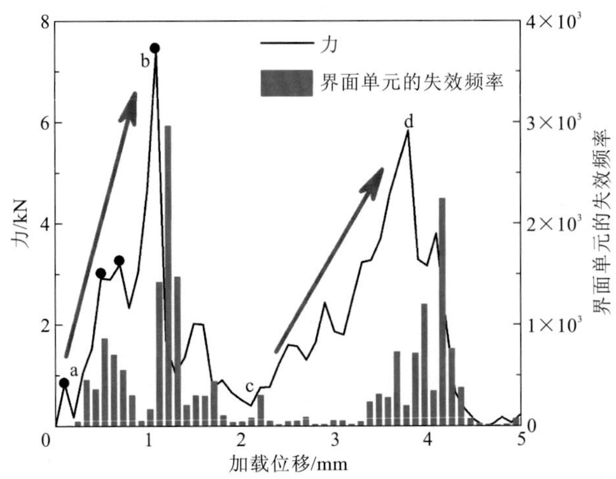

图 3.1.4　Q 组棱角状碎石颗粒的典型荷载-位移曲线和界面单元的失效频率

a 为颗粒的碎裂或变形阶段；b 为整体压裂阶段；c 为严重压碎阶段；d 为破碎阶段

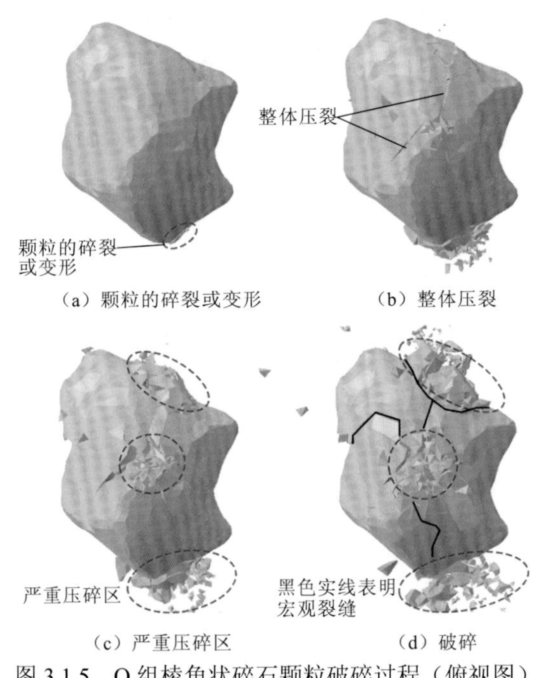

图 3.1.5　Q 组棱角状碎石颗粒破碎过程（俯视图）

卵石颗粒的典型荷载-位移曲线和界面单元的失效频率如图 3.1.7 所示，图中字母代表不同的加载阶段。卵石颗粒在加载板的压缩下表现出明显的弹脆性，整个压缩过程可以分为两个阶段，即弹性变形阶段和脆性破坏阶段。图 3.1.8 为卵石颗粒的破碎过程。在单轴压缩开始时，加载板与颗粒接触处发生变形。随后当径向拉应力超出材料抗拉强度时，产生多条宏观裂纹，它们相互连接并通过最弱的路径传播；这些路径大致平行于加载方向，形成子午型裂纹，从而导致颗粒的最终劈裂[48, 59-61]。从图 3.1.9 中可以看出，橘瓣状或径向裂纹面几乎与加载板正交，将颗粒分成几个楔形碎片。

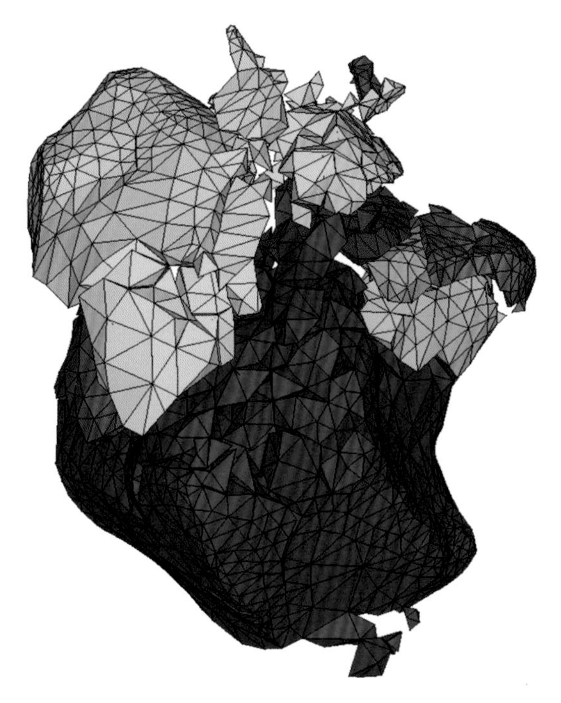

图 3.1.6　Q 组棱角状碎石颗粒单轴压缩产生的 10 个较大碎片

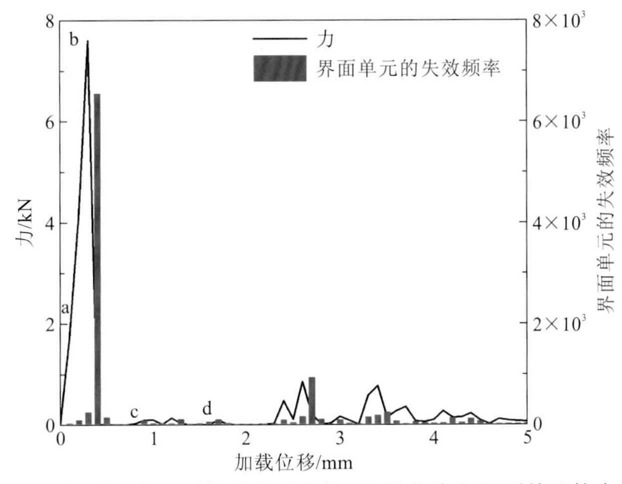

图 3.1.7　P 组圆形卵石颗粒的典型荷载-位移曲线和界面单元的失效频率

在岩石[44]、玻璃[45]及化学粉末[61]等脆性球颗粒的破碎试验中也发现了这种现象，在玻璃球、混凝土球、岩石颗粒、氧化铝颗粒和石膏球的冲击破碎中也观察到类似的破碎过程[55]。两种颗粒的荷载-位移曲线和开裂模式的差异与 Zhao 等[56]观察到的结果相似，其中高风化花岗岩（high decomposing granite，HDG）和 Leighton Buzzard 砂（Leighton Buzzard sand，LBS）颗粒分别对应于 Q 组和 P 组颗粒，复杂的裂纹形态和开裂模式主要与颗粒形状、矿物组成及微观结构有关。

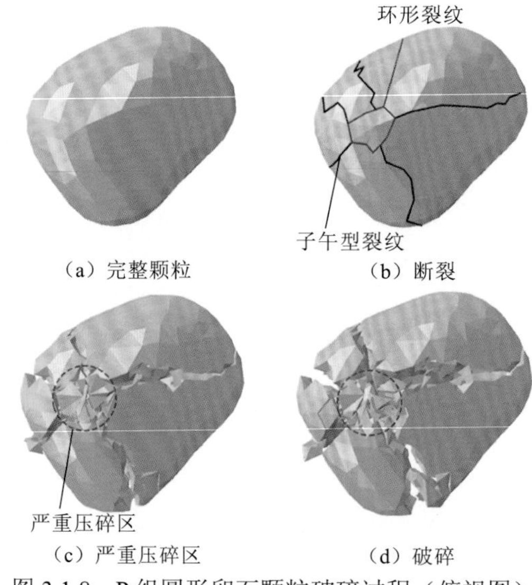

图 3.1.8　P 组圆形卵石颗粒破碎过程（俯视图）

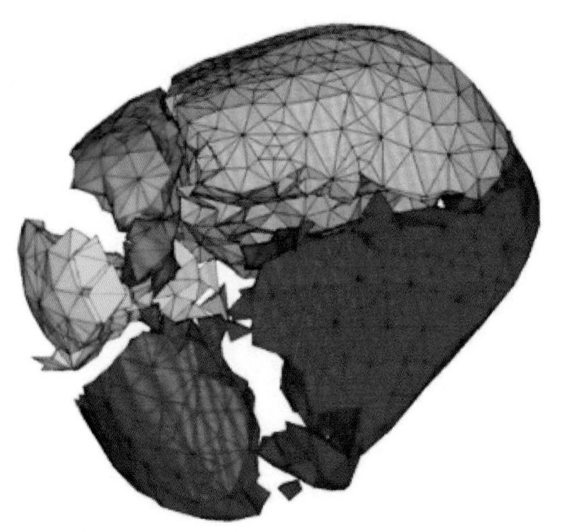

图 3.1.9　P 组圆形卵石颗粒单轴压缩产生的 10 个较大碎片

3.1.4　颗粒破碎强度统计

颗粒破碎强度（σ）定义为峰值荷载（F）除以加载板高度（d）的平方：

$$\sigma=\frac{F}{d^2} \tag{3.1.4}$$

大量试验结果表明，颗粒破碎强度服从 Weibull 分布[39, 42]。对于任意尺寸为 d、破碎强度为 σ 的堆石颗粒，其累积生存概率（P_{S}）为

$$P_{\mathrm{S}}=\exp\left[-\frac{d}{d_0}\left(\frac{\sigma}{\sigma_0}\right)^m\right] \tag{3.1.5}$$

式中：d_0 是参考尺寸；σ_0 是尺寸为 d_0 的颗粒的特征应力，表现出 37%的生存概率；m 是描述颗粒破碎强度变异性的 Weibull 模量。

对于有限次数的颗粒破碎试验，采用排序计算累积生存概率 P_S：

$$P_S = 1 - \frac{i}{N+1} \tag{3.1.6}$$

式中：N 是颗粒的总数；i 是按破碎强度升序排列时颗粒的排名。

将 $d = d_0$ 代入式（3.1.5）中，可以得到线性关系：

$$\ln[\ln(1/P_S)] = m\ln\sigma - m\ln\sigma_0 \tag{3.1.7}$$

在式（3.1.7）中，通过将 $\ln[\ln(1/P_S)]$ 与 $\ln\sigma$ 作图，Weibull 模量（m）可由最佳拟合线的斜率确定，σ_0 为 $\ln[\ln(1/P_S)] = 0$ 时 σ 的取值。图 3.1.10 为 Q 组、P 组和圆球颗粒的破碎强度和 Weibull 最佳拟合线。每个图的插图显示了颗粒破碎强度的频率分布。除了较低的颗粒破碎强度数据点偏离 Weibull 最佳拟合线，大部分数据点处于 Weibull 最佳拟合线附近。对颗粒破碎强度的数据进行了 Kolmogorov Smirnov（K-S）拟合优度检验，拟合结果表明在 0.05 的显著性水平上服从 Weibull 分布[43]。

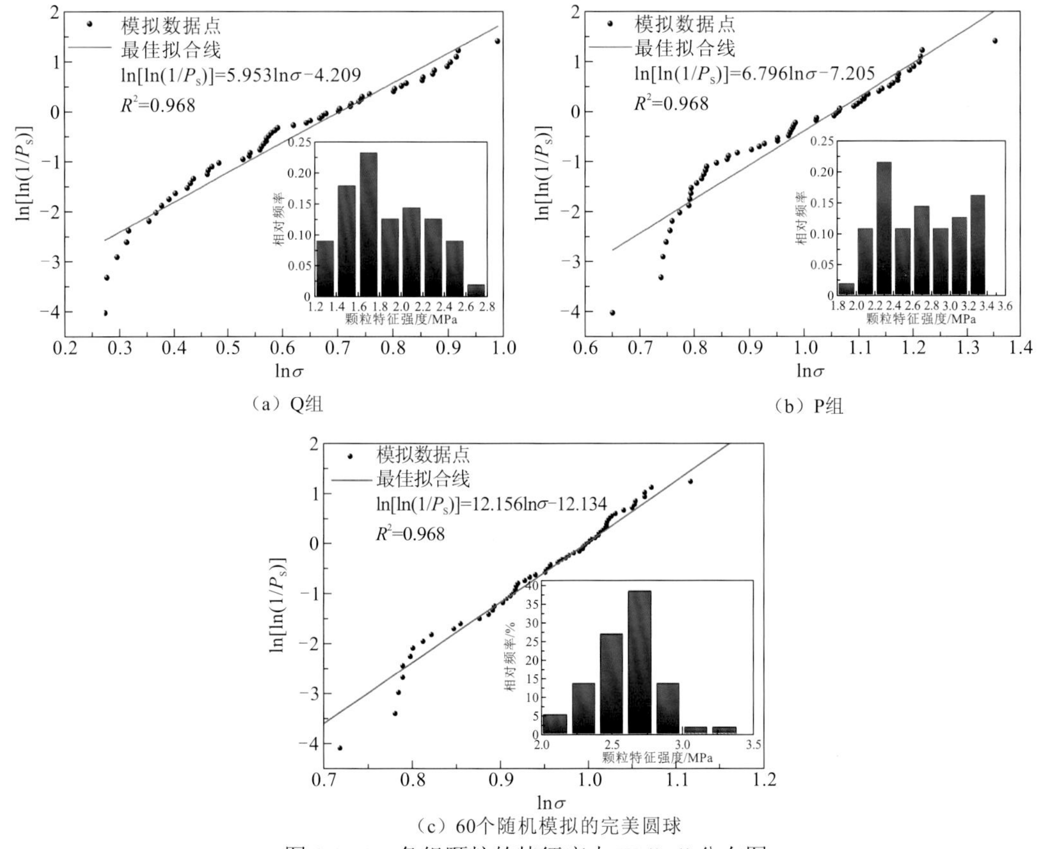

（a）Q组

（b）P组

（c）60个随机模拟的完美圆球

图 3.1.10　各组颗粒的特征应力 Weibull 分布图

Q 组的 m 和 σ_0 分别为 5.593 和 2.028 MPa，P 组的 m 和 σ_0 分别为 6.796 和 2.787 MPa，圆球颗粒的 m 和 σ_0 分别为 12.156 和 2.80 MPa。Weibull 模量反映了颗粒破碎强度的变异

性，Weibull 模量越大，颗粒破碎强度的变异性越小。可以看出，随着颗粒形状的不规则程度增大，颗粒破碎强度的变异性会增加，颗粒破碎强度也会减小。颗粒破碎强度与颗粒形状的关系与试验结果一致[62]。

试验数据表明颗粒破碎强度随颗粒尺寸增大而减小[39-40, 42]，这是因为较大的颗粒比较小的颗粒具有更多的缺陷[43]。Marsal[63]和 Hu[64]等通过试验发现破碎荷载 F 和粒径 d 之间的关系可以用幂函数 $F=\eta d^{\lambda}$ 来拟合，其中 η 和 λ 是拟合参数，参数 λ 介于 1.2～1.8，反映了颗粒破碎强度的尺寸效应。根据 Weibull 理论，m 与 λ 之间的关系表示为 $\lambda=2-3/m$。m 越大，λ 越大，相应地颗粒破碎强度的尺寸效应越小。结合上述分析，颗粒破碎强度的尺寸效应随着颗粒形状不规则程度的增大而增大。

3.1.5 颗粒碎片质量分布

颗粒破碎会产生大小不同、形状各异的碎片。可以使用双参数 Weibull 模型拟合碎片尺寸的累积分布，该模型已用于描述圆球玻璃颗粒[65]和岩石颗粒[55]的碎片尺寸分布。双参数 Weibull 模型表示为

$$y=1-\exp[-(x/x_{c})^{n}] \tag{3.1.8}$$

式中：n 和 x_c 是拟合参数，n 表示分布的宽度，较大的 n 对应于较窄的分布，x_c 为小于该尺寸的碎片质量，x_c 为 0.632。

图 3.1.11 为棱角状颗粒和卵石颗粒的碎片尺寸的累积概率分布及相应拟合曲线。可以看出，双参数 Weibull 模型可以较好地拟合碎片尺寸分布。Q 组的 x_c 和 n 的平均值分别为 35.88 mm 和 2.33，P 组的 x_c 和 n 的平均值分别为 35.61 mm 和 5.26。与棱角状颗粒相比，卵石颗粒的碎片尺寸分布具有较大的 n，这种差异主要源于两组颗粒破碎的主导开裂机制不同。卵石颗粒由径向开裂主导，破碎产生大小相近的大碎片，使得碎片尺寸分布比棱角状颗粒的更窄[61]。如上所述，棱角状颗粒的开裂机制包括剥片、屈曲和张拉，因此不规则形状颗粒破碎会产生少量大碎片和大量剥落的碎片[56]。图 3.1.12 显示了两组 V_{1st}/V_0 频率分布的直方图，V_{1st} 是最大碎片体积，V_0 是颗粒体积。K-S 检验表明两组的最大碎片的大小服从高斯分布。很明显，圆形颗粒的最大碎片相对更小，分布更窄。

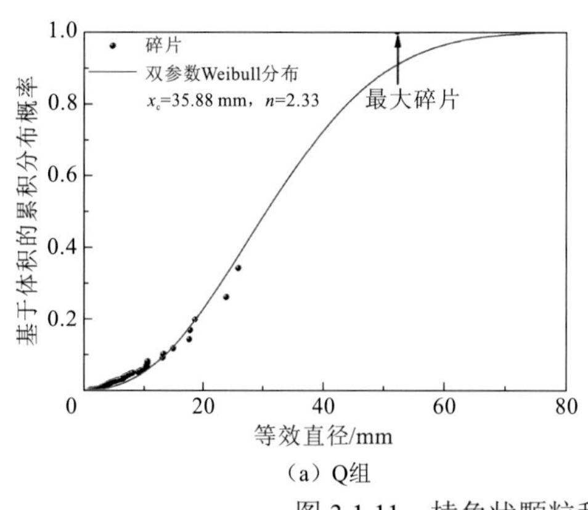

（a）Q组

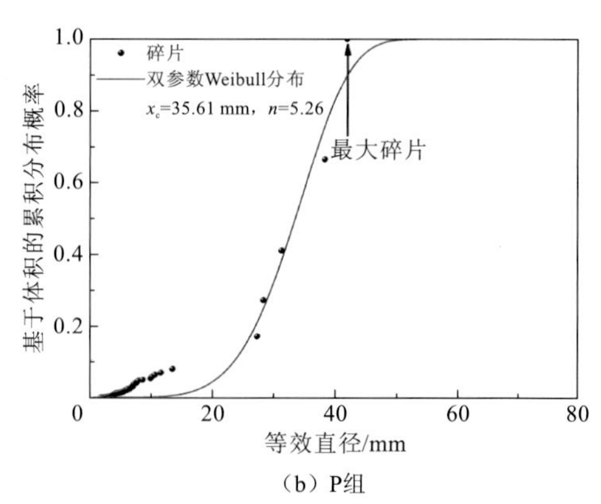

（b）P组

图 3.1.11 棱角状颗粒和卵石颗粒的碎片尺寸分布

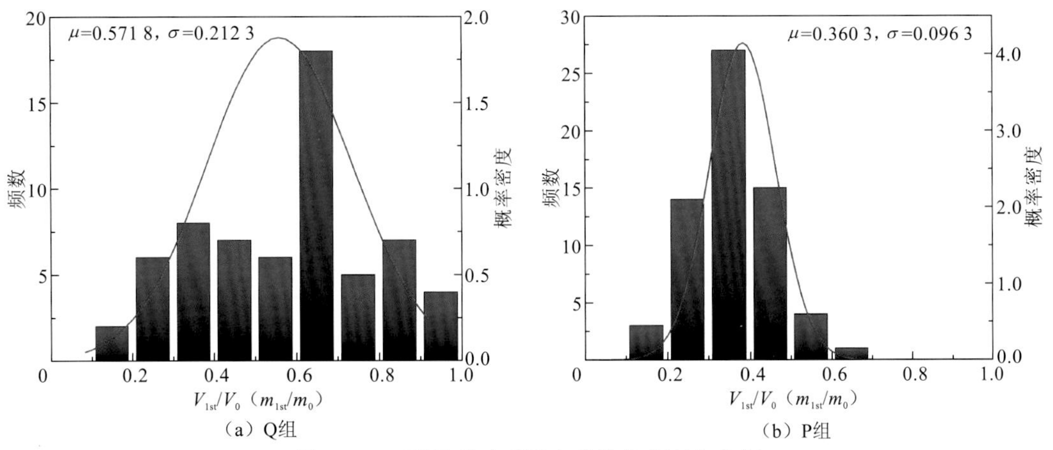

图 3.1.12　颗粒破碎后最大碎片的频率分布图

3.2　颗粒破碎强度的尺寸效应

3.2.1　尺寸效应研究进展

与砂土颗粒相比，堆石、砾石等粗粒土的粒径要大得多，其可能有更多的微裂纹、微空洞等，因此在较低应力作用下就会产生明显的颗粒破碎现象[66]。颗粒破碎改变了岩土颗粒材料原有的级配特性，改变了粗细料之间的填充关系和细观组构等，显著影响了岩土颗粒材料的宏观力学特性[64]。因此研究岩土颗粒材料的颗粒破碎及颗粒破碎强度的尺寸效应具有重要意义。

无论是人工爆破料还是砂卵石料，都可视为形状不规则的岩石块体。岩石是典型的准脆性材料，其强度的尺寸效应客观存在且产生机理十分复杂[67]。Bazant 和 Planas[68]用断裂力学解释了准脆性材料破坏强度的尺寸效应，通过理论分析给出了准脆性材料破坏强度的尺度律公式[69]，并与试验结果比较，表明尺寸效应的存在。

为了研究堆石体的尺寸效应，郦能惠[70]、司洪洋[71]、李翀等[72]、马刚等[73]采用不同的缩尺方法缩制试样，使用不同指标控制试样密实度，对试样进行室内或数值三轴压缩试验，从宏观和细观上研究了堆石体强度和变形特性的尺寸效应，并指出随着最大粒径（d_{max}）的增大，堆石体的内摩擦角和初始切线模量减小。但是 Vaeadarajan 等[74]指出 Ranjit Sagar 堆石坝的抗剪强度随最大粒径增加而增大，而 Purulia 坝则相反。凌华等[75]指出在不同的围压下，缩尺效应体现的规律不同。然而这些研究均是针对堆石体，没有涉及单个颗粒破碎强度的尺寸效应。

McDowell[40]分别对三种不同尺寸的砂石颗粒进行 30 组单轴压缩试验，分析其强度分布规律可以用 Weibull 函数来描述，得到不同尺寸颗粒的 Weibull 模量。McDowell 和 Humphreys[76]对不同颗粒材料进行单轴压缩试验，分析屈服应力与破碎强度的 Weibull 分布规律。Antonyuk 等[77]采用弹塑性力学模型，对单颗粒压缩试验中圆球颗粒的变形及破碎行为进行研究，并提到了颗粒尺寸对单颗粒破碎加载力的影响，但是没有着重研究颗粒的尺寸效应。Marketos 和 Bolton[78]采用离散元方法模拟了砂粒的单颗粒压缩试验，用不同的统计分析方法研究了砂粒局部破坏的概率并预测了破碎的扩展。Brzesowsky 等[79]提出了描述单颗粒压碎的两种细观力学模型，分别基于赫兹接触理论与线弹性断裂力学，结合 Weibull 最弱环理论来描述单颗粒破碎强度的尺寸效应及统计规律，并进行了数组石英砂颗粒的压缩试验来验证细观力学模型对单颗粒压缩失效的适用性。徐永福等[80]用分形理论研究了岩石颗粒的破碎特征，用分形维数表示颗粒破碎强度与粒径的关系，表明颗粒破碎强度随粒径的增加而减小。Huang 等[45]进行了 5 组不同直径玻璃圆球的单颗粒压缩试验，采用 Weibull 分布函数对各组玻璃圆球的破碎强度进行统计，得出玻璃圆球的破碎强度与直径之间的相关关系与 Weibull 分布统计的预测相符，但其没有考虑到真实颗粒的复杂形状。

3.2.2 颗粒压缩试验

本小节考虑颗粒形状的不规则性及准脆性材料破碎等特性，对单颗粒进行单轴压缩试验的数值模拟。生成 5 组不同尺寸颗粒，每组颗粒分别进行 40 次单轴压缩，以更好地得到颗粒破碎强度的统计特性。为了研究单颗粒破碎强度的尺寸效应，以 40 个粒径 60 mm 的不同形状颗粒为基准，缩放成粒径为 40 mm、50 mm、90 mm 和 120 mm 的 4 组随机多面体颗粒，分别进行单颗粒压缩数值试验。

40 个粒径为 60 mm 的不同形状颗粒在加载时的荷载-位移曲线如图 3.2.1 所示。从图 3.2.1 中可以看出，由于颗粒形状不同和颗粒内部力学性质分布的非均匀性，40 个颗粒的压缩曲线表现出较大的随机性。在单颗粒压缩过程中，不同颗粒的破碎部位和破碎程度各异，出现破碎的时机也不同，导致曲线在不同阶段表现出一定的波动性。但是每条压缩曲线的规律基本一致，从图 3.2.1 中可以较明显地观察到压缩曲线基本可分为急剧上升及破碎失效软化两个阶段：加载初期，荷载-位移曲线呈急剧上升态势，到达峰值承载力前坡度变缓；达到峰值荷载后，承载能力骤降，压缩曲线软化，并出现程度不同的波动，直至加载结束。

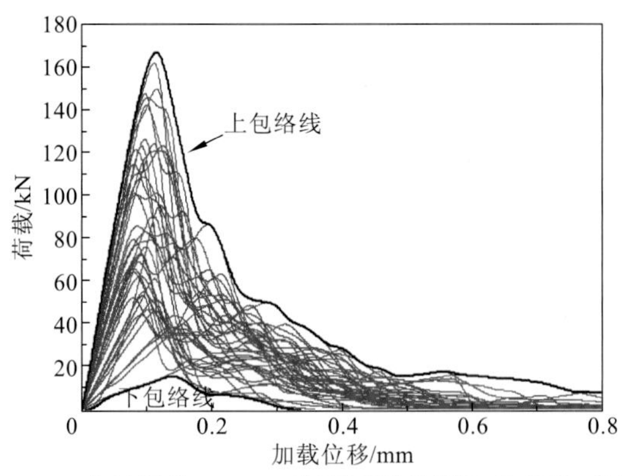

图 3.2.1　40 个粒径为 60 mm 的不同形状颗粒的荷载-位移曲线

图3.2.2给出了粒径不同的5组颗粒的峰值荷载与其对应的加载位移之间的散点关系图。由于颗粒形状的随机性和颗粒内部力学参数分布的不均匀性，不同颗粒达到峰值荷载的时间不同。从图 3.2.2 中可以看出，随着颗粒粒径的减小，峰值荷载和加载位移均减小，但是同粒径颗粒的峰值荷载分布散乱，没有明显规律，大粒径颗粒尤其离散。因此，采用统计的方法来分析颗粒的破碎强度。

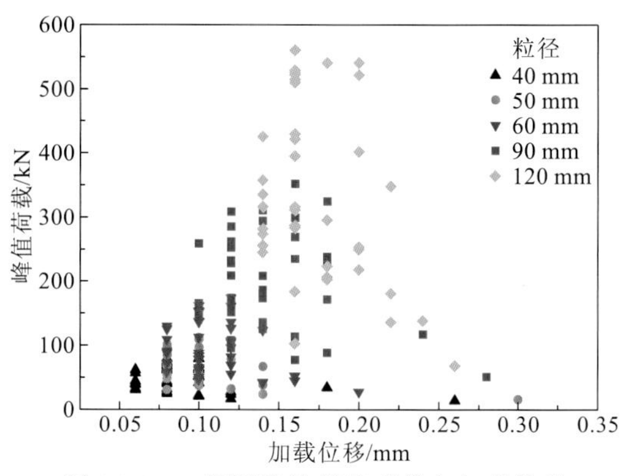

图 3.2.2　5 组颗粒的峰值荷载与加载位移

3.2.3　界面强度的敏感性

对 40 个粒径 60 mm 的颗粒进行不同界面强度的单轴压缩试验，采用 Weibull 分布统计破碎强度，分别求得不同界面强度对应的 Weibull 模数（m），分析界面强度对颗粒破碎强度的影响。分别取 f_t 为 48 MPa，32 MPa，24 MPa，16 MPa 和 8 MPa，内摩擦角 φ_i 为 50°，对应的内聚力 $c = 10 f_t (1 - \sin\varphi_i) / (2\cos\varphi_i)$。图 3.2.3 为某一颗粒不同界面强度情况下的压缩曲线，可以看出，被赋予不同界面强度的颗粒，其压缩曲线规律一致，界面强度越高，则颗粒的承载能力越高，颗粒抵抗破裂的能力越强。

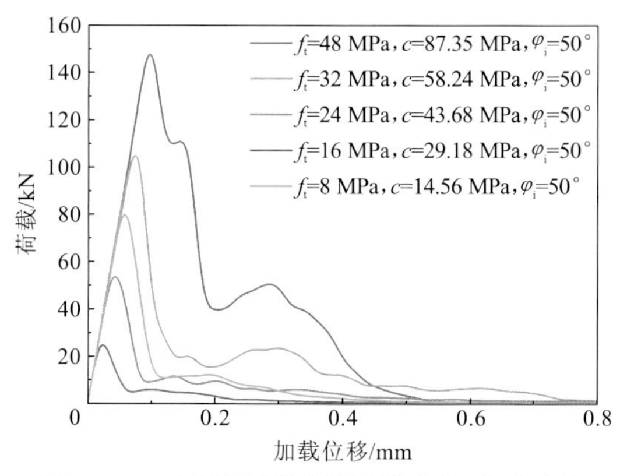

图 3.2.3　不同界面强度的颗粒荷载-位移曲线

采用 Weibull 统计方法，绘制不同界面强度对应的颗粒破碎强度及其 Weibull 拟合线（图 3.2.4）。表 3.2.1 给出了不同界面强度的颗粒所对应的 Weibull 模量（m）和 37%生存概率对应的特征应力（σ_0）。图 3.2.4 中，不同界面强度的颗粒破碎强度的 Weibull 拟合线的斜率相差不大，即各 Weibull 模数相近，与表 3.2.1 所列数据规律相似。随着界面强度的提高，对应的 Weibull 拟合线在 x 轴的截距越大，即 37%生存概率的特征应力越大。图 3.2.5 给出了特征应力（σ_0）与界面强度（f_t）的关系曲线，表明颗粒的特征应力随着界面强度的增大以幂指数形式增大。在本节颗粒破碎强度的尺寸效应分析中，均采用 48 MPa 的界面强度。

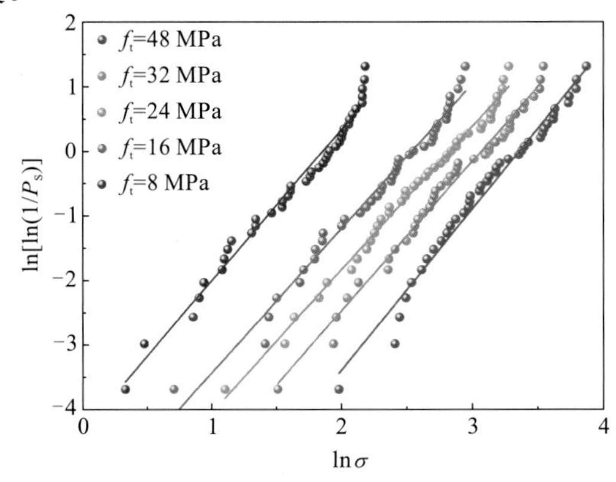

图 3.2.4　不同界面强度的颗粒破碎强度的 Weibull 统计

表 3.2.1　不同界面强度的颗粒 Weibull 模数及特征应力汇总

f_t/MPa	c/MPa	m	σ_0/MPa	R^2
48	87.35	2.50	28.86	0.978 3
32	58.24	2.32	21.61	0.987 5
24	43.68	2.22	16.99	0.991 2
16	26.18	2.24	12.67	0.980 9
8	14.56	2.34	6.44	0.977 9

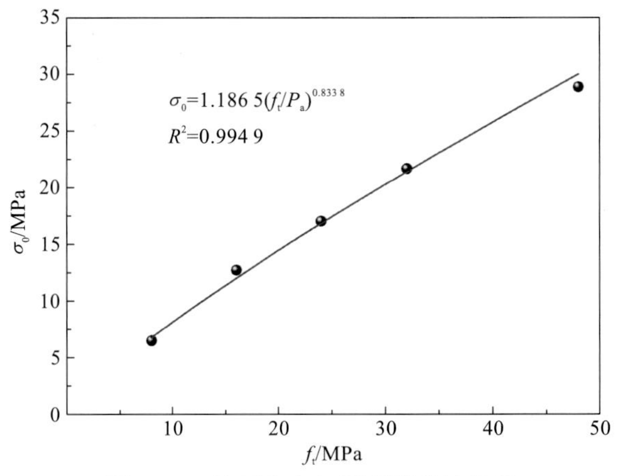

图 3.2.5　特征应力与界面强度的关系

3.2.4　破碎强度的统计分析

采用 Weibull 统计方法，将 5 个粒径组颗粒的破碎强度和 Weibull 拟合线绘于图 3.2.6。颗粒破碎强度的 Weibull 模量（ m ）和 37%生存概率对应的特征应力（ σ_0 ）见表 3.2.2。

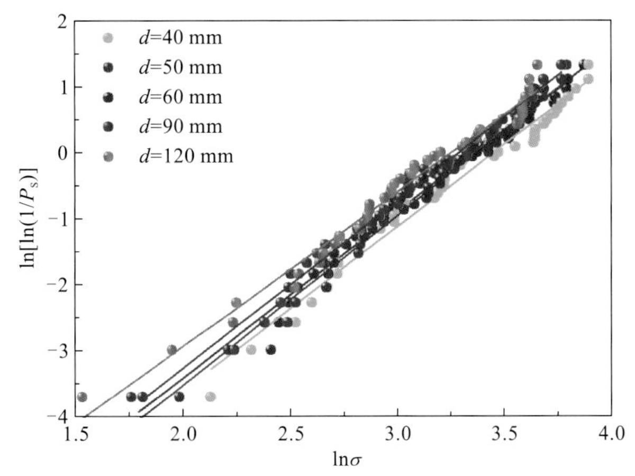

图 3.2.6　不同粒径颗粒破碎强度的 Weibull 统计

表 3.2.2　不同粒径颗粒的 Weibull 模量及特征应力汇总

d/mm	m	σ_0/MPa	R^2
40	2.48	31.44	0.976 0
50	2.56	26.10	0.988 9
60	2.50	28.86	0.978 3
90	2.53	26.79	0.988 4
120	2.33	26.07	0.980 1

从表 3.2.2 中相关系数 R^2 可以看出，5 组颗粒的破碎强度均服从 Weibull 分布。由于 Weibull 模量是颗粒的固有材料属性，对于同一种颗粒材料，Weibull 模量应为常数。表 3.2.2 中颗粒的 Weibull 模量与颗粒粒径之间没有明显的相关关系，且相差不大，平均 Weibull 模量为 2.48，印证了上述观点。绘制特征应力（ σ_0 ）与颗粒粒径（d）于图 3.2.7，颗粒的特征应力随着粒径的增大而减小，表明了颗粒强度具有尺寸效应，采用幂函数拟合为

$$\sigma_0 = 56.182(d / d_0)^{-0.163} \tag{3.2.1}$$

Lim 等[42]阐述了颗粒材料的尺寸效应比 Weibull 模型预测的尺寸效应弱的原因主要有三个：①根据图 3.2.4 和图 3.2.6，低应力区的破碎强度数据点呈现下弯趋势，可以找出一个最小应力，使颗粒在低于该应力时不会破碎；②采用 Weibull 理论分析颗粒破碎强度尺寸效应的前提是颗粒内部均质且各向同性，但是由于颗粒内部结构性非均匀，颗粒尺寸较大时，Weibull 模型的假设产生误差越大，此时 Weibull 模数不仅与颗粒材料本

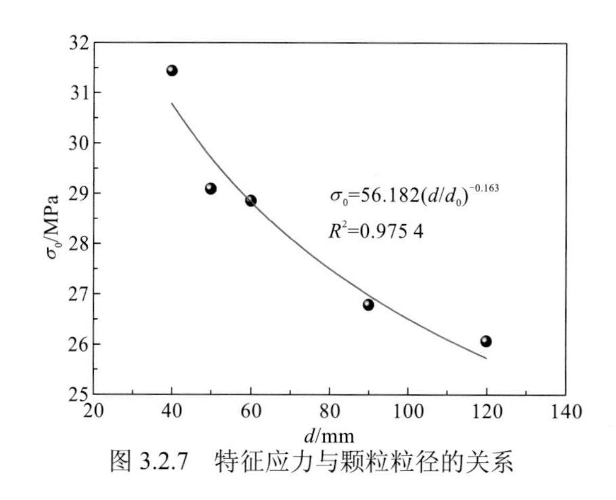

图 3.2.7　特征应力与颗粒粒径的关系

身有关，也与颗粒尺寸相关；③忽略了颗粒与加载板的接触面积，以压缩产生大块碎片作为颗粒破碎的判断准则，而对于接触面积较大的情况，颗粒表面压碎可能是颗粒承载力下降的主要原因。这三个原因都可导致颗粒破碎强度的尺寸效应低于 Weibull 模型的预测值。收集其他学者[42, 45, 81-83]的不同粒径的单颗粒压缩试验数据，汇总在图 3.2.8 所示的双对数坐标系中，可以看出颗粒材料的破碎强度普遍具有尺寸效应。

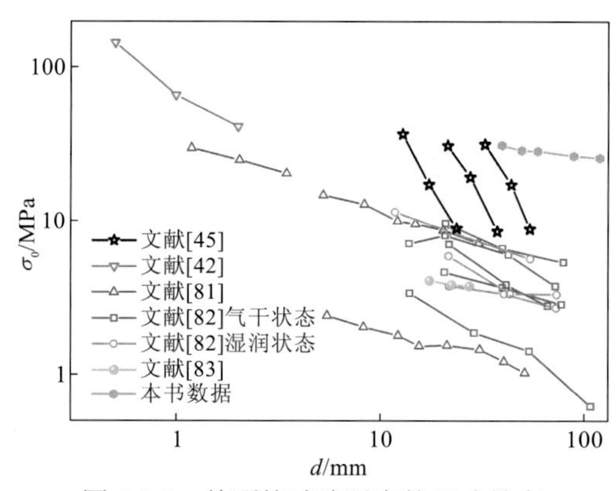

图 3.2.8　单颗粒破碎强度的尺寸效应

3.3　局部约束模式对颗粒破碎的影响

3.3.1　颗粒局部约束模式

研究表明颗粒的破碎行为主要取决于颗粒的大小、形状、材料性质和接触分布等因素[41, 84]。目前，对颗粒破碎的研究主要考虑了颗粒的大小和形状。如 McDowell 和 Amon 通过径向加载试验和劈裂试验提出颗粒的破碎强度服从 Weibull 分布[85-86]。此类研究只能反映颗粒在两个接触点的情况下的破碎规律，忽略了接触力对颗粒的限制作用。

Tsoungui 等[87-88]，Sukumaran 等[89]，Ben-nun 和 Einav[90]针对随机接触力分布下的二维

颗粒先后提出了拉伸失效准则和剪切失效准则。Tsoungui 等[87-88]认为二维颗粒的开裂满足拉伸失效准则取决于中心拉应力 σ_{xx}^0 的大小；同时，颗粒在各向同性作用下难以破裂，在不均匀应力作用下容易发生破坏。Ben-nun 和 Einav[90]在 Sukumaran 等[89]的研究基础上提出了剪切破坏准则，弥补了拉伸失效准则的不足，解释了各向同性压缩状态下颗粒的破碎过程。该方法将接触力的平均法向分量与破碎阈值 F_{c} 进行比较，判断颗粒是否发生破碎。

近年来，国内外学者逐渐意识到接触分布对颗粒破碎的重要影响。Salami 等[91]在 MTS 试验机上加装了一个颗粒夹持装置，通过调整夹具的数量和角度进行多点约束下的颗粒破碎试验，试验表明配位数与接触点分布对颗粒破碎有重要影响。但该试验不易稳定控制夹具，需要较大的试验机刚度，目前发表的试验数据较少。Wang 和 Arson[92]采用离散单元法模拟了不同配位数的颗粒的破碎行为，得到颗粒破碎强度与配位数呈线性关系的规律。虽然接触状态对颗粒破碎强度的影响逐渐得到重视，但已有的研究成果大多只是对配位数进行简单分析；并且由于颗粒受其周边颗粒的约束具有多变和复杂性，难以用统一标准对约束模式进行量化。

为研究局部约束对单颗粒破碎的影响，本节在颗粒周边安置刚性板来模拟周围颗粒对其的约束，通过改变刚性板的个数和位置设计一系列颗粒局部约束模式，采用奇异值分解的方法对描述约束状态的矩阵进行分解，得到量化约束状态的特征值。矩阵的奇异值分解是专业数学领域中一种性质优良的完全正交分解法，是现代数值分析和线性代数分析中的重要方法[93-94]。自 19 世纪 70 年代由 Beltrami 和 Jordan 提出至今，奇异值分解已在最优化问题、广义逆矩阵、最小二乘法问题，以及控制理论、系统辨识、信号处理和统计分析等诸多领域得到了广泛应用[95-96]。

与特征值分解原理相似，奇异值分解可以得到若干特征向量和相应特征值（奇异值），即通过特征值的表达形式将原本抽象复杂的数据信息集中并简化，奇异值的大小代表对应特征所占权重。尽管这两种分解方法有一定的相似性，相比之下，奇异值分解突破了待分解矩阵形式的限制，可以运用于任意矩阵的分解，是一种性质更优良的矩阵分解法。奇异值分解定理[94]如下：$\boldsymbol{A}$ 是秩为 r 的任意 $m\times n$ 阶矩阵，$\boldsymbol{A}\in \boldsymbol{C}_r^{m\times n}$，存在 m 阶酉矩阵 $\boldsymbol{U}$ 和 n 阶酉矩阵 $\boldsymbol{V}$ 满足：

$$\boldsymbol{A}=\boldsymbol{U\Sigma V}^{\mathrm{T}} \tag{3.3.1}$$

式中：$\boldsymbol{\Sigma}=\begin{bmatrix}\boldsymbol{S} & 0\\ 0 & 0\end{bmatrix}$，$\boldsymbol{S}=\mathrm{diag}(p_1,p_2,p_3,\cdots,p_r)$，$p_1\geqslant p_2\geqslant\cdots\geqslant p_r>0$；$\boldsymbol{U}$ 是满足 $\boldsymbol{U}^{\mathrm{T}}\boldsymbol{AA}^{\mathrm{T}}\boldsymbol{U}$ 的对角矩阵；$\boldsymbol{V}$ 是满足 $\boldsymbol{V}^{\mathrm{T}}\boldsymbol{A}^{\mathrm{T}}\boldsymbol{AV}$ 的对角矩阵。

二维空间中奇异值分解的几何意义如图 3.3.1 所示[97]。原始域中的一个单位圆经过矩阵变换 $\boldsymbol{A}$ 旋转拉伸成为一个椭圆，它的长轴 $\boldsymbol{Av}_1$（或 $p_1\boldsymbol{u}_1$）和短轴 $\boldsymbol{Av}_2$（或 $p_2\boldsymbol{u}_2$）分别对应变换后的两个标准正交向量，即椭圆范围内最长和最短的两个向量，p_1 和 p_2 为两个不同的奇异值。定义在单位圆上的函数 $|\boldsymbol{Ax}|$ 分别在 $\boldsymbol{v}_1$ 和 $\boldsymbol{v}_2$ 方向上取得最大值和最小值，寻找矩阵奇异值的过程即优化函数 $|\boldsymbol{Ax}|$ 的过程；结果表明，该函数取得最优值的向量为矩阵 $\boldsymbol{AA}^{\mathrm{T}}$ 的特征向量，奇异值为 $\boldsymbol{A}^{\mathrm{T}}\boldsymbol{A}$ 的特征值。将奇异值分解原理推广至 n 维原始域，即矩阵 $\boldsymbol{A}$ 将 n 维空间 $\boldsymbol{R}^n$ 的标准正交基 $\{\boldsymbol{v}_1,\boldsymbol{v}_2,\cdots,\boldsymbol{v}_n\}$ 映射到 m 维空间 $\boldsymbol{R}^m$ 的标准正交

基$\{\boldsymbol{u}_1,\boldsymbol{u}_2,\cdots,\boldsymbol{u}_m\}$上，即$\boldsymbol{AV}=\boldsymbol{U\Sigma}$，其中$\boldsymbol{V}$为原始域的标准正交基，$\boldsymbol{U}$为经过$\boldsymbol{A}$变换后的标准正交基，$\boldsymbol{\Sigma}$为$\boldsymbol{V}$中的向量与$\boldsymbol{U}$中相对应向量之间的关系。

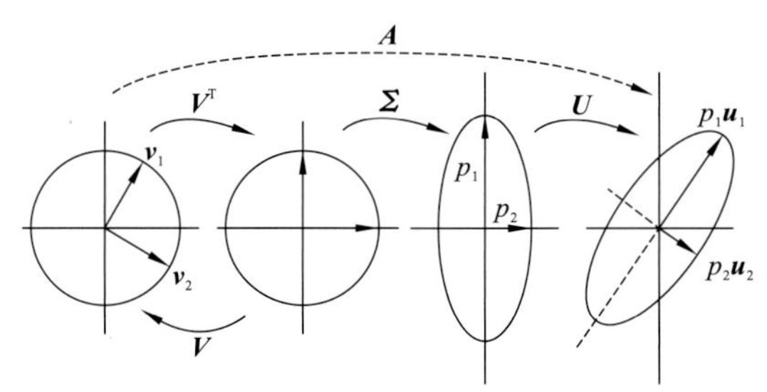

图 3.3.1　奇异值分解的几何意义[97]

奇异值在数据统计中常被用于主成分分析，以达到降维的目的[98-99]。主成分分析的中心思想是通过剔除次要的特征值，利用较少的特征值对样本进行描述，从而达到降低特征空间维数、保留原数据重要信息的目的。利用奇异值分解获取量化颗粒局部约束模式的最简化指标，是本节重要的数据处理基础。

以 3 接触点颗粒试样为例，采用位移控制加载方式，通过顶部刚性板对试样施压，试样顶部与其他接触部位均产生力的作用。根据颗粒的静力平衡方程，可以得到描述该约束模式的矩阵$\boldsymbol{A}$，如图 3.3.2 所示，角度θ_i为接触力F_i与颗粒水平正轴所夹角度。在试样模型、加载方式、加载速率等试验条件保持不变的情况下，不同的约束状态均可以借助相应的矩阵进行描述。借助 MATLAB 对矩阵$\boldsymbol{A}$进行分解，得到量化颗粒约束状态的奇异值p_1、p_2，如图 3.3.1 所示。图 3.3.1 中，p_1、p_2表示矩阵对同一单位圆分别关于长、短轴的变形作用程度，以$(p_1+p_2)/2$表示约束模式的平均奇异值水平，以p_1-p_2表示奇异值的偏状态，结合二维矩阵奇异值分解的几何意义，可以认为当奇异值的偏状态程度偏低时，约束模式对颗粒两个特征维度的“贡献”相当，即约束模式具备更显著的各向同性性质。奇异值及相关量的获得最大限度地简化了不同约束状态的表达形式，更有利于试验数据的处理与分析。

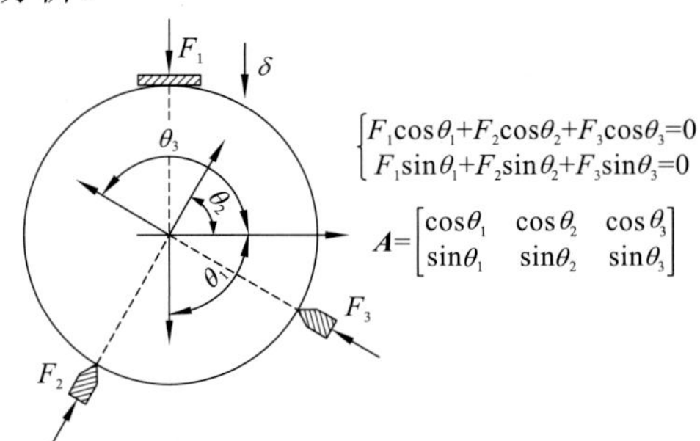

图 3.3.2　3 接触力情况下的矩阵奇异值分解过程图

3.3.2　多约束颗粒压缩试验

考虑实际工程中的颗粒材料（如粗粒土的粒径一般为 0.5～800 mm），采用直径为

70 mm 的二维平面应变模型，并假定试样厚度为 1。在二维颗粒圆周安置刚性板来模拟周围颗粒对单颗粒的约束，通过改变刚性板的个数和角度来改变颗粒的接触模式。刚性板与试样之间定义接触关系，并且摩擦系数取为 0，采用位移控制式加载施加于顶部刚性板，加载速率为 5×10^{-3} m/s。为了避免常规网格拓扑结构规则、裂纹扩展形态单一的缺陷，采用以随机均布 Voronoi 图为基础的网格划分，平均网格尺寸为 1.5 mm，该划分方法更加真实地模拟了可能的裂纹扩展路径。图 3.3.3 为二维试样的随机 Voronoi 图和三角形网格划分图。

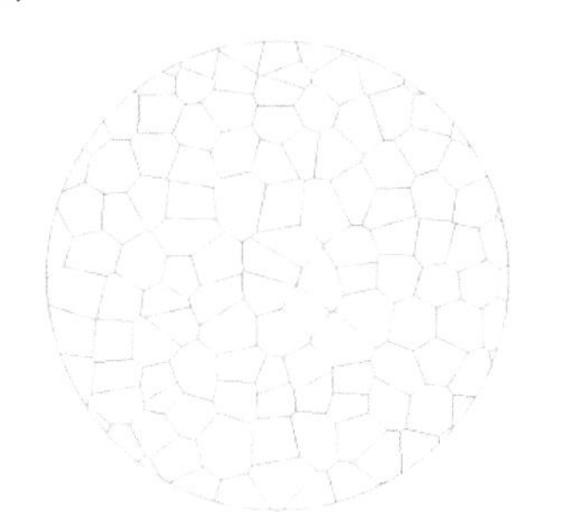

（a）试样的随机Voronoi　　（b）Voronoi三角形网格划分图

图 3.3.3　二维试样网格示意图

在考虑二维颗粒破碎的细观数值模拟中，设定以下参数：线弹性实体单元的密度 ρ、弹性模量 E 和泊松比 υ；界面单元法向和切向刚度 k_n^c、k_s^c，I 型和 II 型断裂能 G_n^c、G_s^c，内聚力 c，内摩擦角 φ_i 和抗拉强度 f_t；单元间摩擦系数 μ_e，单元与刚性板摩擦系数 μ_r 等。

为了使所取的细观材料参数合理、可行，验证连续离散耦合分析方法对颗粒破碎过程模拟的适用性，对 Kazerani[100]的砂岩单轴压缩试验进行数值重现。单轴压缩试验采用 80 mm×160 mm 的二维平面应变模型，通过位移控制式加载施于上、下刚性板上。将数值模拟结果[101]与室内试验结果进行对比分析，不断优化参数取值使单轴压缩应力-轴向应变曲线、单轴抗压强度及破坏形态与室内试验结果一致，如图 3.3.4 所示。采用优化参数

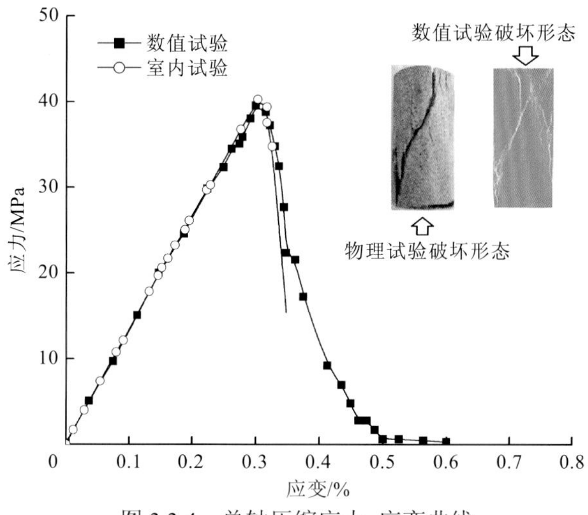

图 3.3.4　单轴压缩应力-应变曲线

对接触点为 2 的颗粒破碎进行模拟验证，得到数值试验与室内试验的试样破坏形态对比图，如图 3.3.5 所示。两者的破碎形态相似，破碎强度误差较小，最终确定各细观参数，见表 3.3.1。

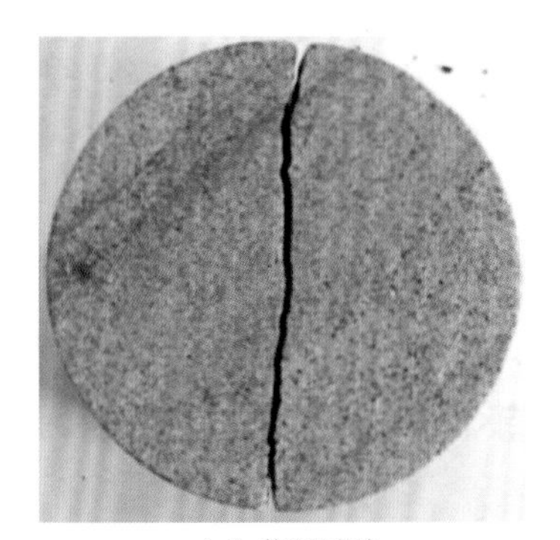
（a）物理试验

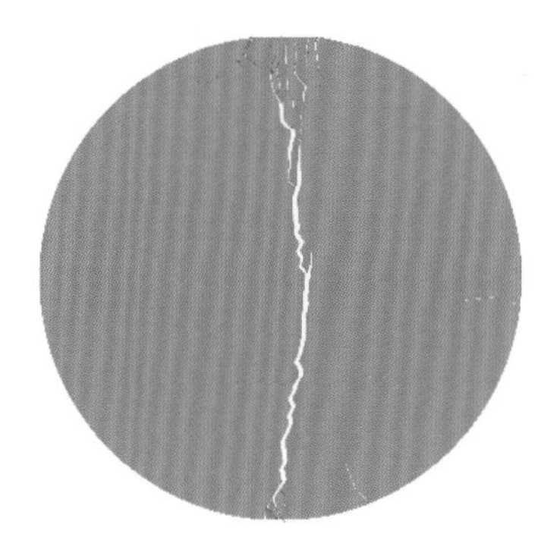
（b）数值试验

图 3.3.5　颗粒破坏形态

表 3.3.1　细观参数取值

参数	参数值	参数	参数值	参数	参数值
k_n^c/（N/m³）	4.95×10¹⁴	f_t/MPa	3	ρ/（kg/m³）	2 700
k_s^c/（N/m³）	1.9×10¹⁴	c/MPa	8.5	φ_i/（°）	41.5
μ_e	0.884 7	E/GPa	13.5	G_n^c/（N/m）	5
μ_r	0	υ	0.3	G_s^c/（N/m）	50

为了考察约束模式对颗粒的破碎强度和破碎形式的影响，在 4 种配位数下调整接触角度，设计不同的约束模式。对不同的约束模式，开展奇异值分解和颗粒破碎数值模拟试验。图 3.3.6 给出各个配位数下的典型约束模式简图。奇异值分解结果见表 3.3.2～表 3.3.5，p_1，p_2 为各接触状态下所得的奇异值。采用同一个试样进行连续离散耦合分析方法的颗粒破碎模拟，消除了试样对结果的影响。在加载过程中，采用相同的加载方式、加载速率，避免了试验方法可能造成的影响。

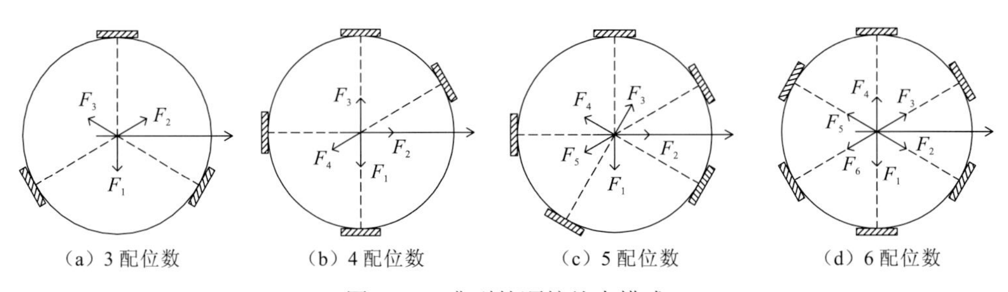

（a）3 配位数　（b）4 配位数　（c）5 配位数　（d）6 配位数

图 3.3.6　典型的颗粒约束模式

表 3.3.2　3 配位数情况下奇异值分解结果

约束模式	θ_i/（°）	p_1，p_2	约束模式	θ_i/（°）	p_1，p_2
3-M1	−90，30，150	1.22，1.22	3-M4	−90，0，120	1.41，1.00
3-M2	−90，45，150	1.33，1.11	3-M5	−90，60，135	1.50，0.86
3-M3	−90，60，150	1.41，1.00	3-M6	−90，60，135	1.58，0.71

表 3.3.3　4 配位数情况下奇异值分解结果

约束模式	θ_i/（°）	p_1，p_2	约束模式	θ_i/（°）	p_1，p_2
4-M1	−90，0，90，180	1.41，1.41	4-M5	−90，30，90，−135	1.79，0.90
4-M2	−90，0，90，−135	1.65，1.14	4-M6	−90，45，90，−135	1.85，0.77
4-M3	−90，30，90，135	1.66，1.12	4-M7	−90，60，90，120	1.87，0.71
4-M4	−90，30，90，−150	1.73，1.00	4-M8	−90，60，90，−120	1.93，0.52

表 3.3.4　5 配位数情况下奇异值分解结果

约束模式	θ_i/（°）	p_1，p_2	约束模式	θ_i/（°）	p_1，p_2
5-M1	−90，−18，54，126，−162	1.58，1.58	5-M7	−90，−30，30，90，−135	1.79，1.34
5-M2	−90，0，90，135，−150	1.66，1.50	5-M8	−90，−30，30，90，−120	1.83，1.28
5-M3	−90，0，30，150，−120	1.73，1.41	5-M9	−90，0，90，−150，−135	1.86，1.24
5-M4	−90，0，45，135，−150	1.73，1.41	5-M10	−90，0，90，−150，−120	1.87，1.22
5-M5	−90，0，90，180，−135	1.73，1.41	5-M11	−90，0，90，−135，−120	1.92，1.14
5-M6	−90，0，60，120，−135	1.79，1.34			

表 3.3.5　6 配位数情况下奇异值分解结果

约束模式	θ_i/（°）	p_1，p_2	约束模式	θ_i/（°）	p_1，p_2
6-M1	−90，−30，30，90，150，−150	1.73，1.73	6-M8	−90，0，90，150，−135，−150	1.93，1.51
6-M2	−90，0，90，135，180，−150	1.81，1.66	6-M9	−90，0，90，120，−150，−135	1.93，1.51
6-M3	−90，0，90，120，180，−135	1.81，1.66	6-M10	−90，−45，0，90，120，−135	1.97，1.46
6-M4	−90，0，90，120，180，−120	1.87，1.58	6-M11	−90，0，90，180，−135，−120	1.99，1.43
6-M5	−90，−30，30，90，150，−120	1.87，1.58	6-M12	−90，0，90，180，−150，−135	1.99，1.43
6-M6	−90，0，90，135，−150，−120	1.90，1.54	6-M13	−90，−45，0，90，120，−120	2.03，1.37
6-M7	−90，−45，0，90，135，−120	1.90，1.54	6-M14	−90，−60，60，90，120，−120	2.24，1.00

3.3.3 破碎模式和破碎强度

试样在初始加载过程中，应力主要集中于约束点附近，并由约束点至试样内部逐渐降低。随着加载的进行，试样内部出现由各个约束部位逐渐开展的裂纹，部分裂纹贯通形成宏观裂纹；约束点附近区域出现局部裂纹，此时应力主要集中于裂纹附近。图 3.3.7 给出了 3-M4 试样在加载过程中的 Mises 应力云图。图 3.3.7 中，l_d 为加载点径向位移。当径向位移达到 0.20 mm 时，试样内部出现贯穿性裂纹；当径向位移达到 0.26 mm 时，侧向约束部位出现向贯穿裂纹端部发展的裂纹。

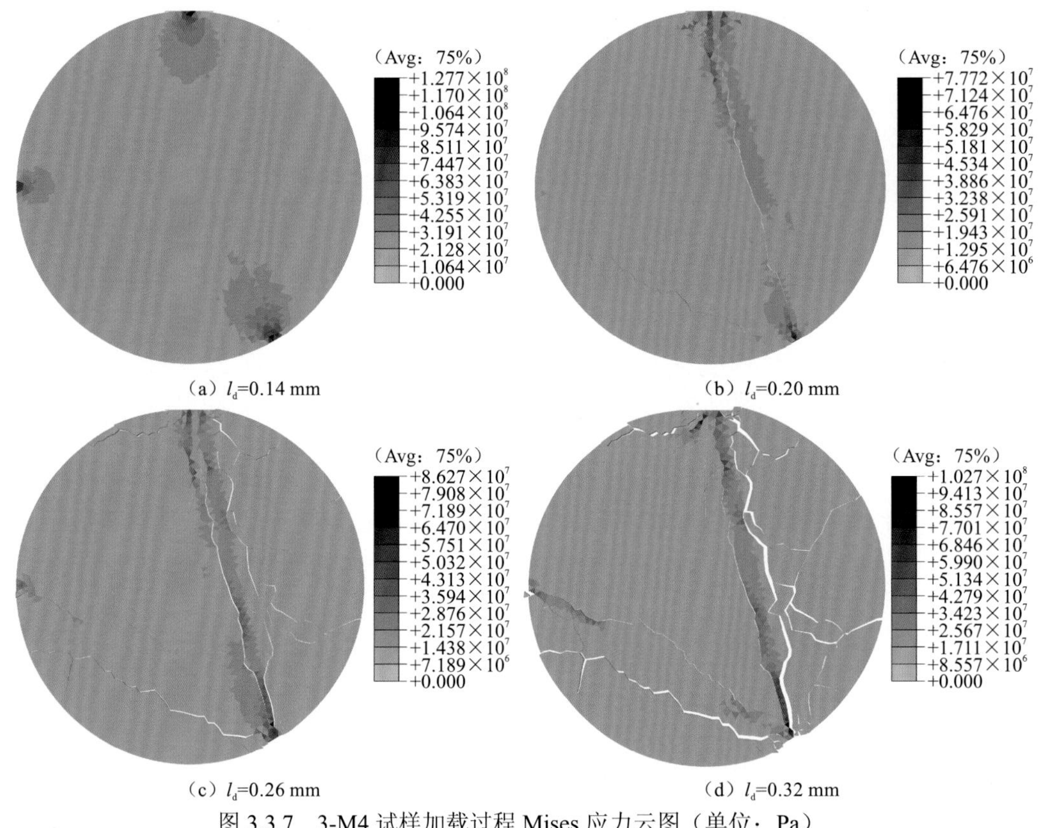

（a）l_d=0.14 mm　（b）l_d=0.20 mm

（c）l_d=0.26 mm　（d）l_d=0.32 mm

图 3.3.7　3-M4 试样加载过程 Mises 应力云图（单位：Pa）

当颗粒达到峰值强度后发生脆性破坏，部分颗粒的破碎形态如图 3.3.8 所示。不同约束模式下颗粒的破碎形态不同，接触点个数越多的颗粒破碎形态越复杂。结合各个颗粒的破碎过程分析可得，由于加载位移由顶部刚性板传递，靠近竖直加载轴线的约束部位极易生成初始裂纹，并发展成为宏观贯穿裂纹；宏观裂纹附近由于挤压作用形成较多的无规则破碎块体；同时，圆周侧向约束部位由于剪切作用产生裂纹，并向顶部或底部约束部位扩展。颗粒接触点越多或接触点分布越均匀，颗粒的初始贯穿裂纹越纤细。破碎规律与 Salami 等[91]的物理试验规律基本一致。

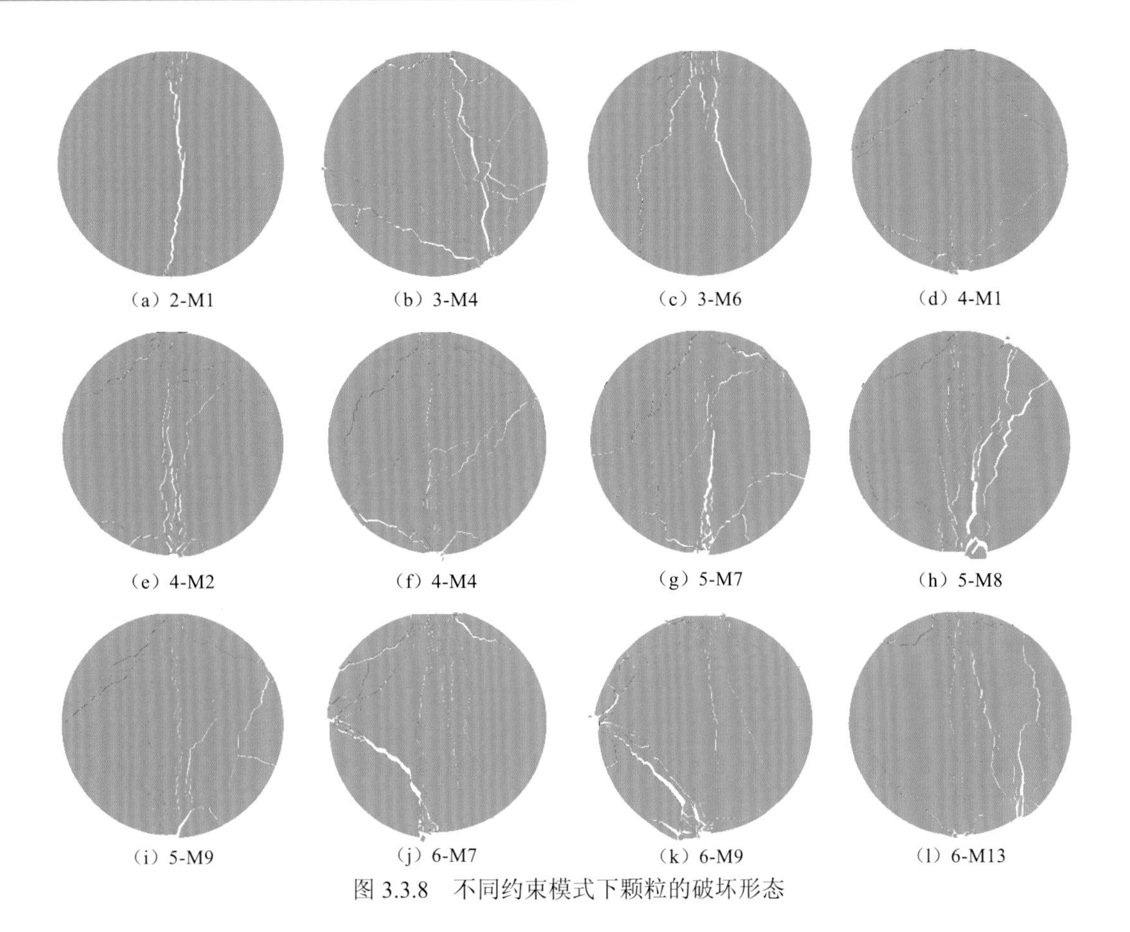

图 3.3.8　不同约束模式下颗粒的破坏形态

为了研究不同约束模式对颗粒破碎强度的影响，分别对 4 种配位数下不同接触角度的颗粒进行数值加载试验，获得峰值荷载 F_{max}。利用奇异值分解得到量化颗粒不同接触状态的特征值（p_1、p_2）、平均奇异值水平值 $[(p_1+p_2)/2]$ 及奇异值偏状态值 p_1-p_2，并寻求约束模式、奇异值与颗粒破碎强度三者之间的联系。图 3.3.9～图 3.3.12 分别为 3～6 个配位数下的颗粒峰值荷载 F_{max} 与 $(p_1+p_2)/2$ 的关系曲线和峰值荷载 F_{max} 与 p_1-p_2 的关系曲线。

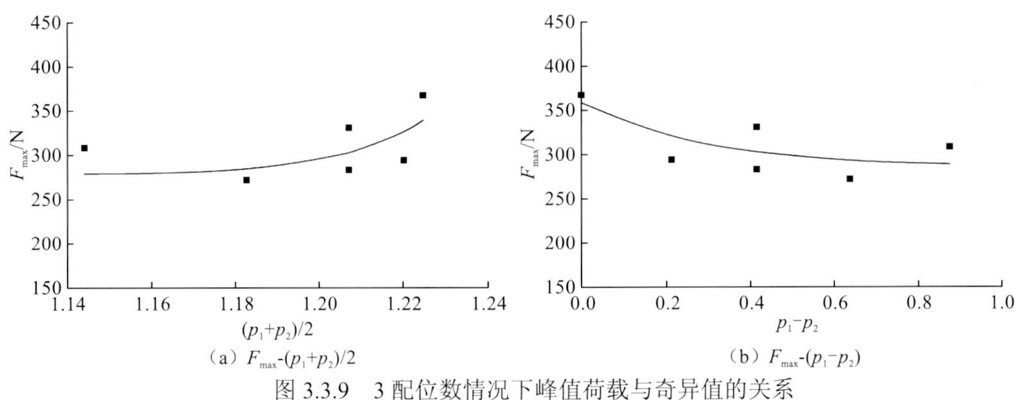

图 3.3.9　3 配位数情况下峰值荷载与奇异值的关系

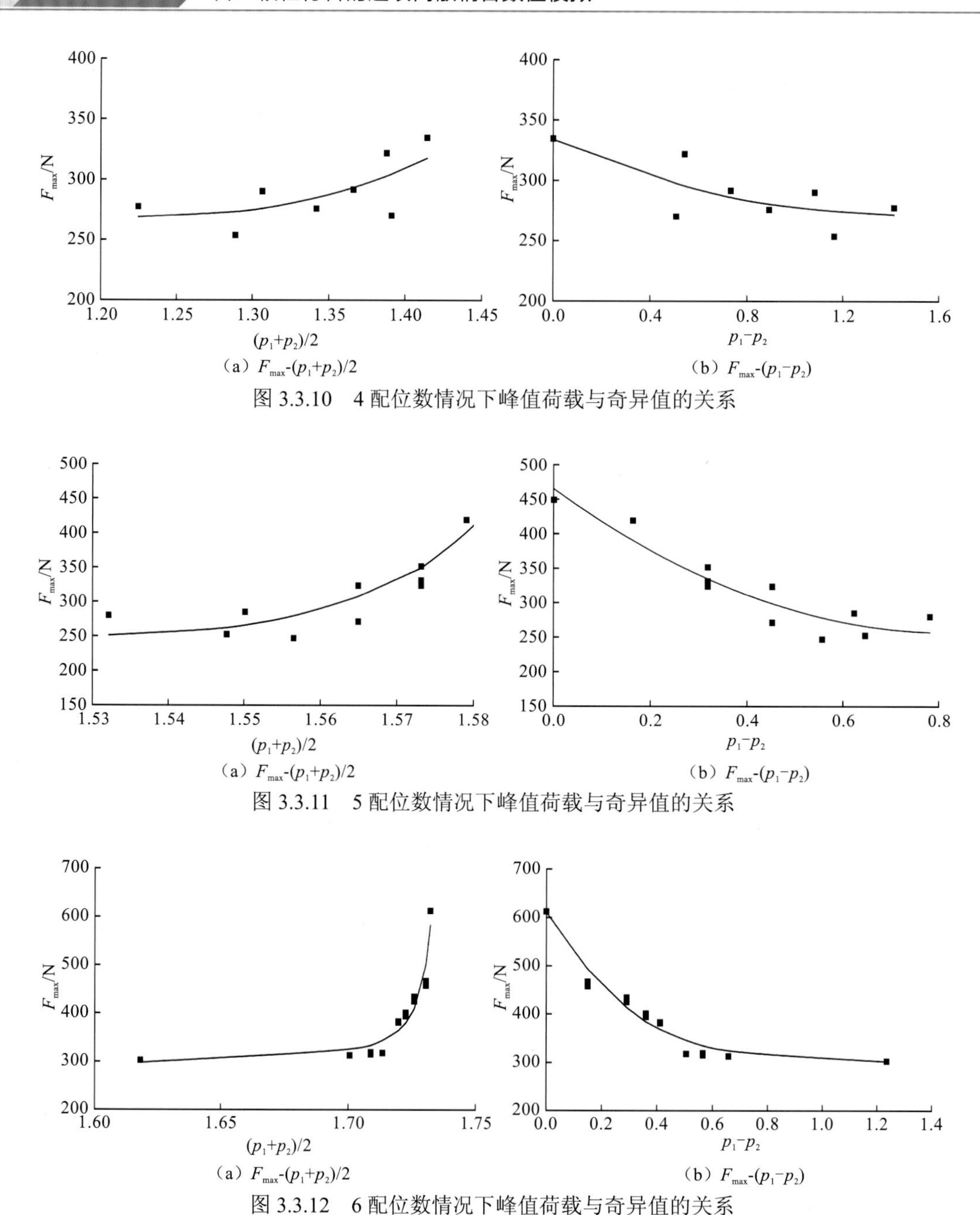

图 3.3.10　4 配位数情况下峰值荷载与奇异值的关系

图 3.3.11　5 配位数情况下峰值荷载与奇异值的关系

图 3.3.12　6 配位数情况下峰值荷载与奇异值的关系

由图 3.3.9～图 3.3.12 可以看出，约束模式或奇异值的改变对颗粒的破碎强度有显著影响。当配位数相同时，$(p_1+p_2)/2$ 越大，颗粒的峰值荷载越大，强度越强；p_1-p_2 越大，颗粒的峰值荷载越小，强度越弱。表 3.3.6 给出 6 配位数颗粒破碎模拟结果。可以看出，当颗粒接触点个数或配位数相同时，奇异值偏状态程度随平均奇异值的增大而降低，抵抗破碎的能力随之增强，表明颗粒的破碎阈值与平均奇异值呈正相关关系，其他配位数情况下的结果规律与 6 配位数所得规律一致。根据二维矩阵奇异值分解的几何意义可知，当奇异值偏状态程度偏低（平均奇异值偏大）时，分解所得的奇异值较接近，说明约束模式对颗粒两个特征维度的“贡献”相差无几，即约束模式的各向同性性质显著，导致颗粒内部的应力状态趋近于静水压力状态，颗粒较难破碎。

表 3.3.6　6 配位数情况下不同约束模式的奇异值和峰值荷载汇总

约束模式	p_1，p_2	$(p_1+p_2)/2$	p_1-p_2	峰值荷载/N	约束模式	p_1，p_2	$(p_1+p_2)/2$	p_1-p_2	峰值荷载/N
6-M1	1.73，1.73	1.732	0	612.56	6-M8	1.93，1.51	1.720	0.41	383.00
6-M2	1.81，1.66	1.730	0.15	467.06	6-M9	1.93，1.51	1.720	0.41	381.47
6-M3	1.81，1.66	1.730	0.15	457.37	6-M10	1.97，1.46	1.714	0.51	317.93
6-M4	1.87，1.58	1.726	0.29	425.29	6-M11	1.99，1.43	1.709	0.57	314.88
6-M5	1.87，1.58	1.726	0.29	434.46	6-M12	1.99，1.43	1.709	0.57	316.32
6-M6	1.90，1.54	1.723	0.36	394.18	6-M13	2.03，1.37	1.701	0.66	313.12
6-M7	1.90，1.54	1.723	0.36	401.37	6-M14	2.24，1.00	1.618	1.24	292.95

对于不同配位数的情形，颗粒接触点或配位数越多，分解得到的平均奇异值越大，颗粒的破碎荷载阈值越高，Salami 等[91]的物理试验验证了这一结论的合理性。

3.4 本章小结

本章采用连续离散耦合分析方法来研究颗粒破碎。通过预插入的内聚力界面单元的失效来模拟开裂导致的颗粒破碎，系统地分析了颗粒形状、颗粒尺寸和局部约束模式对颗粒破碎特性的影响。本章的主要结论如下。

（1）颗粒破碎的主要开裂机制与颗粒形状有关。卵石颗粒的典型破碎模式是由接触区域的周向拉应力和子午面上的径向拉应力引起的。这些裂纹相互连接并通过最薄弱的路径传播，形成子午面型的裂纹。棱角状颗粒的复杂形状导致其更丰富的开裂模式，如剥片、拉伸、屈曲及这些机制的任何组合。这些裂纹通过相交和分叉等形式在颗粒内部传播，形成到达颗粒表面的裂纹面，从而导致开裂。颗粒破碎强度服从 Weibull 分布，Weibull 模量和特征应力随颗粒形状的变化与试验结果一致，颗粒破碎强度的尺寸效应也与颗粒形状有关。

（2）相比于棱角状颗粒，卵石颗粒的碎片尺寸分布较窄。这种差异主要是由于两种形状颗粒主导开裂机制不同，卵石颗粒劈裂产生尺寸相近的大碎片，棱角状颗粒因磨损产生较多小碎片和少量的大碎片。尽管棱角状颗粒和卵石颗粒有不同的开裂机制和颗粒形状，但它们的碎片都具有相似的分形特性，表明颗粒破碎是一个标度不变过程。不同粒径颗粒的 Weibull 模数相差不大，验证了 Weibull 模数是颗粒固有属性的结论。颗粒破碎强度存在明显的尺寸效应，破碎强度随着颗粒尺寸的增大而减小，与颗粒尺寸呈幂指数关系。

（3）通过改变颗粒的接触状态（接触点个数、接触角度）设计一系列约束模式，对描述颗粒接触状态的二维矩阵进行奇异值分解，得到量化颗粒约束状态的特征值，研究颗粒的破碎强度和破碎形式与约束模式之间的关系，建立考虑颗粒约束模式的破碎阈值模型。当配位数相同时，颗粒破碎强度与平均奇异值呈正相关关系，即平均奇异值越高或偏状态程度越低，颗粒破碎强度越高；当配位数不同时，奇异值分解得到的平均奇异值随着颗粒接触点的增多而增大，且配位数越多，颗粒破碎强度越高。

参 考 文 献

[1] COOP M R, LEE I K. The behaviour of granular soils at elevated stresses[C]//HOULSBY G T, SCHOFIELD A N, Predictive soil mechanics, Thomas Telford, London, UK, 1993.

[2] YAMAMURO J A, BOPP P A, LADE P V. One-dimensional compression of sands at high pressures[J]. Journal of geotechnical engineering, 1996, 122(2): 147-154.

[3] NAKATA Y, HYODO M, HYDE A F L, et al. Microscopic particle crushing of sand subjected to high pressure one-dimensional compression[J]. Soils and foundations, 2008, 41(1): 69-82.

[4] HARDIN B O. Crushing of soil particles[J]. Journal of geotechnical engineering, 1985, 111(10): 1177-1192.

[5] HAGERTY M M, HITE D R, ULLRICH C R, et al. One-dimensional high-pressure compression of granular media[J]. Journal of geotechnical engineering, 1993, 119(1): 1-18.

[6] LADE P V, YAMAMURO J A, BOPP P A. Significance of particle crushing in granular materials[J]. Journal of geotechnical engineering, 1996, 122(4): 309-316.

[7] COOP M R, SORENSEN K K, FREITAS T B, et al. Particle breakage during shearing of a carbonate sand[J]. Géotechnique, 2004, 54(3): 157-163.

[8] COOP M R, ALTUHAFI F N. Changes to particle characteristics associated with the compression of sands[J]. Géotechnique, 2011, 61(6): 459-471.

[9] OTANI J, MUKUNOKI T, SUGAWARA K. Evaluation of particle crushing in soils using X-ray CT data[J]. Journal of the Japanese geotechnical society, 2005, 45(1): 99-108.

[10] CIL M B, ALSHIBLI K A. 3D evolution of sand fracture under 1D compression[J]. Géotechnique, 2014, 64(5): 351-364.

[11] YI S, YAN W M, MUKUNOKI T, et al. A microscopic investigation into the breakage behavior of calcareous origin grains in 1D compression[J]. Japanese geotechnical society special publication, 2016, 2(16): 630-634.

[12] CHENG Y P, BOLTON M D, NAKATA Y. Discrete element simulation of crushable soil[J]. Géotechnique, 2003, 53(7): 633-642.

[13] BOLTON M D, NAKATA Y, CHENG Y P. Crushing and plastic deformation of soils simulated using

DEM[J]. Géotechnique, 2004, 54(2): 131-142.
[14] HOSSEININIA E S, MIRGHASEMI A A. Numerical simulation of breakage of two-dimensional polygon-shaped particles using discrete element method[J]. Powder technology, 2006, 166(2): 100-112.
[15] WANG J, YAN H. On the role of particle breakage in the shear failure behavior of granular soils by DEM[J]. International journal for numerical & analytical methods in geomechanics, 2013, 37(8): 832-854.
[16] NGUYEN D H, AZÉMA E, SORNAY P, et al. Effects of shape and size polydispersity on strength properties of granular materials[J]. Physical review E, 2015, 91(3-1): 032203.
[17] LOBO-GUERRERO S, VALLEJO L E, VESGA L F. Visualization of crushing evolution in granular materials under compression using DEM[J]. International journal of geomechanics, 2006, 6(3): 195-200.
[18] MCDOWELL G R, BONO J P D. On the micro mechanics of one-dimensional normal compression[J]. Géotechnique, 2013, 63(11): 895-908.
[19] ZHOU W, YANG L F, MA G, et al. Macro-micro responses of crushable granular materials in simulated true triaxial tests[J]. Granular matter, 2015, 17(4): 497-509.
[20] SHI D, ZHENG L, XUE J, et al. DEM modeling of particle breakage in silica sands under one-dimensional compression[J]. Acta mechanica solida sinica, 2016, 29(1): 78-94.
[21] TURNER A K, KIM F H, PENUMADU D, et al. Meso-scale framework for modeling granular material using computed tomography[J]. Computers & geotechnics, 2016, 76(6): 140-146.
[22] CHO G C, DODDS J, SANTAMARINA J C. Particle shape effects on packing density, stiffness, and strength: natural and crushed sands[J]. Journal of geotechnical & geoenvironmental engineering, 2006, 133(5): 591-602.
[23] BORNERT M, LENOIR N, BÉSUELLE P, et al. Discrete and continuum analysis of localised deformation in sand using X-ray μCT and volumetric digital image correlation[J]. Géotechnique, 2010, 60(5): 11-20.
[24] KIM F H, PENUMADU D, GREGOR J, et al. High-resolution neutron and X-ray imaging of granular materials[J]. Journal of geotechnical & geoenvironmental engineering, 2013, 139(5): 715-723.
[25] FU X, DUTT M, BENTHAM A C, et al. Investigation of particle packing in model pharmaceutical powders using X-ray microtomography and discrete element method[J]. Powder technology, 2006, 167(3): 134-140.
[26] THOMPSON K E, WILLSON C S, ZHANG W. Quantitative computer reconstruction of particulate materials from microtomography images[J]. Powder technology, 2006, 163(3): 169-182.
[27] WANG L, PARK J Y, FU Y. Representation of real particles for DEM simulation using X-ray tomography[J]. Construction & building materials, 2007, 21(2): 338-346.
[28] LATHAM J P, MUNJIZA A, GARCIA X, et al. Three-dimensional particle shape acquisition and use of shape library for DEM and FEM/DEM simulation[J]. Minerals engineering, 2008, 21(11): 797-805.
[29] MATSUSHIMA T, KATAGIRI J, UESUGI K, et al. 3D shape characterization and image-based DEM simulation of the lunar soil simulant FJS-1[J]. Journal of aerospace engineering, 2009, 22(1): 15-23.

[30] RICHARD M A A, XIAODONG W, et al. Combining X-ray microtomography with computer simulation for analysis of granular and porous materials[J]. Particuology, 2010(2): 81-99.

[31] ZHOU B, WANG J, ZHAO B. Micromorphology characterization and reconstruction of sand particles using micro X-ray tomography and spherical harmonics[J]. Engineering geology, 2015, 184(14): 126-137.

[32] XU W J, HU L M, GAO W. Random generation of the meso-structure of a soil-rock mixture and its application in the study of the mechanical behavior in a landslide dam[J]. International journal of rock mechanics & mining sciences, 2016, 86: 166-178.

[33] CIL M B, ALSHIBLI K A. Modeling the influence of particle morphology on the fracture behavior of silica sand using a 3D discrete element method[J]. Comptes rendus-mécanique, 2015, 343(2): 133-142.

[34] MA G, ZHOU W, CHANG X L, et al. Combined FEM/DEM modeling of triaxial compression tests for rockfills with polyhedral particles[J]. International journal of geomechanics, 2014, 14(4): 04014014.

[35] MA G, ZHOU W, CHANG X L, et al. A hybrid approach for modeling of breakable granular materials using combined finite-discrete element method[J]. Granular matter, 2016, 18(1): 7.

[36] LANARO F, TOLPPANEN P. 3D characterization of coarse aggregates[J]. Engineering geology, 2002, 65(1): 17-30.

[37] BLOTT S J, PYE K. Particle shape: a review and new methods of characterization and classification[J]. Sedimentology, 2010, 55(1): 31-63.

[38] WADELL H. Volume, shape, and roundness of rock particles[J]. Journal of geology, 1932, 40(5): 443-451.

[39] MCDOWELL G R, AMON A. The application of Weibull statistics to the fracture of soil particles[J]. Journal of the Janpanese geotechnical society, 2000, 40(5): 133-141.

[40] MCDOWELL G R. On the yielding and plastic compression of sand[J]. Soils found. 2002, 42(1): 139-145.

[41] CAVARRETTA I, COOP M, O'SULLIVAN C. The influence of particle characteristics on the behaviour of coarse grained soils[J]. Géotechnique, 2010, 60(6): 413-423.

[42] LIM W.L, MCDOWELL G R, COLLOP A.C. The application of Weibull statistics to the strength of railway ballast[J]. Granul matter, 2004, 6(4): 229-237.

[43] LOBO-GUERRERO S, VALLEJO L E. Application of Weibull statistics to the tensile strength of rock aggregates[J]. Journal of geotechnical & geoenvironmental engineering, 2006, 132(6): 786-790.

[44] CHESHOMI A, SHESHDE E A. Determination of uniaxial compressive strength of microcrystalline limestone using single particles load test[J]. Journal of petroleumence & engineering, 2013, 111: 121-126.

[45] HUANG J, XU S, YI H, et al. Size effect on the compression breakage strengths of glass particles[J]. Powder technology, 2014, 268: 86-94.

[46] LIM W L, MCDOWELL G R. Discrete element modelling of railway ballast[J]. Granul matter. 2005, 7(1): 19-26.

[47] BOLTON M D, NAKATA Y, CHENG Y P. Micro-and macro-mechanical behaviour of DEM crushable materials[J]. Géotechnique, 2008, 58(6): 471-480.

[48] CARMONA H A, WITTEL F K, KUN F, et al. Fragmentation processes in impact of spheres[J]. Physical review E, 2008, 77(5): 051302.

[49] HANLEY K J, O'SULLIVAN C, OLIVEIRA J C, et al. Application of Taguchi methods to DEM calibration of bonded agglomerates[J]. Powder technology, 2011, 210(3): 230-240.

[50] WANG X, XU W, ZHANG B. Breakage characteristics and crushing mechanism of cement materials using point-loading tests and the discrete-element method[J]. Journal of materials in civil engineering, 2013, 26(5): 992-1002.

[51] YAN Y, ZHAO J, JI S, Discrete element analysis of breakage of irregularly shaped railway ballast[J]. Geomechanics and geoengineering, 2015, 10(1): 1-6.

[52] CARMONA H A, GUIMARÃES A V, ANDRADE J J S, et al. Fragmentation processes in two-phase materials[J]. Physical review E, 2015, 91(1): 012402.

[53] ZHENG K, DU C, LI J, et al. Numerical simulation of the impact-breakage behavior of non-spherical agglomerates[J]. Powder technology, 2015, 286: 582-591.

[54] NGUYEN D H, AZÉMA E, SORNAY P, et al. Bonded-cell model for particle fracture[J]. Physical review E, 2015, 91(2): 022203.

[55] PALUSZNY A, TANG X H, NEJATI M, et al. A direct fragmentation method with Weibull function distribution of sizes based on finite- and discrete element simulations[J]. International journal of solids & structures, 2016, 80: 38-51.

[56] ZHAO B, WANG J, COOP M R, et al. An investigation of single sand particle fracture using X-ray micro-tomography[J]. Géotechnique, 2015, 65(8): 625-641.

[57] GUO L, XIANG J, LATHAM J P, et al. A numerical investigation of mesh sensitivity for a new three-dimensional fracture model within the combined finite-discrete element method[J]. Engineering fracture mechanics, 2016, 151: 70-91.

[58] CAVARRETTA I, O'SULLIVAN C. The mechanics of rigid irregular particles subject to uniaxial compression[J]. Géotechnique, 2012, 62(8): 681-692.

[59] RUSSELL A, PETER MÜLLER, SHI H, et al. Influences of loading rate and preloading on the mechanical properties of dry elasto-plastic granules under compression[J]. Aiche journal, 2015, 60(12): 4037-4050.

[60] SALMAN, RUSSELL A, AMAN S, et al. Breakage probability of granules during repeated loading[J]. Powder technology, 2015, 269: 541-547.

[61] RUSSELL A, SCHMELZER J, MÜLLER P, et al. Mechanical properties and failure probability of compact agglomerates[J]. Powder technology, 2015, 286: 546-556.

[62] NAKATA Y, KATO Y, HYODO M, et al. One-dimensional compression behaviour of uniformly graded sand related to single particle crushing strength[J]. Journal of the Japanese geotechnical society, 2001, 41(2): 39-51.

[63] MARSAL R J. Large scale testing of rockfill materials[J]. Journal of the soil mechanics & foundations division, 1900, 94: 1042-1047.

[64] HU W, DANO C, HICHER P Y, et al. Effect of sample size on the behavior of granular materials[J]. Geotechnical testing journal, 2011, 34(3): 186-197.

[65] CHEONG Y S, REYNOLDS G K, SALMAN A D, et al. Modelling fragment size distribution using two-parameter Weibull equation[J]. International journal of mineral processing, 2004, 74(S): 227-237.

[66] 日本土质工学会. 粗粒料的现场压实[M]. 郭熙灵, 文丹, 译. 北京: 中国水利水电出版社, 1998.

[67] BAZANT Z P, ASCE F. Size effect in blunt fracture: concrete, rock, metal[J]. Journal of engineering mechanics, 1984, 110(4): 518-535.

[68] BAZANT Z P, PLANAS J. Fracture and size effect in concrete and other quasi-brittle materials[M]. London: CRC Press, 1988.

[69] BAZANT Z P. Scaling laws in mechanics of failure[J]. Journal of engineering mechanics, 1993, 119(9): 1828-1844.

[70] 郦能惠. 高混凝土面板堆石坝新技术[M]. 北京: 中国水利水电出版社, 2007.

[71] 司洪祥. 堆石缩尺效应研究中的几个问题[C]// 中国土木工程学会土力学及基础工程学术会议. 1991.

[72] 李翀, 何昌荣, 王琛, 等. 粗粒料大型三轴试验的尺寸效应研究[J]. 岩土力学, 2008, 29(1): 563-566.

[73] 马刚, 周伟, 常晓林, 等. 堆石料缩尺效应的细观机制研究[J]. 岩石力学与工程学报, 2012, 31(12): 2473-2482.

[74] VAEADARAJAN A, SHARMA K, VENKATACHALAM K, et al. Testing and modeling two rockfill materials[J]. Journal of geotechnical and geoenvironmental engineering, ASCE, 2003, 129(3): 206-218.

[75] 凌华, 殷宗泽, 朱俊高, 等. 堆石料强度的缩尺效应试验研究[J]. 河海大学学报(自然科学版), 2011, 39(5): 540-544.

[76] MCDOWELL G R, HUMPHREYS A. Yielding of granular materials[J]. Granular matter, 2002, 4(1): 1-8.

[77] ANTONYUK S, TOMAS E, HEINRICH S, et al. Breakage behaviour of spherical granulates by compression[J]. Chemical engineering science, 2005, 60(14): 4031-4044.

[78] MARKETOS G, BOLTON M D. A statistical investigation of particle crushing in sand[C]// International Symposium on Geomechanics and Geotechnics of Particulated Media, Japan, 2006: 247-252.

[79] BRZESOWSKY R H, SPIERS C J, PEACH C J, et al. Failure behavior of single sand particles: theory versus experiment[J]. Journal of geophysical research, 2011, 116(B6): 205.

[80] 徐永福, 王益栋, 奚悦, 等. 岩石颗粒破碎的尺寸效应[J]. 工程地质学报, 2014, 22(6): 1023-1027.

[81] LEE D M. The angles of friction of granular fills[D]. Cambridge: Cambridge University, 1992.

[82] MARSAL R J. Mechanical properties of rockfill[C]// Embankment Dam Engineering, Casagrand Volume,

New Jersey: Wiley, 1973: 109-200.

[83] ALONSO E E, TAPIAS M, GILI J. Scale effects in rockfill behaviour[J]. Géotechnique letters, 2012, 2: 155-160.

[84] AURSUDKIJ B. A laboratory study of railway ballast behaviour under traffic loading and tamping maintenance[D]. Nottingham: University of Nottingham, 2007.

[85] MCDOWELL G R, HARIRECHE O. Discrete element modelling of soil particle fracture[J]. Géotechnique, 2002, 52(2): 131-136.

[86] LIM W L, MCDOWELL G R. The importance of coordination number in using agglomerates to simulate crushable particles in the discrete element method[J]. Géotechnique, 2007, 57(8): 701-705.

[87] TSOUNGUI O, VALLET D, CHARMET J C. Use of contact area trace to study the force distributions inside 2D granular systems[J]. Granular matter, 1998, 1(2): 65-66.

[88] TSOUNGUI O, VALLET D, CHARMET J C, et al. Size effects in single grain fragmentation[J]. Granular matter, 1999, 2(1): 19-27.

[89] SUKUMARAN B, EINAV I, DYSKIN A. Qualitative assessment of the influence of coordination number on crushing strength using DEM[C]//2006 AIChE Annual Meeting, San Francisco, 2006.

[90] BEN-NUN O, EINAV I. The role of self-organization during confined comminution of granular materials[J]. Philosophical transactions of the royal society of London A: mathematical, physical and engineering sciences, 2010, 368(1910): 231-247.

[91] SALAMI Y, DANO C, HICHER P Y, et al. The effects of the coordination on the fragmentation of a single grain[C]//Proceedings of ISGG. Warwick: 2015, 26(1): 012015.

[92] WANG P, ARSON C. Discrete element modeling of shielding and size effects during single particle crushing[J]. Computers and geotechnics, 2016, 78: 227-236.

[93] KLEIBERGEN F, PAAP R. Generalized reduced rank tests using the singular value decomposition[J]. Journal of econometrics, 2006, 133(1): 97-126.

[94] LANGE K. Numerical Analysis for Statisticians[M]. New York: Springer Science & Business Media, 2010.

[95] 蒋卓芸, 夏雪. 奇异值分解及其简单应用[J]. 成都大学学报(自然科学版), 2015, 34(4): 364-366.

[96] 罗小桂, 何雁. 矩阵奇异值分解在计算技术中的应用[J]. 计算机与现代化, 2006 (6): 67-68.

[97] 邓勇. 矩阵奇异值分解的几何意义[J]. 喀什师范学院学报, 2012, 33(3): 8-10.

[98] SMITH L I. A tutorial on principal components analysis[J]. Information fusion, 2002, 51(3): 52.

[99] WALL M E, RECHTSTEINER A, ROCHA L M. Singular value decomposition and principal component analysis[M]//BERRAR D P, DUBITZKY W, GRANZOW M, et al. A practical approach to microarray data analysis. New York: Kluwer academic publishers, 2003: 91-106.

[100] KAZERANI T. Effect of micromechanical parameters of microstructure on compressive and tensile failure process of rock[J]. International journal of rock mechanics and mining sciences, 2013, 64(6): 44-55.

[101] ZHOU W, YUAN W, MA G, et al. Combined finite-discrete element method modeling of rockslides[J]. Engineering computations, 2016, 33(5): 1530-1556.

第4章

单颗粒的冲击破碎特性

冲击引起的固体颗粒破碎与航空工程、制药及岩石研磨等密切相关，受到人们的广泛关注。在航空航天领域，了解冲击过程和由此产生的碎片对于提高飞行器的安全性和寿命至关重要。在岩石工程领域，学者进行了大量岩石爆炸和研磨破碎的研究。本章旨在提高对单个颗粒受到冲击荷载的理解，通过模拟准脆性圆球颗粒的一系列冲击试验，分析不同开裂机制、材料内部无序性对冲击破碎的影响，从颗粒破碎模式、临界冲击速度、碎片尺寸分布和碎片形状等多角度分析单颗粒在动力冲击荷载下的破碎特性。

4.1 冲击碎片形状与分形特征

4.1.1 冲击破碎研究进展

固体颗粒的冲击破碎在航空[1]、制药[2]及岩土工程[3]等领域十分常见，受到学者的广泛关注。例如，航天器和卫星会受到太空碎片冲击的威胁，了解冲击过程和冲击产生的碎片对于提高飞行器的安全性和寿命至关重要[4]；在岩石工程领域，大量学者研究了岩石在爆炸和研磨下的破碎特性[5-6]。这些研究主要通过物理试验和数值模拟的手段预测碎片大小，建立输入能量与碎片尺寸之间的关系，这对于防御评估、研磨效率及爆破采矿等非常重要。特别是通过提高岩石破碎效率，可以降低达到目标级配所需的能量或使得碎片数量最小化。然而，这些研究大部分都集中在颗粒集合体的宏观响应上，缺乏对单颗粒破碎情况的统计分析。本章旨在提高对单颗粒冲击破碎行为的理解，研究结果与微观力学的连续介质模型相吻合[7]。

颗粒的单次和双次冲击试验已被广泛用于研究碎裂过程中复杂的开裂机制[8-14]。在冲击过程中，冲击点附近先发生弹性变形，产生环形裂纹并形成开裂锥；环形裂纹以子午面裂纹的形式迅速扩展，穿透并劈开颗粒[8-9]。同时，关于岩石、混凝土、金属和陶瓷的动态粉碎或破碎有许多半经验模型，通过动态扩展裂纹的分叉来解释碎裂机理。但是由于缺乏连续介质基础，这些模型在动态有限元分析应用中缺乏直观性[15]。Bažant 和 Su[16]提出了一个连续损伤模型来模拟混凝土遭受导弹侵袭引起的粉碎。该模型的基本思想是，在高剪应变率情况下，颗粒与颗粒的界面发生断裂，释放局部动能，块体材料粉碎。

除连续介质力学方法外，离散单元法也被广泛应用于探索冲击事件的具体开裂过程。离散单元法在冲击破碎中的应用可以追溯到 Potapov 和 Campbell[17]、Thornton 等[18-19]及 Ning 等[20]，之后吸引了大量学者进行了类似研究[21-30]。在这些研究中，Thornton 等[18]率先提出了临界速度的概念，将颗粒材料的响应区分为损伤与碎裂两个阶段，Kun 和 Herrmann[22]也证实了这一发现。Timár 等[31]提出了冲击破碎中不同尺寸和不同冲击速度下的标度率。同样地，其他学者还研究了冲击角度[23-24]、冲击速度[25]、材料特性（如界面能）[26-27]、团聚填充密度[28]、主导断裂机制[29]和材料微观结构[30]对开裂模式和碎片质量分布的影响，并研究了非球形团聚体的冲击破碎行为[32-33]。离散单元法的计算优势在于擅长处理大量的碎片及其相互作用（如碰撞、摩擦）。物理试验和数值模拟的结果表明，冲击角度[23-24,34-35]和冲击速度[17-25,34-35]是影响开裂模式的两个主要因素，因此也被广泛研究。上述研究表明碎片质量分布遵循幂律分布，且材料性质和荷载条件对幂指数影响很小[36]。然而，关于冲击产生的碎片形状方面的研究还较少[37-38]。

采用连续离散耦合分析方法来研究颗粒材料的开裂和粉碎。连续离散耦合分析方法是一种显式计算方法，最初由 Munjiza 等[39-40]开发。它将连续介质力学与离散颗粒力学相结合，用于模拟多个相互作用的可变形固体。目前连续离散耦合分析方法已成功用于不同材料的冲击破碎模拟中[41-45]。连续离散耦合分析方法还可以进一步探究碎裂过程的更多细节，如高精度的碎片形状，能量转换及耗散过程[46-47]。本章的研究主要关注单颗粒在高速冲击荷载下的破碎情况，但连续离散耦合分析方法也可以很容易地将研究扩展到颗粒集合体的破碎中。本节的研究目标是验证采用连续离散耦合分析方法和内聚力模型的物理可靠性和数值稳定性。为了方便与先前的试验和数值研究直接比较，本章试验不考虑颗粒几何形状对碎裂的影响[46]，采用球形颗粒进行冲击试验，主要关注冲击速度对碎片的分形行为和形状特征的影响。首先进行网格敏感性分析，综合考虑数值精度和模拟时间成本，从而确定最佳的有限元网格尺寸。然后模拟准脆性颗粒在不同冲击速度下的一系列冲击试验，分析碎片尺寸分布和各种形状描述指标的统计分布。

4.1.2　单颗粒冲击试验

在众多模拟裂纹扩展的计算方法中，引入内聚力模型的有限单元法和连续离散耦合分析方法已被证实具有良好的收敛性和便捷性[48]。内聚力模型还可以通过适当的本构关系来考虑材料屈曲、骨料咬合和表面摩擦在断裂过程中的影响。在这种结合方法中，裂纹由单元内部边界上的内聚力界面单元动态表征。它可以在计算中逐步更新（即间接识别方法）[49]，或在整个计算过程中保持不变（即直接方法）[50]。由于冲击破碎问题涉及大量的裂纹和碎裂，在原有方法上结合改进网格来实现所需的计算效率。在本章中，在所有 10 节点四面体单元之间插入无厚度的界面单元[51]。这种模型能很好地解决诸如岩石或混凝土之类的固体破碎问题，因为这些固体基本上由独立的颗粒或骨料通过界面结合或胶凝材料胶结而成[52]。这些微观结构可以通过在不破碎的实体单元之间插入无厚度界面单元进行数值表征，除此之外也有其他数值方法，如格构离散粒子模型（lattice discrete particle model，LDPM）[53]。

本节通过采用不同的本构关系来描述断裂区界面的应力-开裂位移行为。根据 3 点弯曲或 4 点弯曲试验的结果，建立内聚力区的几种本构关系[48]。针对不同类型的材料试验结果，可以选择具有三次多项式、梯形、平滑梯形、指数、线性软化和双线性软化函数的应力-开裂位移关系。FPZ 长度定义为从裂纹尖端到达最大开裂点的距离。脆性材料的 FPZ 脆性较小，因此，线性关系较为合理[54]。在三维分析中，作用在断裂面上的名义应力矢量 $\boldsymbol{t}$ 由 t_{n}、t_{s1} 和 t_{s2} 三个分量组成，它们分别代表一个法向应力分量和两个剪切应力分量。断裂表面相应的相对位移由 δ_{n} 、δ_{s1} 和 δ_{s2} 表示。假设损坏开始之前的内聚应力-分离位移关系是线性的，并且用矩阵表示为

$$\boldsymbol{t}=\begin{Bmatrix} t_{\mathrm{n}} \\ t_{\mathrm{s1}} \\ t_{\mathrm{s2}} \end{Bmatrix}=\begin{bmatrix} k_{\mathrm{n}} & & \\ & k_{\mathrm{s1}} & \\ & & k_{\mathrm{s2}} \end{bmatrix}\begin{Bmatrix} \delta_{\mathrm{n}} \\ \delta_{\mathrm{s1}} \\ \delta_{\mathrm{s2}} \end{Bmatrix} \tag{4.1.1}$$

尽管法向应力分量和剪切应力分量之间的耦合（即在 $\boldsymbol{K}$ 矩阵中采用非零非对角项）可以解释界面上的剪切-剪胀效应，但是这种耦合在区分计算结果中不同破坏机制的影响时仍存在困难。因此，为了专注于对破碎结果影响重大的过程，仍然采用非耦合应力-分离位移关系。值得注意的是，由于裂纹前端的方向未知性，内聚力开裂模型中不能区

分模式 II 和模式 III 两种破坏机制。因此，在两个剪切方向 s1 和 s2 之间没有差异，这意味着 $k_{s1}=k_{s2}=k_s$，两个抗剪强度相等，$f_{s1}=f_{s2}=f_s$。

内聚力开裂模型中的 I 型开裂和 II 型开裂分别需要最大牵引力（f）和临界破裂能量（G_c）。图 4.1.1（a）和（b）分别为法向和切向的典型线性软化曲线，其中 $t_s=\sqrt{t_{s1}^2+t_{s2}^2}$，$\delta_s=\sqrt{\delta_{s1}^2+\delta_{s2}^2}$。实体单元间的界面单元会明显地降低模型的刚度，通过选择适当的罚刚度可以使这种影响最小化。一般来说，罚刚度 k_n 和 k_s 的选择十分谨慎，罚刚度太低会影响材料的整体刚度，罚刚度太高会导致数值计算不稳定，因此基于 Song 等[55]提出的半经验公式选择界面单元的罚刚度。同时还需要合适的损伤准则来描述界面单元的刚度退化。在冲击载荷下，界面单元在混合加载模式下由于拉伸、剪切或拉剪组合而产生损伤和断裂。因此，本章采用以下二次形式的损伤准则：

$$\left\{\frac{\langle t_n\rangle}{f_t}\right\}^2+\left\{\frac{\langle t_s\rangle}{f_s}\right\}^2=1 \tag{4.1.2}$$

注意到这里采用工程力学符号约定：拉应力为正。如图 4.1.1（c）所示，这一损伤准则正确地反映了纯拉伸（$t_n=f_t$）和纯剪切（$t_s=f_s$）下的损伤模式，并且对组合应力下的混合损伤阈值（$0<t_n<f_t$，$0<t_s<f_s$）进行了简单插值。

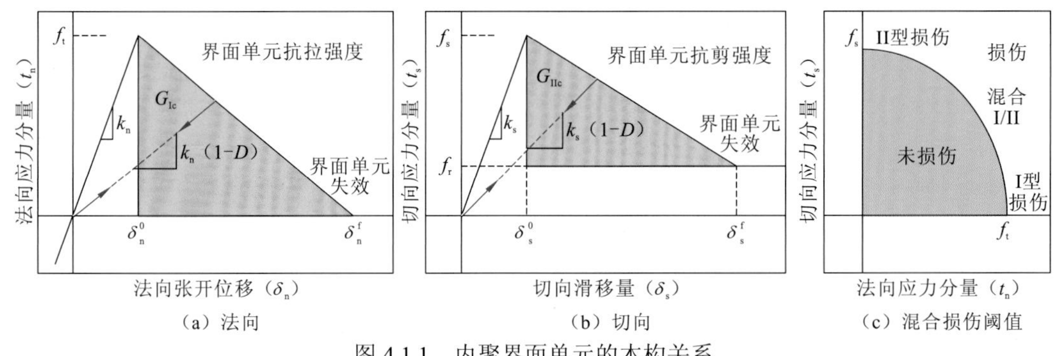

图 4.1.1　内聚界面单元的本构关系

尽管拉伸强度（f_t）可以很容易设置为与碎片尺寸相关或者呈某种概率的分布[56]，但是在这里假定其为常数。剪切强度（f_s）通过莫尔-库仑准则计算 $f_s=c+\langle -t_n\rangle\tan\varphi_i$，其中 c 是内聚力，φ_i 是完整的材料内摩擦角，t_n 是内聚力单元上的法向应力。在受到剪切作用时，假设 t_s 逐渐减小到纯摩擦阻力 f_r，其中 $f_r=-t_n\tan\varphi_f$，φ_f 是界面单元破裂后的裂面摩擦角。

界面单元的本构关系与加载速率无关，速率效应仅来自惯性效应，它不能捕捉高速破碎的整个物理过程[16]。考虑速率效应的开裂准则有许多不同的实现方法，最为广泛接受的理论之一是亚临界裂纹扩展理论[57]。另外，基于弹簧和黏壶系统组成的流变模型，也可以用于建立考虑速率效应的内聚力模型[58]。本节中采用的弹簧-黏壶模型如图 4.1.2 所示。这种速率依赖行为的一个基本假设是材料存在固有的断裂能，与破坏微观尺度（或原子尺度）连接键所需的弹性能量阈值有关。

采用直径为 60 mm 的颗粒以 1～50 m/s 的冲击速度向下冲击刚性板，刚性板设置为无摩擦[59]。表 4.1.1 中列出了典型岩石的输入参数。考虑有限单元法和离散单元法方法的稳定性要求，时间步长选取 Δt_{FEM} 和 Δt_{DEM} 两者的较小值。目前的模拟采用了 2.0×10^{-9} s 的恒定时间步长，足以保证数值计算的稳定性。禁用质量缩放以避免材料密度、冲击动量和能量的变化。

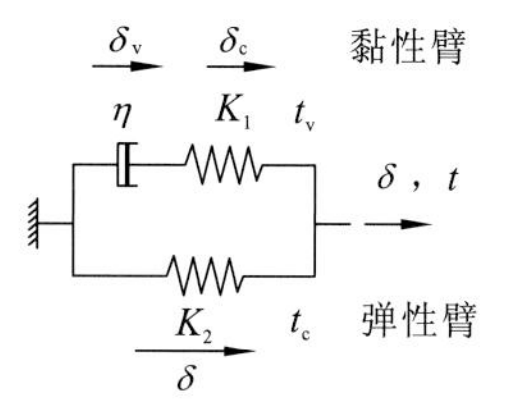

图 4.1.2　弹簧-黏壶模型的流变学表示[44]

表 4.1.1　冲击模拟输入参数

分类	参数	符号	单位	数值
实体单元	密度	ρ	kg/m^3	2 700
	杨氏模量	E	GPa	40
	泊松比	υ	—	0.2
界面单元	法向罚刚度	k_{n}	（N/m^3）	6.0×10^{13}
	切向罚刚度	k_{s}	N/m^3	2.5×10^{13}
	抗拉强度	f_{t}	MPa	16
	内摩擦角	φ_{i}	（°）	40
	接触面摩擦角	φ_{f}	（°）	30
	内聚力	c	MPa	55
	I 型断裂能	G_{I}	N/m	10
	II 型断裂能	G_{II}	N/m	50
接触准则	内部滑动摩擦角	φ_{f}	°	0.577

将颗粒离散为二阶四面体单元，并在单元间插入内聚力界面单元。当使用标准内聚力模型时，网格尺寸效应是不可避免的。只有当单元尺寸小于 FPZ 长度时，才能使用内聚力模型获得可靠的结果；否则，当 FPZ 离散单元太少时，不能准确地表示裂纹尖端区的应力梯度和开裂能量。Turon 等[60]总结出 FPZ 的估算公式为

$$l_{\mathrm{FPZ}} = ME\frac{G_{\mathrm{c}}}{(t^0)^2} \tag{4.1.3}$$

式中：E 是材料杨氏模量；G_{c} 是临界破裂能量；t^0 是最大界面强度；M 是取决于所选模型的参数。对于准脆性材料，Muskhelishvili 解和 Westergaard 解提供的 M 上下界分别为 0.75 和 0.29[61]。实际 FPZ 长度应该在 $l_{\mathrm{FPZ}}^{\mathrm{lower}} \leqslant l_{\mathrm{FPZ}} \leqslant l_{\mathrm{FPZ}}^{\mathrm{upper}}$ 的范围内。使用表 4.1.1 中给出的材料属性，l_{FPZ} 的上限和下限的理论估计值为 $l_{\mathrm{FPZ}}^{\mathrm{upper}} \approx 24.8\ \mathrm{mm}$ 和 $l_{\mathrm{FPZ}}^{\mathrm{lower}} \approx 9.7\ \mathrm{mm}$ 。

另外，FPZ 中所需的最小界面单元数量尚未确定[61]。因此，需要网格收敛性研究来评估网格尺寸效应。采用表 4.1.2 中列出的材料参数，在 20 m/s 的冲击速度下测试图 4.1.3（a）中所示的不同单元尺寸的 9 个网格。准脆性颗粒撞击模拟采用 24 个 Intel Xeon 2.4 GHz 处理器和 16 GB DDR3 1600 MHz RAM 内存硬件条件进行计算，使用的 CPU 计算时间也列在表 4.1.2 中。从表 4.1.2 和图 4.1.3（b）可以看出，使用平均单元尺寸约为 4.17 mm 的网格 S-M7 实现了收敛，其中模型包括 19 259 个节点和 13 217 个单元。另一个问题是网格尺寸对开裂模式的影响。图 4.1.4 为使用不同网格获得的开裂模式，比较的时刻点为颗粒和刚性壁之间初始接触之后的 0.1 ms，此时颗粒与刚性板之间的反力最大。随着网格逐渐细化，图 4.1.4（e）的开裂模式不再限于某些方向并且具有更多的潜在裂纹传播路径。当采用的网格足够细之后，如图 4.1.4（e）～（i），网格尺寸对开裂模式的影响越发减小。考虑到计算成本和模拟精度，选择 S-M7 网格用于本节模拟。

表 4.1.2　脆性圆球冲击刚性板网格敏感性分析

网格名称	平均单元尺寸 /mm	节点数	单元数	FPZ 最小离散（$2l_{FPZ}^{lower}/l_{element}$）	CPU 计算时间/h	收敛性
S-M1	15.15	528	276	1.29	0.12	不收敛
S-M2	11.40	1 119	647	1.71	0.25	不收敛
S-M3	8.32	2 621	1 669	2.34	0.50	不收敛
S-M4	6.31	5 801	3 811	3.08	1.07	不收敛
S-M5	5.18	10 347	6 918	3.76	2.24	不收敛
S-M6	4.62	14 298	9 701	4.21	3.38	不收敛
S-M7	4.17	19 259	13 217	4.67	5.16	收敛
S-M8	3.68	27 953	19 290	5.29	7.52	收敛
S-M9	3.09	46 462	32 634	6.31	14.48	收敛

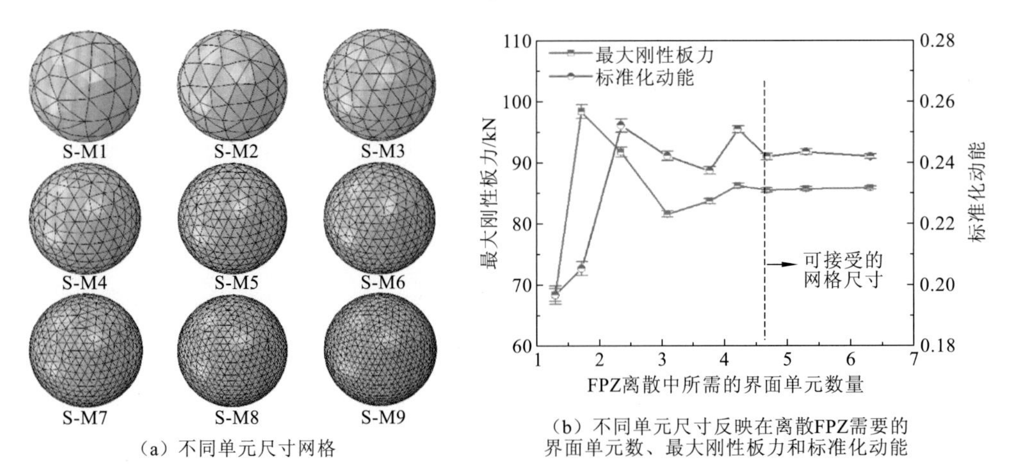

（a）不同单元尺寸网格

（b）不同单元尺寸反映在离散FPZ需要的界面单元数、最大刚性板力和标准化动能

图 4.1.3　不同网格尺寸下的圆球有限单元网格

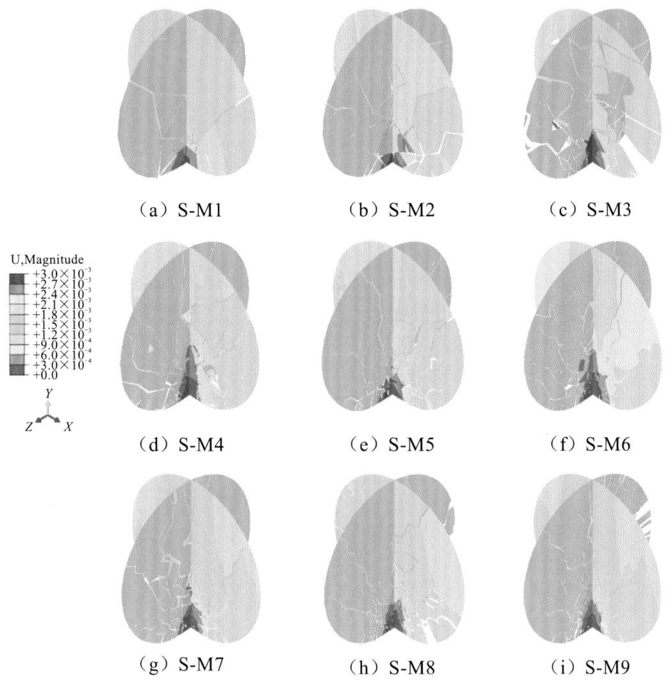

图 4.1.4　不同网格尺寸下的准脆性圆球冲击破碎模式

4.1.3　破碎模式和碎片统计

每一次冲击过程都监测刚性板的反力、失效的界面单元数量及系统中能量的分布，这里定义冲击后失效的界面单元数量与冲击前界面单元的总数量之比为界面单元累积失效分数。通过冲击破碎后所有碎片的速度和质量计算模型的动能，并根据冲击前初始圆球的动能对其进行归一化。图 4.1.5 显示了上述变量在 20 m/s 冲击速度下随时间演化的曲线。圆颗粒在 20 m/s 冲击速度下的破裂过程如图 4.1.6 所示，碎片根据其相对于初始位置的位移进行不同颜色的着色。如图 4.1.7 所示，刚性板的最大反力和累积界面单元失

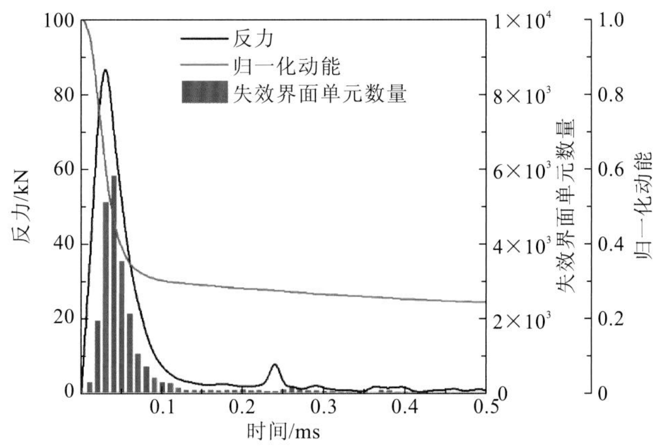

图 4.1.5　反力、失效界面单元数量、归一化动能随时间的演化（冲击速度 20 m/s）

效分数会随着冲击速度的增加而上升，从冰球的高速撞击试验[62]和大量离散单元法模拟试验[30-31]中也可以观察到这种趋势。

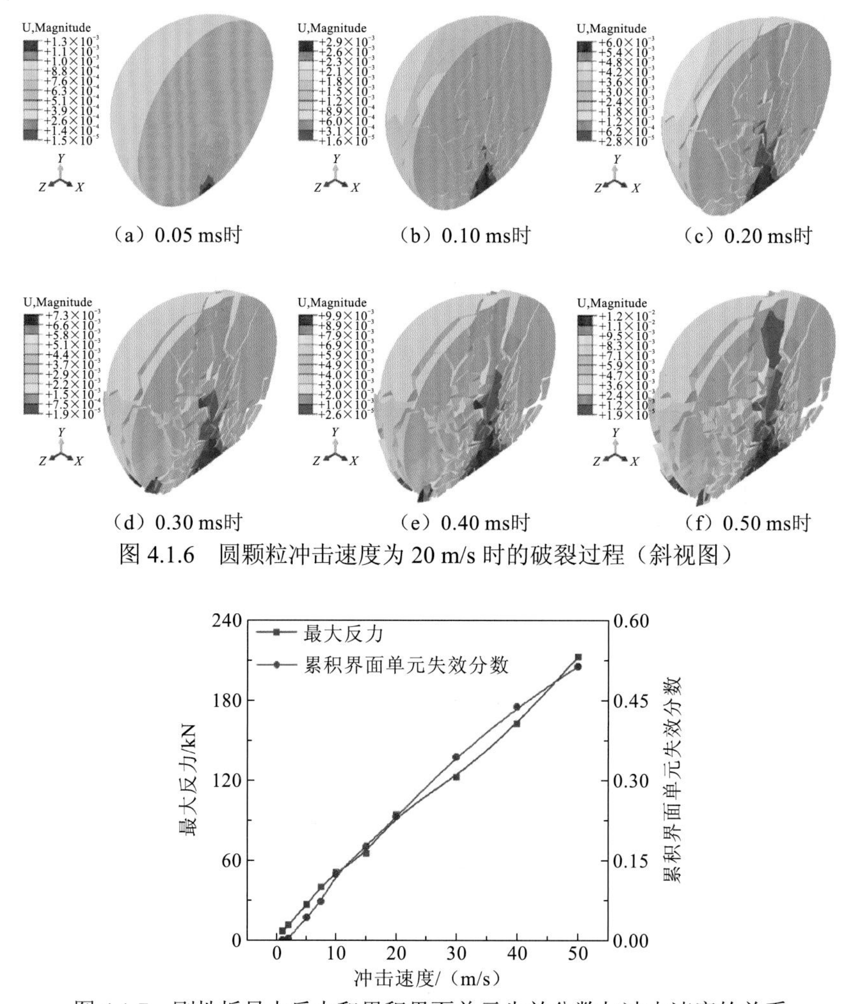

（a）0.05 ms时　（b）0.10 ms时　（c）0.20 ms时

（d）0.30 ms时　（e）0.40 ms时　（f）0.50 ms时

图 4.1.6　圆颗粒冲击速度为 20 m/s 时的破裂过程（斜视图）

图 4.1.7　刚性板最大反力和累积界面单元失效分数与冲击速度的关系

图 4.1.8 是不同冲击速度下冲击过程中归一化动能随时间的变化。颗粒的反弹只会在低速条件下发生，因为在低速冲击下，颗粒的初始动能不足以使大多数界面单元发生破裂，因此动能会在最大垂直位移处以应变能的形式存储。随着颗粒的反弹，储存的应变能会逐渐转变回动能。在这种情况下，仍然有很大一部分初始动能由于界面单元的损伤、摩擦耗散及黏性耗散等原因损失掉。当冲击速度大于 5 m/s 时，颗粒的回弹现象消失，因此可将其视为速度阈值。当冲击速度超过该阈值，圆球的破碎将主导能量耗散机制。从能量的角度来看，裂纹萌生或新生表面导致的能量耗散非常小（即在所有情况下均小于 1%）。然而，颗粒大量的动能会分散到颗粒的碎片中，并且经与其他碎片的碰撞和摩擦进一步产生消散。因此，颗粒中剩余的应变能不足以引起比较明显可见的颗粒反弹现象。

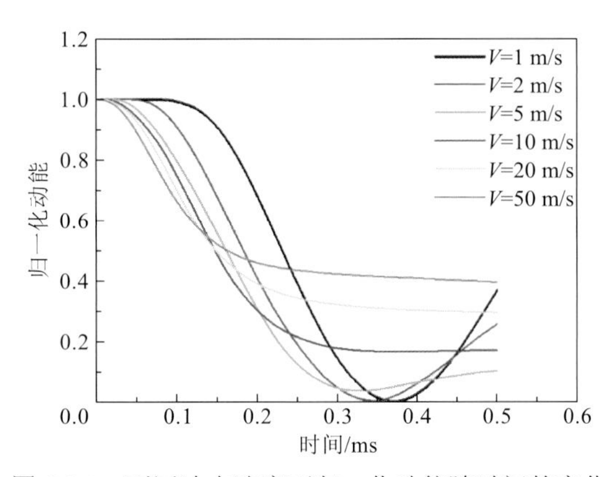

图 4.1.8　不同冲击速度下归一化动能随时间的变化

比较 0.1 ms 时刻不同冲击速度下颗粒的开裂模式。当冲击速度小于 5 m/s 时，颗粒表现出典型的弹性变形响应，此时没有可见的裂纹形成[图 4.1.9（a）和（b）]。如图 4.1.9（c）和（d）所示，冲击速度增大，颗粒出现了扩展到颗粒表面的子午型裂纹，该裂纹将颗粒劈裂成几个楔形的大块。Carmona 等[25]观察到这种子午型裂纹是第一个到达颗粒顶部的裂纹，因此也将这种子午型裂纹视为主要裂纹。当冲击速度增加到 20 m/s 时，颗粒斜裂纹形成并产生了橘瓣型碎片[图 4.1.9（e）]。当冲击速度进一步增加，颗粒产生了更多的次生裂纹，碎片的尺寸也随之减小[图 4.1.9（d）]，这个过程通常被称为灾难性破碎。根据试验结果，Hauk 等[14]将非球形和球形颗粒的冲击破碎分类为 4 种破碎模式：无破碎[图 4.1.9（a）和（b）]、轻微破碎[图 4.1.9（c）和（d）]、主体碎裂[图 4.1.9（e）]和灾难性碎裂[图 4.1.9（f）]。冲击速度和动能对开裂模式的影响与之前的物理试验和数值模拟[8,11-13,25]结果非常吻合，因此也证实了连续离散耦合分析方法在动态碎片研究问题上具有定性和定量的优势。

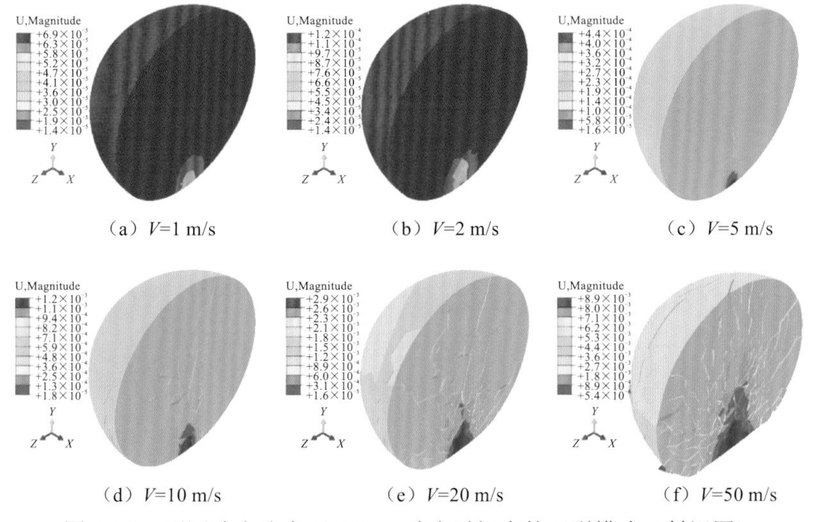

图 4.1.9　不同冲击速度下 0.1 ms 冲击时间点的开裂模式（斜视图）

通过研究最大碎片和第二大碎片的质量随冲击速度的演化规律，可以确定一个临界速度（V_c）将颗粒响应分为损伤阶段和破碎阶段。针对两个最大碎片的研究分析首先由Moreno 等[23]提出，之后的文献[24-25，29-31]也有所提及。m_{1st} 和 m_{2st} 为两个最大碎片根据系统初始质量归一化后的质量，其随着冲击速度的演化规律如图 4.1.10 所示。在极低的冲击速度下，裂纹只会发生在冲击点处，此时最大碎片的质量近似等于初始圆球的质量，该时刻 $m_{1st}/m_{tol}\approx 1$ 和 $m_{2st}/m_{tol}\approx 0$。随着冲击速度的增加，更多的小碎片从撞击点上方的锥体中剥离，此时第二大碎片的质量数量级远小于最大碎片的质量，即 $m_{2st} \ll m_{1st}$。基于上述发现，当第二大碎片的质量达到其峰值，并且与最大碎片质量变化曲线中的相变点一致时，可以定义此时的冲击速度为临界冲击速度。本次所采用的模型临界冲击速度为 7.5 m/s，略大于界定颗粒是否反弹的阈值速度 5 m/s。当冲击速度大于该临界速度时，观察到接触点周围出现了很多条裂纹，这些裂纹最终演变成数个子午型裂纹并将颗粒分开成若干块。

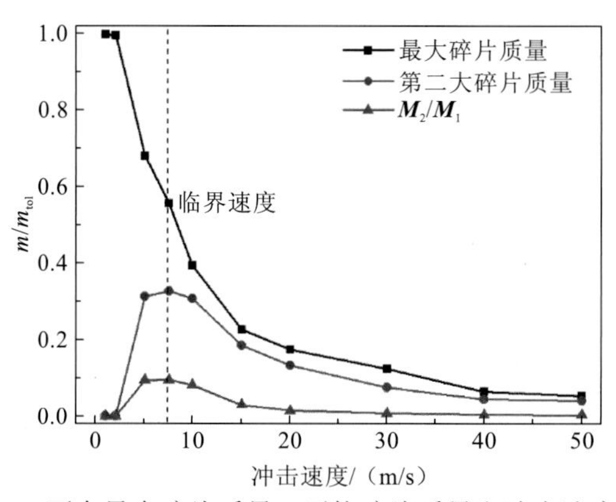

图 4.1.10　两个最大碎片质量、平均碎片质量和冲击速度的关系

可以通过碎片的质量矩来分析碎片尺寸随冲击速度的变化规律[22,24-25,30-31]。碎片质量的第 k 阶矩 $\boldsymbol{M}_k$ 定义为 $\boldsymbol{M}_k=\sum_{i}^{N_f} m_i^k - m_{max}^k$，其中 N_f 为碎片的总数，m_i 是碎片 i 的质量，m_{max} 是最大碎片的质量。定义碎片的第二阶质量矩和第一阶质量矩的比值（$\boldsymbol{M}_2/\boldsymbol{M}_1$）为碎片的平均质量。显然 $\boldsymbol{M}_2/\boldsymbol{M}_1$ 曲线峰值与最大碎片曲线的拐点以及第二大碎片曲线的最大值对应的冲击速度一致。图 4.1.10 所示的结果与离散元模拟不同颗粒形状和加载条件下的结果规律基本一致[22,24-25,30-31]，这再次表明连续离散耦合分析方法可以重现冲击问题中的相变现象。另外，碎片的数量也可以被选择用来量化圆球的破碎程度，如图 4.1.11 所示。从中可以看到，当冲击速度超过临界速度时，碎片的产生速率会显著提高。

为了进一步验证我们的模拟，引入在玻璃脆性碎裂中采用的多样性分析[63]。多样性定义为 $\mu = m_{min}N/m_{tol}$，其中 N、m_{tol} 和 m_{min} 分别是碎片的数量、碎片的总质量和最小的截断尺寸碎片质量。此次数值模拟中，m_{min} 固定为 0.185 g，该值为有限元网格中实体单元的平均质量。因为多样性是一个结果参数，而不是由材料试验的冲击速度和强度阈值决定的控制参数，所以可以将其视为一种兼容材料属性和模拟方法差异性的控制参数。

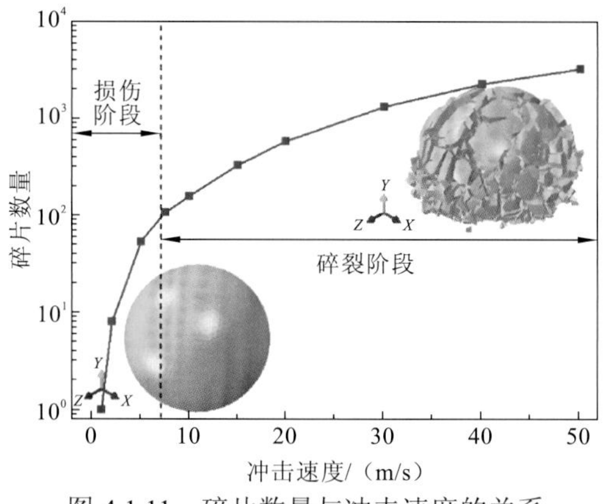

图 4.1.11　碎片数量与冲击速度的关系

因此，多样性分析可以提供一种将数值模拟结果与先前物理试验进行直接比较的方法。平均碎片质量 $\boldsymbol{M}_2^* / \boldsymbol{M}_1^*$ 与多样性 μ 之间的关系如图 4.1.12 所示，其中 $\boldsymbol{M}_k^* = \sum_i^{N_f} m_i^k$ 是碎片质量的 k 阶矩。需要注意的是，$\boldsymbol{M}_k^*$ 的定义与上述 $\boldsymbol{M}_k$ 略有不同。所有数据服从 $\boldsymbol{M}_2^* / \boldsymbol{M}_1^* \sim \mu^{-\sigma}$ 的幂律分布，在玻璃管试验中得到的 σ 值为 0.84，在本次数值模拟中得到的 σ 值为 0.91[63]。这表明了平均碎片质量 $\boldsymbol{M}_2^* / \boldsymbol{M}_1^*$ 和多样性 μ 基本与试验材料和冲击物体的形状无关。

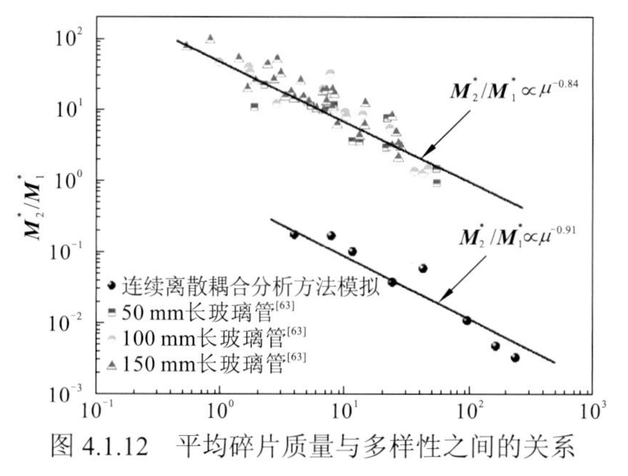

图 4.1.12　平均碎片质量与多样性之间的关系

实线为最佳幂律拟合，斜率分别为 0.84 和 0.91

发生冲击后，颗粒在不同位置会随机出现许多裂纹，随着颗粒开裂，不同小裂纹会进行合并形成大裂纹，颗粒进而破碎成不同碎片。这个剧烈的破碎过程非常混乱，难以预测。然而颗粒破碎现象的试验研究表明，正是由于过程的随机性，当冲击速度超过临界速度时，碎片质量的概率分布遵循简单的幂律分布：

$$p(m) \propto m^{-\tau} \tag{4.1.4}$$

式中：$p(m)$是质量 m 和 $m+\mathrm{d}m$ 范围内的碎片数。研究表明，对于不同材料的微观结构、加载条件和长度尺度，指数 τ 的值都是不变的[25,30-31]。指数的值主要取决于破碎系统的维数[64-65]及材料的脆性特征和延性特征[29]。除了物理试验，离散有限元数值模拟也验证了碎片质量的分形分布规律[24-25,30-31]。

除了式（4.1.4）中定义的数量密度函数，分形分布规律也可以由碎片数和碎片尺寸之间的关系得

$$N \sim d^{-D} \tag{4.1.5}$$

式中：N是尺寸大于d的碎片数量；D是分形维数。另一种幂律分布也可以写成$N(m) \sim m^{-b}$的形式。此处$m \sim d^3$，$D = 3b$。

尺寸概率分布的另一种表达是 Gates-Gaudin-Schuhmann 分布：

$$f(d) = \frac{M(<d)}{M_T} = \left(\frac{d}{d^*}\right)^n \tag{4.1.6}$$

式中：$M(<d)$是尺寸小于d的碎片的累积质量；d^*是一个尺寸参数。

通过简单的数学推导，Turcotte[66]发现了式（4.1.4）中定义的幂律分布与式（4.1.5）中定义的分形分布一致，它们的指数关系为$D = 3(\tau - 1)$。Gates-Gaudin-Schuhmann 分布也等效于$D = 3 - n$的分形分布。在本节研究中，临界速度以上的碎片数量从一百到几千不等，这也为数据评估提供了合理的统计数据。通过检查冲击破碎后碎片的尺寸和质量分布可以对数值模拟试验的结果进行分析研究。当冲击速度高于临界速度，碎片的质量分布如图 4.1.13（a）所示。由于碎片的质量分布在很广泛的一个范围内，这里采用对数坐标系进行绘图。结果发现，质量概率分布图中在小碎片处存在一个峰值，这是由于在数值模拟中会人为地给单元设置尺寸下限，这是正常的现象[22,25]。这应该是当前模拟技术中最值得商榷的一点。因此，在数值模拟中观察到的分形行为可以称为具有渐近极限的分形分布。在低冲击速度下，该分布会存在波动，尤其是大碎片，这也表明体系中还存在未知的未破碎的大块体。在低冲击速度下，未发现中等大小的碎片。随着冲击速度的增加，大碎片碎裂成较小的碎片，图中 10 m/s 和 15 m/s 显示的大碎片峰值逐渐消失，分布变得更加连续。高度破碎颗粒的碎片质量明显遵守幂律分布。

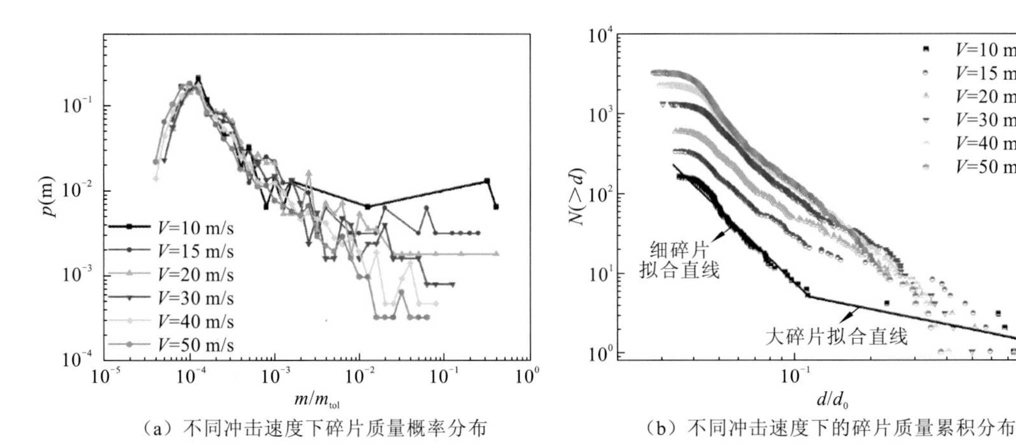

（a）不同冲击速度下碎片质量概率分布　（b）不同冲击速度下的碎片质量累积分布

图 4.1.13　不同冲击速度下碎片质量分布

图 4.1.13（b）给出不同冲击速度下体系中大于某一尺寸的碎片总数，从中可以更清楚地看到碎片质量分布随着不同冲击速度变化的规律。分析表明临界速度附近的冲击破碎不遵循统一的变化规律。图 4.1.13（b）表明碎片尺寸分布在较低的冲击速度下呈现出双线性特征，两条线可以将残余大碎片与细碎片区分开来。Kafui 和 Thornton[26]也对于冲击后产生大碎片的冲击速度和界面结合强度的变化得到了类似的结论。随着冲击速度的增加，双线性特征逐渐消失，这意味着在高冲击速度下大的碎片由于发生整体性的破碎而不复存在。如图 4.1.14 所示，定义细碎片尺寸分布的分形维数（D_{debris}）与冲击速度无关，而通过所有碎片拟合的分形维数（D）随着冲击速度的增加而增加。因此，碎片质量分布的幂律近似指数项 $\tau = 1 + D/3$ 也随之增加。较高的冲击速度产生的裂纹发育较为完全，同时在冲击点附近产生细小的碎片，因此 τ 值较高。在较低的冲击速度下，颗粒沿着不太明确的断裂面产生较大的碎片，从而导致较低的 τ 值。

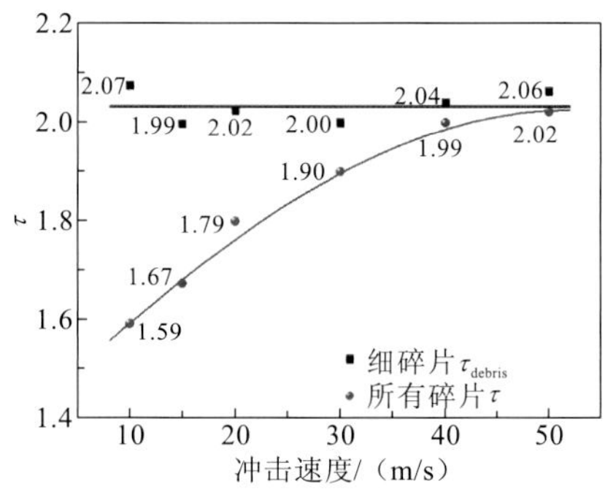

图 4.1.14　幂律指数（τ）与冲击速度的关系

几个早期的物理试验研究中也获得了类似的结果。例如，研究表明 Gates-Gaudin Schuhmann 分布的拟合参数 n 随着冲击能量的减小而减小，这表明分形维数（$D = 3 - n$）和幂律指数[$\tau = 1 + (3 - n)/3$]随着冲击能量的增加而增加[12]。一项采用离散单元法模拟二维圆盘冲击的研究发现，碎片质量分布的指数 τ 随着初始系统能量的增大而缓慢增加[67]，这也同样支持了本章的观点。如图 4.1.14 所示，细小碎片的幂律指数 τ_{debris}（即碎片尺寸小于 $0.1d_0$，其中 d_0 是球直径）与冲击速度无关，此时 $\tau = 2.02 \pm 0.023$。然而，所有碎片的质量分布指数 τ 却在 1.59～2.02 的较宽范围内。随着冲击速度的增加，τ_{debris} 和 τ 的差距逐渐变小。在足够高的冲击速度下，τ_{debris} 和 τ 之间没有显著差异，这表明该体系中的碎片质量分布最后会收敛成统一的标度律。

对这一现象的解释可能是在不同的冲击速度下主导开裂机制不同。定义了破坏模式混合比（χ），其大小处于 0～1，其中 $\chi = 0$ 表示 I 型断裂（即纯拉伸断裂），$\chi = 1$ 表示 II 型断裂（即纯剪切断裂）。图 4.1.15 给出了冲击速度为 10 m/s 和 50 m/s 时破坏模式混合比的概率分布。在较低的冲击速度下，碎片主要由张拉破坏产生。然而，当剪切在裂纹形成中起作用时，断裂过程逐渐发生转变，这将使体系中产生更多的次生裂纹，从而进一步减小碎片尺寸。很明显，随着冲击速度的增加，更多的界面单元处于剪切破坏的边缘。这种机制导致大碎块的相对分布概率显著降低，并以更大的 τ 为标志的分布更快衰减，从而产生更多小碎片。

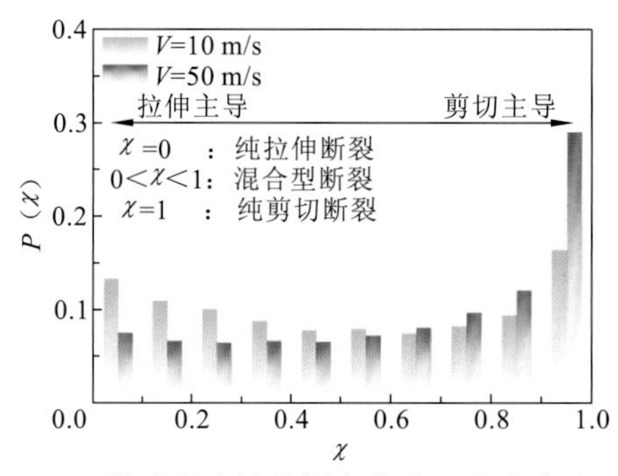

图 4.1.15　模式混合比的概率分布（组宽度为 0.1）

如第 2 章所述，识别每个单个碎片并计算了其几何属性，如表面积、体积和三个主轴长度，并采用统计分析来研究碎片集合的形状特征。Domokos 形状系数（S_f）的概率分布表现出较好的鲁棒性，即在所有试验中，S_f 遵循指数分布。S_f 的累积分布规律通过指数函数 $F(S_f)=1-\exp[-\alpha(S_f-3)]$ 拟合，其中 α 是表征拟合曲线形状的拟合参数。

图 4.1.16 显示了不同冲击速度下 Domokos 形状系数（S_f）和细长率（S/L）的累积分布。S_f 随着冲击速度而增加，这表明新产生的碎片通常更加细长。图 4.1.16（a）为曲线的最小二乘拟合值。拟合参数 α 不会持续减小，而是在较高的冲击速度下收敛到稳定值。S/L 的累积分布也表明随着冲击速度的增加，碎片的形状更加细长，但随着冲击速度的升高，这种趋势将逐渐消失。同时还使用了凸度和球度两个形状描述符来分析碎片圆滑程度随冲击速度的演变。随着冲击速度的增加，凸度 C_X 的分布向左移动，这表明在较高的冲击速度下碎片的棱角状更高。与其他两种形状描述符类似，凸度的最显著变化发生在 7.5～15 m/s 的冲击速度范围内。使用幂函数 $F(C_X)=C_X^{\beta}$ 来拟合图 4.1.17（a）中的曲线。同样，拟合参数 β 随冲击速度的演变会发生收敛。如图 4.1.17（b）所示，不同冲击速度下的球度 ψ_{3D} 分布在较小的范围内，没有呈现出明显的规律性。

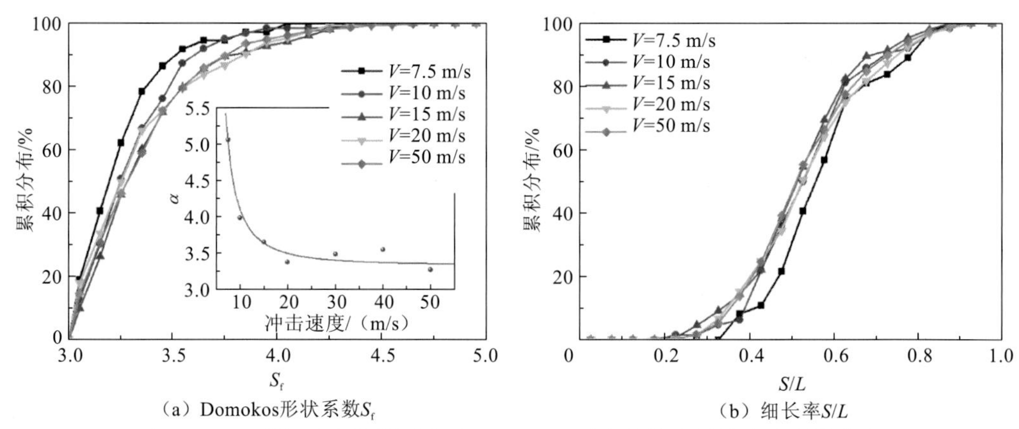

（a）Domokos形状系数S_f　　（b）细长率S/L

图 4.1.16　不同冲击速度下碎片 Domokos 形状系数和细长率的累积分布

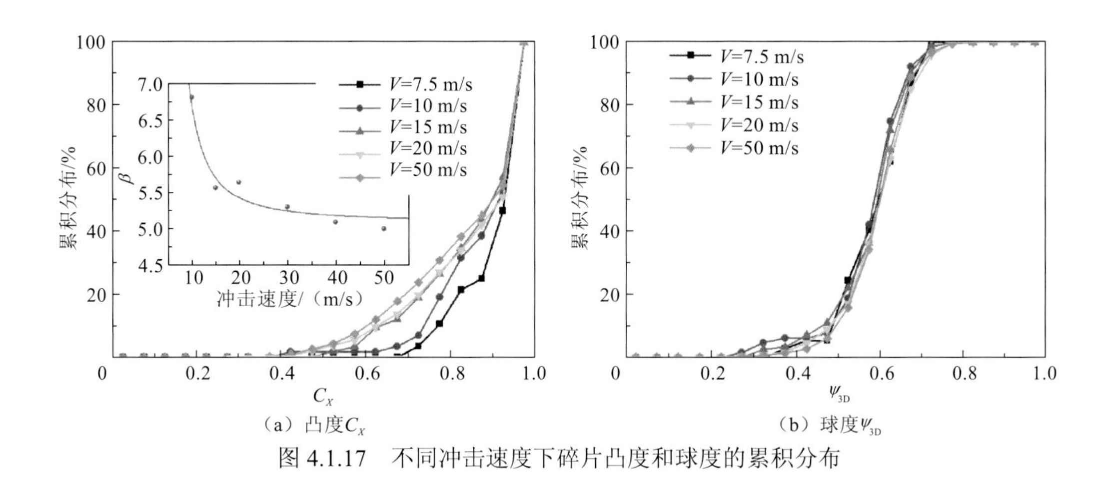

（a）凸度C_X　　（b）球度ψ_{3D}

图 4.1.17　不同冲击速度下碎片凸度和球度的累积分布

4.2　不同断裂机制对冲击破碎的影响

4.2.1　冲击破碎模拟

像大多数数值模型一样，参数越多则模型模拟地越精细。连续离散耦合分析中的大多数参数意义明确、理解直观，主要分为三类：①有限单元法中用于表征实体单元的参数，如密度、杨氏模量、泊松比；②内聚力开裂模型中用于表征应力-开裂位移曲线和界面开裂特性的参数，如法向刚度、剪切刚度、界面单元强度阈值及 I / II 型断裂能；③接触模型中用于表征界面耗散行为的参数，如滑动摩擦系数和接触阻尼系数。参数选择对连续离散耦合分析模拟的准确性非常重要。一些输入参数易于确定，如密度、杨氏模量、泊松比和滑动摩擦系数，而其他参数，尤其是内聚力开裂模型的参数，则不能通过物理试验直接测量。由于室内试验的材料数据容易获得，Tatone 和 Grasselli[68]提出了适用于室内试验模拟的连续离散耦合分析参数率定程序。该程序采用物理试验测得的弹性参数、单轴抗压强度和抗拉强度作为校准目标来反演连续离散耦合分析参数，同时还考虑了模拟结果与室内试验开裂模式结果的相似性。

在连续离散耦合分析中把界面单元的初始刚度作为罚参数，由法向接触刚度（k_n）和切向接触刚度（k_s）表示，对应于图 4.1.1 中初始线性力-位移的斜率。理想情况下，罚参数应足够大以保证它们不会影响整体在发生损伤前的塑性行为，且不发生实体的侵入。罚刚度太低会影响材料的整体刚度，罚刚度太高会导致数值计算不稳定。考虑到实际情况，罚参数应足够大，既不能改变模型的整体刚度，也不能太大而引起数值不稳定[40, 69]。根据 Turon 等[60]提出的方法，罚参数可以近似为$k_n = \varsigma E / l_e$，其中 E 是材料的杨氏模量，l_e 是界面单元周围实体单元平均边长，ς 是远大于 1 的参数。当ς大于 10 时，可以忽略因界面单元的存在而导致的刚度损失，这对于大多数连续离散耦合分析模拟来说已足够准确[70]。

对于脆性材料，如何考虑物体内的固有非均质性尤为重要。通常，这种非均质性由物体内位置和方向随机分布的缺陷组成，这些缺陷是宏观裂纹萌生、扩展和聚集的主要原因。根据 Weibull 分布类型的不同可以选取不同的材料参数值，通过这个参数可以将物体的非均质性考虑到连续离散耦合分析模型计算中。通过改变材料的抗拉强度和内聚力（用于计算剪切强度）可以反映随机分布的微缺陷对物体破坏的影响。玻璃珠、砂和砾石的 Weibull 模量的典型值范围在 $2 \leqslant W \leqslant 10$ [56]，其中材料无序度越高，W 越小，材料无序度越低，W 越大。为了控制变量，所有模拟中的 Weibull 模量 $W=5$。在连续离散耦合分析模拟岩石材料研究中，II 型断裂能与 I 型断裂能 $G_{\mathrm{II}}/G_{\mathrm{I}}$ 的比率通常在 2～10 变化[42, 69-73]。在大多数研究中，$G_{\mathrm{II}}/G_{\mathrm{I}}$ 设定为 5，本书中也取 5。根据 Weibull 分布公式，随机分布界面单元的抗拉强度平均值取 f_t=16 MPa，内聚力取为 c=55 MPa。通过在两个相互作用的接触面之间增加法向和切向接触阻尼力可以将黏性阻尼引入连续离散耦合分析模拟中，法向接触阻尼力 $F_{\mathrm{vd}}=2\beta_{\mathrm{n}}\sqrt{mk_{\mathrm{n}}}v_{\mathrm{m}}$，其中 β_{n} 是法向临界阻尼分数，m 是节点质量，k_{n} 是节点接触刚度（单位为 N/m），v_{n} 是两个接触体之间的法向相对速度。切向接触阻尼力以类似的方式计算。

表 4.2.1 列出了连续离散耦合分析模拟中需要的所有参数。本章旨在研究一般脆性非均质材料的冲击行为，因此参数根据现有文献中的典型值进行选取。例如，杨氏模量和泊松比采用 Lisjak 等[69]在 Stanstead 花岗岩的连续离散耦合分析模型中的取值。法向和切向临界阻尼分数 β_{n} 和 β_{t} 都设定为 0.2[74]。为了反映当前的连续离散耦合分析模型可以再现典型岩石类材料的力学行为，使用表 4.2.1 中列出的相同参数对标准圆柱体样品进行单轴压缩试验和单轴拉伸试验。试样尺寸直径为 50 mm，高度为 100 mm。两个试验都采用了具有不同微观结构的 20 组试样进行测试。图 4.2.1 显示了单轴压缩和拉伸试验中的模拟应力-应变曲线和最终断裂模式。两个数值试验结果与岩石样本的物理试验结果都较为相符。

表 4.2.1　模拟中使用的输入参数

参数		符号	单位	取值
实体单元	质量密度	ρ	kg/m^3	2 700
	杨氏模量	E	GPa	50
	泊松比	υ	—	0.2
界面单元	正常罚刚度	k_{n}	N/m^3	6.0×10^{13}
	剪切罚刚度	k_{s}	N/m^3	2.5×10^{13}
	平均抗拉强度	f_{t}	MPa	16
	平均内聚力	c	MPa	55
	Weibull 模量	W	—	5

续表

	参数	符号	单位	取值
界面单元	完整材料的内摩擦角	φ_i	(°)	40
	接触摩擦角	φ_f	(°)	30
	I 型断裂能	G_I	N/m	10
	II 型断裂能	G_{II}	N/m	50
	滑动摩擦系数	μ	—	0.577
接触法则	法向和切向方向的临界阻尼分数	β	—	0.2

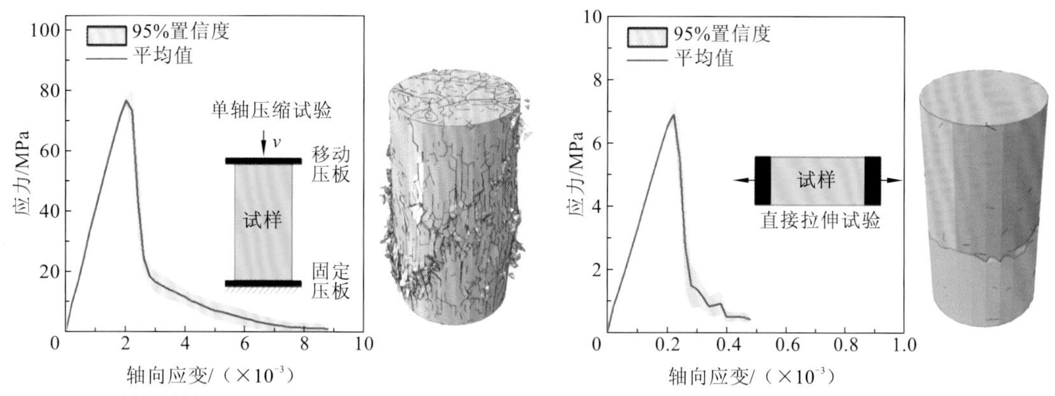

（a）岩石材料单轴压缩试验应力-应变曲线和开裂模式　（b）岩石材料单轴拉伸试验的应力-应变曲线和开裂模式

图 4.2.1　岩石材料单轴压缩和拉伸试验结果

在这部分研究中，将直径 60 mm 的颗粒靠近刚性板放置，并在负 y 方向上设定初始速度，如图 4.2.2（a）所示。根据网格敏感性分析结果[75]：四面体单元数量为 19290，平均单元尺寸为 3.68 mm 的网格计算效率和破碎分析达到最佳性能[图 4.2.2（b）]，更精细的网格计算结果没有明显的提升，计算效率却大大降低。因此，颗粒离散为 19290 个 10 节点四面体单元[图 4.2.2（c）]和 150263 个 6 节点的无厚度界面单元[图 4.2.2（d）]，界面单元被插入四面体单元之间。当界面单元受力超过规定的失效准则时，界面单元发生开裂。通过改变拉伸强度（f_t）和剪切强度（f_s）的值，可以控制裂纹张拉破坏和剪切破坏的相对比例，即提高强度阈值将减少相应的失效模式[29]。为了研究界面单元局部失效模式对碎裂过程的影响，进行了三组连续离散耦合分析模拟。第一组模拟采用表 4.2.1 中列出的参数，这些参数允许界面单元的混合模式 I/II 失效模式。在第二组和第三组模拟中，拉伸强度和剪切强度分别设定为无限大，人为地造成纯剪切主导和拉伸主导的断裂模式。为了便于描述，三组模拟分别由混合/剪切和张拉表示。

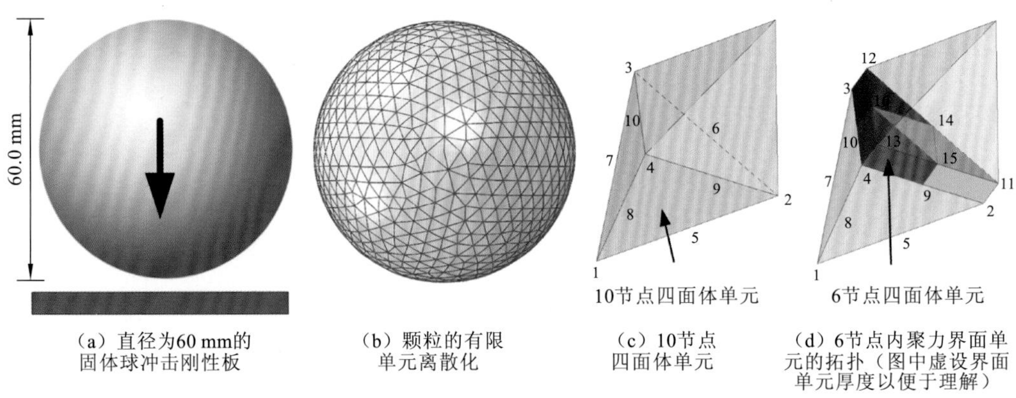

（a）直径为60 mm的固体球冲击刚性板　（b）颗粒的有限单元离散化　（c）10节点四面体单元　（d）6节点内聚力界面单元的拓扑（图中虚设界面单元厚度以便于理解）

图 4.2.2　脆性球冲击试验及网格划分

4.2.2　损伤-碎裂相变

在连续离散耦合分析模拟中，因开裂产生的每个碎片都是原始网格中的一部分。在整个模拟过程中不会删除单元，这意味着即使碎片与主体完全分离，其位置、速度、内部应力和应变仍然在不断更新和监测中，碎片在第一次撞击之后彼此仍会相互作用（如碰撞、摩擦），并且完全可能产生二次压裂。通过遍历基于拓扑的网格数据结构识别碎片的几何特征，然后将其存储在碎片库中。该库是碎片对象的结构化集合，用于记录顶点坐标和点面逻辑。碎片库为随后的分形和形状分析做准备。

根据撞击后颗粒的破裂程度，可以确定一个临界速度以区分两种速度机制[22-25,29-31,67,76]。如果冲击速度低于这样的临界速度，则颗粒发生破裂和损伤而没有大的分裂，而当超过这样的临界速度时则发生彻底的破裂和粉碎。碎裂程度可以通过两个最大碎片的质量 m_{1st} 和 m_{2st} 与系统总质量 m_{tol} 的比值来表征。通过研究碎片质量矩，损伤碎裂转变更加明显[24-25,30-31]。最大碎片质量 m_{1st}，第二大碎片质量 m_{2st} 和平均碎片质量 m_2/m_1 的平均值和标准差随冲击速度的变化如图 4.2.3 所示，图 4.2.3（a）～（c）分别为混合破裂模式、剪切破坏主导的破裂和拉伸破坏主导的破裂。平均值取自每个冲击速度下的 10 组结果，误差棒表示平均值的标准误差。应该注意的是，图 4.2.3 的所有数据都通过系统总质量 M_{tol} 进行归一化。对于小于临界速度 V_c 的速度，最大碎片几乎等于原始颗粒的总质量，即 $M_{1st}/M_{tot}\approx 1$。在这种情况下，第二大碎片的质量小几个数量级，因此，系统损伤但没有完全破碎（机制 I）。当最大和第二大碎片的质量大小相当时，发生碎裂。随着冲击速度的增加，最大碎片变得明显小于原始体 $m_{1st}/m_{tot}\ll 1$，并且第二大碎片质量和平均碎片质量增加。临界速度界定为 m_{2st} 和 m_2/m_1 曲线的最大值位置，其与 m_{1st} 的拐点一致。基于上述标准，三组模拟的临界速度分别为 15 m/s、30 m/s 和 80 m/s。图 4.2.4 比较了三组模拟的损伤-碎裂相变过程，其中冲击速度经过其相应的临界速度归一化。对于拉伸主导的破裂模式来说这种转变更加明显，这与物理试验结果一致[29,77-78]。

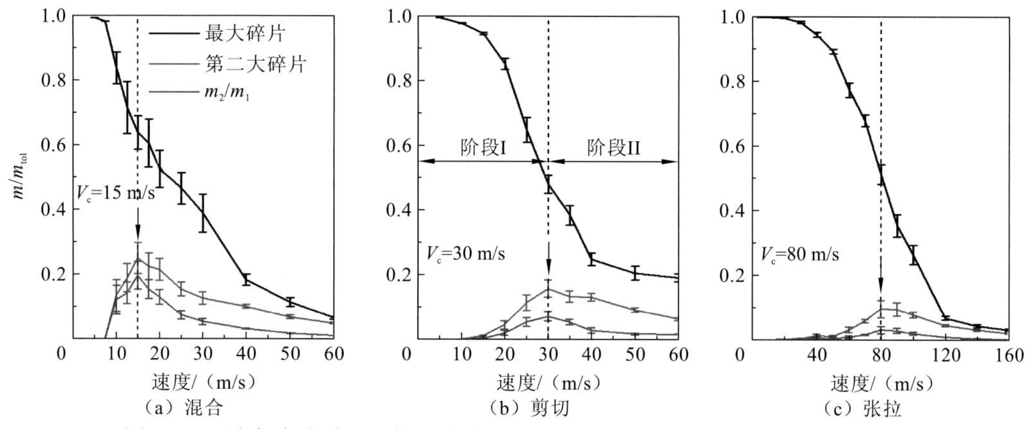

图 4.2.3　最大碎片质量、第二大碎片质量和平均碎片质量随冲击速度的变化

临界速度用箭头表示

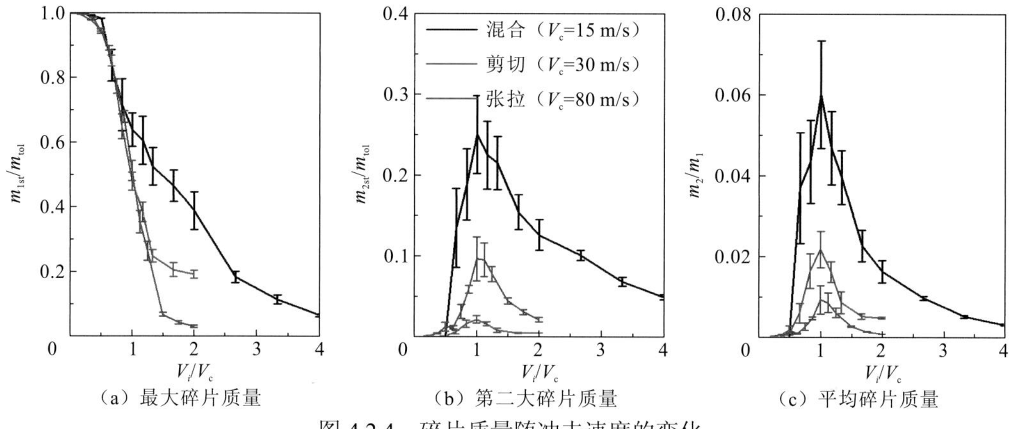

图 4.2.4　碎片质量随冲击速度的变化

4.2.3　开裂模式

图 4.2.5（a）给出了在使用混合模式失效机制的连续离散耦合分析模拟中观察到的典型冲击破碎模式。图 4.2.5（b）是 Tomas 等[8]和 Khanl 等[11]在混凝土冲击破碎中观察到的破碎模式。冲击破碎后重新拼合为混凝土球，如图 4.2.5（c）所示，其中丢失的部分为粉碎性的细碎片锥。对比可见连续离散耦合分析模拟已经成功地模拟了冲击碎裂的主要特征，包括细碎片锥、残余锥体、子午线型裂纹面和次生惯性诱导裂纹等。

为了进一步阐释剪切和拉伸主导的碎裂过程存在差异的原因，对受冲击的颗粒进行了相同的显式有限元分析，但这次没有内嵌界面单元。假设材料是连续均匀的弹性介质，采用有限单元法模拟冲击过程中颗粒内的应力分布[13,76]。尽管这种连续体方法不考虑材料的破裂，由于裂纹是应力的函数，它仍然提供了对裂纹萌生和扩展的重要研究。图 4.2.6 显示了沿着子午面的 Mises 应力和大主应力场。冲击方向对应于负 y 轴。观察到大 Mises

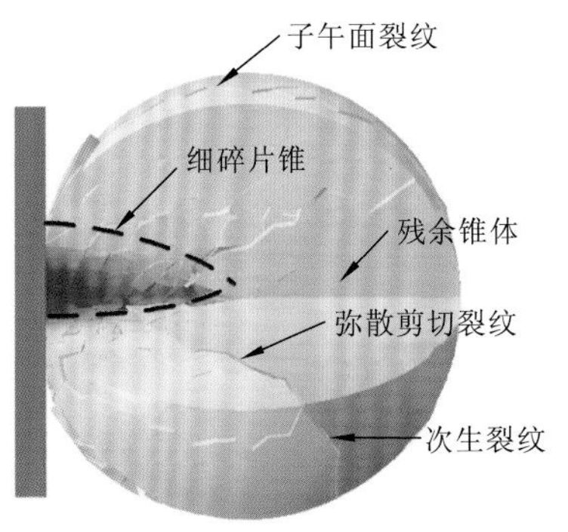

(a) 连续离散耦合分析模拟结果

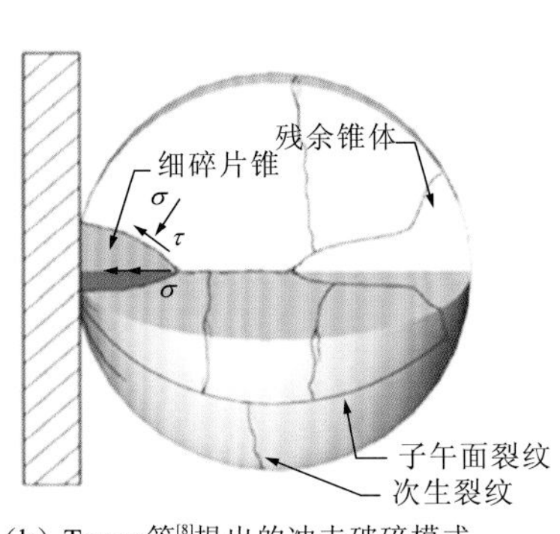

(b) Tomas等[8]提出的冲击破碎模式

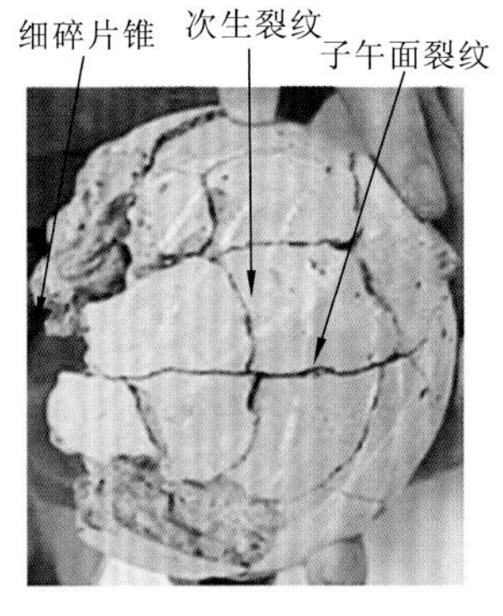

(c) 冲击破碎后拼合的混凝土球

图 4.2.5　冲击破碎模式

应力集中在接触点附近[图 4.2.6（a）]，这解释了在接触点附近形成高度粉碎的锥形区域的原因[图 4.2.6（a）]。只有产生大量的小碎片才能释放以剪切变形存储的这种高密度能量，这在剪切模式分析中可以观察到，并反映在图 4.2.4 中的碎片质量分布曲线中。接触区外和发生较强剪切区域的 Mises 应力较低。图 4.2.6（b）显示了由压缩区域向拉伸区域过渡的显著变化过程（即上面的红色区域）。该区域的应力数值变化体现了压缩到拉伸的转变。因此，在该状态附近可能产生拉伸破坏，并且可能沿着颗粒的子午线引发大的破裂。这解释了子午型裂纹和次生裂纹贯穿实心球的原因，如图 4.2.5（b）和（c）所示。在下面的碎片模式分析中，将采用图 4.2.6 中不可破碎颗粒的应力分布模式。

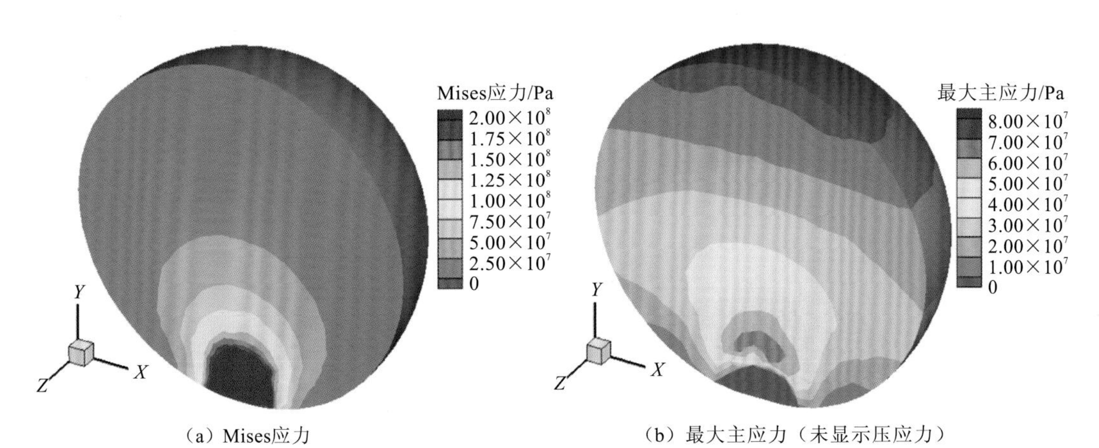

(a) Mises应力　　(b) 最大主应力（未显示压应力）

图 4.2.6　全局坐标系下的弹性球应力场

在冲击过程中，裂纹方向网格将球形试样分割成多块尺寸相近的碎片。碎裂最终状态下的断裂结构可以通过裂纹法向与冲击方向之间的夹角 θ 的概率密度分布、碎片速度矢量与冲击方向之间的夹角 ψ 及失效的界面单元的空间分布来定性地表征。图 4.2.7～图 4.2.9 分别为剪切、张拉和混合模式碎裂产生的裂纹结构的特征。如图 4.2.7（a）所示，横向裂纹的角度接近 0°，而子午型裂纹的角度接近 90°。

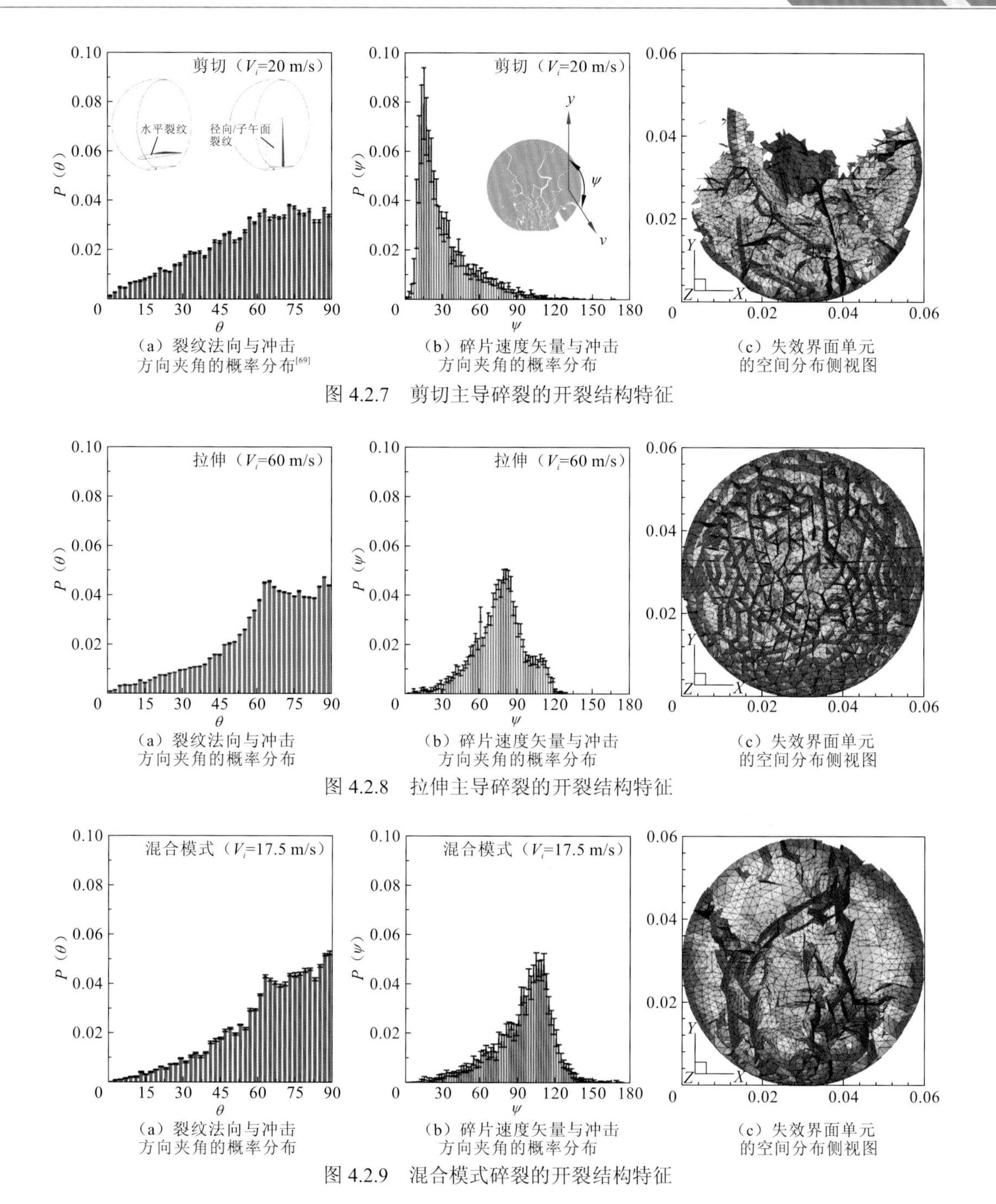

（a）裂纹法向与冲击方向夹角的概率分布[69]　（b）碎片速度矢量与冲击方向夹角的概率分布　（c）失效界面单元的空间分布侧视图

图 4.2.7　剪切主导碎裂的开裂结构特征

（a）裂纹法向与冲击方向夹角的概率分布　（b）碎片速度矢量与冲击方向夹角的概率分布　（c）失效界面单元的空间分布侧视图

图 4.2.8　拉伸主导碎裂的开裂结构特征

（a）裂纹法向与冲击方向夹角的概率分布　（b）碎片速度矢量与冲击方向夹角的概率分布　（c）失效界面单元的空间分布侧视图

图 4.2.9　混合模式碎裂的开裂结构特征

在剪切主导碎裂的情况下，尽管存在许多与冲击方向平行的裂纹，但是它们不能演变成子午型裂纹，而是将颗粒分成几个大块[图 4.2.7（a）]。发育完全的裂纹网络局限于接触点周围的区域，并且大量碎片以小角度反弹[图 4.2.7（b）]。随着颗粒进一步朝刚性板移动，接触点附近的界面单元剪切破坏形成环形裂纹；然后环形裂纹从表面到颗粒内部以 30°～45° 角传播形成“细粒锥”[图 4.2.7（c）]；次生裂纹进一步将锥形碎片分解成更小的碎片。在该锥体中观察到的扩散裂纹与图 4.2.6（a）中所示的 Mises 应力分布一致。因此，通过该区域内的密集裂纹耗散了大量的初始能量，促进了小碎片和细粒的形成。

在拉伸主导的碎裂情况下，很明显形成了更多的子午型和次生裂纹[图 4.2.8（a）]。这是拉应力集中在颗粒中心附近的结果，与以往的试验和数值模拟结果相符[图 4.2.6（b）]。子午型裂纹的形成促进了碎片的横向扩散，碎片速度方向集中在 90° 附近[图 4.2.8（b）]。子午型裂纹在整个颗粒内传播之后，剩余的惯性引起垂直于子午面的次生裂纹，产生楔形大块[图 4.2.8（c）]。因此，拉伸主导的破碎过程特征在于形成次生斜裂纹和楔形碎片。

对于混合模式碎裂，在冲击锥形区域以剪切破坏为主，而颗粒其余部分的分叉裂纹以拉伸破坏为主，如图 4.2.9 所示。定义参数 χ 表征每个界面单元的失效模式，变化范围为 0～1。当 $\chi=0$ 时表示 I 型断裂（即纯拉伸断裂）；$\chi=1$ 表示 II 型断裂（即纯剪切断裂）。如图 4.2.10（a）所示，连续离散耦合分析模拟的失效界面单元根据模式混合比（χ）进行着色。可以看到，撞击点附近的裂纹主要是 II 型断裂，而远离撞击点的裂纹更可能是 I 型断裂，这很好地印证了之前的观察结果。模式混合比的概率分布如图 4.2.10（b）所示。区间[0.9, 1.0]的模式混合比的频率显著高于其他区间的频率，表明剪切断裂机制在冲击破碎过程中起重要作用。

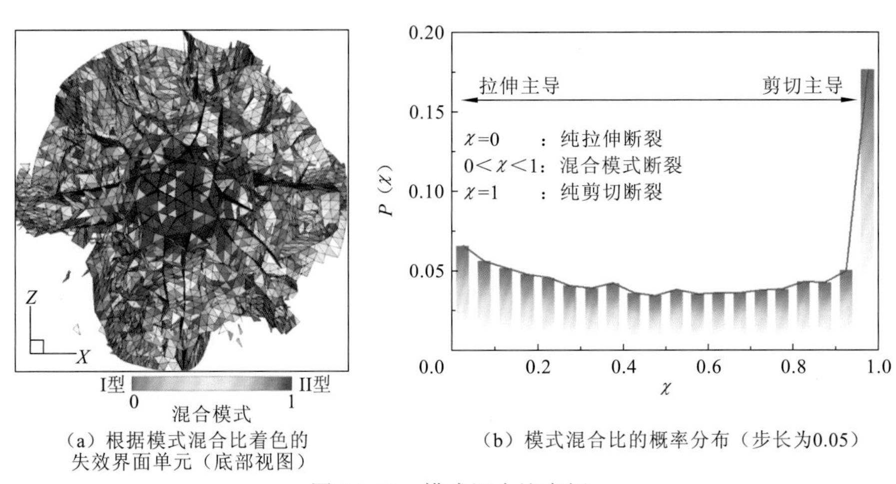

（a）根据模式混合比着色的失效界面单元（底部视图）

（b）模式混合比的概率分布（步长为0.05）

图 4.2.10 模式混合比表征

4.2.4 碎片统计分布

试验研究表明，碎片质量在小碎片到中等碎片范围表现出幂律行为 $p(m)\sim m^{-\tau}$。如图 4.2.11（a）所示，三种失效模式分别在 17.5 m/s、20 m/s 和 60 m/s 冲击速度下模拟产生的碎片质量分布也可以得出这一结论。图 4.2.11（b）中以直径大于 d 的碎片数量 N 来表示 20 m/s 和 60 m/s 冲击速度下的碎片尺寸累积分布。它们遵循分形分布，并且可以通过 $N(>d)\propto d^{-\alpha}$ 的形式幂律来描述。碎片质量分布和碎片尺寸累积分布的幂指数具有

$\tau=1+\alpha/3$[66]的简单关系。由于剪切破坏的特征值α和τ更高，剪切破坏主导开裂模式的$p(m)$和$N(>d)$曲线的斜率比拉伸破坏主导的断裂模式的斜率更大。

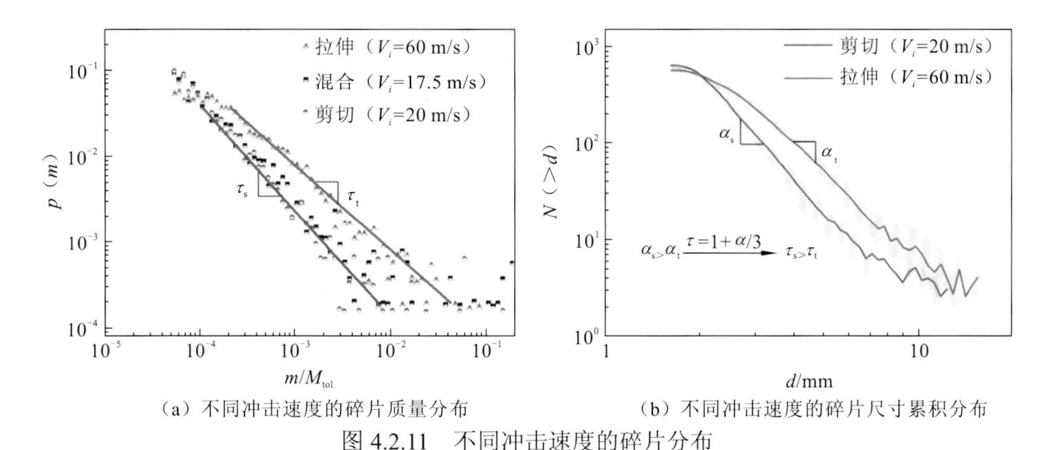

（a）不同冲击速度的碎片质量分布　　（b）不同冲击速度的碎片尺寸累积分布

图 4.2.11　不同冲击速度的碎片分布

（a）中实线表示幂律拟合曲线；（b）中实线表示 10 次模拟的平均值，阴影区域表示平均值变化范围
下标 s 和 t 分别表示剪切和拉伸

图 4.2.12 给出了幂律系数τ与冲击速度的函数关系，这与早期的几项试验结果几乎一致，碎片数据随冲击速度发生了显著变化[12,63]。已有研究表明，Gates-Gaudin Schuhmann 分布的拟合参数 n 随着冲击能量的增加而减小，意味着分形维数$\alpha=-3n$和幂指数$\tau=1+(3-n)/3$随着冲击能量的增加而增大。Sator 和 Hietala[67]采用分子动力学方法模拟脆性固体撞击刚性墙，发现系数τ随输入能量增加而增加。这种趋势在损伤机制（即冲击速度小于其相应的临界冲击速度）中非常明显。当进入碎裂机制时，幂指数似乎受裂纹主导机制的影响较小，都逐渐收敛至恒定值。现有的三维脆性非均质固体的冲击破碎物理试验和数值结果如图 4.2.12 所示。由灰色区域表示的τ的平均值非常接近汇总数据集的平均值。

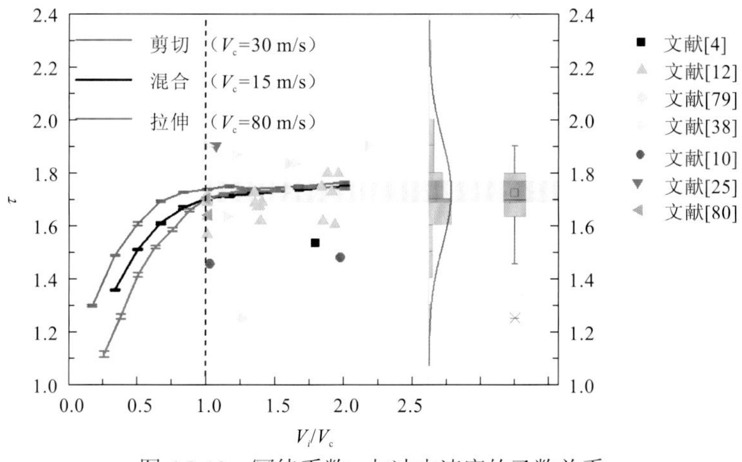

图 4.2.12　幂律系数τ与冲击速度的函数关系

散点为其他试验和数值研究的结果

冲击过程结束后，收集碎片的集合并进行几何分析以研究它们的形状特征。采用计算几何技术[81]获得碎片的几何信息，如其表面积S、体积V和$L>I>S$的三个主轴。在分析碎片形状时采用三个形状描述符，即 Domokos 形状系数 S_f、球度 ψ_{3D} 和凸度 C_X。Domokos 形状系数定义为$S_f=(1/S+1/I+1/L)\sqrt{S^2+I^2+L^2}/\sqrt{3}$。对于完全各向同性形状$L\approx I\approx S$的碎片，形状描述符达到其下限$S_f=3$。如果碎片伸长$L\gg I>S$，则形状描述符$S_f>3$[36]。球度定义为$\psi_{3D}=\sqrt[3]{36\pi V^2}/A$。凸度定义为$C_X=V/V_{ch}$，其中$V_{ch}$是包围碎片凸包的体积。

通过统计分析研究了碎片集合的形状特征（直径小于 2 mm 的碎片不包括在此分析中）。图 4.2.13～图 4.2.15 分别显示了 Domokos 形状系数 S_f、球度 ψ_{3D} 和凸度 C_X的累积分布，可以发现碎片总是呈现棱角状。根据初级开裂机理，它们的整体形状可以从几乎各向同性（低伸长率）到高度各向异性（高伸长率），从棱角状（低球度）到圆形（高球度）变化[37]。由剪切断裂产生的碎片通常 Domokos 形状系数较小，球度和凸度大于由拉伸主导的裂纹模拟产生的碎片。也就是说剪切断裂有利于产生各向同性、圆润和凸起的碎片，而拉伸开裂机制有利于产生细长、棱角状和凹陷的碎片。这与撞击颗粒内部应力模式的不规则性有关。在拉伸主导的情况下，颗粒内的最大主应力（即过大的拉应力）分布模式较为复杂[图 4.2.6（b）]，通常以子午型、次生裂纹及楔形碎片为主。在剪切主导的碎裂的情况下，颗粒底部的弥散裂纹取向不一，这将产生相对规则的碎片。

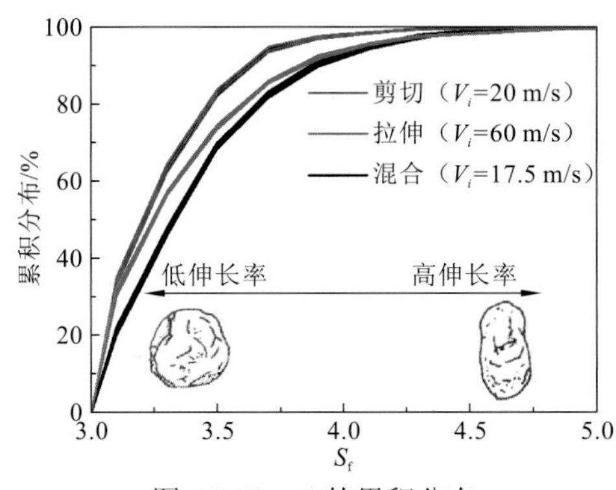

图 4.2.13　S_f的累积分布

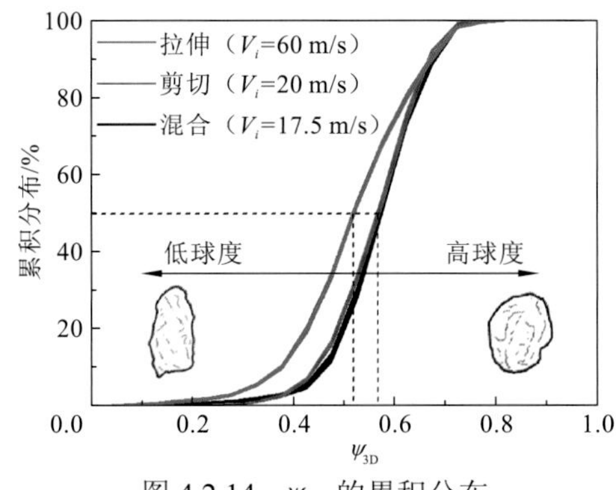

图 4.2.14　ψ_{3D}的累积分布

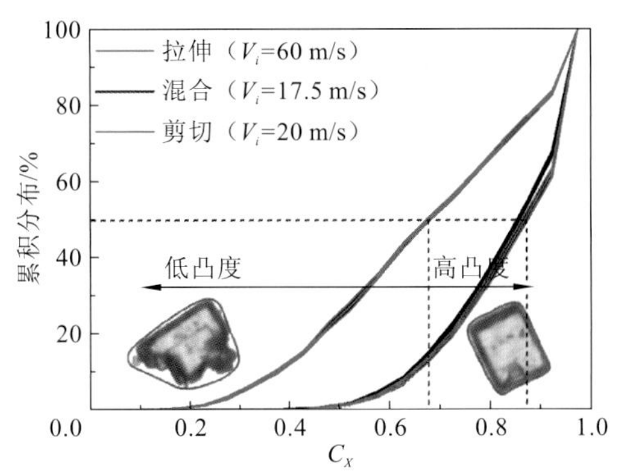

图 4.2.15　C_X的累积分布（实线红线代表凸包）

4.3　无序性对脆性材料冲击破碎的影响

4.3.1　颗粒无序性

材料的许多复杂力学行为与细观力学性质的非均质程度有关，如细观断裂特性（强度、断裂能等）。Grange 等[82]通过边缘冲击试验发现不同均质程度的石灰岩具有明显不同的碎裂模式，指出 Weibull 模数是描述脆性材料的准静态和动态破裂的关键参数。大量的材料试验表明，脆性材料（如玻璃、陶瓷等）的强度具有一定的离散性，通常服从某种统计分布[82]，如基于最弱环理论的 Weibull 模型可以较好地描述脆性材料由微孔洞、微裂纹等缺陷导致的细观力学性质的无序化：

$$P = 1 - \exp\left[-\left(\frac{\sigma}{\sigma_0}\right)^k\right] \tag{4.3.1}$$

式中：P 是累积失效概率；k 是无量纲的 Weibull 模数；σ_0 是与表征强度σ量纲一致的尺度参数。σ_0 控制分布曲线的大小，与样本的均值相关。k 控制分布曲线的形状，与分布的分散性有关。

统计不同脆性材料强度分布的 Weibull 模数见表 4.3.1，除部分高性能陶瓷外，大部分脆性材料的 Weibull 模数主要分布在 1～10。

表 4.3.1　几类脆性材料强度分布的 Weibull 模数统计结果

材料类型	强度测试方法	Weibull 模数 k
玻璃[83-84]	四点弯曲试验，同轴双圈测试	3.2～6.5
陶瓷[85-86]	四点弯曲试验	6.1～17.0
牙科陶瓷[87-88]	三点弯曲试验，四点弯曲试验	4.7～12.4
生物外壳[89-90]	三点弯曲试验，剪切试验	1.8～7.7
单晶硅[91-92]	四点弯曲试验，三球试验	2.0～8.4

4.3.2 颗粒冲击试验

4.2.1 小节采用连续离散耦合分析方法模拟了非均质脆性圆球以不同速度垂直冲击光滑刚性板。假定材料的细观断裂强度服从 Weibull 分布，并用 Weibull 模数反映材料的无序度，k 越大，材料的无序度越低。Weibull 模数 k 分别取 1、2、5 和 10，对每组 k 进行 10 次独立模拟，以下分析都是对 10 次模拟的结果进行统计分析。数值模拟所需参数见表 4.3.2。

表 4.3.2 冲击模拟输入参数表

	参数	符号	单位	取值
整体模型	圆球直径	d	mm	60
	实体单元数目	N_t^s	—	19 290
	界面单元数目	N_t^{CIE}	—	150 264
	时间步长	Δt	s	2.0×10^{-9}
实体单元	密度	ρ	kg/m^3	2 700
	弹性模数	E	GPa	80
	泊松比	υ	—	0.2
界面单元	法向刚度	K_n	N/m^3	6.0×10^{13}
	切向刚度	K_s	N/m^3	2.5×10^{13}
	平均抗拉强度	f_t	MPa	16
	平均内聚力	c	MPa	55
	无量纲 Weibull 模数	k	—	1，2，5，10
	内摩擦角	φ_i	(°)	40
	裂面摩擦角	φ_f	(°)	30
接触法则	滑动摩擦系数	μ	—	0.577

4.3.3 破碎模式与碎片统计

图 4.3.1 为无量纲 Weibull 模数 $k=5$ 的圆球以 20 m/s 的速度垂直冲击刚性板，观察其冲击破碎过程。颗粒首先在与刚性板接触的区域产生局部损伤，随后以接触点为中心裂纹萌生、扩展至颗粒边界，将颗粒劈裂为许多橘瓣状的碎片。劈开后的碎片在残余动能作用下继续运动，但是碎片间相互碰撞产生的新裂纹非常少。

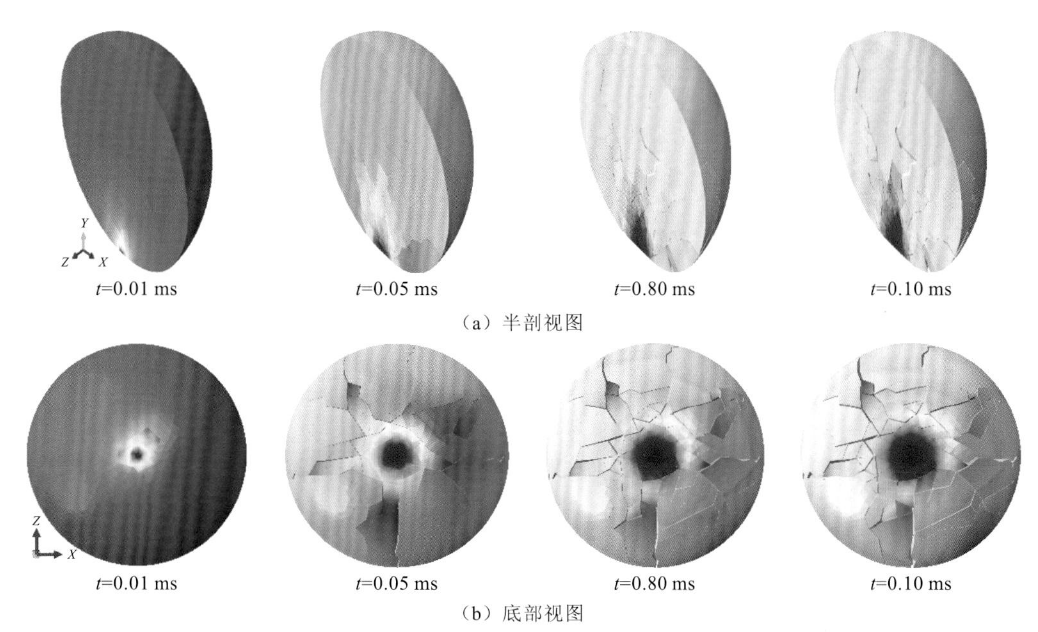

图 4.3.1　冲击破碎过程（V=20 m/s，k = 5）

图 4.3.2 为最大碎片 m_{1st}、第二大碎片 m_{2st} 和平均碎片质量 m_{av} 随冲击速度的变化，图中质量均用圆球总质量进行归一化。随着冲击速度增加，m_{1st} 持续减小，反映了冲击对材料尺寸或质量减小的本质。m_{2st} 和 m_{av} 随冲击速度的演化出现一个明显的峰值，这与已有的试验和数值模拟结果相同[22,93-94]。在峰值点前后，材料的冲击响应发生从局部损伤到整体碎裂的相变，这一现象被视为材料冲击破碎的临界特性，并将该峰值点对应的速度定义为临界冲击速度。从图中可以看出该无序度下的圆球临界冲击速度为 15 m/s。

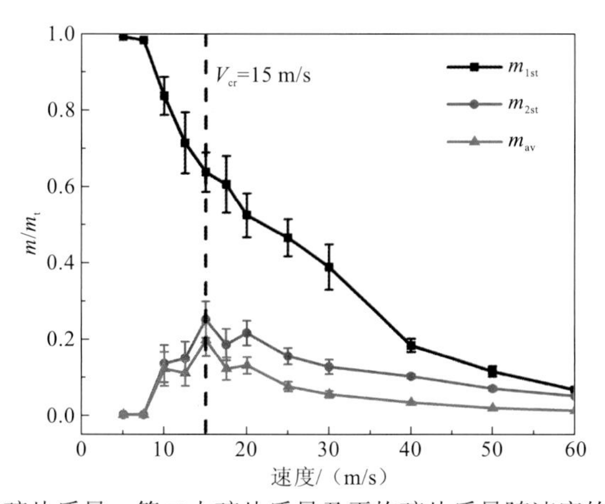

图 4.3.2　最大碎片质量、第二大碎片质量及平均碎片质量随速度的变化（k = 5）

图 4.3.3 是不同无序度下最大碎片、第二大碎片、平均碎片质量随冲击速度的变化，因篇幅限制，只给出 k=10 和 k=1 两种情况的结果。无序度对脆性材料的临界冲击速度有显著的影响，即无序度越高（无量纲 Weibull 模数 k 越小），临界冲击速度越大。无量

纲 Weibull 模数 k 为 1、2、5 和 10 时，临界冲击速度 V_{cr} 分别为 80 m/s、40 m/s、15 m/s 和 10 m/s。在临界冲击速度下，将不同无序度的三个碎片质量指标绘制在图 4.3.4，可见随着无序度的提高，m_{1st} 和 m_{av} 逐渐减小，且 m_{1st} 和 m_{2st} 差距逐渐缩小。临界冲击速度的变化是高无序度的材料内部微孔隙、杂质和微裂纹等缺陷越多，导致临界状态的能量阈值越高，相应地临界速度下碎片尺寸减小更为明显，破碎程度更高。

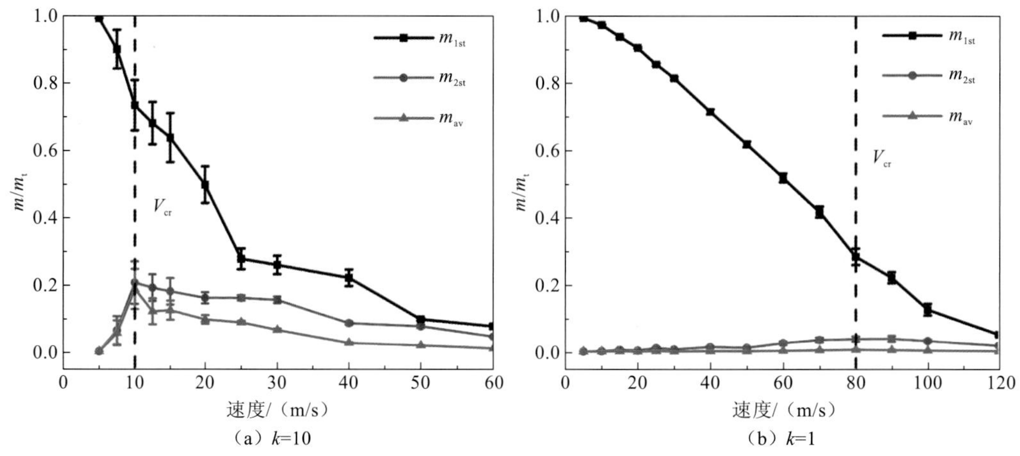

图 4.3.3　不同无序度下最大碎片质量、第二大碎片质量与平均碎片质量随速度的变化

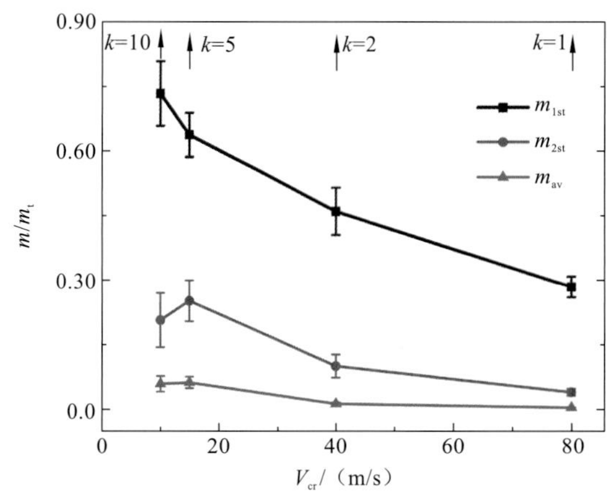

图 4.3.4　不同无序度圆球临界冲击速度下的三个碎片质量指标对比

图 4.3.5 为不同无序度的脆性圆球在相应临界冲击速度下的破裂形式。$k=10$ 时，冲击产生两条贯穿颗粒的子午型裂纹面，它们在冲击接触处近乎正交，且没有分叉。颗粒破裂成数块大碎片和接触区域的小碎片，大、小碎片尺寸差异悬殊。$k=5$ 时，贯穿性裂纹增加并出现分叉，颗粒上部和接触点区域分别形成残余锥体和细碎片锥。$k=2$ 时，裂纹面明显增加，贯穿性裂纹产生了明显分叉，这一现象可以视为开裂的类逾渗现象出现：临界冲击速度下颗粒的破碎程度提高，分叉裂纹增加，碎片尺寸差异明显减小，尤其是接触点附近的重损伤区。$k=1$ 时，裂纹更为密集，主导的贯穿性裂纹与分叉裂纹难以区分，重损伤区进一步扩大，碎片的尺寸差异进一步减小，类逾渗现象更为明显。

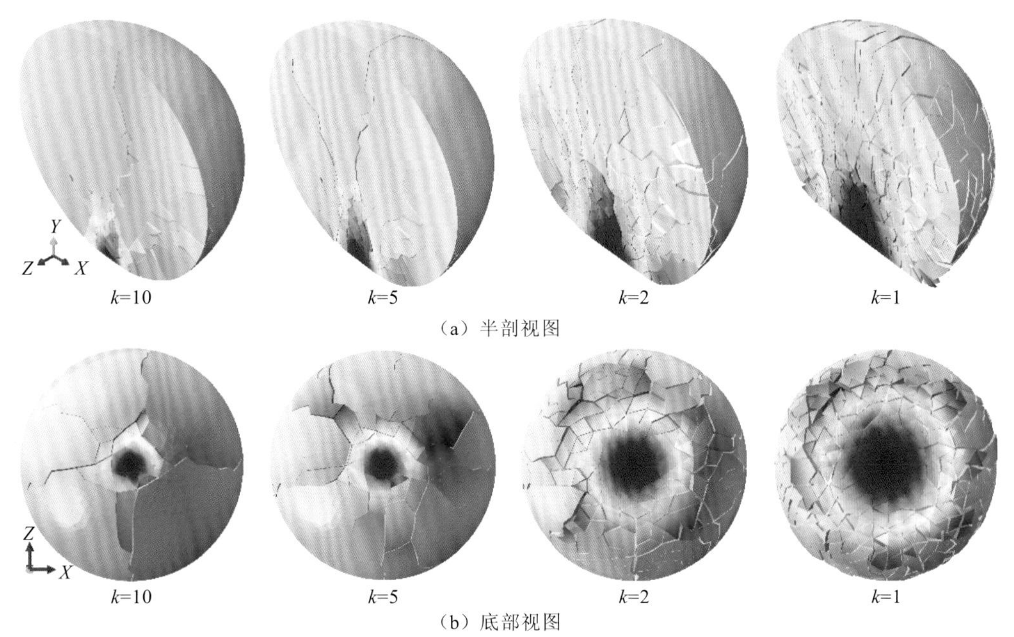

图 4.3.5　不同无序度圆球的冲击破裂模式

为了量化冲击导致的材料损伤开裂，定义失效界面单元分数 n_b（失效界面单元占总界面单元的比例）。图 4.3.6（a）和（b）分别为不同无序度的圆球冲击产生的失效界面单元分数和碎片数量。材料无序度越高，即细观断裂参数的分布越离散，失效界面单元分数越高。这是由于相当多界面单元的强度低于平均强度，在冲击作用下发育出较多的微裂纹。一个有趣的现象是碎片数量与材料无序度呈现出相反的规律，即无序度越高，冲击产生的碎片数目却越少。这是因为高无序度情况下冲击产生的微裂纹主要存在于碎片内部，难以连通成贯穿性裂纹，因此不能形成单独的碎片。

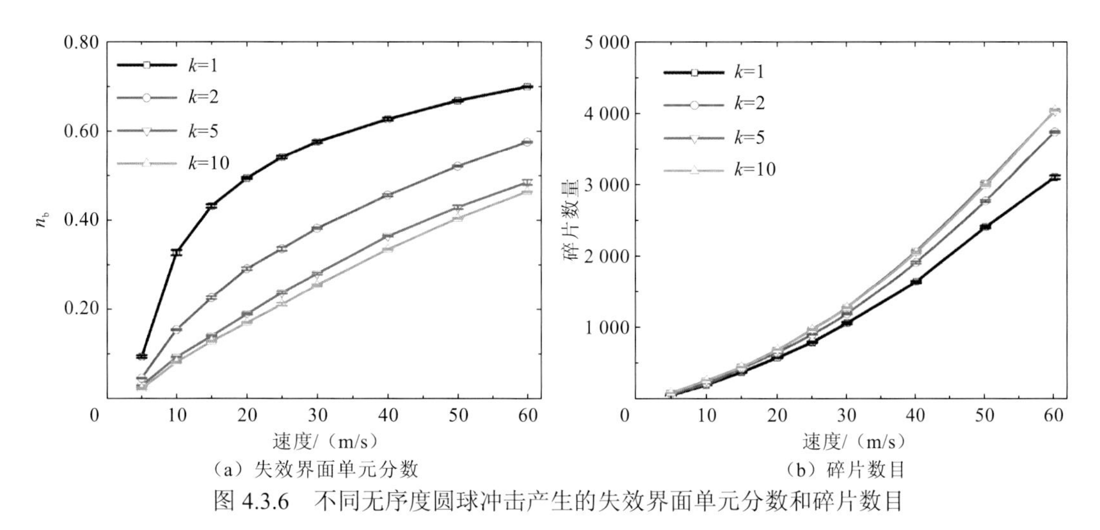

图 4.3.6　不同无序度圆球冲击产生的失效界面单元分数和碎片数目

为了深入了解材料无序性对冲击破碎产生的碎片形状的影响，利用连续离散耦合分析模拟不规则形状碎片的优势，建立碎片信息数据库，对碎片形状进行量化分析。通过遍历碎片有限元网格的拓扑结构，识别出所有碎片并得到每个碎片的几何信息，如碎片的表面积 A、体积 V 和三个主轴长度。碎片表面积是通过累加表面网格的面积而得，碎片体积是所有实体单元的总体积。采用主成分分析法确定碎片的三个正交主轴方向后，通过旋转使其与笛卡儿坐标系平行，即可得到碎片的长轴 L、中轴 I 和短轴 S[79]。采用扁平率和球度这两个参数来量化碎片形状。扁平率指的是碎片短轴与中轴之比 $F_{\mathrm{r}}=S/I$，F_{r} 越小，碎片越扁平。球度定义为碎片等体积球的表面积与碎片实际表面积之比 $\psi_{3\mathrm{D}}=\sqrt[3]{36\pi V^2}/A$，$\psi_{3\mathrm{D}}$ 越接近于 1，碎片的表面越接近于球面，棱角性越弱。

图 4.3.7（a）和（b）分别为不同无序度的圆球在相应临界冲击速度下冲击破碎产生碎片的扁平率和球度的概率密度分布。碎片扁平率概率密度分布函数的形状基本一致，扁平率峰值在 $F_{\mathrm{r}}=0.54$ 附近，碎片球度峰值在 $\psi_{3\mathrm{D}}$=0.66 附近。随着无序度的提高，扁平率分布的集中程度降低，峰值位置左移。无序度较低时，球度分布较为对称且集中。无序度较高时，球度分布呈现为左偏，峰值更低，分布区间更大。这意味着无序性越强，临界冲击速度下产生的碎片整体上更为扁平细长，碎片棱角性越强。两个形状参数分布区间扩大，表明高无序度会增强碎片形状的变异性。

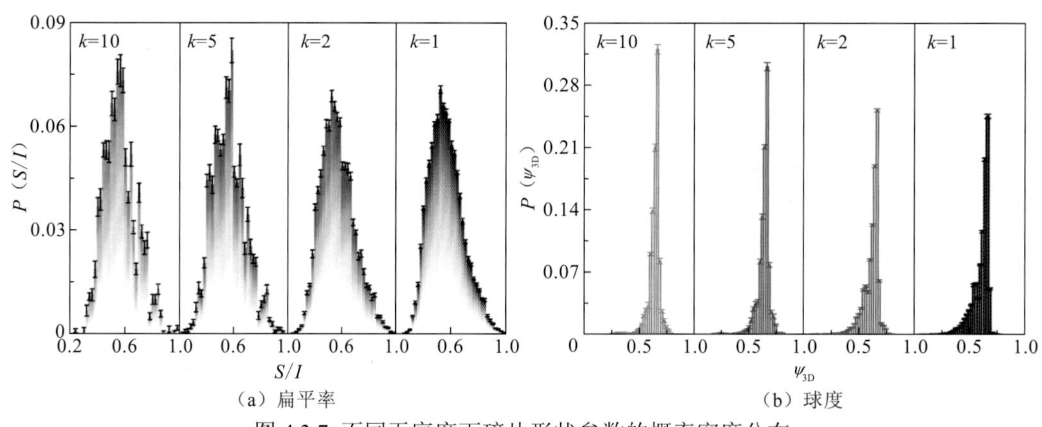

（a）扁平率　（b）球度

图 4.3.7 不同无序度下碎片形状参数的概率密度分布

4.3.4 无序性影响机制

以上分析表明，无序性显著地影响了脆性材料的临界冲击速度、冲击破碎模式和碎片形状。无序性对脆性材料冲击破碎的影响可能与微裂纹产生的主导机制有关。图 4.3.8 展示了临近起裂准则的界面单元的应力状态。对比可以发现，低无序度时（k=10），微裂纹产生的主导机制是拉伸，剪切破坏比例较低；高无序度时（k=1），发生剪切破坏的比例明显增加。这是由于子午型裂纹面的破坏机制为受拉破坏，接触区域的细小碎片主要是由剪切破坏产生[95]。高无序度的脆性圆球的临界冲击速度明显增大，损伤程度更高，体现为冲击点附近的高损伤区域扩大，因此剪切破坏的比例在高无序度圆球中的比例明显增加。剪切作用致使分叉裂纹增加，碎片的尺寸明显减小，碎片表面的棱角性增强。这与 Yu 等[96]提出的剪切裂纹两侧介质滑移机制相吻合。

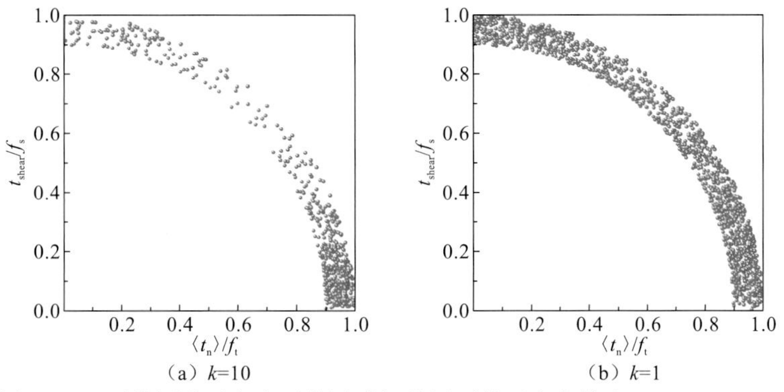

（a）k=10　　（b）k=1

图 4.3.8　两种极端无序度下临近破坏的界面单元应力状态（t=0.03 ms）

结合碎片形状的统计分布特性，分析无序性对冲击破碎的影响。以图 4.3.9（a）作为对照组，考虑高无序度下产生的碎片数量少而损伤程度高的特点，单因素分析裂纹扩展路径的变化原因。保持碎片数量不变，裂纹面增加可能有三种裂纹扩展路径：①碎片的尺寸差异导致的扁平率分散性，如图 4.3.9（b）所示；②贯穿性裂纹的弯曲（二维）或者裂纹面的粗糙度增加（三维），导致碎片棱角性增强，如图 4.3.9（c）所示；③在贯穿性裂纹上侧生了许多非贯穿性的分叉裂纹，即冲击过程中产生的碎片数量和碎片尺寸基本不变，但是高无序度的材料内部产生了更多局部损伤，如图 4.3.9（d）所示。

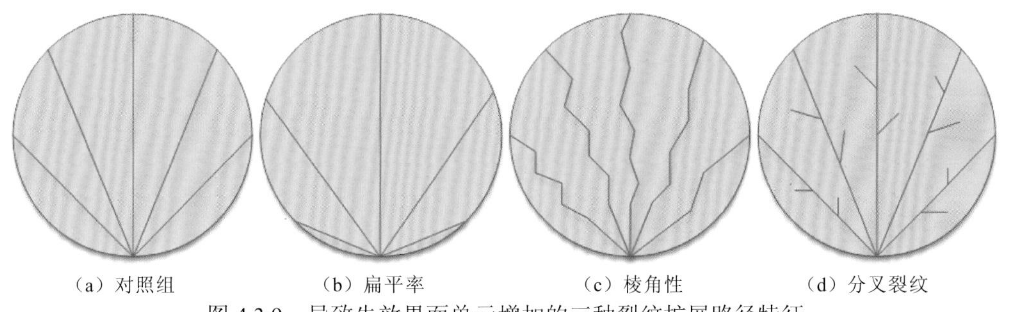

（a）对照组　　（b）扁平率　　（c）棱角性　　（d）分叉裂纹

图 4.3.9　导致失效界面单元增加的三种裂纹扩展路径特征

脆性固体材料中裂纹路径的描述在物理试验中备受关注，在无序性影响下，裂纹扩展具有间断性，裂纹面变得参差不齐。观察到的试验现象主要通过两个理论构想来解释：低无序度固体裂纹面的不规则性被认为是理想有序固体中产生的一种扰动；而高无序度固体中的开裂被解释为一种类逾渗现象[97]。Shekhawat 等[98]采用随机熔断网络方法模拟了二维脆性材料的开裂，认为固体材料的开裂损伤是逾渗（percolation）—雪崩（avalanche）—成核（nucleation）这三种模式共同导致的，如图 4.3.10 所示。低无序度（β越小）或大尺寸的系统以贯穿性开裂为主导，无分叉现象，即成核破坏相。高无序度或小尺寸的系统中，存在局部小裂纹并凝聚成簇，即逾渗破坏相。但更常见的情况下是以雪崩为主导且三相并存的中无序度破坏事件。

本节的数值模拟也观察到这一现象，即逾渗、雪崩和成核三种破坏形式与材料无序度的关系。低无序度时，脆性圆球的碎裂以贯穿性的子午面裂纹为主导，劈裂产生的碎片质量（尺寸）差异悬殊。而无序度较高时，损伤程度更高但产生的碎片数量反而减少了，损伤更多地以碎片内部的分叉裂纹（或者说局部裂纹）形式存在。此外临界冲击速度随无序度的提高而增大，说明无序性会提高类逾渗行为的能量阈值，也进一步验证了低无序度下临界状态产生的损伤更大，可见该理论具有一定的自洽性。

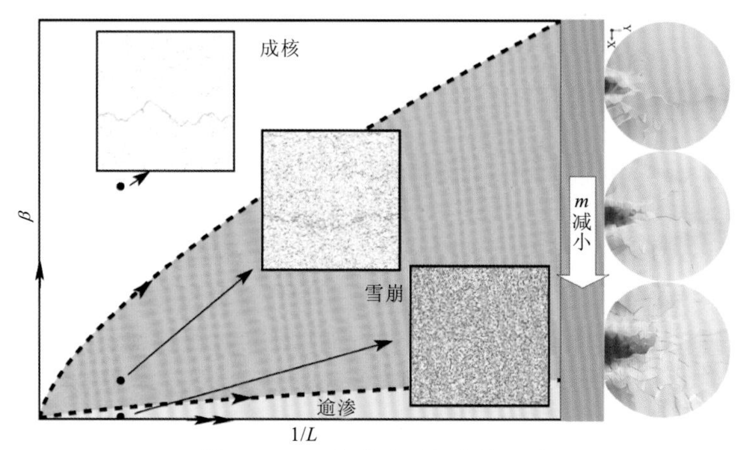

图 4.3.10　无序化介质的脆性开裂

左侧为文献[98]相图；右侧为本节模拟结果（由上到下 k 分别取为 10、5 和 2）

4.4　本章小结

开展了颗粒冲击破碎的数值试验，分析了不同开裂机制、材料无序性对冲击破碎的影响，从颗粒破碎模式、临界冲击速度、碎片尺寸分布和碎片形状等多角度分析了单颗粒在动力冲击荷载下的破碎特性。本章的主要结论如下。

（1）冲击破碎过程中的能量分析表明，绝大部分的冲击动能被破碎的碎片带走，并在随后的碰撞和摩擦中进一步耗散，材料开裂损伤所耗散的能量不超过系统总能量的1%。冲击速度对破碎模式的影响，以及两个最大碎片的质量随冲击速度的变化与先前的物理试验和数值模拟结果是一致的。

（2）不同冲击速度下的主导开裂机制不同，在较低的冲击速度下，碎片的产生由张拉破坏主导；在较高的冲击速度下剪切破坏逐渐起作用，开裂过程发生转变，这将产生更多的微裂纹并进一步减小碎片尺寸，这种机制导致大碎块的相对频率显著降低，并且导致分布衰减更快。更高冲击速度下产生的碎片更为细长，棱角度更高。Domokos 形状系数的累积分布演变表明碎片形状在临界冲击速度附近变化显著。在较高的冲击速度下，Domokos 形状系数和凸度的累积分布的拟合参数都收敛到稳定值。这意味着随着冲击速度不断增大，碎片形状将停止演化并达到稳定的分布。

（3）当剪切导致开裂时，环形裂纹以 30°～45° 从表面向颗粒内部传播形成锥体，并在该锥体内观察到弥散型裂纹，并进一步将锥形碎片分割为较小的碎片。颗粒的上部几乎完好无损，并在撞击后反弹。当拉伸导致开裂时，由于几个子午型裂纹和次生裂纹而形成楔形碎片；碎裂最终状态的特征在于碎片的横向扩散。当同时受到张拉和剪切作用导致破碎时，不同颗粒破碎后的差异也非常明显。第二大碎片质量、平均碎片质量、碎片速度分布方向和裂纹扩展等方面均存在显著差异。且与单独受张拉破坏或单独受剪切破坏后的上述特征也存在显著差异。比较不同开裂机制下产生碎片的形状特征，发现剪切开裂有利于产生各向同性、圆润和凸起的碎片，而张拉开裂更易产生细长、棱角状和凹陷的碎片。

（4）脆性材料的无序性对冲击响应中的临界冲击速度影响十分显著。无序度越高，颗粒的临界冲击速度也越高。不同无序度的脆性材料在临界冲击速度下的破裂模式也明显不同，低无序度下开裂以少量贯穿性裂纹为主；随着无序度的提高，非贯穿性的分叉裂纹增加；高无序度下以全域性的分叉裂纹为主。高无序度明显增强了冲击碎片形状的变异性。无序度越高，破碎产生的碎片整体表现更为扁平、细长，碎片表面更为粗糙。无序性从本质上改变了脆性材料冲击破碎的发生机制。脆性材料内部无序度较低时，冲击过程中的主导破碎机制是拉裂破坏；随着无序度的提高，材料剪切破坏所占比例逐渐增大，更多的分叉裂纹产生，碎片内部的损伤相应增加。

参 考 文 献

[1] WITTEL F, KUN F, HERRMANN H, et al. Fragmentation of shells[J]. Physical review letters, 2004, 93(3): 35504.

[2] HAJDUK P J, GREER J. A decade of fragment-based drug design: strategic advances and lessons learned[J]. Nature reviews drug discovery, 2007, 6(3): 211-219.

[3] MICHAUX S, DJORDJEVIC N. Influence of explosive energy on the strength of the rock fragments and SAG mill throughput[J]. Minerals engineering, 2005, 18(4): 439-448.

[4] JOHNSON N L, KRISKO P H, LIOU J C, et al. NASA's new breakup model of evolve 4.0[J]. Advances in space research, 2001, 28(9): 1377-1384.

[5] GALVEZ H I P. Analysis of the state of the art of blast-induced fragment conditioning[J]. Minerals engineering, 2011, 24(14): 1638-1640.

[6] SANCHIDRIÁN J A, OUCHTERLONY F, SEGARRA P, et al. Size distribution functions for rock fragments[J]. Intetrational journal of rock mechanic & mining science, 2014, 71: 381-394.

[7] BAŽANT Z P, CANER F C. Impact comminution of solids due to local kinetic energy of high shear strain rate: I. Continuum theory and turbulence analogy[J]. Journal of the mechanics and physics of solids, 2014, 64: 223-235.

[8] TOMAS J, SCHREIER M, GRÖGER T, et al. Impact crushing of concrete for liberation and recycling[J].

Powder technology, 1999, 105(1): 39-51.

[9] MAJZOUB R, CHAUDHRI M M. High-speed photography of low-velocity impact cracking of solid spheres[J]. Philosophical magazine letters, 2000, 80(6): 387-393.

[10] CHEONG Y S, SALMAN A D, HOUNSLOW M J. Effect of impact angle and velocity on the fragment size distribution of glass spheres[J]. Powder technology, 2003, 138(2-3): 189-200.

[11] KHANAL M, SCHUBERT W, TOMAS J. Ball impact and crack propagation-simulations of particle compound material[J]. Granular matter, 2004, 5(4): 177-184.

[12] WU S Z, CHAU K T, YU T X. Crushing and fragmentation of brittle spheres under double impact test[J]. Powder technology, 2004, 143(SI): 41-55.

[13] SCHUBERT W, KHANAL M, TOMAS J. Impact crushing of particle-particle compounds-experiment and simulation[J]. International journal of mineral processing, 2005, 75(1-2): 41-52.

[14] HAUK T, BONACCURSO E, ROISMAN I V, et al. Ice crystal impact onto a dry solid wall. Particle fragmentation[J]. Proceeding of the royal society mathematical, 2015, 471(2181): 20150399.

[15] BAZANT Z P, CANER F C. Comminution of solids caused by kinetic energy of high shear strain rate, with implications for impact, shock, and shale fracturing[J]. Proceeding of the national academy of science, 2013, 110(48): 19291-19294.

[16] BAŽANT Z P, SU Y. Impact comminution of solids due to progressive crack growth driven by kinetic energy of high-rate shear[J]. Journal of applied mechanics, 2015, 82(3): 031007.

[17] POTAPOV A V, CAMPBELL C S. Computer simulation of impact-induced particle breakage[J]. Powder technology, 1994, 81: 207-216.

[18] THORNTON C, YIN K K, ADAMS M J. Numerical simulation of the impact fracture and fragmentation of agglomerates[J]. Journal of physics D: applied physics, 1996, 29(2): 424-435.

[19] THORNTON C, CIOMOCOS M, ADAMS M. Numerical simulations of agglomerate impact breakage[J]. Powder technology,1999, 105(1-3): 74-82.

[20] NING Z, BOEREFIJN R, GHADIRI M, et al. Distinct element simulation of impact breakage of lactose agglomerates[J]. Adavanced powder technology, 1997, 8(1): 15-37.

[21] MAGNIER S A, DONZÉ F V. Numerical simulations of impacts using a discrete element method[J]. Mechanics cohesive-frictional mater. 1998, 3(3): 257-276.

[22] KUN F, HERRMANN H J. Transition from damage to fragmentation in collision of solids[J]. Physical review E, 1999, 59(3): 2623-2632.

[23] MORENO R, GHADIRI M, ANTONY S. Effect of the impact angle on the breakage of agglomerates: a numerical study using DEM[J]. Powder technology, 2003, 130(1-3): 132-137.

[24] BEHERA B, KUN F, MCNAMARA S, et al. Fragmentation of a circular disc by impact on a frictionless plate[J]. Journal of physics condensed matter, 2017, 17(24): S2439-S2456.

[25] CARMONA H A, WITTEL F K, KUN F, et al. Fragmentation processes in impact of spheres[J]. Physical review E, 2008, 77(1): 051302.

[26] KAFUI K, THORNTON C. Numerical simulations of impact breakage of a spherical crystalline

agglomerate[J]. Powder technology, 2000, 109(1-3): 113-132.
[27] MORENO-ATANASIO R, GHADIRI M. Mechanistic analysis and computer simulation of impact breakage of agglomerates: effect of surface energy[J]. Chemical engineering science, 2006, 61(8): 2476-2481.
[28] MISHRA B K, THORNTON C. Impact breakage of particle agglomerates[J]. Intetrational journal of mineral processing, 2001, 61(4): 225-239.
[29] TIMÁR G, BLÖMER J, KUN F, et al. New universality class for the fragmentation of plastic materials[J]. Physical review letters, 2010, 104(9): 95502.
[30] CARMONA H A, GUIMARÃES A V, ANDRADE J S, et al. Fragmentation processes in two-phase materials[J]. Physical review E, 2015, 91: 12402.
[31] TIMÁR G, KUN F, CARMONA H A, et al. Scaling laws for impact fragmentation of spherical solids[J]. Physical review E: statal nonlinear & soft matter physics, 2012, 86(1): 16113.
[32] LIU L, KAFUI K D, THORNTON C. Impact breakage of spherical, cuboidal and cylindrical agglomerates[J]. Powder technology, 2010, 199(2): 189-196.
[33] ZHENG K H, DU C L, LI J P, et al. Numerical simulation of the impact-breakage behavior of non-spherical agglomerates[J]. Powder technology, 2015, 286: 582-591.
[34] SALMAN A D, BIGGS C A, FU J, et al. An experimental investigation of particle fragmentation using single particle impact studies[J]. Powder technology, 2002, 128(1): 36-46.
[35] SAMIMI A, MORENO R, GHADIRI M. Analysis of impact damage of agglomerates: effect of impact angle[J]. Powder technology, 2004, 143(SI): 97-109.
[36] DOMOKOS G, KUN F , SIPOS A Á, et al. Universality of fragment shapes[J]. Scientific reports, 2015, 5: 9147.
[37] KUN F, WITTEL F K, HERRMANN H J, et al. Scaling behavior of fragment shapes[J]. Physical review letters, 2011, 96(2): 025504.
[38] MICHIKAMI T, HAGERMANN A, KADOKAWA T, et al. Fragment shapes in impact experiments ranging from cratering to catastrophic disruption[J]. Icarus, 2016, 264: 316-330.
[39] MUNJIZA A, OWEN D R J, BICANIC N. A combined finite-discrete element method in transient dynamics of fracturing solids[J]. Engineering computations, 1995, 12(2): 145-174.
[40] MUNJIZA A, BANGASH T, JOHN N W M. The combined finite-discrete element method for structural failure and collapse[J]. Engineering fracture mechanics, 2004, 71(4-6): 469-483.
[41] MAHABADI O K, COTTRELL B E, GRASSELLI G. An example of realistic modelling of rock dynamics problems: FEM/DEM simulation of dynamic brazilian test on barre granite[J]. Rock mechanics and rock engineering, 2010, 43(6): 707-716.
[42] ROUGIER E, KNIGHT E E, BROOME S T, et al. Validation of a three-dimensional finite-discrete element method using experimental results of the split hopkinson pressure bar test[J]. International journal of rock mechanics & miningences, 2014, 70: 101-108.
[43] CHEN X, CHAN A H C, YANG J. Simulating the breakage of glass under hard body impact using the

combined finite-discrete element method[J]. Computers & structures, 2016, 177: 56-68.

[44] ZHOU W, TANG L, LIU X, et al. Mesoscopic simulation of the dynamic tensile behaviour of concrete based on a rate-dependent cohesive model[J]. International journal of impact engineering, 2016, 95: 165-175.

[45] HUANG X L, ZHAO Q, QI S W, et al. Numerical simulation on seismic response of the filled joint under high amplitude stress waves using finite-discrete element method (FDEM)[J]. Materials, 2017, 10(1): 13.

[46] MA G, ZHOU W, REGUEIRO R A, et al. Modeling the fragmentation of rock grains using computed tomography and combined FDEM[J]. Powder technology, 2016, 308: 388-397.

[47] MA G, ZHOU W, CHANG X L, et al. A hybrid approach for modeling of breakable granular materials using combined finite-discrete element method[J]. Granular matter, 2016, 18(1): 7.

[48] PARK K, PAULINO G H. Cohesive zone models: a critical review of traction-separation relationships across fracture surfaces[J]. Applied mechanics reviews, 2015, 64(6): 1002.

[49] CAMACHO G T, ORTIZ M. Computational modelling of impact damage in brittle materials[J]. International journal of solids & structures, 1996, 33(20-22): 2899-2938.

[50] XU X P, NEEDLEMAN A. Numerical simulations of fast crack growth in brittle solids[J]. Journal of the mechanics and physics of solids, 1994, 42(9): 1397-1434.

[51] NGUYEN V P. An open source program to generate zero-thickness cohesive interface elements[J]. Advances in engineering software, 2014, 74: 27-39.

[52] DAS A, NGUYEN G D, EINAV I. Compaction bands due to grain crushing in porous rocks: a theoretical approach based on breakage mechanics[J]. Journal of geophysical research, 2011, 166(B08203): 1-14.

[53] CUSATIS G, PELESSONE D, MENCARELLI A. Lattice discrete particle model (LDPM) for failure behavior of concrete. I: Theory[J]. Cement & concrete composites, 2011, 33(9): 881-890.

[54] DE BORST R. Fracture in quasi-brittle materials: a review of continuum damage-based approaches[J]. Engineering fracture mechanies, 2002, 69(2): 95-112.

[55] SONG S H, PAULINO G H, BUTTLAR W G. A bilinear cohesive zone model tailored for fracture of asphalt concrete considering viscoelastic bulk material[J]. Engineering fracture mechanics, 2006, 73(18): 2829-2848.

[56] ZHANG Y D, BUSCARNERA G, EINAV I. Grain size dependence of yielding in granular soils interpreted using fracture mechanics, breakage mechanics and Weibull statistics[J]. Géotechnique, 2016, 66(2): 1-12.

[57] ATKINSON B K. Subcritical crack propagation in rocks: theory, experimental results and applications[J]. Journal of structural geology, 1982, 4(1): 41-56.

[58] MUSTO M, ALFANO G. A novel rate-dependent cohesive-zone model combining damage and visco-elasticity[J]. Computers & structures, 2013, 118(SI): 126-133.

[59] ABAQUS. Version 6.14 documentation[Z]. Dassault Systemes Simulia Corp, Providence, RI, USA, 2014.

[60] TURON A, DÁVILA C G, CAMANHO P P, et al. An engineering solution for mesh size effects in the simulation of delamination using cohesive zone models[J]. Engineering fracture mechanics, 2007, 74(10):

1665-1682.

[61] GUO L, XIANG J, LATHAM J P, et al. A numerical investigation of mesh sensitivity for a new three-dimensional fracture model within the combined finite-discrete element method[J]. Engineering fracture mechanics, 2016, 151: 70-91.

[62] PERNAS-SÁNCHEZ J, ARTERO-GUERRERO J A, VARAS D, et al. Analysis of ice impact process at high velocity[J]. Experimental mechanics, 2015, 55(9): 1669-1679.

[63] KATSURAGI H, SUGINO D, HONJO H. Scaling of impact fragmentation near the critical point[J]. Physical review E: statal nonlinear & soft matter physics, 2012, 68(4): 46105.

[64] ASTROEM J A, OUCHTERLONY F, LINNA R P, et al. Universal dynamic fragmentation in D dimensions[J]. Physical review letters, 2004, 92(24): 245506.

[65] WITTEL F K, KUN F, KRPLIN B H, et al. Study on the fragmentation of shells[J]. International journal of fracture, 2006, 140(1-4): 243-254.

[66] TURCOTTE D L. Fractals and fragmentation[J]. Journal of geophysical research solid earth, 1986, 91(B2): 1921-1926.

[67] SATOR N, HIETALA H. Damage in impact fragmentation[J]. International journal of fracture, 2010, 163(1-2): 101-108.

[68] TATONE B S A, GRASSELLI G. A calibration procedure for two-dimensional laboratory-scale hybrid finite-discrete element simulations[J]. International journal of rock mechanics and miningences, 2015, 75: 56-72.

[69] LISJAK A, LIU Q, ZHAO Q, et al. Numerical simulation of acoustic emission in brittle rocks by two-dimensional finite-discrete element analysis[J]. Geophysical journal international, 2013, 195(1): 423-443.

[70] ZHOU W, YUAN W, MA G, et al. Combined finite-discrete element method modeling of rockslides[J]. Engineering computations: Int J for computer-aided engineering, 2016, 33(5): 1530-1559.

[71] LISJAK A, TATONE B S A, GRASSELLI G, et al. numerical modelling of the anisotropic mechanical behaviour of opalinus clay at the laboratory-scale using FEM/DEM[J]. Rock mechanics and rock engineering, 2014, 47(1): 187-206.

[72] ABUAISHA M, EATON D, PRIEST J, et al. Hydro-mechanically coupled FDEM framework to investigate near-wellbore hydraulic fracturing in homogeneous and fractured rock formations[J]. Journal of petroleum science and engineering, 2017, 154: 100-113.

[73] LISJAK A, KAIFOSH P, HE L, et al. A 2D, fully-coupled, hydro-mechanical, FDEM formulation for modelling fracturing processes in discontinuous, porous rock masses[J]. Computers and geotechnics, 2017, 81: 1-18.

[74] ZHOU W, MA X, NG T T, et al. Numerical and experimental verification of a damping model used in DEM[J]. Granular matter, 2016, 18: 1-12.

[75] MA G, ZHOU W, ZHANG Y, et al. Fractal behavior and shape characteristics of fragments produced by the impact of quasi-brittle spheres[J]. Powder technology, 2018, 325: 498-506.

[76] WITTEL F K, CARMONA H A, KUN F, et al. Mechanisms in impact fragmentation[J]. International journal of fracture, 2009, 154(1-2): 105-117.

[77] KADONO T. Fragment mass distribution of platelike objects[J]. Physical review letters, 1997, 78(8): 1444-1447.

[78] KATSURAGI H, IHARA S, HONJO H. Explosive fragmentation of a thin ceramic tube using pulsed power[J]. Physics review letters, 2005, 95: 95503.

[79] HOOPER J P. Impact fragmentation of aluminum reactive materials[J]. Journal of applied physics, 2012, 112(4): 043508.

[80] PÁL G, VARGA I, KUN F. Emergence of energy dependence in the fragmentation of heterogeneous materials[J]. Physical review E, 2014, 90(6): 062811.

[81] ZHAO B, WANG J. 3D quantitative shape analysis on form, roundness, and compactness with μCT[J]. Powder technology, 2016, 291: 262-75.

[82] GRANGE S, FORQUIN P, MENCACCIET S, et al. On the dynamic fragmentation of two limestones using edge-on impact tests[J]. International journal of impact engineering, 2008, 35(9): 977-991.

[83] PISANO G, CARFAGNI G R. The statistical interpretation of the strength of float glass for structural applications[J]. Construction and building materials, 2015, 98: 741-756.

[84] JOSHI A A, PAGNI P J. Fire-induced thermal fields in window glass .2. experiments[J]. Fire safety Journal, 1994, 22(1): 45-65.

[85] KING D S, FAHRENHOLTZ W G, HILMAS G E. Silicon carbide-titanium diboride ceramic composites[J]. Journal of the european ceramic society, 2013, 33(15): 2943-2951.

[86] GORJAN L, AMBROŽIČ M. Bend strength of alumina ceramics: a comparison of Weibull statistics with other statistics based on very large experimental data set[J]. Journal of the european ceramic society, 2012, 32(6): 1221-1227.

[87] SIARAMPI E, KONTONASAKI E, ANDRIKOPOULOSET K S, et al. Effect of in vitro aging on the flexural strength and probability to fracture of Y-TZP zirconia ceramics for all-ceramic restorations[J]. Dental materials, 2014, 30(12): E306-E316.

[88] GUAZZATO M, QUACH L, ALBAKRYET M, et al. Influence of surface and heat treatments on the flexural strength of Y-TZP dental ceramic[J]. Journal of Dentistry, 2005, 33(1): 9-18.

[89] YANG W, ZHANG G P, ZHU X F, et al. Structure and mechanical properties of Saxidomus purpuratus biological shells[J]. Journal of the mechanical behavior of biomedical materials, 2011, 4(7): 1514-1530.

[90] LIN A Y M, MEYERS M A. Interfacial shear strength in abalone nacre[J]. Journal of the mechanical behavior of biomedical materials, 2006, 2(6): 607-612.

[91] GRUBER M, KRALEVA I, SUPANCIC P, et al. Strength distribution and fracture analyses of $LiNbO_3$ and $LiTaO_3$ single crystals under biaxial loading[J]. Journal of the european ceramic society, 2017, 37(14): 4397-4406.

[92] WERESZCZAK A A, BARNES A S, BREDER K, et al. Probabilistic strength of {1 1 1} n-type silicon[J]. Journal of materials science: materials in electronics, 2000, 11(4): 291-303.

[93] SATOR N, MECHKOV S, SAUSSET F. Generic behaviours in impact fragmentation[J]. Europhysics letters, 2008, 81(4): 44002.

[94] WITTEL F K, KUN F, HERRMANN H J, et al. Breakup of shells under explosion and impact[J]. Physical review E, 2005, 71(1): 016108.

[95] MA G, ZHANG Y D, ZHOU W, et al. The effect of different fracture mechanisms on impact fragmentation of brittle heterogeneous solid[J]. International journal of impact engineering, 2018, 113: 132-143.

[96] YU Y, HE H L, WANG W Q, et al. Shock response and evolution mechanism of brittle material containing micro-voids[J]. Acta physica sinica, 2014, 63(24): 246120.

[97] TOUSSAINT R, HANSEN A. Mean-field theory of localization in a fuse model[J]. Physical review E, 2006, 73(4): 046103.

[98] SHEKHAWAT A, ZAPPERI S, SETHNA J P. From damage percolation to crack nucleation through finite size criticality[J]. Physical review letters, 2013, 110(18): 185505.

第5章

考虑颗粒破碎的岩土颗粒材料宏细观力学特性

颗粒破碎对颗粒类材料的宏细观力学特性有重要的影响，这一点已被很多试验和离散元数值模拟证实。在岩土颗粒材料的细观数值研究中，如何真实而有效地模拟颗粒破碎是一个关键科学问题。颗粒破碎的模拟方法有两点要求：一是尽可能真实地模拟实际颗粒的破碎模式，如断裂、磨损、疲劳断裂等；二是考虑颗粒破碎后计算成本要在可控制、可接受的范围内。本章在连续离散耦合分析方法中引入内聚力模型，提出模拟岩石类材料破坏全过程的连续离散耦合分析方法，然后将其应用于颗粒破碎的模拟。

5.1 颗粒破碎的力学机制

同颗粒强度一样，颗粒破碎或损伤是一个比较宽泛的概念，它泛指母颗粒在外力或者环境因素的作用下而产生的颗粒质量的改变。目前，普遍认为颗粒破碎可分为两大类：断裂和磨损[1-3]。磨损是逐渐抛光颗粒表面凸起的棱角而保持颗粒形状大体不变，但表面更加光滑。断裂是指母颗粒在较大的荷载或者循环荷载作用下，开裂贯穿整个颗粒将其分成若干个小颗粒，伴随着颗粒粒径和形状的急剧变化。

根据外力的大小和作用方向，将颗粒表面的磨损进一步区分为磨损（attrition）和磨耗（abrasion）。磨损是颗粒在较小的法向外力作用下，凸起的棱角被推断，由此产生圆度更好的颗粒。磨耗是颗粒在较小的切向外力作用下，凸起的棱角被剪断，此时颗粒变得更加光滑。

同样根据其作用力的方向，将颗粒断裂分为碎裂（fragmentation）和剥片（chipping）。碎裂是颗粒在法向外力作用下，接触处的集中应力导致母颗粒分成若干个小颗粒。而剥片是颗粒在较大的切向外力作用下产生的断裂，由于较大块的小颗粒被剥除出去，颗粒的表面变得更加粗糙。不同的颗粒破碎模式如图 5.1.1 所示。

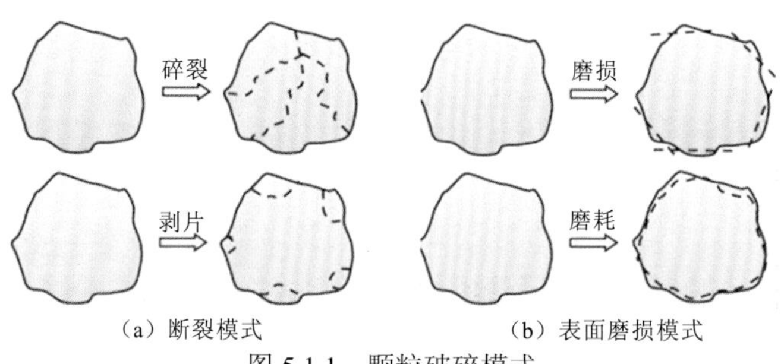

（a）断裂模式　　（b）表面磨损模式

图 5.1.1　颗粒破碎模式

5.2 三轴压缩数值试验

颗粒集合体是由不规则形状的多面体颗粒结构组成的，每个颗粒通过特定算法在一个椭球内随机生成[4]。颗粒的等效粒径在 9～27 mm 服从 Rosin-Rammler 分布，平均粒径为 18 mm（图 5.2.1）。颗粒的等效粒径定义为与不规则形状颗粒体积相同的颗粒直径。数值试样如图 5.2.2 所示，对应孔隙率为 0.562 5。颗粒有限元网格的平均尺寸为 4 mm，每个颗粒被离散为 350 个二阶四面体单元和 2 000 个界面单元。

拟三轴压缩试验装置如图 5.2.2 所示。将直径为 300 mm，高度为 600 mm 的数值试样置于顶部和底部的刚性板间，试样四周用一个柔韧的橡皮膜裹住。在连续离散耦合分析方法中，使用可变形的薄膜单元模拟橡胶膜，该单元由仅能够传递平面内作用力且无弯曲刚度的 Ogden 超弹性材料模型模拟，能够产生较大的变形来模拟试样的变形。

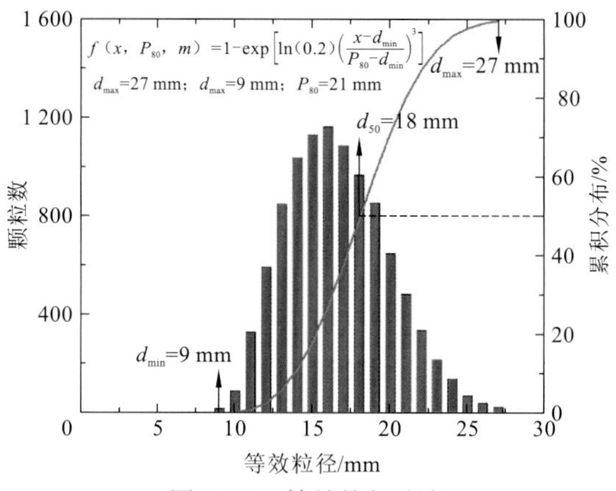

图 5.2.1　等效粒径分布

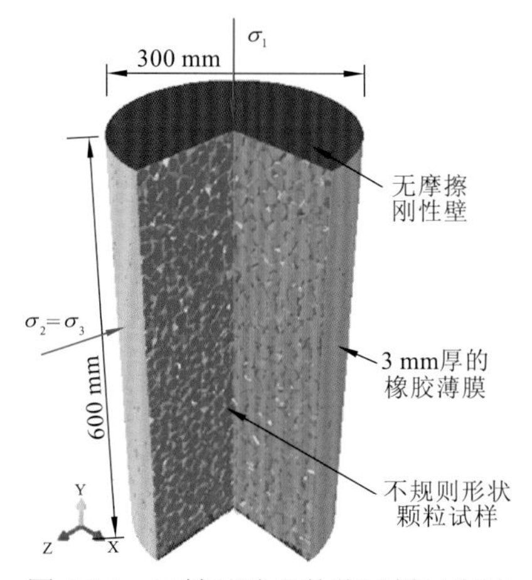

图 5.2.2　三轴试验和数值试样示意图

数值三轴试验具体步骤如下。首先将数值试样固结至规定围压，然后以一个恒定的速度给顶板施加向下的位移来剪切试样，在此过程中，保持作用于薄膜上的围压不变，同时保持底板固定。加载进行到 16%轴向应变时停止。试验过程中，加载速度需足够慢以保证试样在准静止的条件下进行剪切。

5.3　颗粒破碎对宏细观力学特性的影响

5.3.1　宏观力学特性

在常规三轴试验中，有 $\sigma_1 \geqslant \sigma_2=\sigma_3$，其中 σ_1、σ_2 和 σ_3 是主应力，平均应力和偏应力分别为 $p=(\sigma_1+2\sigma_3)/3$ 和 $q=\sigma_1-\sigma_3$。所有的三轴数值试验均需要进行面积校正和橡皮膜应力校正。在固结和剪切阶段，假定数值试样变形为直圆柱变化，对其横截面面积进行修正。相关文献中说明橡皮膜对施加荷载产生抗力，对其产生的作用进行校正是必要的。体积应变为正表示剪缩，为负表示剪胀。

对可破碎颗粒集合体和不可破碎颗粒集合体分别进行三轴数值试验比较。开始时，除了在可破碎颗粒有限元网格中嵌入无厚度界面单元，不可破碎颗粒只能发生变形以外，两者其余参数设置完全相同。图 5.3.1 中为可破碎颗粒集合体在围压为 0.8 MPa 时剪切过程中的变形，颗粒的颜色表示位移的大小。在加载过程中，试样产生剪切变形，同室内试验观察得到的结果相似。对于颗粒破碎，可破碎颗粒集合体的剪胀变形相对不可破碎颗粒集合体较小。在密集的颗粒集合体中很难捕捉颗粒破碎的三维视图，因此利用平行于 y 轴且通过颗粒集合体中心的垂直切平面来显示该平面上的位移和颗粒破碎（图 5.3.2）。同图 5.3.2（c）中可破碎颗粒集合体相比较，图 5.3.2（b）中不可破碎颗粒集合体中出现了较为清晰的“X”形剪切带，橡皮膜侧向边界变形严重在剪切带的端部形成局部的“鼓胀”，这与现有的离散元模拟结果一致。然而，在中度到高度压碎颗粒集合体中未能观察到明显的“X”形剪切带。大量的颗粒破碎使集合体内不能形成较大的孔隙。如图 5.3.3 所示，颗粒破碎主要发生在剪切带附近区域。这种现象很容易理解，因为强接触力链主要集中在剪切带中激励体积膨胀，颗粒破碎主要发生在该区域是很自然的结果。

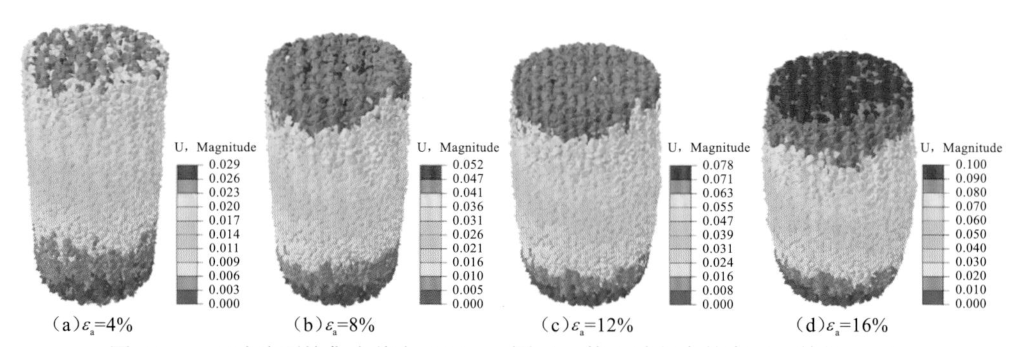

（a）ε_a=4%　（b）ε_a=8%　（c）ε_a=12%　（d）ε_a=16%

图 5.3.1　可破碎颗粒集合体在 0.8 MPa 围压下剪切过程中的变形（单位：m）

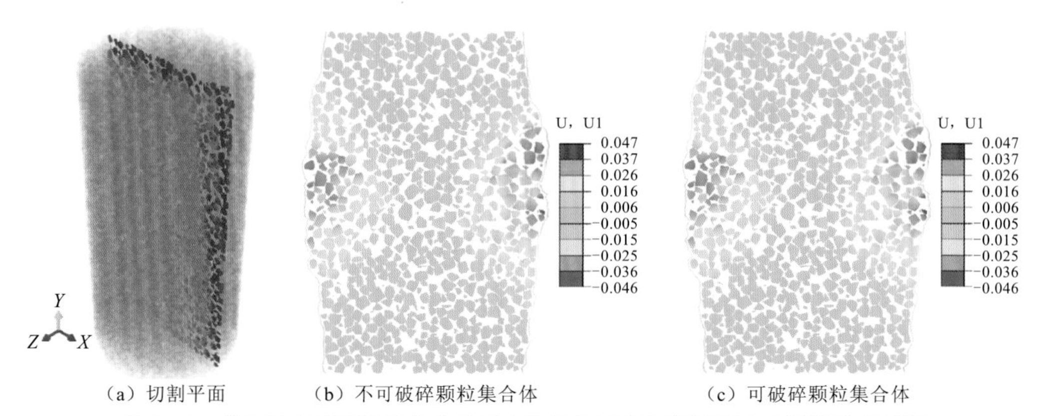

（a）切割平面　（b）不可破碎颗粒集合体　（c）可破碎颗粒集合体

图 5.3.2　剪切结束时两种集合体的侧向位移轮廓和切割平面上的颗粒破碎情况

两种集合体采用相同颜色的图例，单位为 m

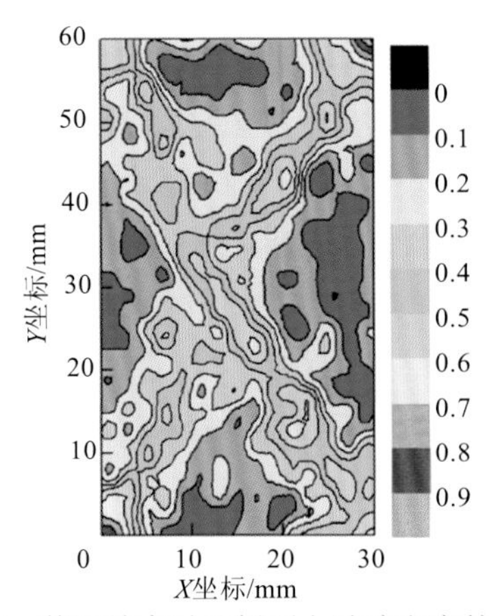

图 5.3.3　剪切结束时切割面上破碎密度的轮廓图

图 5.3.4 为两种颗粒集合体在偏应力、体积应变与轴应变关系方面的宏观响应。图 5.3.4 定性地表明，与在室内试验中观察得到的结果相比，模拟得到的两种集合体的应力-变形-剪胀响应是标准的。不可破碎颗粒集合体的初始切线模量、割线模量和峰值剪切应力更高，在轴向应变约为 3.9%时出现明显的峰值，随之产生应变软化。此外，在初始压缩时产生较强剪缩而后在大应变下产生较强体积剪胀。因为颗粒在抵抗围压发生剪胀过程中需要额外能量，剪胀的颗粒集合体比剪胀前的集合体有较大的强度。同时，剪胀会激励颗粒集合体从低势能状态转化到较高势能状态，导致微观结构变得更不稳定，最终降低到残余摩擦角状态。相对而言，在中度压碎的集合体中发生相对轻微的体积剪胀，在高度压碎的集合体中发生连续体积压缩。这种行为明显是颗粒大量破碎的结果，对剪胀机制有反向作用并抑制了颗粒集合体剪胀。如图 5.3.4 所示，尽管在剪切阶段也发生一定量的颗粒破碎，但仍可观察到与轻微峰值后软化有关的整体剪胀行为在中度压碎集合体中占主导。

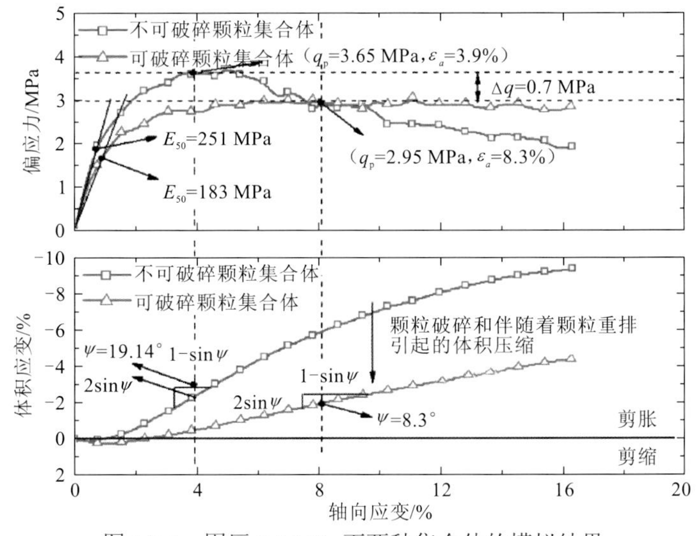

图 5.3.4　围压 0.8 MPa 下两种集合体的模拟结果

模拟颗粒材料的剪胀行为用应力比（q/p）和增量应变率（$-\mathrm{d}\varepsilon_\mathrm{v}/\mathrm{d}\varepsilon_\mathrm{d}$）的关系来描述，其中$\varepsilon_\mathrm{v}$和$\varepsilon_\mathrm{d}$分别是体积应变和剪应变，体积应变增量$\mathrm{d}\varepsilon_\mathrm{v}$和剪切应变增量$\mathrm{d}\varepsilon_\mathrm{d}$均包含弹性和塑性部分。图 5.3.5 给出了围压为 0.8 MPa 下可破碎和不可破碎颗粒集合体的应力比和增量应变率之间的关系。在较低应力比范围，分散点偏离拟合直线。图 5.3.5 也说明从数值模拟结果观察到的趋势的拟合直线随着颗粒集合体的压碎性而变化。可破碎颗粒集合体的拟合直线斜率高于不可破碎颗粒集合体。M是对应 0 剪胀时的应力比，或者称为相变或特征曲线的斜率。可破碎和不可破碎颗粒集合体的M取值分别为 1.20 MPa 和 1.02 MPa。

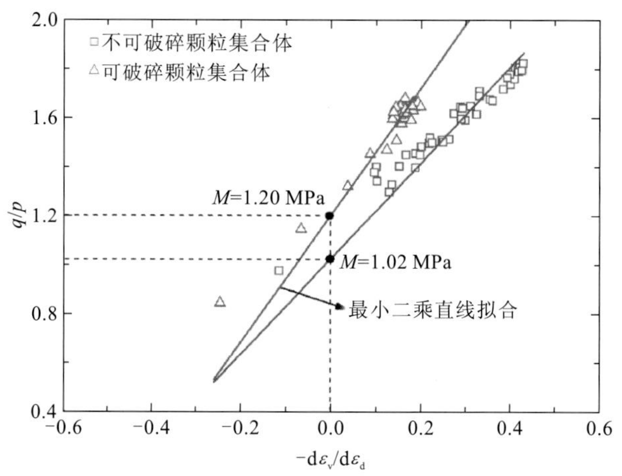

图 5.3.5　围压 0.8 MPa 下两种颗粒集合体的应力膨胀特性

5.3.2　围压影响

如图 5.3.6 所示，考虑四种围压水平 0.4 MPa、0.8 MPa、1.2 MPa 和 1.6 MPa，图例中标示了不同的围压。尽管室内物理试验和数值试验中观察到宏观行为间的差异，数值模拟能够清晰地捕捉到可破碎颗粒材料的典型响应。室内物理试验和数值模拟响应之间的区别主要在于体积变形方面。例如，由于颗粒尺寸范围广和集中的颗粒破碎，在室内试验中颗粒材料表现出更大的剪缩趋势。可观察到初始切线模量、割线模量和峰值偏应力随着围压的增大而增大。在较低围压时，偏应力-应变曲线表现出达到峰值后出现应变软化的趋势。在较高围压下，偏应力-应变曲线中无明显峰值应力，应变软化转化为应变硬化类型。无论围压取值大小，体积应变曲线初始均为剪缩，低围压下初始体积剪缩随后体积剪胀，高围压下体积剪胀受抑制。这种行为是初始压实相当密实的中度压碎颗粒材料的特征。

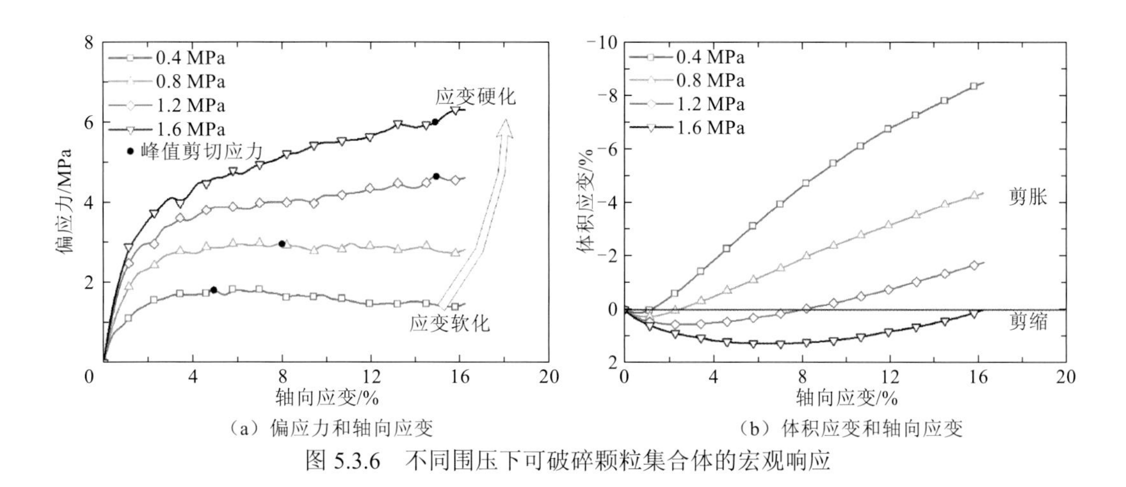

（a）偏应力和轴向应变　　（b）体积应变和轴向应变

图 5.3.6　不同围压下可破碎颗粒集合体的宏观响应

不同围压下失效界面单元累积分数随轴向应变的演化过程（图 5.3.7）可反映出之前分析的宏观响应是过度颗粒破碎的结果。在低应力水平，颗粒破碎对颗粒材料力学行为的影响可忽略。相反，在高应力水平下这种影响很重要，不可忽视。图 5.3.8 为围压 0.8 MPa 下，界面单元累积失效率与偏应力在剪切过程中的演化过程。每个红条表明每 4%的轴向应变对应的破碎界面单元的数目，代表颗粒破碎的频率。破碎界面单元的频率在小应变水平时迅速增加，达到峰值后又逐渐减小。

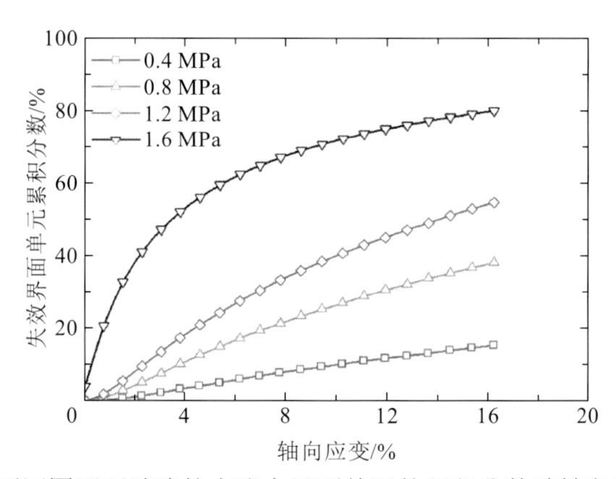

图 5.3.7　不同围压下破碎的内聚力界面单元的累积分数随轴向应变的变化

为进一步研究围压对颗粒材料剪胀变形的影响，不同围压下剪胀指标随轴向应变的关系曲线如图 5.3.9 所示，剪胀指标定义为 $-\mathrm{d}\varepsilon_{\mathrm{v}} / \mathrm{d}\varepsilon_{\mathrm{a}}$。在不同围压下可破碎颗粒集合体的剪胀指标变化趋势是不同的。剪胀指标随着围压的增加而减小。不可破碎颗粒集合体的剪胀指标随轴向应变的演化过程在窄带中是一致的，表明不可破碎颗粒材料的剪胀行为与围压无关。先前的离散元研究也证实在极低围压下的剪胀行为是独立的，因为在极低应力水平下颗粒破碎很少发生。

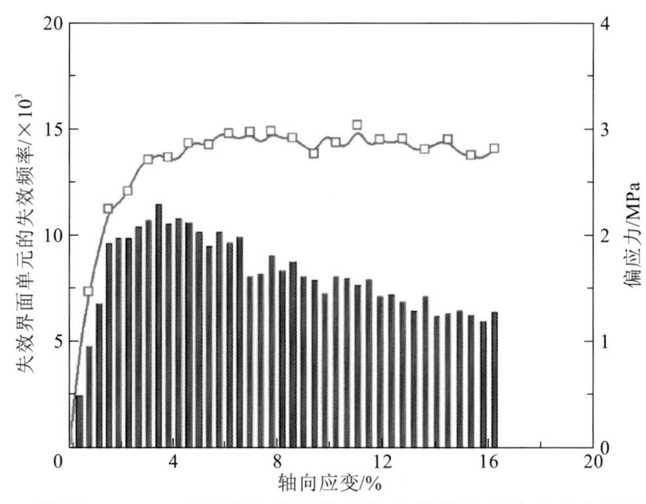

图 5.3.8 围压 0.8 MPa 下内聚力界面单元的失效频率和偏应力之间的相关性

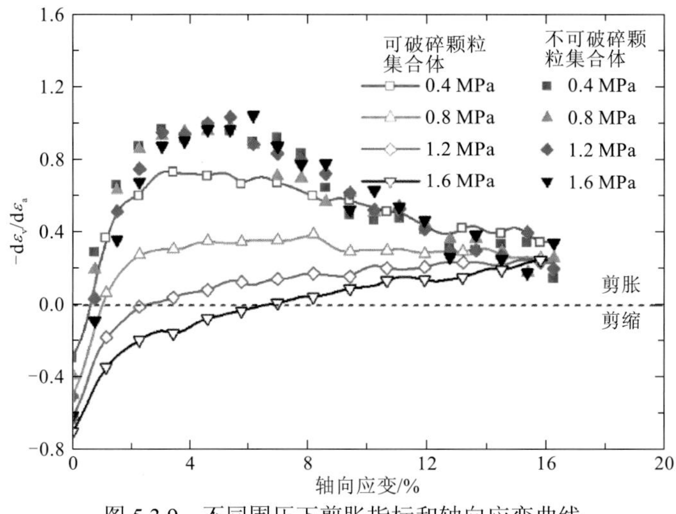

图 5.3.9 不同围压下剪胀指标和轴向应变曲线

三轴数值试验得到的宏观力学特性可以用初始弹性模量、割线模量、峰值内摩擦角和剪胀角定量描述。初始弹性模量 E_i 表明颗粒材料的变形行为，对应于应力-应变曲线中的初始斜率。对于应力-应变曲线的初始斜率，轴向应变控制在 0.1%时变形被看作是弹性的。如图 5.3.10 所示，可破碎颗粒材料的初始弹性模量随着围压的增加而增加。在砂土的本构模型中，割线模量 E_{50} 更常用，割线模量对应于 50%的峰值偏应力。同初始弹性模量类似，割线模量 E_{50} 随着围压的增加逐渐增加。如前所述，颗粒破碎程度随着应力水平的增加而增加。初始弹性模量 E_i、割线模量 E_{50} 与围压 σ_3 的关系可以用幂函数关系拟合，如图 5.3.10 所示，p_a 是标准大气压。

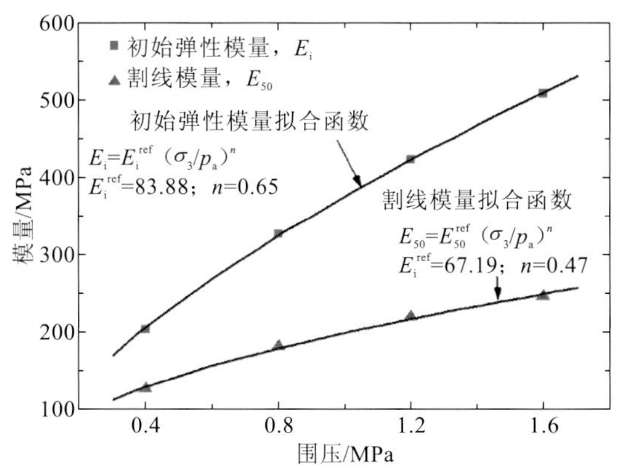

图 5.3.10　可破碎颗粒集合体的变形特性随围压的变化

峰值内摩擦角（φ_p）和剪胀角（ψ）与围压的关系见图 5.3.11。对于可破碎颗粒集合体，围压的增加会导致抗剪强度和剪胀角的减小。有两种原因：高围压下颗粒破碎较强烈及围压增加导致的剪胀减小。峰值内摩擦角和剪胀角与围压的关系可以通过不同拟合参数的指数函数描述。另一个观察发现：不可破碎颗粒的峰值内摩擦角和剪胀角不随围压而改变（图 5.3.11）。通过对比得到重要的结论：颗粒材料的峰值内摩擦角和剪胀角的应力依赖性主要由颗粒破碎引起。可破碎和不可破碎颗粒集合体的峰值内摩擦角在极低应力水平下的变化将会收敛至相同的值，剪胀角也有这种规律，因为此时颗粒破碎几乎不存在。

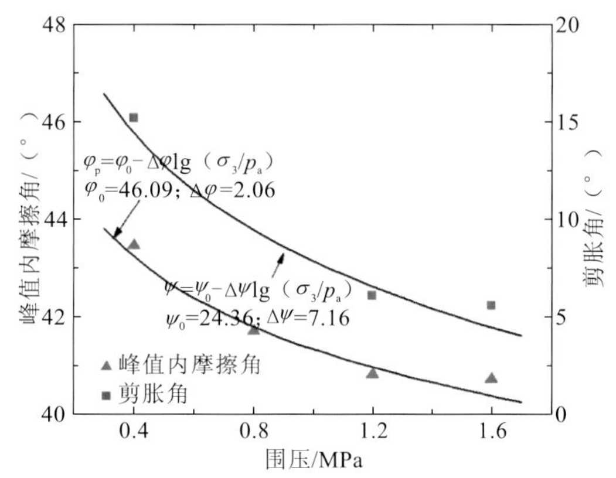

图 5.3.11　可破碎颗粒集合体的峰值内摩擦角和剪胀角随围压的变化

5.3.3　破碎强度影响

为了研究颗粒破碎对颗粒材料力学特性的影响，对具有不同界面单元强度参数的相同颗粒集合体进行三轴数值试验。界面单元的抗拉强度分别取为 8 MPa、10 MPa、15 MPa、20 MPa 和 25 MPa。本节三轴数值试验采用的围压为 0.8 MPa。如图 5.3.12 所示，低压碎性颗粒集合体（颗粒强度较高）的宏观响应具有明显的应变软化。随着颗粒压碎性的增加，偏应力逐渐减小，同时峰值后应变软化扩展到较大应变过程中偏应力明显减小。在高度压碎性集合体中发生连续体积压缩变形。

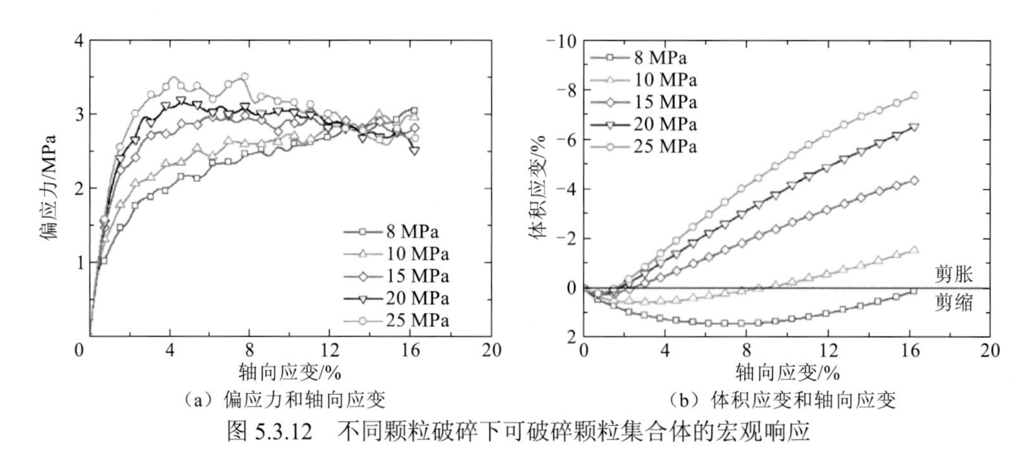

（a）偏应力和轴向应变　（b）体积应变和轴向应变

图 5.3.12　不同颗粒破碎下可破碎颗粒集合体的宏观响应

图 5.3.13 表明由颗粒破碎引起的净体积压实与破碎程度有关。这是由于体积压缩不仅由颗粒破碎引起，也伴随着颗粒重排。从细观角度来看，宏观上难以定量描述颗粒破碎的影响主要源于两个问题，即颗粒破碎的作用和伴随的组构变化[5]。

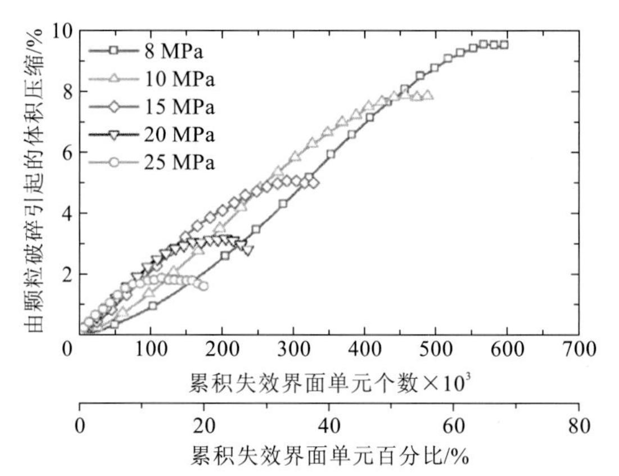

图 5.3.13　不同颗粒破碎下净体积压实与破碎程度的关系

5.3.4　能量耗散

在颗粒材料的剪切过程中存在着不同类型能量的变化，如应变能、动能等。它们之间可以相互转化，在滑动或颗粒破碎发生时其中部分能量会耗散。在离散元模型中，应变能储存在颗粒变形的接触点上，在连续离散耦合模型中，应变能存储在发生变形的颗粒中。实际上，脆性材料断裂时释放的应变能转化为表面能和声能。动能主要由重排和破碎过程中颗粒的平移和旋转产生。由于数值仿真的静态性质，同摩擦耗散能和应变能相比，动能可以被忽略。

本章不考虑颗粒间相互碰撞引起的能量耗散，颗粒间为完全弹性碰撞，即恢复系数为 1，阻尼系数为 0。这两种能量耗散机制分别是由摩擦滑移和颗粒破碎引起的。储存的应变能将随界面单元破坏而耗散。摩擦耗散能由发生滑移的所有接触颗粒之间的滑移作用求和得到。

研究可破碎颗粒材料在剪切过程中的外力功输入和能量耗散的演化过程，对各能量项以增量形式进行追踪和分析。这些能量项包括边界外力功输入增量 $\mathrm{d}W$、应变能增量 $\mathrm{d}E_{\mathrm{s}}$、动能增量 $\mathrm{d}E_{\mathrm{k}}$、摩擦耗散能增量 $\mathrm{d}E_{\mathrm{f}}$ 和由颗粒破碎产生的能量损失 $\mathrm{d}E_{\mathrm{d}}$。上述的能量分解是为了更方便地研究颗粒尺度上外力功输入和能量耗散特性[6-8]。根据热力学第一定律，能量组成满足：

$$\mathrm{d}W = \mathrm{d}E_{\mathrm{s}} + \mathrm{d}E_{\mathrm{f}} + \mathrm{d}E_{\mathrm{k}} + \mathrm{d}E_{\mathrm{d}} \tag{5.3.1}$$

最后三项能够组成塑性能量耗散：

$$\mathrm{d}E_{\mathrm{p}} = \mathrm{d}E_{\mathrm{f}} + \mathrm{d}E_{\mathrm{k}} + \mathrm{d}E_{\mathrm{d}} \tag{5.3.2}$$

因此将式（5.3.1）改写为 $\mathrm{d}W = \mathrm{d}E_{\mathrm{s}} + \mathrm{d}E_{\mathrm{p}}$，表面上类似剑桥塑性理论。

图 5.3.14 为中度压实条件下颗粒集合体的 4 种增量能量组成随着轴向应变的演化过程，应变增量为 0.08%。很明显，增量功输入的轮廓与应力比之间整体一致性良好。在之前的颗粒材料离散元建模中，除了轴向应变最初几个百分比外，$\mathrm{d}E_{\mathrm{s}}$ 基本在零附近波动[7-8]。然而，在连续离散耦合分析方法中，$\mathrm{d}E_{\mathrm{s}}$ 在应变模拟范围内经历了缓慢的增加过程。尽管如此，$\mathrm{d}E_{\mathrm{p}}$ 需要大部分的 $\mathrm{d}W$。这表明颗粒材料迅速发展为能够通过颗粒间摩擦和颗粒破碎完全耗散额外功的组构，并且几乎没有进一步存储应变能的能力。$\mathrm{d}E_{\mathrm{d}}$ 比 $\mathrm{d}E_{\mathrm{s}}$ 和 $\mathrm{d}E_{\mathrm{f}}$ 小得多。颗粒破碎本身只消耗少部分外力功，其主要影响是通过创建颗粒间运动的额外自由度来促进结构特征发生改变，在很大程度上禁止应变能累积和促进摩擦耗散。在现有的离散元研究中得到了类似的结论[6,8]。不同累积能量与轴向应变的演化关系如图 5.3.15 所示。摩擦耗散对外力功贡献最大，应变能其次，接着是破碎耗散。在整个剪切过程中动能几乎为零。

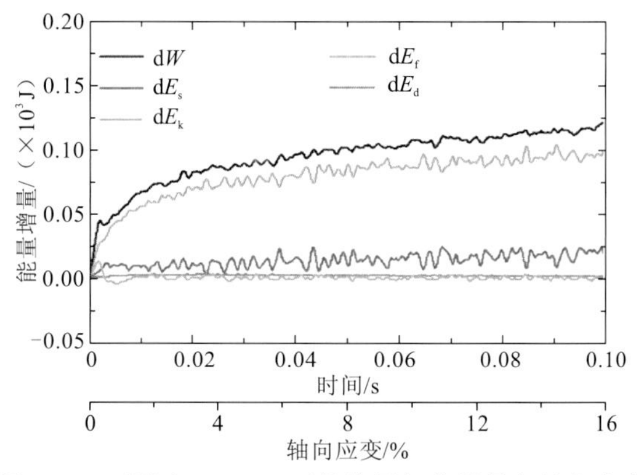

图 5.3.14　围压 0.8 MPa 下的能量组分增量和轴向应变

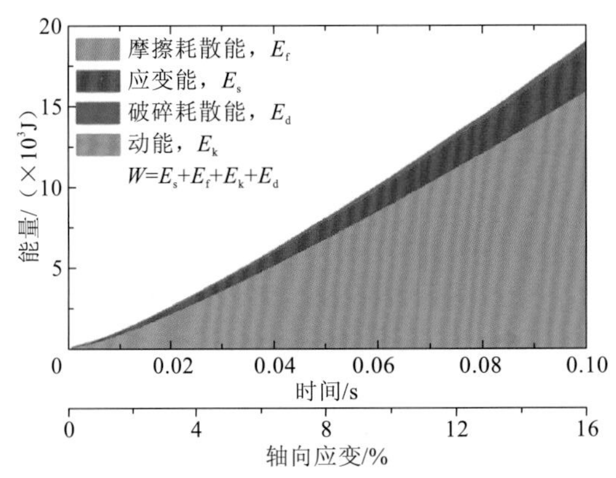

图 5.3.15　围压 0.8 MPa 下的累积能量组分和轴向应变

5.4　本章小结

本章在连续离散耦合分析方法中引入内聚力模型，提出模拟颗粒破碎的连续离散耦合分析方法，分析了颗粒破碎对颗粒集合体的宏细观力学特性的影响。本章的主要结论如下。

（1）颗粒破碎的力学机理可分为两大类：断裂和磨损。磨损是逐渐抛光颗粒表面凸起的棱角而保持颗粒形状大体不变，但表面更加光滑。断裂是指母颗粒在较大的荷载或者循环荷载作用下，开裂贯穿整个颗粒将其分成若干个小颗粒，伴随着颗粒粒径和形状的急剧变化。

（2）颗粒集合体所能承受的外荷载取决于颗粒集合体内部存储、耗散多少外力功。颗粒集合体在围压的约束下，颗粒要拔出、爬升、翻转相邻颗粒必须耗费额外的能量，因此颗粒集合体能演化出更大的宏观剪切强度。虽然颗粒破碎也需要耗散额外的能量，但其降低的颗粒剪胀所耗散的能量更大，因此其净效应是使颗粒集合体吸收、耗散外力功的能力减小，所演化出的宏观剪切强度较低。

（3）在不可破碎的颗粒集合体中，强接触所形成的力链能传递更大的接触力，但由于强接触系统形成的力链条数有限，一旦其中一条力链屈曲失稳，整个颗粒集合体立即出现强烈的应变软化特性。而对于可破碎的颗粒集合体，力链结构可能在达到其屈曲极限之前，就因为力链当中颗粒的破碎而垮塌，并伴随着储存在力链中能量的释放，由于此时力链结构中尚未形成较大的接触力，力链的垮塌对颗粒集合体的宏观剪切强度的影响是渐进的。

（4）不同围压和颗粒强度下的一系列三轴数值试验模拟结果表明：数值试验结果能够定性地再现室内试验结果，能够重现可破碎颗粒材料的典型力学特性；连续离散耦合分析方法给颗粒材料细观结构的定量研究提供了新途径，让我们能够进一步理解颗粒尺度上的力学行为。

（5）大量的颗粒破碎导致颗粒集合体不能形成较大的孔隙，这在很大程度上阻止了剪切带的形成和发展。此外，剪切带中的颗粒更易破碎，因为强接触力链主要集中在剪切带中，从而导致试样体积的剪胀。颗粒材料主要通过颗粒间摩擦和颗粒破碎耗散外力功，虽然颗粒破碎本身只消耗少部分外力功，其影响主要是通过增加颗粒运动的额外自由度来改变细观结构，并进一步抑制应变能的累积和促进摩擦耗散。

参 考 文 献

[1] VERKOEIJEN D, MEESTERS G M H, VERCOULEN P H W, et al. Determining granule strength as a function of moisture content[J]. Powder technology, 2002, 124(3): 195-200.

[2] PITCHUMANI R, MEESTERS G M H, SCARLETT B. Breakage behaviour of enzyme granules in a repeated impact test[J]. Powder technology, 2003, 130(1): 421-427.

[3] PITCHUMANI R, ZHUPANSKA O, MEESTERS G M H, et al. Measurement and characterization of particle strength using a new robotic compression tester[J]. Powder technology, 2004, 143: 56-64.

[4] MA G, ZHOU W, CHANG X L, et al. Combined FEM/DEM Modeling of triaxial compression tests for rockfills with polyhedral particles[J]. International journal of geomechanics, 2014, 14(4): 1-14.

[5] WANG J, YAN H. On the role of particle breakage in the shear failure behavior of granular soils by DEM[J]. International journal for numerical and analytical methods in geomechanics, 2013, 37(8): 832-854.

[6] BOLTON M D, NAKATA Y, CHENG Y P. Micro-and macro-mechanical behaviour of DEM crushable materials[J]. Géotechnique, 2008, 58(6): 471-480.

[7] BI Z W, SUN Q C, JIN F, et al. Numerical study on energy transformation in granular matter under biaxial compression[J]. Granular matter, 2011, 13(4): 503-510.

[8] WANG J, YAN H. DEM analysis of energy dissipation in crushable soils[J]. Soils and foundations, 2012, 52(4): 644-657.

第6章

复杂加载路径下的堆石体宏细观力学特性

常规三轴试验是研究岩土颗粒材料力学特性的主要手段，学者进行了大量的常规三轴试验，现有的本构模型也大多基于这种试验建立。但常规三轴试验只能模拟轴对称应力状态，无法考虑中主应力的影响。已有研究表明，堆石坝的各个部位都处于三向不等的应力状态，因此有必要对岩土颗粒材料进行真三轴试验。国内外不少学者对砂土进行了真三轴试验[1]，但是堆石体粒径比砂土要大得多，力学性质也与砂土存在一些差异，因此不能简单地将砂土的真三轴试验成果外推到堆石体中。由于缺乏大尺寸的真三轴试验设备，目前堆石体的真三轴试验成果很少[2-4]。而本书提出的连续离散耦合分析方法为堆石体复杂应力路径下的力学特性的研究提供了一条新途径。

6.1 真三轴数值试验

6.1.1 数值试样

生成形状随机的不规则多面体颗粒，如图 6.1.1 所示。定义与颗粒等体积球的直径为其等效直径 $d^* = 2\sqrt[3]{3V/(4\pi)}$，式中 V 是三维凸多面体颗粒的体积。定义试样的体积分数为等效粒径小于某值的颗粒体积占颗粒总体积的百分数 $F(d^*) = P(D^* < d^*)$，在本节的数值试验中，试样的体积分数在最大等效粒径 $d^*_{\max} = 24\ \text{mm}$ 与最小等效粒径 $d^*_{\min} = 10\ \text{mm}$ 之间线性变化。采用相对密度法确定数值试样的制样密实度，最疏松状态对应于有摩擦颗粒集合体在重力作用下自然堆积稳定时的状态，此时为最大孔隙比 $e_{\max}$；最密实状态是通过各向压缩无摩擦颗粒集合体的边界获得对应最小孔隙比 $e_{\min}$。根据土力学定义，相对密度计算为 $\text{RD}=(e_{\max}-e)/(e_{\max}-e_{\min})$。对于一颗粒集合体，如其最大孔隙比 $e_{\max} = 0.87$，最小孔隙比 $e_{\min} = 0.48$，因此相对密度 0.9 对应的试样孔隙比 $e = 0.518$，孔隙率 $n = 0.342$。

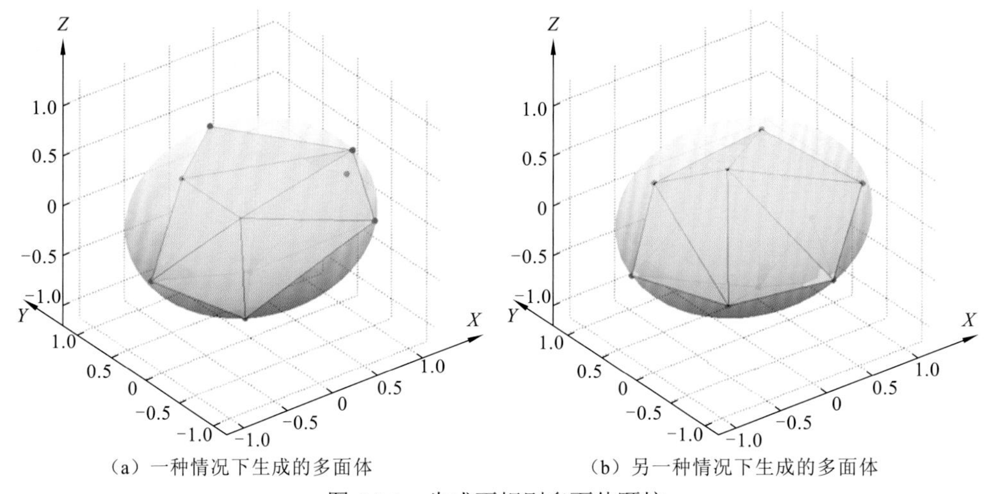

（a）一种情况下生成的多面体　（b）另一种情况下生成的多面体

图 6.1.1　生成不规则多面体颗粒

制备数值试样时，首先在一个较大的立方体空间内生成松散颗粒集合体。为了避免由制样产生的初始各向异性，在试样的各个方向采用位移控制等速地压缩试样直至目标孔隙率，如图 6.1.2 所示。在此过程中，颗粒间的滑动摩擦角和重力加速度都设为 0，且颗粒不发生破碎。最终生成的数值试样如图 6.1.3（a）所示，试样形状为 300 mm×300 mm×300 mm 的立方体，共包含 8 927 个不规则凸多面体颗粒，试样中颗粒的等效粒径分布如图 6.1.3（b）所示，采用二阶四面体单元离散为 142 277 个单元，401 590 个节点。

图 6.1.4 和图 6.1.5 为试样制备结束时，颗粒间接触法向分布和法向接触力的空间分布在 XY、YZ 和 ZX 三个平面上的投影。由于采用各向等速压缩的方式制备试样，其组构

和接触力的空间分布没有表现出明显的各向异性，接触法向分布在三个平面上的各向异性系数 a_c 分别为 0.022、0.044 和 0.018，法向接触力分布在三个平面上的各向异性系数 a_n 分别为 0.012、0.011 和 0.008，因此可以认为数值试样是初始各向同性的。

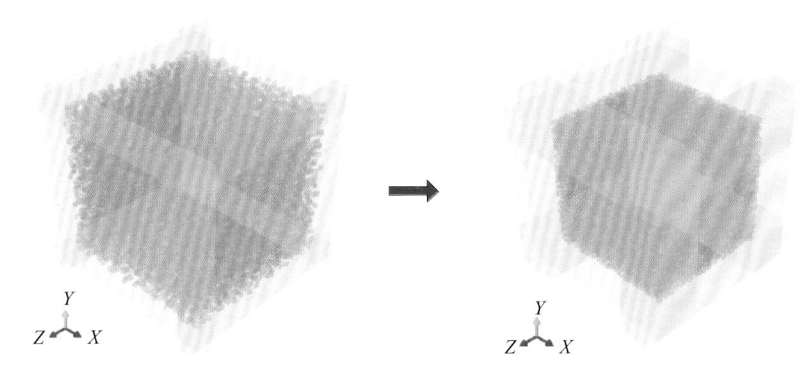

图 6.1.2　各向等压制备试样

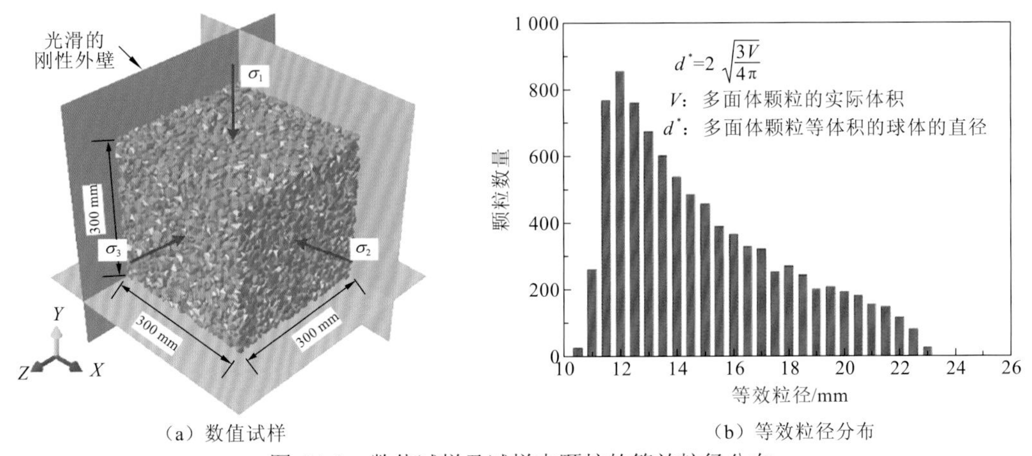

（a）数值试样　　（b）等效粒径分布

图 6.1.3　数值试样及试样中颗粒的等效粒径分布

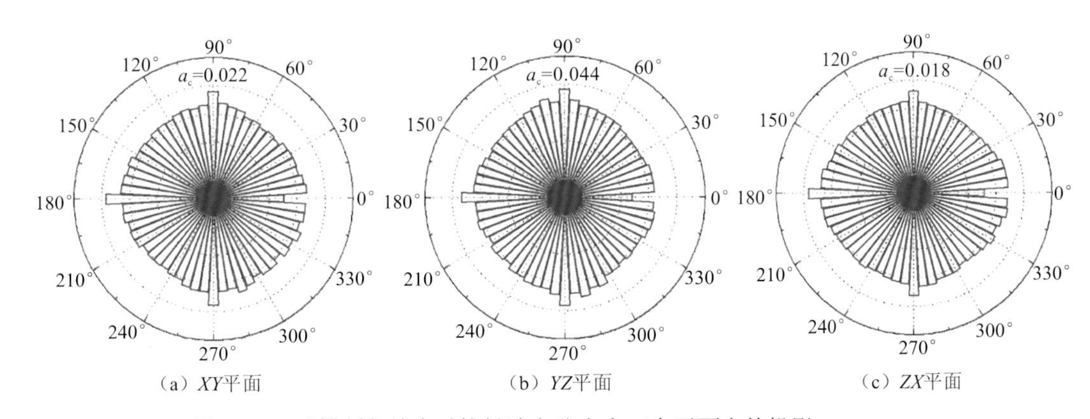

（a）XY平面　　（b）YZ平面　　（c）ZX平面

图 6.1.4　试样制备结束时接触法向分布在三个平面上的投影

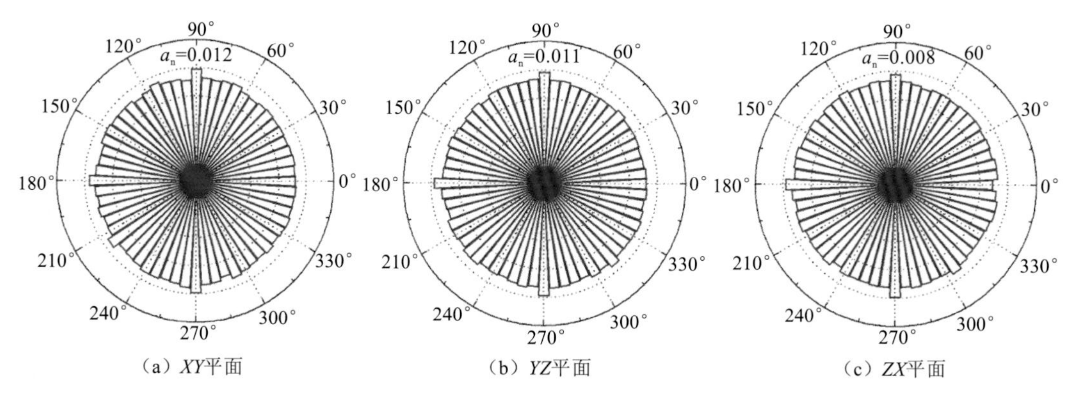

（a）*XY*平面　（b）*YZ*平面　（c）*ZX*平面

图 6.1.5　试样制备结束时法向接触力分布在三个平面上的投影

6.1.2　细观参数

数值试验所需要的细观参数较多，其中部分参数可以通过常规物理力学试验直接确定，如颗粒密度、颗粒弹性模量和泊松比等，还有部分参数可参照一般岩石的取值范围来确定，如颗粒母岩的内摩擦角、单轴抗压与抗拉强度之比。除此之外还有颗粒间内摩擦角 φ_u、法向接触刚度 K_n、切向与法向刚度之比 K_s/K_n、颗粒单轴抗压强度 f_c 和损伤阈值 R_m 等。本章的真三轴数值试验不针对具体工程的堆石料，只是在一般的参数取值范围内选取了一套参数进行数值模拟，所用参数见表 6.1.1。

表 6.1.1　真三轴数值试验所用的细观参数

参数		取值
有限元部分的计算参数	密度/（kg/m^3）	2 600
	颗粒母岩的弹性模量/GPa	20
	颗粒母岩的泊松比	0.2
	颗粒母岩的单轴抗拉强度/MPa	12
	颗粒母岩的凝聚力/MPa	27.97
	颗粒母岩的内摩擦角	40
	颗粒母岩的损伤阈值	0.99
离散元部分的计算参数	颗粒间的摩擦系数 $\tan\varphi_u$	0.50
	法向接触刚度/（N/m^3）	20×10^9
	刚度比 K_s/K_n	0.5
	颗粒与边界的摩擦系数	0.0

6.1.3　应力应变不变量

在真三轴应力状态中$\sigma_1 \neq \sigma_2 \neq \sigma_3$（$\sigma_i$是第 i 个主应力），常用应力张量的第一、第二和第三应力不变量I_1、I_2和I_3来表示真三轴应力状态下的破坏准则：

$$\begin{cases} I_1 = \sigma_1 + \sigma_2 + \sigma_3 \\ I_2 = \sigma_1\sigma_2 + \sigma_2\sigma_3 + \sigma_1\sigma_3 \\ I_3 = \sigma_1\sigma_2\sigma_3 \end{cases} \tag{6.1.1}$$

此外，描述真三轴应力状态的应力不变量的还有广义剪应力q、平均静水压力p和应力洛德角θ_σ：

$$p = \frac{\sigma_1 + \sigma_2 + \sigma_3}{3} \tag{6.1.2}$$

$$q = \frac{1}{\sqrt{2}}\sqrt{(\sigma_1 - \sigma_2)^2 + (\sigma_2 - \sigma_3)^2 + (\sigma_3 - \sigma_1)^2} \tag{6.1.3}$$

$$\tan\theta_\sigma = \frac{\sqrt{3}b}{2-b},\quad b = \frac{\sigma_2 - \sigma_3}{\sigma_1 - \sigma_3} \tag{6.1.4}$$

式中：中主应力系数 b 是反映中主应力σ_2与大主应力σ_1、小主应力σ_3相对大小的一个参数，其取值范围为$0 \leqslant b \leqslant 1$。当$b=0$时，$\sigma_2 = \sigma_3$，应力洛德角$\theta_\sigma = 0$，试样处于三轴压缩状态；当$b=1$时，$\sigma_2 = \sigma_1$，应力洛德角$\theta_\sigma = \pi/3$，试样处于三轴拉伸状态。

由于数值试样在加载中经历了大变形，采用对数形式来定义应变。试样在三个方向的累积应变为

$$\varepsilon_1 = \int_{H_0}^{H} \frac{\mathrm{d}h'}{h'} = \ln\left(1 + \frac{\Delta h}{h_0}\right) \tag{6.1.5}$$

$$\varepsilon_2 = \int_{H_0}^{H} \frac{\mathrm{d}l'}{l'} = \ln\left(1 + \frac{\Delta l}{l_0}\right) \tag{6.1.6}$$

$$\varepsilon_3 = \int_{H_0}^{H} \frac{\mathrm{d}w'}{w'} = \ln\left(1 + \frac{\Delta w}{w_0}\right) \tag{6.1.7}$$

式中：h_0、l_0和w_0是试样的初始高度、长度和宽度；$\Delta h = h_0 - h$、$\Delta l = l_0 - l$和$\Delta w = w_0 - w$是试样在加载过程中的累积变形量。

体积应变ε_v、剪应变ε_d用三个主应变表示为

$$\varepsilon_\mathrm{v} = \varepsilon_1 + \varepsilon_2 + \varepsilon_3 \tag{6.1.8}$$

$$\varepsilon_\mathrm{d} = \frac{\sqrt{2}}{3}\sqrt{(\varepsilon_1 - \varepsilon_2)^2 + (\varepsilon_2 - \varepsilon_3)^2 + (\varepsilon_3 - \varepsilon_1)^2} \tag{6.1.9}$$

6.2 数值试验验证

在进行复杂加载路径数值试验前，采用表 6.1.1 中的计算参数对图 6.1.3 所示的数值试样进行常规应力路径的数值试验，以验证数值试验方法和所选参数的合理性。这里分别进行常规三轴应力路径试验和常规加卸载应力路径试验。

6.2.1 常规三轴应力路径试验

在常规三轴应力路径试验中，作用在数值试样的围压保持不变$\sigma_2=\sigma_3=\sigma_c$，通过位移控制加载剪切试样直至达到临界状态。在剪切过程中，试样的形状不断发生变化，此时试样侧面的面积也在变化，为了保证作用在试样上的围压为恒定值，采用伺服控制机制动态地调整作用在两对侧面上的集中荷载F_2和F_3：

$$F_2=\sigma_c hl=\sigma_c(h_0-\Delta h)(l_0-\Delta l) \tag{6.2.1}$$

$$F_3=\sigma_c hw=\sigma_c(h_0-\Delta h)(w_0-\Delta w) \tag{6.2.2}$$

进行 5 组围压下的常规三轴数值试验，围压分别为 0.4 MPa、0.8 MPa、1.2 MPa、1.6 MPa 和 2.0 MPa。图 6.2.1 为不同围压下的常规三轴数值试验结果，分别是偏应力-轴向应变和体积应变-轴向应变关系曲线。常规三轴数值试验结果表现出了非线性、压硬性、剪胀和剪缩特性。具体来说，偏应力-轴向应变曲线的初始斜率随着围压的增加而增大，峰值偏应力及其对应的轴向应变都随围压的增加而增大。在低围压下，偏应力在达到峰值后，逐渐减小至残余值，表现出轻微的应变软化特性。而在高围压下，偏应力没有出现明显的峰值，表现为轻微的应变硬化特性。在体积变形方面，试样在剪切过程中，先经历一定的体积收缩然后再发生剪胀变形。围压对体积变形特性的影响体现在：围压越低，初始的体积收缩变形越小，试样越快进入剪胀，产生的剪胀体变也越大，围压较大时，体变规律与之相反。从以上分析可以看出，本章的数值试验方法和细观参数能反映堆石体在常规三轴应力路径下的一般力学特性。

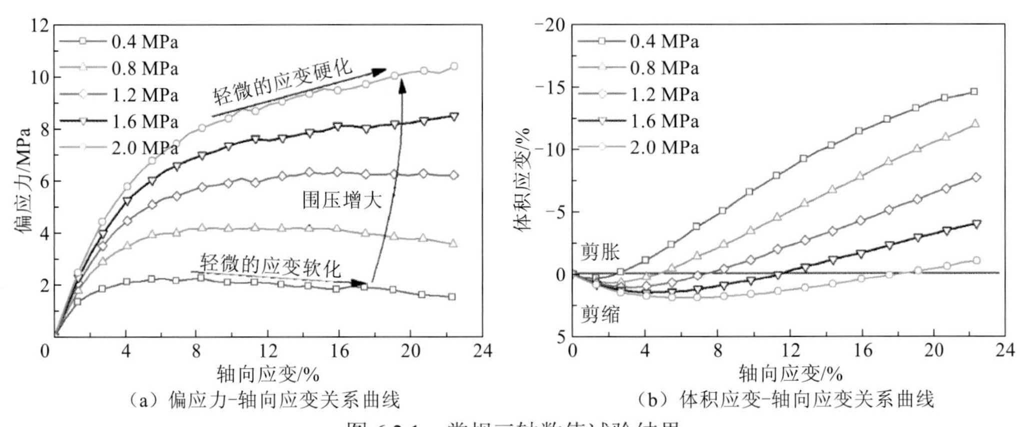

（a）偏应力-轴向应变关系曲线　　（b）体积应变-轴向应变关系曲线

图 6.2.1　常规三轴数值试验结果

6.2.2　常规加卸载应力路径试验

本章中大多数数值试验都是在单调加载路径下进行的，为了验证数值试验方法和所选参数是否能再现堆石体在加卸载情况下的复杂力学特性，增加了一组加载—卸载—再加载试验。共进行了五组卸载—再加载数值试验，围压分别为 0.4 MPa、0.8 MPa、1.2 MPa、1.6 MPa 和 2.0 MPa，首先进行常规三轴应力路径试验，剪切至预定的轴向应变后，将轴向附加应力 $(\sigma_1-\sigma_3)$ 卸载至 0 附近，然后再进行加载试验。

图 6.2.2 为 5 组围压下的卸载—再加载数值试验得到的偏应力-轴向应变、体积应变-轴向应变关系曲线。从图 6.2.2 中可以看出，卸载曲线和再加载曲线并不重合，产生了明显的滞回环现象，滞回环的出现表明卸载回弹并不完全是弹性变形，再加载也会产生塑性变形。堆石体在加卸载情况下的宏细观力学特性不是本章研究的重点，因此对其没有进行不同应力水平下的卸载—再加载试验，但很多相关试验研究表明不同应力水平下，滞回环近似平行，表明应力水平的影响不大[5-6]。数值试验结果还表明，卸载段曲线的非线性比较明显，而再加载段曲线表现出较强的线性变化。试样在卸载过程中，即轴向附加应力减小到 0 时，试样的体积变形规律与围压和应力水平有关。围压较低时，试样的体积表现为卸载体缩，而围压较高时，试样的体积表现为轻微的卸载体胀。

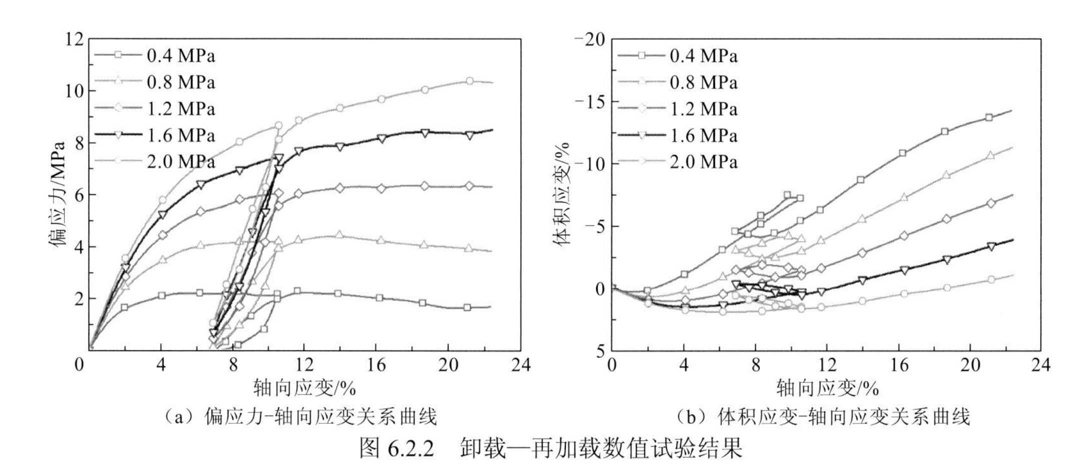

(a) 偏应力-轴向应变关系曲线　　(b) 体积应变-轴向应变关系曲线

图 6.2.2　卸载—再加载数值试验结果

将围压 0.8 MPa 和 1.6 MPa 的单调加载和卸载—再加载试验结果绘于图 6.2.3。从图 6.2.3 中可以看出，在卸载前，单调加载和卸载—再加载数值试验结果完全重合。再加载后，经历过卸载的试样偏应力-应变曲线高于单调加载试样的应力-应变曲线。在低围压下，试样在卸载时产生了明显的体缩变形，虽然再加载阶段试样产生了一定量的体胀变形，但再加载至初始卸载应力水平时，试样的体积仍不能恢复至卸载前的状态。产生这种现象的原因是颗粒集合体在卸载—再加载过程中发生重新排列，重排列后的试样比相同应力水平下单调加载的试样更加密实，所以剪胀性变强，偏应力提高。这种由于加卸载引起的偏应力和体积应变曲线与单调加载曲线的偏移在低围压下相比较明显，而在高围压下，卸载—再加载后的偏应力和体积应变曲线基本能恢复到卸载前的状态。

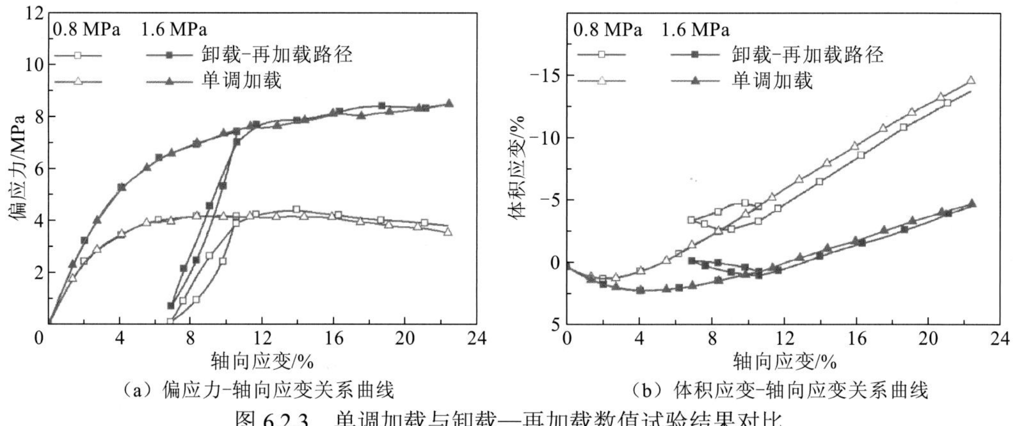

（a）偏应力-轴向应变关系曲线　（b）体积应变-轴向应变关系曲线

图 6.2.3　单调加载与卸载—再加载数值试验结果对比

6.3　等静水压力等中主应力系数的应力路径的三轴试验

6.3.1　加载路径

首先给试样施加三向等压应力直至预定的围压值，然后再进行等静水压力等中主应力系数的应力路径的三轴剪切试验。剪切时，在试样轴向进行位移控制加载，在试样的两个侧面施加应力控制边界条件，在此过程中保持静水压力 p 和中主应力系数 b 不变，直至试验结束。在加载过程中，试样的轴向为大主应力方向，大主应力 σ_1 为

$$\sigma_1=\frac{F_1}{A} \tag{6.3.1}$$

式中：F_1 是作用在试样轴向刚性板上的集中力；$A=wl=(w_0-\Delta w)(l_0-\Delta l)$ 是试样轴向的截面面积。

联立以下两式：

$$p=\frac{1}{3}(\sigma_1+\sigma_2+\sigma_3) \tag{6.3.2}$$

$$b=\frac{\sigma_2-\sigma_3}{\sigma_1-\sigma_3} \tag{6.3.3}$$

可得施加在试样两个侧面的中主应力 σ_2 和小主应力 σ_3 分别为

$$\sigma_2=b\sigma_1+(1-b)\frac{3p-\sigma_1(1+b)}{2-b} \tag{6.3.4}$$

$$\sigma_3=\frac{3p-\sigma_1(1+b)}{2-b} \tag{6.3.5}$$

在加载过程中，通过伺服控制机制动态调整作用在两个侧面上的集中力荷载 F_2 和 F_3：

$$F_2=\sigma_2 hl=\sigma_2(h_0-\Delta h)(l_0-\Delta l) \tag{6.3.6}$$

$$F_3=\sigma_3 hw=\sigma_2(h_0-\Delta h)(w_0-\Delta w) \tag{6.3.7}$$

分别进行 p 为 0.8 MPa、1.6 MPa、2.4 MPa、3.2 MPa 和 4.8 MPa 的等静水压力等中主应力系数的应力路径试验，中主应力系数 b 分别取 0.0、0.25、0.5、0.75 和 1.0，三维应力空间下的应力路径如图 6.3.1 所示。

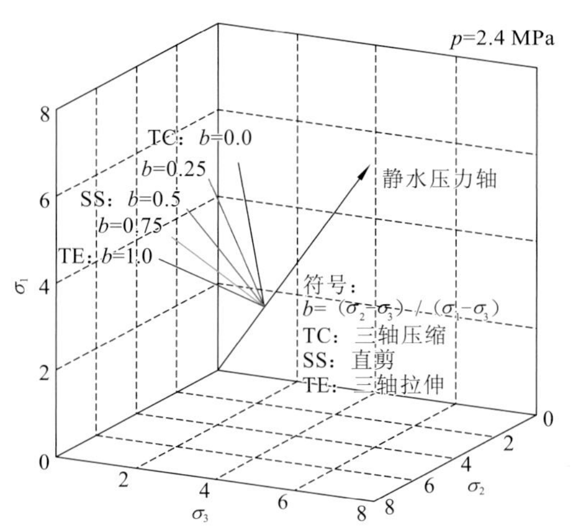

图 6.3.1　等静水压力等中主应力系数的应力路径试验

6.3.2　宏观力学响应

本节进行了一系列等静水压力等中主应力系数的应力路径的真三轴数值试验，受文章篇幅的限制，这里只给出了静水压力 p 为 2.4 MPa 时不同中主应力系数 b 的数值试验结果。

图 6.3.2 为静水压力 p 为 2.4 MPa，中主应力系数 $b=0.5$ 时数值试样在加载过程中的变形图。从图 6.3.2 中可以看出，由于轴向是位移控制加载，是数值试样的大主应力方向，数值试样在轴向为压缩变形，中主应力方向的试样变形不明显，小主应力方向的试样发生明显的膨胀变形。

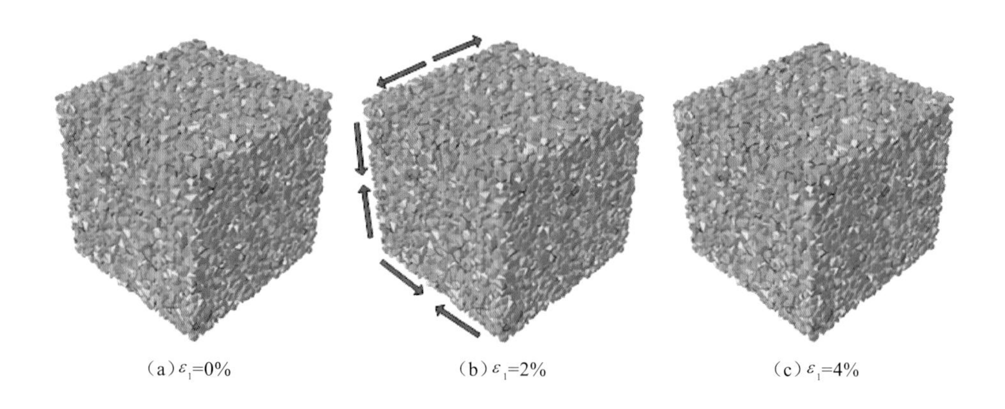

（a）$\varepsilon_1=0\%$　　（b）$\varepsilon_1=2\%$　　（c）$\varepsilon_1=4\%$

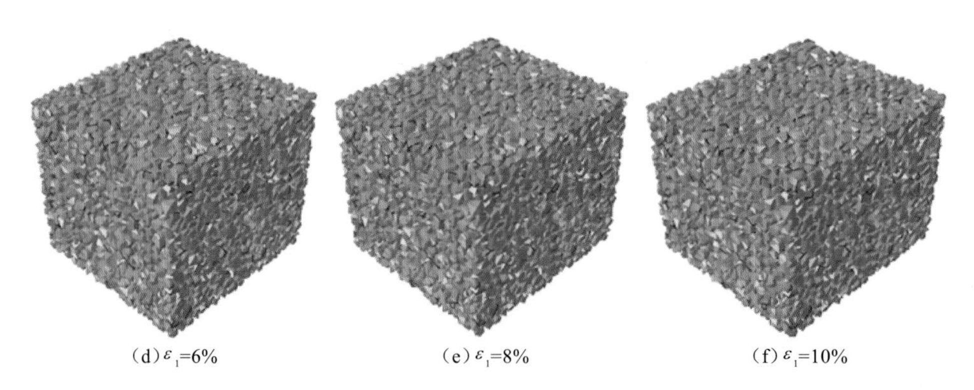

图 6.3.2　数值试样在加载过程中的变形图

图 6.3.3 为广义剪应力 q、体积应变 ε_v、偏应力 $(\sigma_1-\sigma_3)$ 和 $\sin[(\sigma_1-\sigma_3)/(\sigma_1+\sigma_3)]$ 随大主应变的变化曲线。图 6.3.4 为广义剪应力 q、体积应变 ε_v、偏应力 $(\sigma_1-\sigma_3)$ 和 $\sin[(\sigma_1-\sigma_3)/(\sigma_1+\sigma_3)]$ 随剪应变的变化曲线。图中箭头表明中主应力系数 b 的变化趋势，体积应变以剪缩为正，剪胀为负。

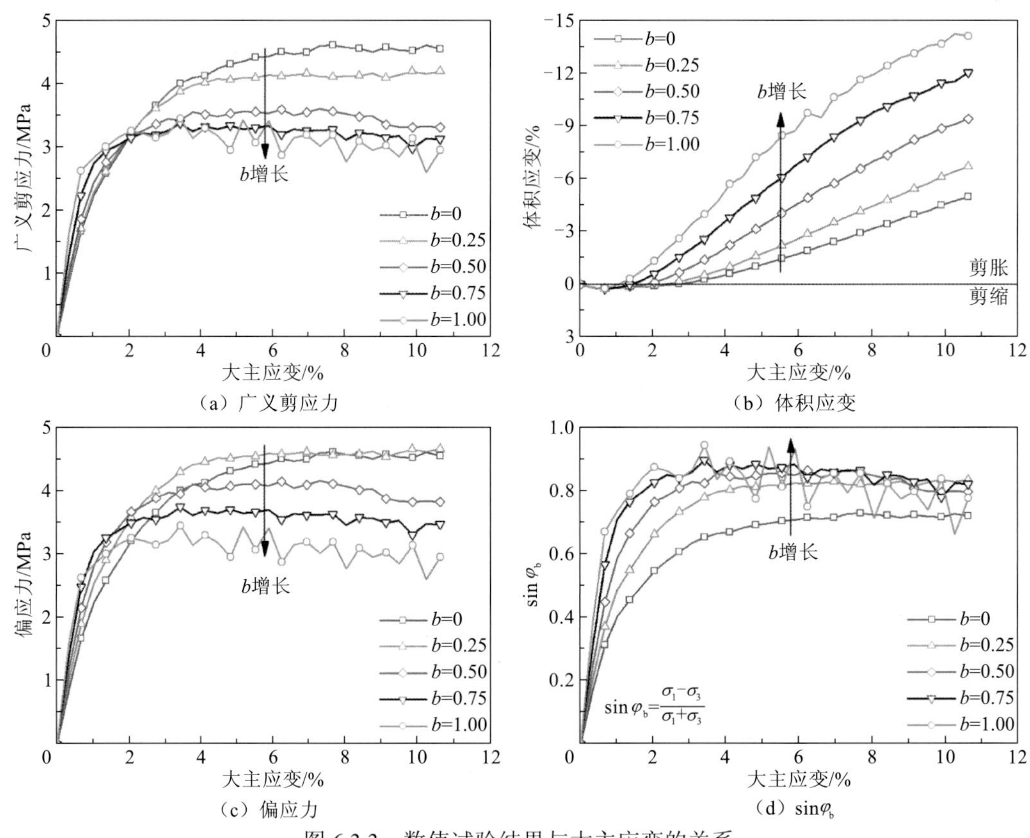

图 6.3.3　数值试验结果与大主应变的关系

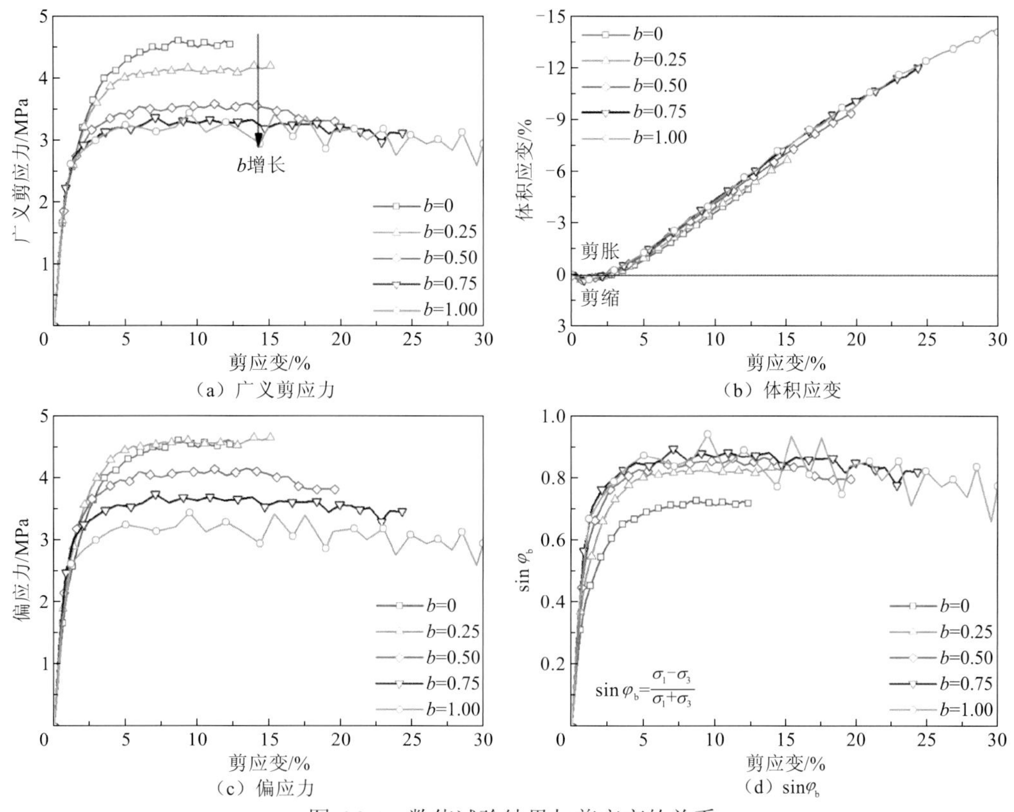

图 6.3.4　数值试验结果与剪应变的关系

随着中主应力系数 b 的增大，颗粒集合体的剪应力与大主应变关系曲线的初始斜率越来越大，峰值剪应力及其对应的大主应变却逐渐减小。最大的峰值剪应力出现在 $b=0$ 时，此时为三轴压缩应力路径，而 $b=1$ 时，颗粒集合体的峰值剪应力最小，此时为三轴拉伸应力路径，这个规律与已有的室内试验和离散元模拟结果相似。不同中主应力系数时，试样的体积响应不同，在经过短暂而微小的压缩变形后，试样进入剪胀状态，对应的大主应变和剪胀变形的大小都与中主应力系数有关。具体来说，随着中主应力系数的增大，颗粒集合体更快地进入剪胀状态，且剪胀体变化更大。偏应力随大主应变的变化曲线与剪应力比较相似，区别在于 $b=0$ 和 $b=0.25$ 时偏应力差别不大，而不像剪应力-应变曲线那样呈现出明显的单调变化趋势，如在 Barreto 和 O'Sullivan[7]的离散元模拟中，$b=0.25$ 时的偏应力就大于 $b=0$ 时的偏应力。

从图 6.3.4 可以看出，不同中主应力系数时剪应力与剪应变关系曲线的初始段基本重合，这表明颗粒集合体的初始剪切模量 G_0 与中主应力系数无关。此外，体积应变与剪应变关系曲线也基本重合，没有表现出明显的中主应力相关性。相似的规律也出现在 Barreto 和 O'Sullivan[7]、Thornton[8]、Sazzad 等[9]的离散元数值模拟中。

在本章的真三轴数值试验中，也包括 Barreto 和 O'Sullivan[7]、Thornton[8]、Sazzad 等[9]的离散元数值模拟，颗粒集合体均表现出微小的峰后软化，产生这种现象的原因有两个。一是上述研究中所用数值试样的宽高比均为 1.0，而 Lade[1]研究了试样的宽高比对应变局部化或剪切带的影响，他发现当试样的高宽比为 1.0 时，剪切带会与试样的顶部刚性板和底部刚性板相交，会约束剪切带的发展并使试样的应变更加均匀。二是本章数值试验采用的是不规则的多面体颗粒，颗粒之间咬合作用较强，为颗粒集合体提供了一个更加稳定的细观结构。

图 6.3.5 为主应变之间的关系曲线，中主应变、小主应变与大主应变之间均为非线性关系。不同中主应力系数 b 时，小主应变始终为负值，表明在加载过程中试样在小主应力方向上始终发生膨胀，膨胀变形量随中主应力系数的增大而增大。试样在中主应力方向的变形与中主应力系数有关，在平面应变条件下，试样在中主应力方向既不膨胀也不收缩，此时对应的中主应力系数为 b_{ps}。当 $b<b_{ps}$ 时，中主应变对应膨胀变形；当 $b>b_{ps}$ 时，中主应变对应收缩变形。

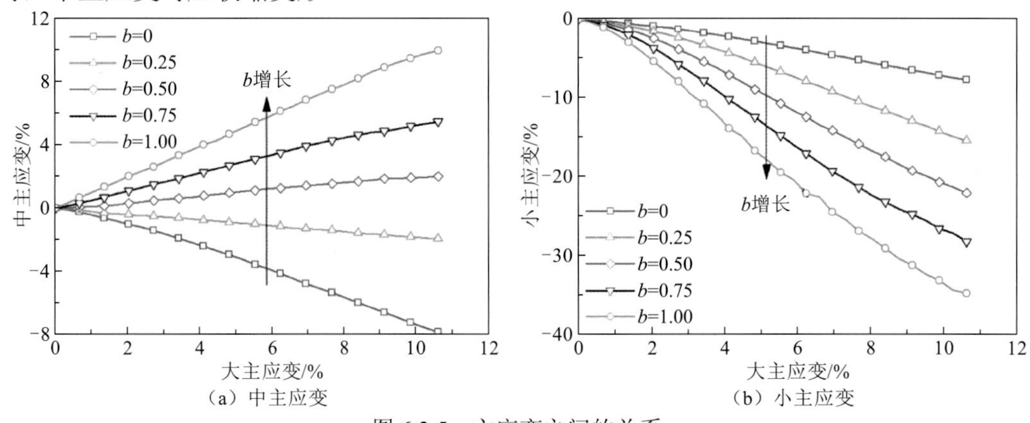

（a）中主应变　（b）小主应变

图 6.3.5　主应变之间的关系

图 6.3.6 为偏主应变之间的关系曲线，与主应变之间的非线性关系不同，偏主应变之间近似为线性关系，Sazzad 等[9]、Suzuki 和 Yanagisawa[10]的离散元数值模拟也发现了相似的规律。偏主应变之间的关系曲线可以用式（6.3.8）拟合，式（6.3.8）预测的结果与数值模拟结果拟合得非常好。

$$e_2=\frac{-3.05b+1}{-0.06b-2}e_1,\qquad e_3=\frac{3.11b+1}{-0.06b-2}e_1 \tag{6.3.8}$$

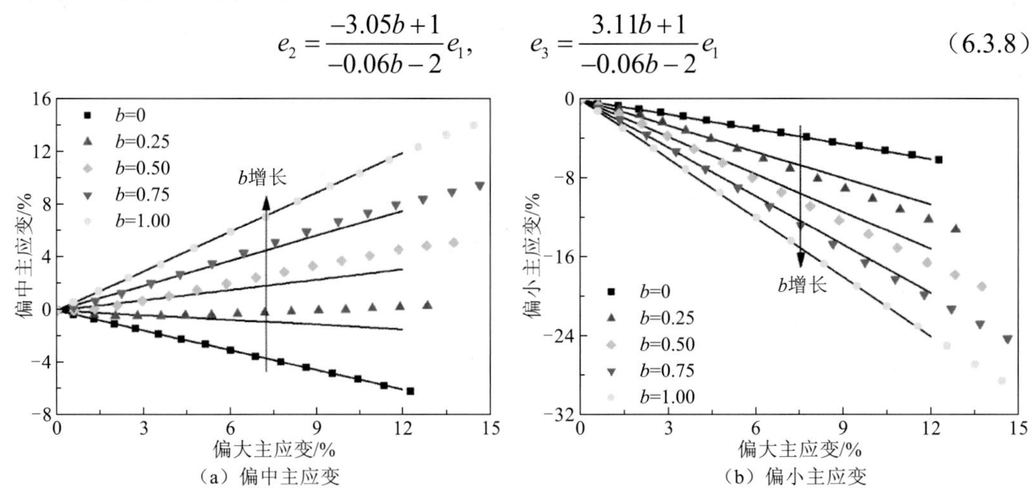

（a）偏中主应变　（b）偏小主应变

图 6.3.6　偏主应变之间的关系

大量的工程实测结果和计算分析均表明，堆石坝内堆石体在填筑期的应力路径近似为等应力比的路径[11-12]。蓄水期上游堆石体内的小主应力方向接近于大坝上游面法向方向，水库蓄水过程中，由于水荷载的作用方向与竣工期坝体内小主应力方向大体一致，随着水荷载的增加，坝轴线上游侧小主应力增大，而偏应力减小，大小主应力比发生明显的变化，主应力方向也将发生明显的旋转[13]，这将导致主应力方向和主应变率方向的不一致，即非共轴性。目前对堆石体所开展的试验研究几乎都是常规三轴剪切试验，属于等比例加载条件，故不能反映堆石体的非共轴性。而在本章的真三轴数值试验中，会发生主应力旋转，从而引起主应力和主应变率的非共轴性，且在数值试验中可以很方便地跟踪监测到主应力方向和主应变率方向的变化规律。

定义加载过程中试样的应力洛德角 θ_σ 和应变洛德角 θ_ε（图6.3.7）为

$$\theta_\sigma = \arctan\left(\sqrt{3}\frac{\mathrm{d}\sigma_2 - \mathrm{d}\sigma_3}{2\mathrm{d}\sigma_1 - \mathrm{d}\sigma_2 - \mathrm{d}\sigma_3}\right) \tag{6.3.9}$$

$$\theta_\varepsilon = \arctan\left(\sqrt{3}\frac{\mathrm{d}\varepsilon_2 - \mathrm{d}\varepsilon_3}{2\mathrm{d}\varepsilon_1 - \mathrm{d}\varepsilon_2 - \mathrm{d}\varepsilon_3}\right) \tag{6.3.10}$$

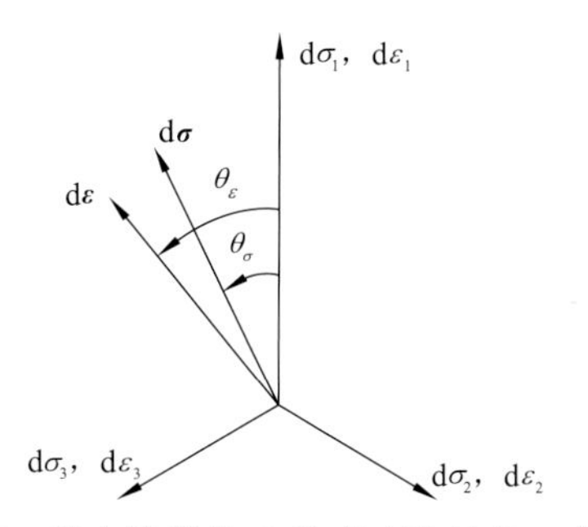

图6.3.7　应力洛德角 θ_σ 和应变洛德角 θ_ε 的定义

图6.3.8为静水压力2.4 MPa时，不同中主应力系数的应力洛德角 θ_σ 和应变洛德角 θ_ε 随大主应变的变化曲线。由于采用等静水压力等中应力系数应力加载路径，中主应力系数 b 保持不变，所以数值试验中应力洛德角 θ_σ 不发生变化。而应变洛德角 θ_ε 刚开始时与应力洛德角 θ_σ 重合，随着加载的进行，应变洛德角 θ_ε 开始偏移应力洛德角 θ_σ，出现非共轴性。对于发生明显应变软化的砂土，应变洛德角 θ_ε 在达到峰值后逐渐减小到30°～35°[14]。而本章的数值试验没有发生明显的应变软化，所以应变洛德角 θ_ε 没有明显减小。在加载过程中，应变洛德角 θ_ε 对应力洛德角 θ_σ 的偏移量 θ_d 可以量化为 $\theta_\mathrm{d}=\sqrt{\sum(\theta_\sigma-\theta_\varepsilon)^2/n}$，不同中主应力系数的 θ_d 见图6.3.8（f），可以看出在三轴压缩和三轴拉伸应力路径下，即 $b=0$ 和 $b=1$ 时，偏转量非常小。可以认为是颗粒系统内颗粒空间分布的随机性、颗粒间接触力的各向异性所导致的系统偏差。

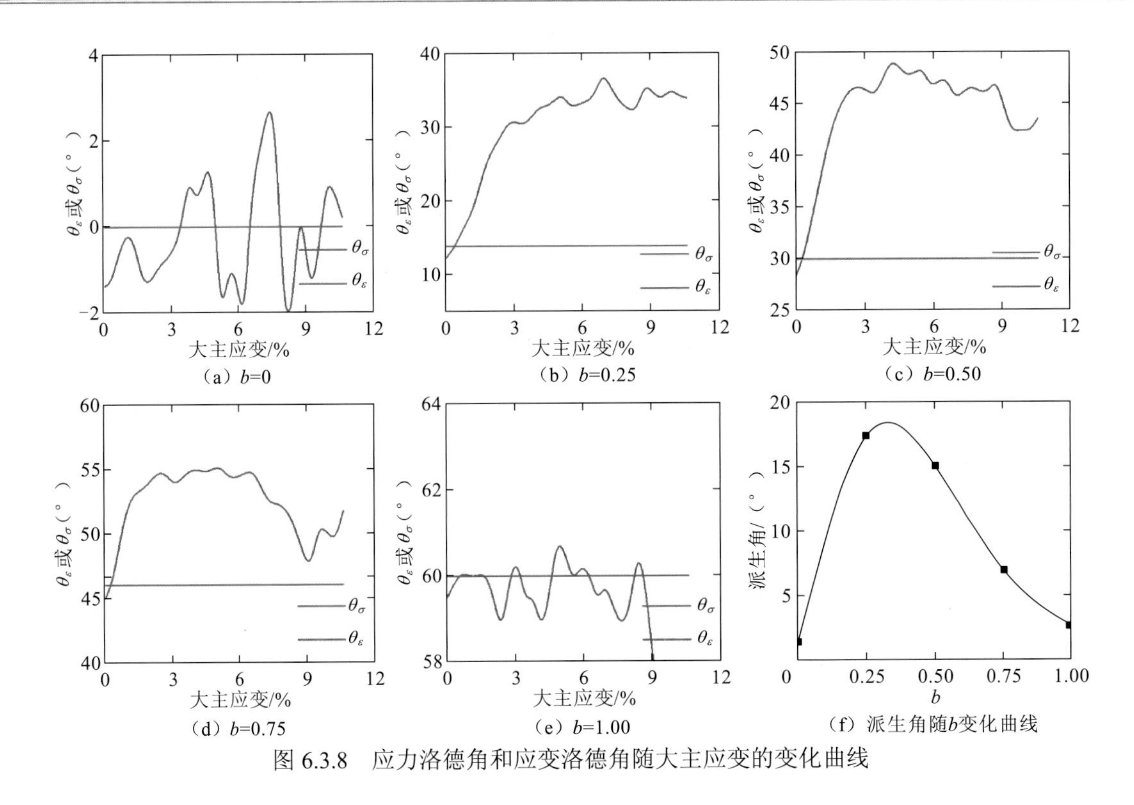

图 6.3.8　应力洛德角和应变洛德角随大主应变的变化曲线

6.3.3　剪胀特性

在土力学中，常用应力比 q/p 和增量塑性应变率 $\mathrm{d}\varepsilon_{\mathrm{v}}^{\mathrm{p}}/\mathrm{d}\varepsilon_{\mathrm{d}}^{\mathrm{p}}$ 来描述堆石体的剪胀特性。基于摩擦性材料的能量耗散特点，Roscoe 等[15]提出经典剪胀模型：

$$d=\frac{\mathrm{d}\varepsilon_{\mathrm{v}}^{\mathrm{p}}}{\mathrm{d}\varepsilon_{\mathrm{d}}^{\mathrm{p}}}=M-\eta \tag{6.3.11}$$

式中：$\mathrm{d}\varepsilon_{\mathrm{v}}^{\mathrm{p}}$ 和 $\mathrm{d}\varepsilon_{\mathrm{d}}^{\mathrm{p}}$ 分别是体积应变增量和剪应变增量的塑性部分；$\eta=q/p$ 是应力比；M 是对应零剪胀时的应力比，或者是相变曲线的斜率[16]。

Rowe[17]分析了颗粒材料的剪胀特性，将剪胀因子 d 表示为

$$d=\frac{\mathrm{d}\varepsilon_{\mathrm{v}}^{\mathrm{p}}}{\mathrm{d}\varepsilon_{\mathrm{d}}^{\mathrm{p}}}=\frac{9(M-\eta)}{3M-2M\eta+9} \tag{6.3.12}$$

在 Roscoe 剪胀模型中，剪胀因子 d 随应力比 η 线性变化，导致预测的剪胀特性与试验结果差别较大。为了改进 Rosce 剪胀模型，Nova[18]、Jefferies[19]、Gajo 和 Wood[20]、Li 等[21]、Yang 和 Muraleetharan[22]在式（6.3.11）中引入了一个常数 λ

$$d=\frac{\mathrm{d}\varepsilon_{\mathrm{v}}^{\mathrm{p}}}{\mathrm{d}\varepsilon_{\mathrm{d}}^{\mathrm{p}}}=\lambda(M-\eta) \tag{6.3.13}$$

此外，Lagioia 等[23]提出了一个适应性更好的剪胀模型：

$$d=\frac{\mathrm{d}\varepsilon_{\mathrm{v}}^{\mathrm{p}}}{\mathrm{d}\varepsilon_{\mathrm{d}}^{\mathrm{p}}}=\lambda(M-\eta)\left(\frac{\alpha M}{\eta}+1\right) \tag{6.3.14}$$

式中：α 和 λ 是模型参数，当 η 趋近 0，d 趋向于无穷时，表明在各向同性加载情况下出现单纯的体积变形。

图 6.3.9 为以上 4 个剪胀模型预测的剪胀曲线与中主应力系数 $b=0$ 的数值试验结果对比。Roscoe 剪胀模型和 Rowe 剪胀模型的预测能力较差，与数值试验结果相差较远。而 Roscoe 剪胀模型的两个改进形式，式（6.3.13）和式（6.3.14）的预测曲线与数值试验结果符合得很好。考虑到式（6.3.13）的简洁性及较好的预测能力，在下文中将采用这个剪胀模型来描述堆石体的剪胀特性。

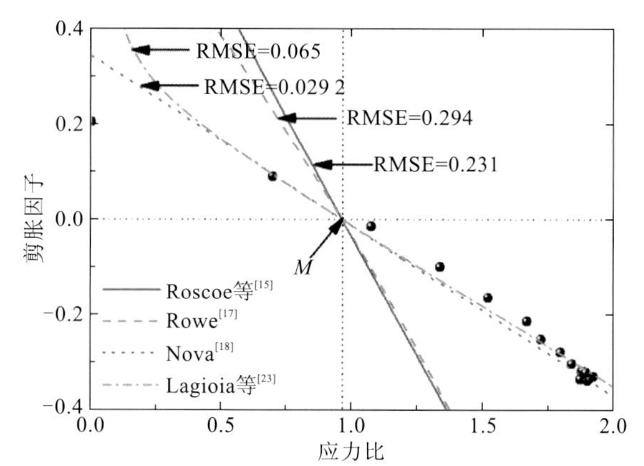

图 6.3.9　不同剪胀模型预测剪胀特性与数值试验结果对比

RMSE 为均方根误差

图 6.3.10 是静水压力为 2.4 MPa 时，不同中主应力系数的应力比 (q/p) 与增量应变比 $(\mathrm{d}\varepsilon_\mathrm{v}/\mathrm{d}\varepsilon_\mathrm{d})$ 的关系曲线。不同中主应力系数时，应力比与增量应变比之间近似为线性关系。采用式（6.3.13）拟合各子图中的数值试验结果，拟合曲线的斜率为 λ，与 η 轴的交点为特征应力比 M。不同中主应力系数时，拟合剪胀曲线的特征应力比和斜率不同，表现出了中主应力相关性。综合以上分析，堆石体的剪胀特性可采用式（6.3.14）来描述，为了反映中主应力的影响，将特征应力比 M 和斜率 λ 表示为中主应力系数 b 或者应力洛德角 θ_σ 的函数：

$$
\begin{aligned}
M^\theta &= M^0 g(\theta_\sigma) \\
\lambda^\theta &= \lambda^0 g(\theta_\sigma)
\end{aligned}
\tag{6.3.15}
$$

式中：M^0 和 λ^0 是三轴压缩情况下，即 $b=0$ 时的特征应力比和曲线斜率；$g(\theta_\sigma)$ 是角隅函数，当 $b=0$ 时，有 $g(\theta_\sigma)=1$。

采用郑颖人[24]提出的角隅函数来描述特征应力比和曲线斜率与中主应力系数的关系：

$$
\begin{cases}
g(\theta_\sigma) = \dfrac{2k}{(k+1)+(k-1)\sin\left[3\left(\theta_\sigma-\dfrac{\pi}{6}\right)\right]+\alpha\cos^2\left[3\left(\theta_\sigma-\dfrac{\pi}{6}\right)\right]} \\
\theta_\sigma = \tan^{-1}\left(\dfrac{\sqrt{3}b}{2-b}\right)
\end{cases}
\tag{6.3.16}
$$

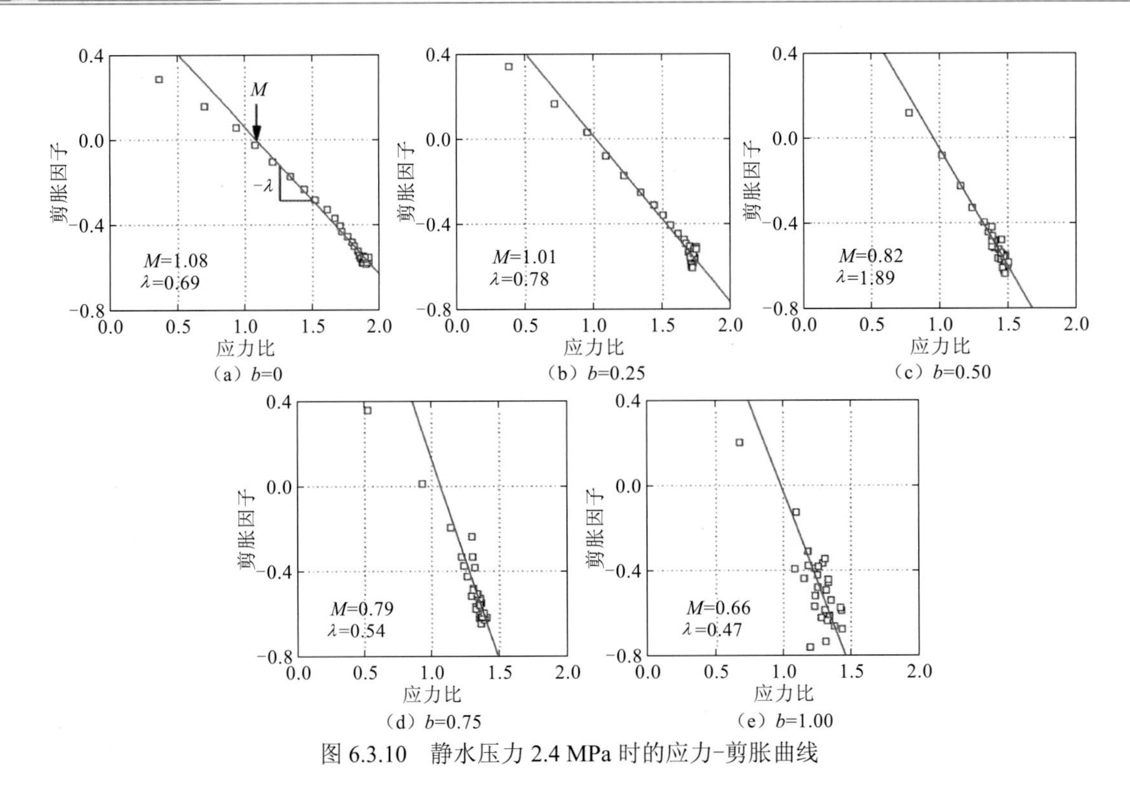

（a）b=0　（b）b=0.25　（c）b=0.50　（d）b=0.75　（e）b=1.00

图 6.3.10　静水压力 2.4 MPa 时的应力-剪胀曲线

式中：α 是拟合参数；k 是三轴拉伸情况下的特征应力比与三轴压缩情况下的比值。由图 6.3.11 可以看出，本节采用的角隅函数拟合效果较好。

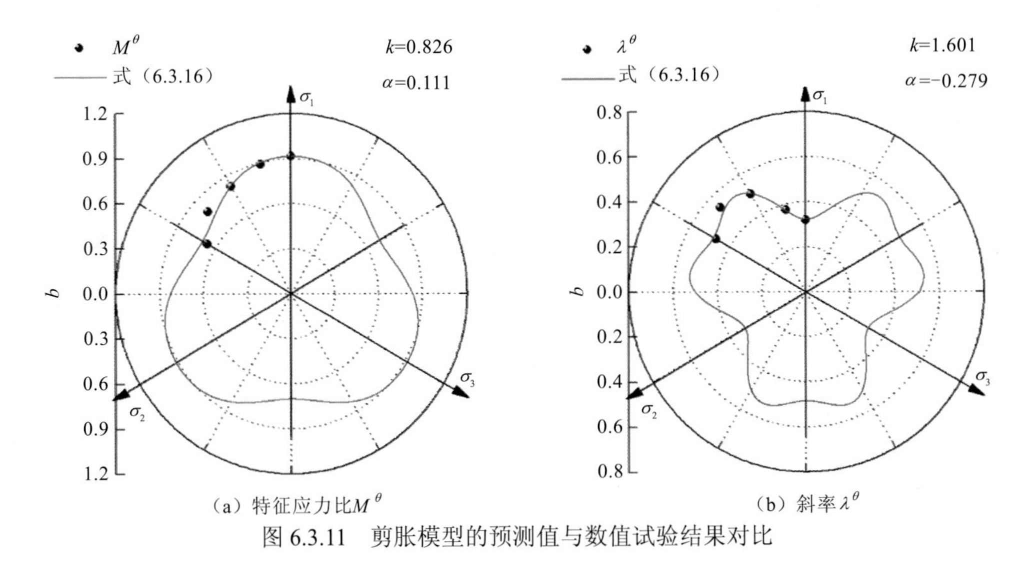

（a）特征应力比M^{θ}　（b）斜率λ^{θ}

图 6.3.11　剪胀模型的预测值与数值试验结果对比

6.3.4　三维强度准则

在岩土体的强度理论中，莫尔-库仑准则和 Drucker-Prager 准则是目前应用最广泛的两个强度准则，但是莫尔-库仑准则不能考虑中主应力对强度的影响，而 Drucker-Prager 准则不能考虑拉压情况下的强度不等。此外，学者根据砂土的真三轴试验结果提出了很多三维强度准则，这些强度准则通常用应力不变量、内摩擦角、角隅函数等形式表示。常见的三维强度准则如下。

Lade-Duncan 准则[25]：

$$\frac{I_1^3}{I_3}=k_1 \tag{6.3.17}$$

Matsuoka-Nakai 准则[26]：

$$\frac{I_1 I_2}{I_3}=k_2 \tag{6.3.18}$$

本章并不试图根据真三轴数值试验结果提出一个新的强度准则，而是在已有的强度准则中，选取一个既有较好的预测能力，而且形式简单的强度准则。根据已有强度准则应用的普遍性和表达式的简洁性，选取了 4 个进行对比，分别是莫尔-库仑准则、Drucker-Prager 准则、Lade-Duncan 准则和 Matsuoka-Nakai 准则。

在真三轴应力状态下，不同中主应力系数 b 的内摩擦角 φ_b 由式（6.3.19）计算：

$$\varphi_b=\sin^{-1}\left(\frac{\sigma_1-\sigma_3}{\sigma_1+\sigma_3}\right) \tag{6.3.19}$$

图 6.3.12 为静水压力 p 为 2.4 MPa 时的 φ_b - b 关系曲线。从本章的数值试验结果，包括已有的离散元数值模拟和真三轴试验研究可以看出，三轴拉伸应力状态下的内摩擦角 $\varphi_{1.0}$ 略微高于三轴压缩应力状态下的内摩擦角 φ_0，在 $0<b<1$ 区间内，内摩擦角 φ_b 呈光滑且非单调的变化。当 $0<b<b_{ps}$（b_{ps} 为在平面应变条件下，试样在中主应力方向既不膨胀也不收缩时对应的中主应力系数）时，内摩擦角 φ_b 随中主应力系数 b 迅速增大，随后 φ_b 以一个较低的增长速率增加到最大值，此时对应的中主应力系数 $b=0.68$，紧接着 φ_b 缓慢地降低到 $\varphi_{1.0}$。

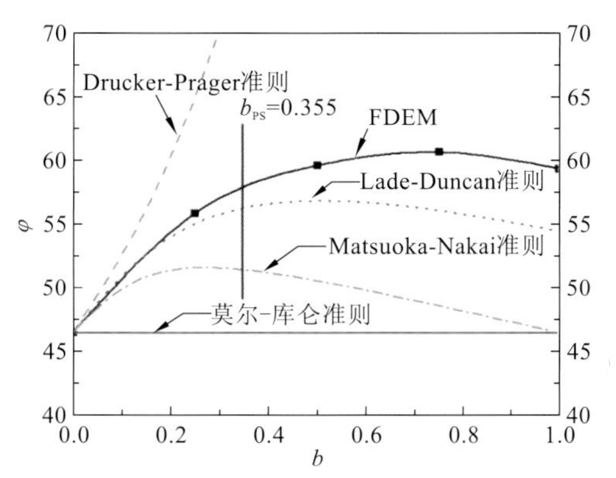

图 6.3.12　静水压力 2.4 MPa 时的 φ_b-b 关系曲线

图 6.3.12 中同时给出了莫尔-库仑准则、Drucker-Prager 准则、Lade-Duncan 准则和 Matsuoka-Nakai 准则预测的 φ_b - b 关系曲线。由于莫尔-库仑准则没有考虑中主应力的影

响，其预测的内摩擦角 φ_b 不随中主应力系数 b 而变化，是所有强度准则中最保守的，而 Drucker-Prager 准则却过高地估计了中主应力的影响，产生了不合理的预测值，因此这两个准则均不适合作为堆石体在真三轴应力状态下的强度准则。Lade-Duncan 准则和 Matsuoka-Nakai 准则因为考虑了中主应力的影响，所以其预测的 φ_b - b 关系曲线比较接近数值试验的结果，但是这两个模型都不同程度地低估了内摩擦角。定义以下指标来反映强度准则的预测能力：

$$\text{error} = \sqrt{\frac{1}{n}\sum_{i=1}^{n}\left(\frac{\varphi_{\text{predicated}}^{i} - \varphi_{\text{measured}}^{i}}{\varphi_{\text{measured}}^{i}}\right)^2} \tag{6.3.20}$$

式中：$\varphi_{\text{predicated}}^{i}$ 是第 i 个中主应力系数时的预测值；$\varphi_{\text{measured}}^{i}$ 是相应数值试验得到的内摩擦角。Lade-Duncan 准则的误差为 4.7%，而 Matsuoka-Nakai 准则的误差为 14.7%。

图 6.3.13 为不同静水压力时的 φ_b - b 关系曲线。中主应力系数 b 一定时，静水压力 p 越大，内摩擦角 φ_b 越小，这是由于颗粒损伤在高静水压力下更加明显。随中主应力系数 b 的增大，不同静水压力对应的内摩擦角差别逐渐增大。

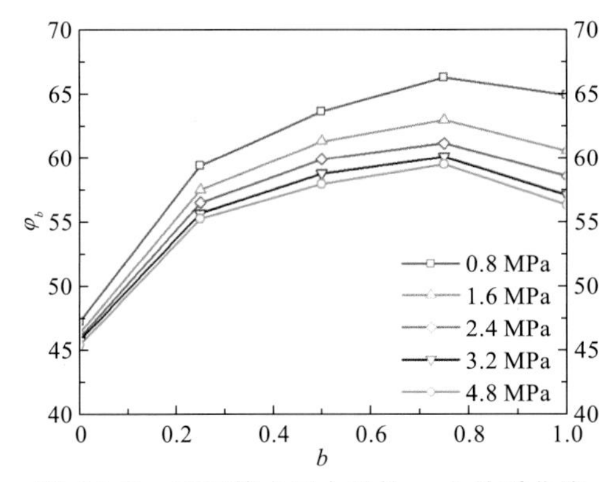

图 6.3.13　不同静水压力时的 φ_b-b 关系曲线

定义等静水压力等中主应力系数真三轴数值试验中破坏点的应力比为 $M_b = q/p$，图 6.3.14 为不同静水压力时的 M_b - b 关系曲线。从图 6.3.14 中可以看出，在静水压力 p

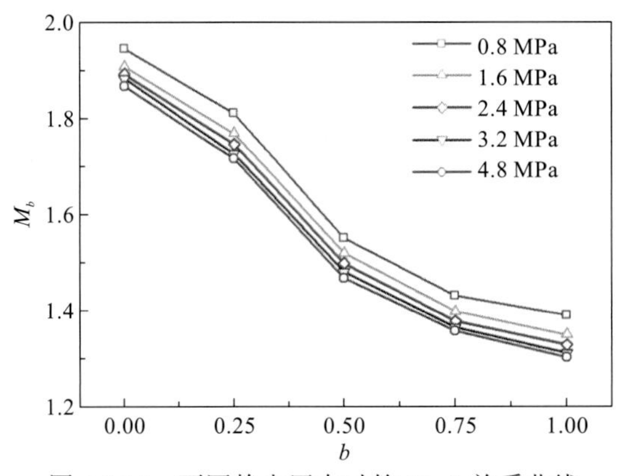

图 6.3.14　不同静水压力时的 M_b-b 关系曲线

一定时，破坏应力比 M_b 随中主应力系数 b 的增大而减小。在中主应力系数 b 较小时，随着中主应力系数 b 的变化，破坏应力比 M_b 变化较大。在中主应力系数 b 较大时，随着中主应力系数 b 的变化，破坏应力比 M_b 变化较小。在相同的中主应力系数 b 时，破坏应力比 M_b 随着静水压力 p 的增大而减小。

将莫尔-库仑准则、Drucker-Prager 准则、Lade-Duncan 准则和 Matsuoka-Nakai 准则写成用 p、q、b 或者 p、q、θ_σ 表示的表达式，再由 π 平面上破坏迹线的半径 γ_b 与 q 的关系，即可得到 p 为某值的 π 平面上破坏迹线的形状。

对于无黏性土，假定内聚力为 0，莫尔-库仑准则用 p 、q 、b 表示为

$$q=\frac{6\sqrt{1-b+b^2}\sin\varphi_0}{3-(1-2b)\sin\varphi_0}p \tag{6.3.21}$$

根据 π 平面上破坏迹线的半径 γ_b 与 q 的关系 $\gamma_b=\sqrt{2/3q}$，代入式（6.3.21）可得 π 平面上破坏迹线的半径 γ_b：

$$\gamma_b=\frac{2\sqrt{6}\sqrt{1-b+b^2}\sin\varphi_0}{3-(1-2b)\sin\varphi_0}p \tag{6.3.22}$$

假定内聚力为 0，Drucker-Prager 准则用 p 、q 、b 表示为

$$q=\frac{6\sin\varphi_0}{3-\sin\varphi_0}p \tag{6.3.23}$$

同样可得到 Drucker-Prager 准则在 π 平面上破坏迹线的半径 γ_b：

$$\gamma_b=\frac{2\sqrt{6}\sin\varphi_0}{3-\sin\varphi_0}p \tag{6.3.24}$$

对于 Lade-Duncan 准则，情况稍微复杂一点，这里定义一个新的应力洛德角 θ'_σ ：

$$\theta'_\sigma=\frac{1}{3}\sin^{-1}\left(-\frac{3\sqrt{3}}{2}\frac{J_3}{J_2^{\frac{3}{2}}}\right),\quad -\frac{\pi}{6}\leqslant\theta'_\sigma\leqslant\frac{\pi}{6} \tag{6.3.25}$$

不同应力不变量之间关系为

$$I_2=\frac{1}{3}I_1^2-J_2^2 \tag{6.3.26}$$

$$I_3=J_3+\frac{1}{3}I_1I_2-\frac{2}{27}I_1^3 \tag{6.3.27}$$

将式（6.3.23）～式（6.3.25）代入式（6.3.15）得

$$\left(\frac{I_1}{\sqrt{J_2}}\right)^3-\frac{9k_1}{k_1-27}\frac{I_1}{\sqrt{J_2}}-\frac{18k_1\sin3\theta'_\sigma}{\sqrt{3}(k_1-27)}=0 \tag{6.3.28}$$

将 $I_1/\sqrt{J_2}=r\sin\beta$ 代入式（6.3.28），式（6.3.28）可进一步转化为

$$\sin^3\beta-\frac{9k_1}{r^2(k_1-27)}\sin\beta-\frac{18k_1\sin3\theta'_\sigma}{\sqrt{3r^3}(k_1-27)}=0,\quad k_1>27 \tag{6.3.29}$$

将 r 和 $\sin3\beta$ 表示为

$$r=2\sqrt{\frac{3k_1}{k_1-27}} \tag{6.3.30}$$

$$\sin 3\beta = -\sqrt{\frac{k_1 - 27}{k_1}} \sin 3\theta'_\sigma \tag{6.3.31}$$

将式（6.3.30）和式（6.3.31）代入式（6.3.29）得

$$\sin^3 \beta - \frac{3}{4}\sin\beta + \frac{1}{4}\sin 3\beta = 0 \tag{6.3.32}$$

令 $A=\sqrt{(k_1 - 27)/k_1}$，可得式（6.3.27）中 $I_1/\sqrt{J_2}$ 的三个根，其中正确的一个根的表达式为

$$\frac{I_1}{\sqrt{J_2}} = \frac{2\sqrt{3}}{A}\sin\left[\frac{\pi}{3} + \frac{1}{3}\sin^{-1}(A\sin 3\theta'_\sigma)\right], \quad -\frac{\pi}{6} \leqslant \theta'_\sigma \leqslant \frac{\pi}{6} \tag{6.3.33}$$

重新整理式（6.3.33）为

$$\sqrt{J_2} = \frac{AI_1}{2\sqrt{3}} g(\theta'_\sigma) \tag{6.3.34}$$

式中：角隅函数 $g(\theta'_\sigma)$ 为

$$g(\theta'_\sigma) = \frac{1}{\sin\left[\dfrac{\pi}{3} + \dfrac{1}{3}\sin^{-1}(A\sin 3\theta'_\sigma)\right]}, \quad -\frac{\pi}{6} \leqslant \theta'_\sigma \leqslant \frac{\pi}{6} \tag{6.3.35}$$

将 $I_1 = 3p$ 和 $\sqrt{J_2} = \gamma_b/\sqrt{2}$ 代入式（6.3.34），可得 Lade-Duncan 准则在 π 平面上破坏迹线的半径 γ_b：

$$\gamma_b = \sqrt{\frac{3}{2}} Apg(\theta'_\sigma) \tag{6.3.36}$$

由 $b=0$ 时破坏点的应力状态，可得 k_1 为

$$k_1 = \frac{(3 - \sin\varphi_0)^3}{1 - \sin\varphi_0 - \sin^2\varphi_0 + \sin^3\varphi_0} \tag{6.3.37}$$

采用相似的推导方法可得 Matsuoka-Nakai 准则在 π 平面上破坏迹线的半径 γ_b：

$$\gamma_b = \sqrt{\frac{3}{2}\frac{k_2 - 3}{k_2}} Bpg(\theta'_\sigma) \tag{6.3.38}$$

式中：k_2、B 和 $g(\theta'_\sigma)$ 分别为

$$k_2 = \frac{9 - \sin^2\varphi_0}{1 - \sin^2\varphi_0} \tag{6.3.39}$$

$$B = \sqrt{\frac{k_2^2(k_2 - 9)}{(k_2 - 9)^3}} \tag{6.3.40}$$

$$g(\theta'_\sigma) = \frac{1}{\sin\left[\dfrac{\pi}{3} + \dfrac{1}{3}\sin^{-1}(B\sin 3\theta'_\sigma)\right]}, \quad -\frac{\pi}{6} \leqslant \theta'_\sigma \leqslant \frac{\pi}{6} \tag{6.3.41}$$

图 6.3.15 为静水压力 p 为 2.4 MPa 时，将不同中主应力系数下破坏应力点在 π 平面上的投影连线得到的破坏迹线。此外由式（6.3.22）、式（6.3.24）、式（6.3.36）和式（6.3.38）

绘制莫尔-库仑准则、Drucker-Prager 准则、Lade-Duncan 准则和 Matsuoka-Nakai 准则在 π 平面上的破坏迹线。由真三轴数值试验得到的破坏应力点到静水压力轴的距离与中主应力系数有关，反映了中主应力相关性，连线形成 π 平面上破坏迹线为一外凸的曲线三角形。在区间 $[0, \pi/3]$ 内，莫尔-库仑准则的破坏迹线为一不等边三角形，其在三轴拉伸应力状态下的破坏迹线半径 $\gamma_{1.0}$ 与三轴压缩应力状态下的破坏迹线半径 γ_0 之比为 $(1-\sin\varphi_0)/(1+\sin\varphi_0)$，莫尔-库仑准则在 π 平面上的破坏迹线是所有强度准则中最靠近静水压力轴的，因此偏于保守。Drucker-Prager 准则在 π 平面上的破坏迹线是一个圆，它不能反映三轴拉伸应力状态和三轴压缩应力状态下抗剪强度的不同，而且其过高地估计了中主应力对强度的贡献，导致其预测的强度与数值试样结果相差较大。Matsuoka-Nakai 准则在 $b=0$ 和 $b=1$ 时破坏点与莫尔-库仑准则重合，在 $0<b<1$ 中主应力系数内，破坏迹线略微外凸。Lade-Duncan 准则是四个强度准则中与真三轴数值试验结果最接近的。

将不同等静水压力等中主应力系数真三轴数值试验的破坏应力点绘制在主应力空间中，形成如图 6.3.16 所示的三维破坏面。图 6.3.16 中可以看出，堆石体的破坏面是一个沿静水压力轴开口的曲边三角锥体，锥体的顶点在应力轴原点附近。图 6.3.17 为破坏面在 p-q 平面上的迹线，当中主应力系数 b 一定时，破坏迹线为向下弯曲的曲线，且随着静水压力 p 的增大，其弯曲的幅度越发明显。由图 6.3.17 可以看出，p-q 平面中的破坏迹线与中主应力系数 b 有关。在三轴压缩应力状态 $\sigma_1>\sigma_2=\sigma_3$ 下，此时中主应力系数 $b=0$，对应的破坏迹线的综合斜率最大。在三轴拉伸应力状态 $\sigma_1=\sigma_2>\sigma_3$ 下，中主应力系数 $b=1$，对应的破坏迹线的综合斜率最小。

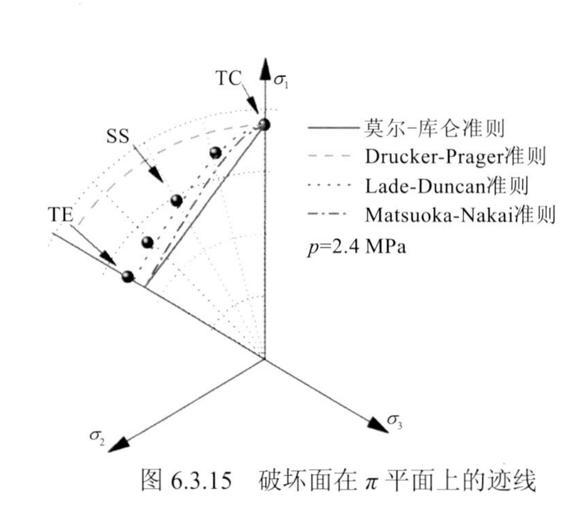

图 6.3.15　破坏面在 π 平面上的迹线

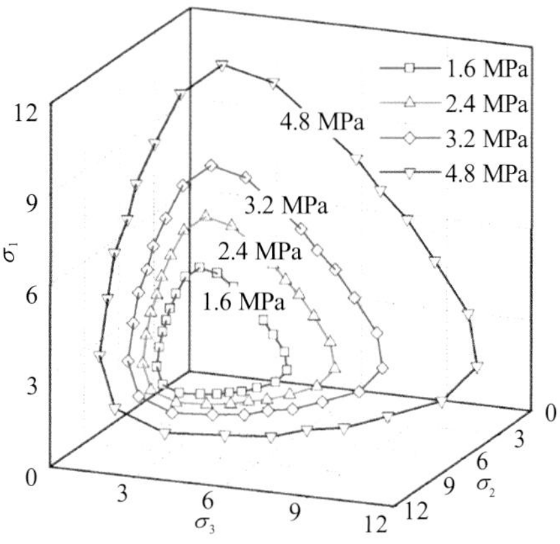

图 6.3.16　主应力空间中的破坏面

根据式（6.3.36）和式（6.3.38）可以看出，Lade-Duncan 准则和 Matsuoka-Nakai 准则可以转换成 $\sqrt{J_2}=f(I_1)g(\theta'_\sigma)$ 类型的表达式，这里子午面 $f(I_1)$ 是一个 I_1 的函数，而 π 平面上的角隅函数 $g(\theta'_\sigma)$ 满足光滑和外凸的条件。$f(I_1)$ 是 I_1 的线性函数，不能很好地适应岩土体材料的强度破坏试验结果，为了克服这一问题，Lade[27]在 1977 年建议了一种改进的强度破坏准则：

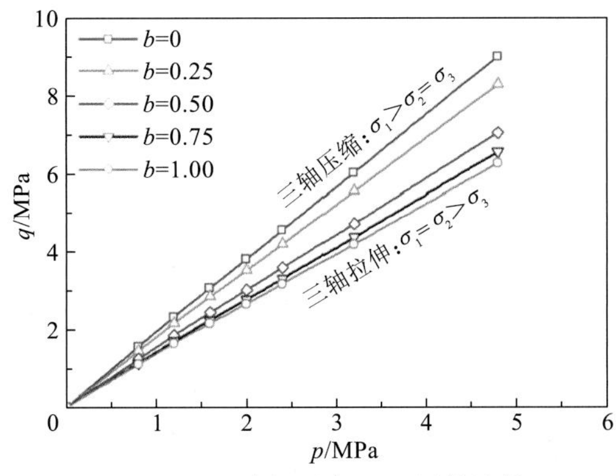

图 6.3.17　破坏面在 p-q 面的迹线

$$\left(\frac{I_1^3}{I_3}-27\right)\left(\frac{I_1}{p_a}\right)^m-\eta=0 \tag{6.3.42}$$

式中：p_a 是一个标准大气压；m 和 η 是模型参数。

重新整理式（6.3.42）得

$$\begin{cases}\dfrac{I_1^3}{I_3}=k_1\\ k_1=27+\eta\left(\dfrac{I_1}{p_a}\right)^{-m}\end{cases} \tag{6.3.43}$$

图 6.3.18 为不同静水压力时，由三轴压缩应力路径（$b=0$）的真三轴数值试验得到破坏点的应力状态，计算出相应的内摩擦角 φ_0，然后代入式（6.3.43）计算得到修正 Lade 模型中的参数 k_1。将 k_1-I_1 关系曲线用式（6.3.43）拟合，可以看出拟合效果比较好，表明修正的 Lade-Duncan 模型能够反映出堆石体强度在子午面上的非线性特性。

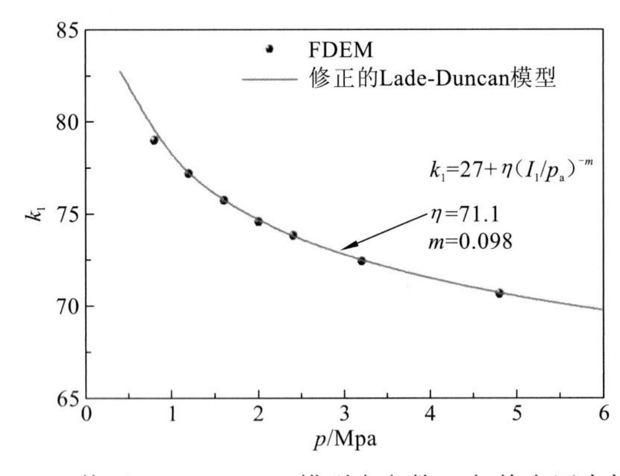

图 6.3.18　修正 Lade-Duncan 模型中参数 k_1 与静水压力的关系

6.3.5　细观组构信息

堆石体在真三轴应力条件下，表现出与常规三轴试验不同的宏观力学特性。从颗粒集合体的细观层面出发，研究组构和接触力的空间分布及其随加载过程的演化，建立细观组构与宏观力学特性的内在联系，揭示堆石体复杂宏观力学特性的细观机理。

1. 细观响应的平均量

颗粒集合体的细观组构量和接触力具有各向异性和非均匀性，因此采用其平均值量化细观组构量是最简单直接的方法，常用的有颗粒配位数、接触失效率、平均摩擦激励程度、平均法向接触力和平均切向接触力等。本节只对静水压力 p 为 2.4 MPa 的 5 组等静水压力等中主应力系数真三轴数值试验进行细观响应分析，每个细观组构量都给出了其随大主应变和剪应变的演化过程。

图 6.3.19 为不同中主应力系数的配位数变化曲线，配位数反映了颗粒的平均接触数或者是颗粒集合体的接触密度。在经过等压固结后，数值试样的配位数在 6.0 左右。随后进行等静水压力等中主应力系数应力路径剪切，颗粒配位数略微增加，而后迅速减小直至相对稳定的残余值。因为加载过程中保持静水压力不变，所以配位数的变化可以认为完全是由剪切造成的。剪切导致颗粒集合体内部发生了颗粒的拨出、爬升和翻转，产生了显著的剪胀体变，对应颗粒间的平均接触数的迅速减小。对比不同中主应力系数，中主应力系数越大，配位数在加载初期的增加幅度越小，随后其降低的幅度和速率越大，其所对应的残余值越小。不同中主应力系数时，颗粒配位数与剪应变的关系曲线基本重合，表现出了与体积应变和剪应变关系曲线相似的现象。

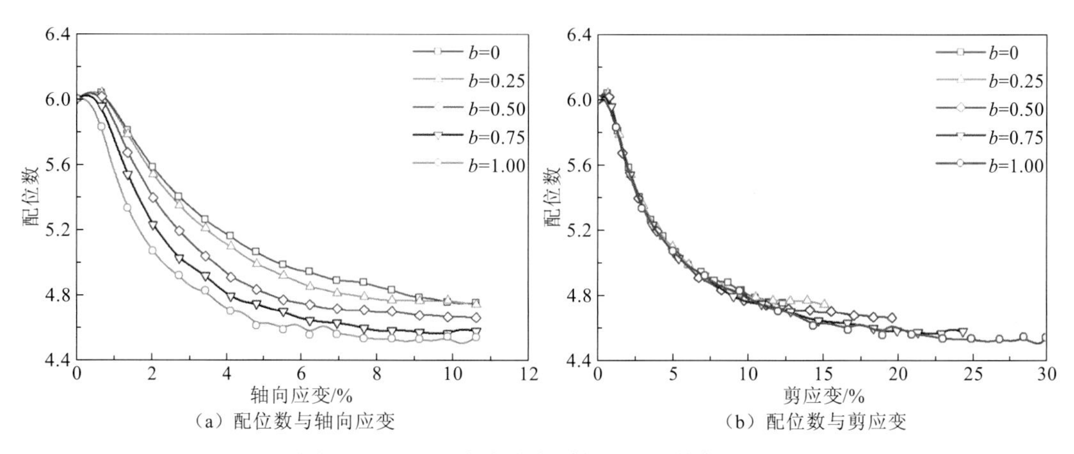

（a）配位数与轴向应变　　（b）配位数与剪应变

图 6.3.19　不同中主应力系数的配位数变化曲线

图 6.3.20 为不同中主应力系数的平均摩擦激励程度 (I_M) 的变化曲线。在剪切开始后，颗粒间的摩擦被迅速激励出来，在达到峰值水平后有轻微的降低。中主应力系数的影响

体现在：中主应力系数越大，颗粒间的摩擦激励程度在剪切初始阶段增加得越快，到达峰值后，其降低的程度越大，最后达到的残余值越小。

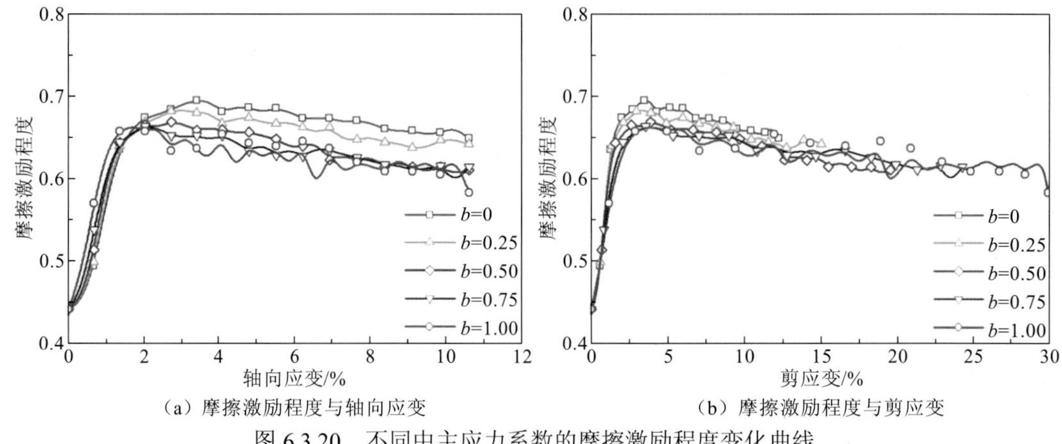

（a）摩擦激励程度与轴向应变　　（b）摩擦激励程度与剪应变

图 6.3.20　不同中主应力系数的摩擦激励程度变化曲线

2. 接触力分布

颗粒集合体的接触力分布具有二元性，即大多数颗粒间传递的法向接触力小于法向接触力平均值，而高于此平均值的接触数随着法向接触力的增大呈指数衰减[28]。根据颗粒间传递的法向接触力的大小，可以将整个接触系统分为弱接触系统和强接触系统。图 6.3.21 为不同中主应力系数的弱接触比例在剪切过程中的变化。图中可以看出，弱接触所占比例大致在 66%左右。在剪切的初始阶段，弱接触比例迅速增加，此时接触系统的二元性更加明显，到达峰值后逐渐稳定下来。中主应力系数较大时，对应颗粒集合体的弱接触比例越小，也即二元性特征越弱。

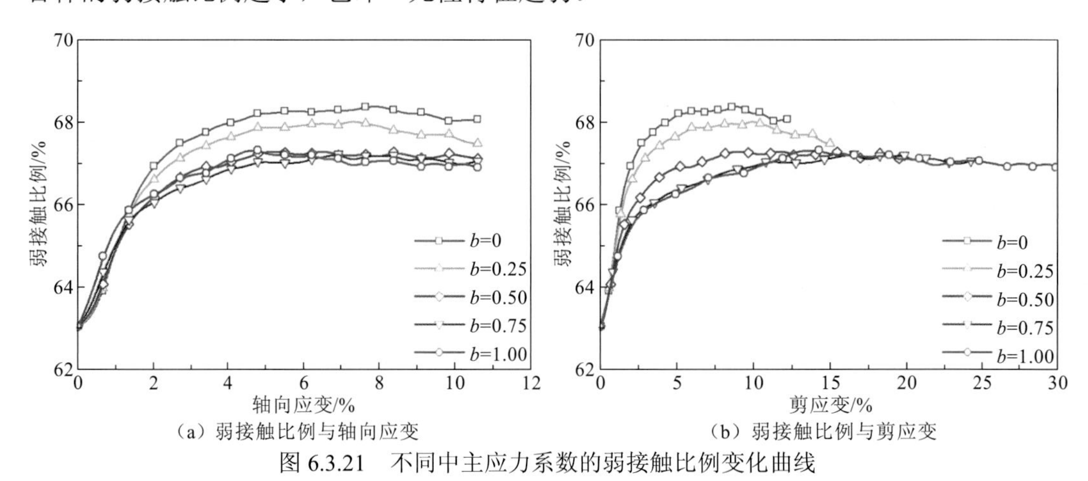

（a）弱接触比例与轴向应变　　（b）弱接触比例与剪应变

图 6.3.21　不同中主应力系数的弱接触比例变化曲线

接触力链理论认为颗粒集合体的宏观剪切强度由强接触系统组成的力链所提供[29-31]。图 6.3.22 和图 6.3.23 是不同中主应力系数时强接触系统的平均接触力变化曲线，与整个接触系统的平均接触力相比，强接触系统的平均接触力要大很多，但其变化过程与整个接触系统的平均法向接触力差别不大。图 6.3.24 和图 6.3.25 为不同中主应力系数时弱接触系统的平均接触力变化曲线，可以看出弱接触系统的平均接触力比强接触系统小一个数量级，而且不同中主应力系数时平均法向和切向接触力与剪应变关系曲线基本重合。以上分析表明，弱接触系统对颗粒集合体宏观剪切强度贡献很小，宏观剪切强度表现出的应力路径依赖性主要源自强接触系统的接触力随中主应力系数的变化。

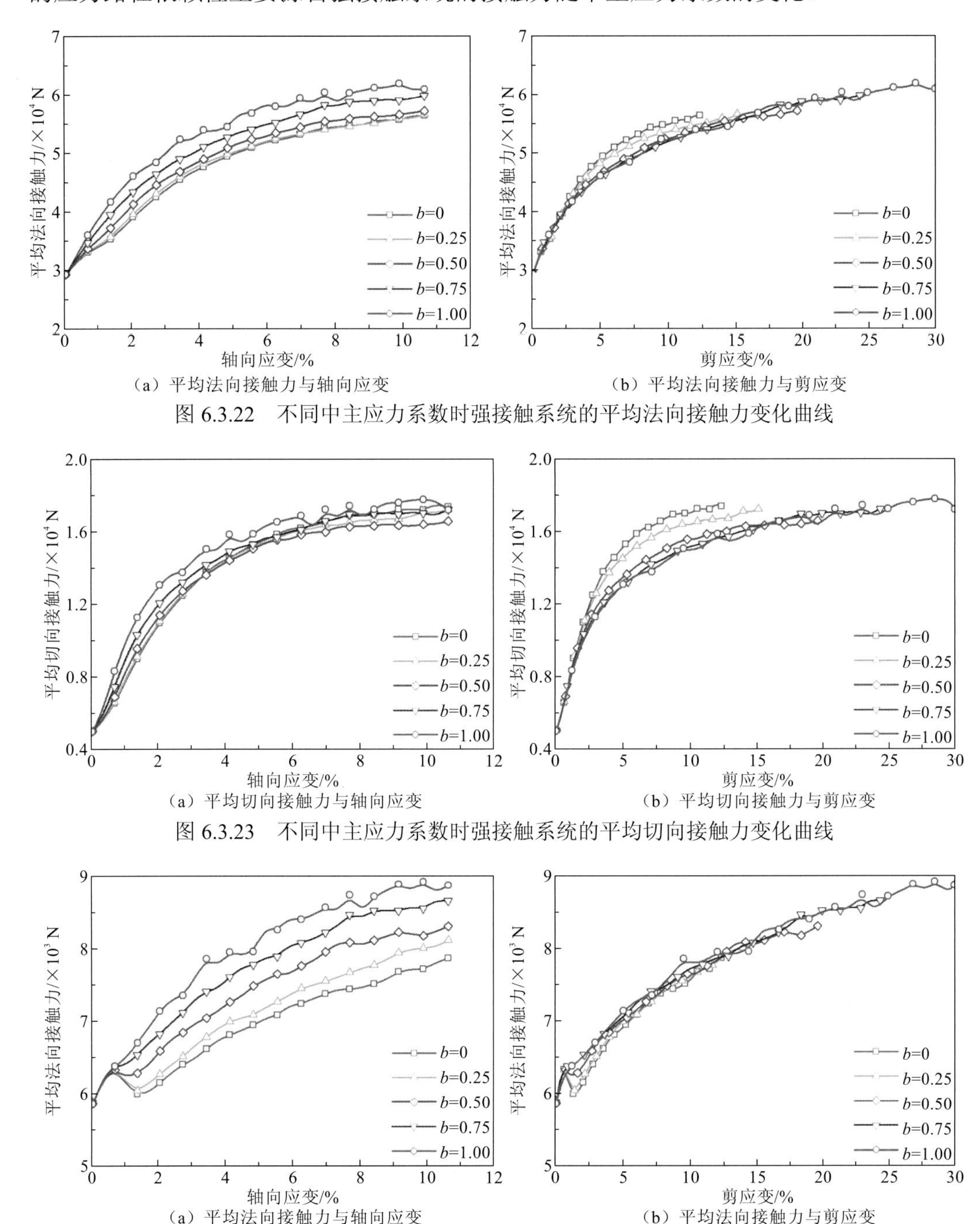

（a）平均法向接触力与轴向应变　　（b）平均法向接触力与剪应变

图 6.3.22　不同中主应力系数时强接触系统的平均法向接触力变化曲线

（a）平均切向接触力与轴向应变　　（b）平均切向接触力与剪应变

图 6.3.23　不同中主应力系数时强接触系统的平均切向接触力变化曲线

（a）平均法向接触力与轴向应变　　（b）平均法向接触力与剪应变

图 6.3.24　不同中主应力系数时弱接触系统的平均法向接触力变化曲线

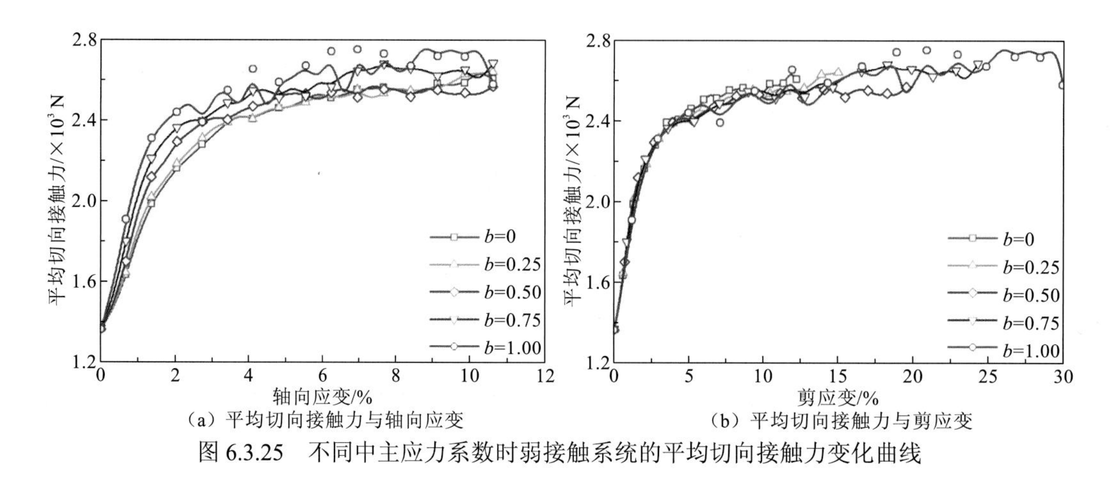

（a）平均切向接触力与轴向应变　　（b）平均切向接触力与剪应变

图 6.3.25　不同中主应力系数时弱接触系统的平均切向接触力变化曲线

图 6.3.26 为静水压力 p 为 2.4 MPa 时，不同中主应力系数的真三轴数值试验在加载结束时，颗粒间法向接触力（f_n）的概率密度分布。图 6.3.27 为相应的切向接触力（f_t）概率密度分布，分别绘制在对数-线性坐标系和双对数坐标系中。当 $f_n/\langle f_n\rangle<5$ 时，不同中主应力系数的法向接触力和切向接触力的概率密度分布基本重合。而因为 $f_n/\langle f_n\rangle>5$ 的接触数比较少，没有足够多的数据统计其概率分布特性，所以这部分概率密度分布波动比较明显。但总的来说，应力路径对接触力概率密度分布的影响十分有限。

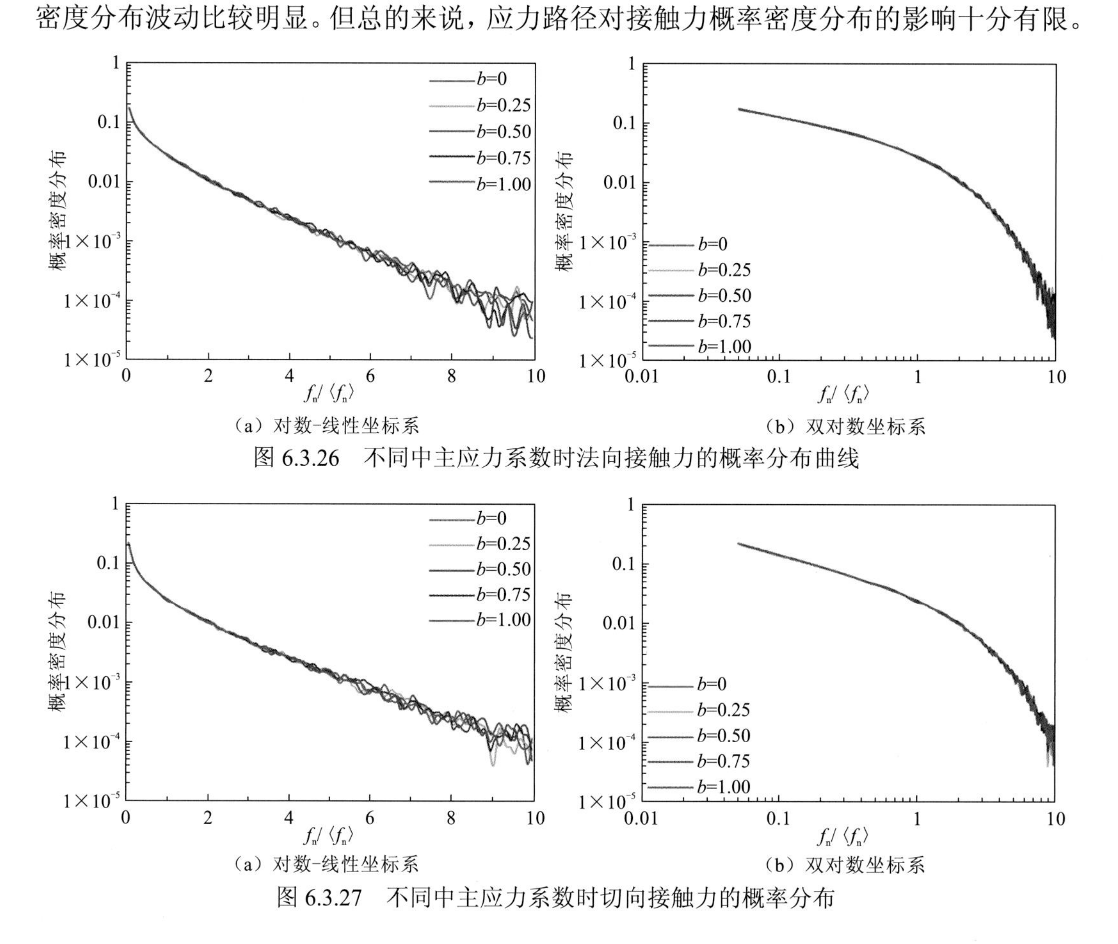

（a）对数-线性坐标系　　（b）双对数坐标系

图 6.3.26　不同中主应力系数时法向接触力的概率分布曲线

（a）对数-线性坐标系　　（b）双对数坐标系

图 6.3.27　不同中主应力系数时切向接触力的概率分布

3. 各向异性

在真三轴数值试验中，试样在三向不等的应力状态下剪切直至破坏，在此过程中会诱发各向异性，主要表现在组构各向异性和接触力各向异性。组构各向异性又分为接触法向和枝向量各向异性，而接触力各向异性则分为法向接触力和切向接触力各向异性。

采用角域平均的方法研究组构量在空间中的分布，为了更加直观地观察接触法向和法向接触力的空间分布，分别将其投影至试样的 *XY* 平面、*YZ* 平面和 *ZX* 平面。在本节的等静水压力等中主应力系数真三轴数值试验中，*XY* 平面对应于 σ_1-σ_3 作用面，*YZ* 平面对应于 σ_1-σ_2 作用面，*ZX* 平面对应于 σ_2-σ_3 作用面。图 6.3.28～图 6.3.32 是不同中主应力系数的真三轴数值试验在加载结束时，接触法向的空间分布在三个作用面上的投影。不同中主应力系数时，σ_1-σ_3 方向上接触法向均呈“花生状”分布，大多数接触倾向于主加载方向，即大主应力方向，而小主应力方向的接触数较少。随着中主应力系数 $b=(\sigma_2-\sigma_3)/(\sigma_1-\sigma_3)$ 的增大，中主应力 σ_2 由等于小主应力 σ_3 逐渐变成等于大主应力 σ_1，σ_1-σ_2 方向的接触法向分布由“花生状”图形逐渐转化为近似圆形，而 σ_2-σ_3 方向的接触法向分布则由近似圆形逐渐转化为“花生状”图形。

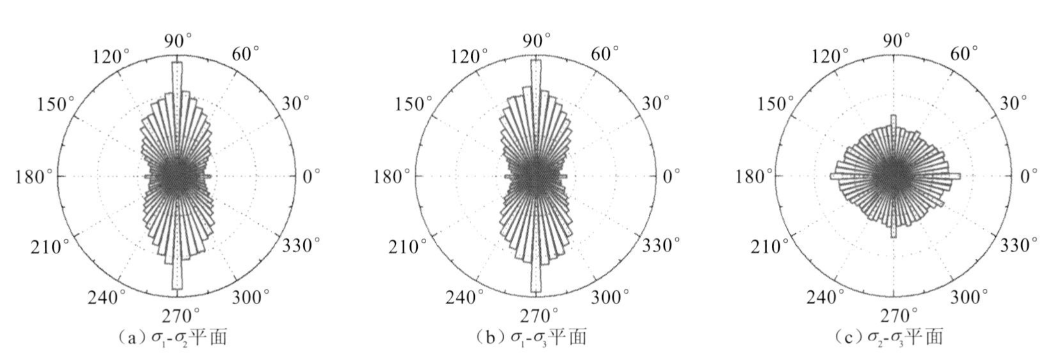

(a) σ_1-σ_2平面　(b) σ_1-σ_3平面　(c) σ_2-σ_3平面

图 6.3.28　中主应力系数 $b=0$ 的接触法向分布

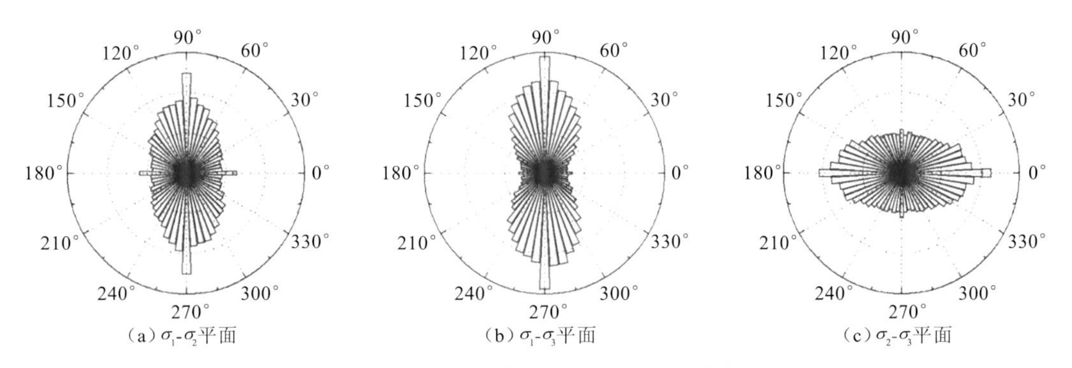

(a) σ_1-σ_2平面　(b) σ_1-σ_3平面　(c) σ_2-σ_3平面

图 6.3.29　中主应力系数 $b=0.25$ 的接触法向分布

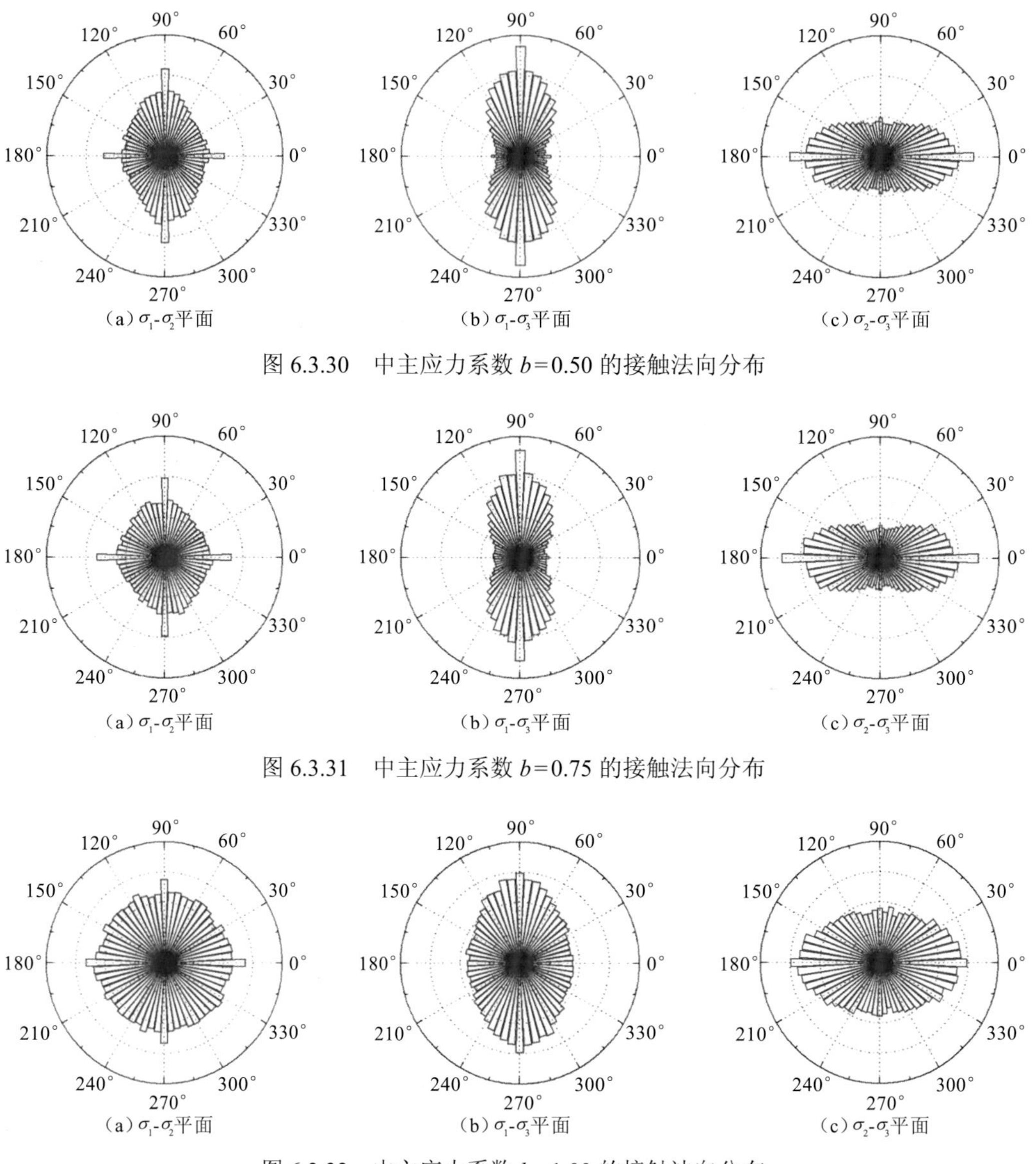

(a) σ_1-σ_2平面　(b) σ_1-σ_3平面　(c) σ_2-σ_3平面

图 6.3.30　中主应力系数 b=0.50 的接触法向分布

(a) σ_1-σ_2平面　(b) σ_1-σ_3平面　(c) σ_2-σ_3平面

图 6.3.31　中主应力系数 b=0.75 的接触法向分布

(a) σ_1-σ_2平面　(b) σ_1-σ_3平面　(c) σ_2-σ_3平面

图 6.3.32　中主应力系数 b=1.00 的接触法向分布

图 6.3.33～图 6.3.37 为不同中主应力系数的真三轴数值试验加载结束时，法向接触力的空间分布在三个作用面上的投影。当中主应力系数由 0 增加到 1 时，法向接触力分布在 σ_1-σ_2 平面和 σ_2-σ_3 平面上的投影未表现出对称性，即 b=0 时法向接触力分布在 σ_1-σ_2 平面上的投影与 b=1 时法向接触力在 σ_2-σ_3 投影并不相同。随着中主应力的增加，法向接触力在 σ_1-σ_3 平面上的投影逐渐由“花生状”图形转化为“橄榄球状”图形，其对应的各向异性程度逐渐减小。

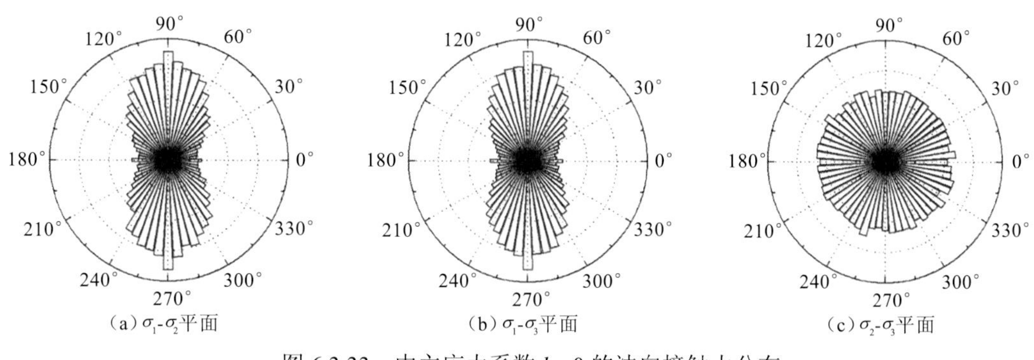

(a) σ_1-σ_2平面　(b) σ_1-σ_3平面　(c) σ_2-σ_3平面

图 6.3.33　中主应力系数 b=0 的法向接触力分布

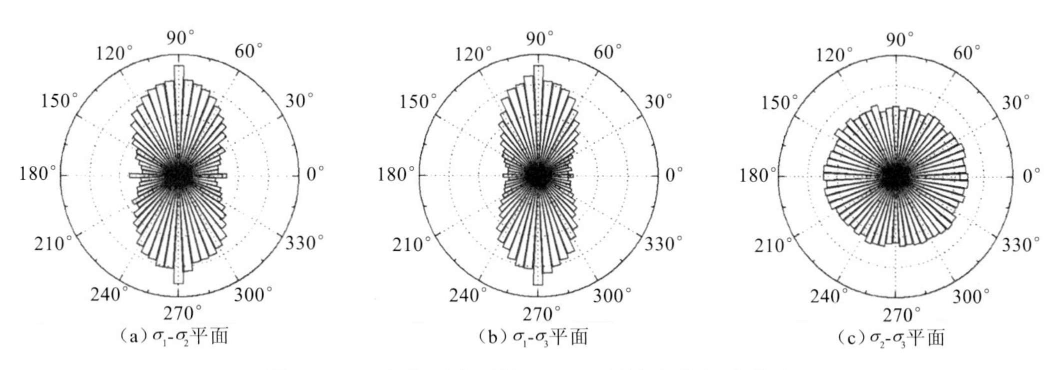

(a) σ_1-σ_2平面　(b) σ_1-σ_3平面　(c) σ_2-σ_3平面

图 6.3.34　中主应力系数 b=0.25 的法向接触力分布

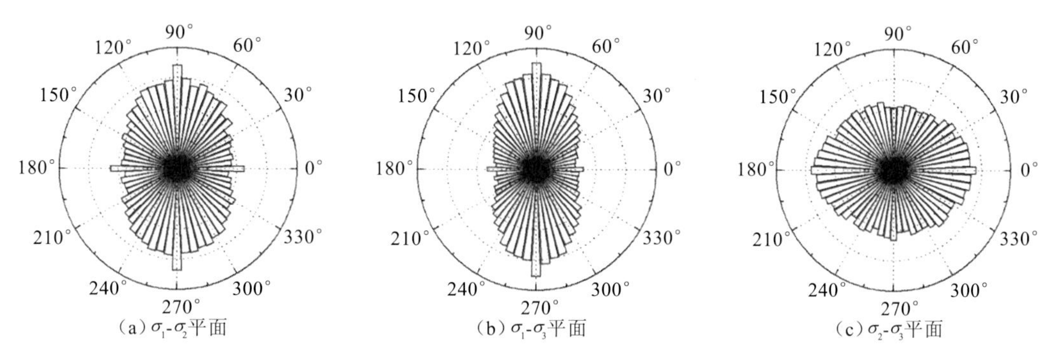

(a) σ_1-σ_2平面　(b) σ_1-σ_3平面　(c) σ_2-σ_3平面

图 6.3.35　中主应力系数 b=0.50 的法向接触力分布

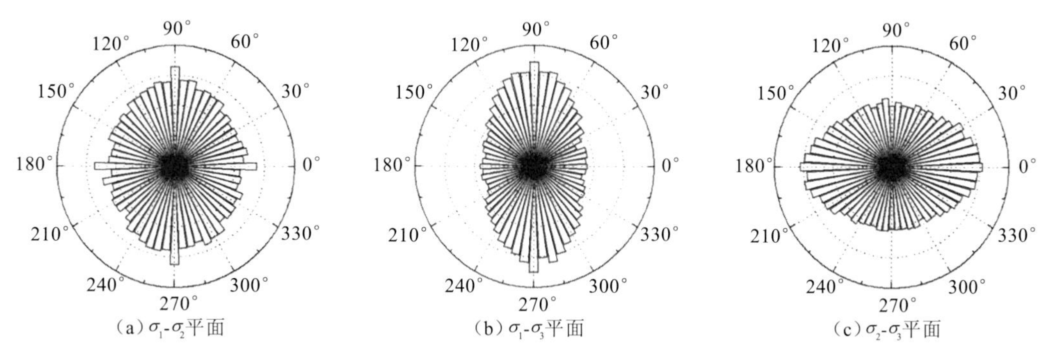

(a) σ_1-σ_2平面　(b) σ_1-σ_3平面　(c) σ_2-σ_3平面

图 6.3.36　中主应力系数 b=0.75 的法向接触力分布

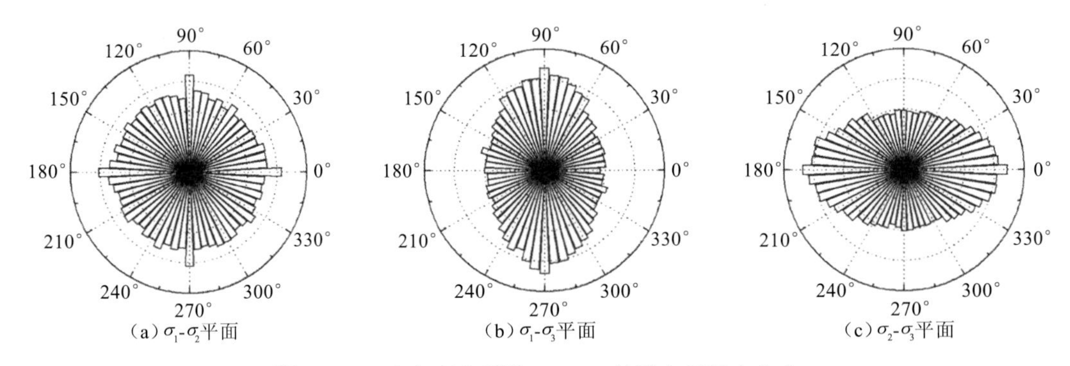

(a) σ_1-σ_2平面　(b) σ_1-σ_3平面　(c) σ_2-σ_3平面

图 6.3.37　中主应力系数 b=1.00 的法向接触力分布

确定剪切过程中的各向异性张量 a_{ij}^{l}、a_{ij}^{c}、a_{ij}^{n} 和 a_{ij}^{t}，定义其偏张量的不变量来反映其各向异性程度：

$$a_* = \mathrm{sign}(S_\mathrm{r})\sqrt{\frac{3}{2}a_{ij}^*a_{ij}^*} \tag{6.3.44}$$

式中：*表示接触法向 c、枝向量 l、法向接触力 n 和切向接触力 t；sign 是取符号函数；S_r 是归一化的标量，其定义为

$$S_\mathrm{r} = \frac{\sigma_{ij}a_{ij}^*}{\sqrt{a_{ij}^*a_{ij}^*}\sqrt{\sigma_{ij}\sigma_{ij}}} \tag{6.3.45}$$

图 6.3.38 为函数 $\mathrm{sign}(S_\mathrm{r})$ 取值的示意图。函数 S_r 反映了各向异性张量 a_{ij}^* 与偏应力张量 S_{ij} 的非共轴特性，S_r=1 表明各向异性张量 a_{ij}^* 与应力张量 σ_{ij} 是完全共轴的。在轴对称情况下，$S_\mathrm{r} > 0$ 表明各向异性张量 a_{ij}^* 的主轴与应力张量 σ_{ij} 的主轴的夹角 $\alpha < \arccos(\sqrt{3}/3)$。

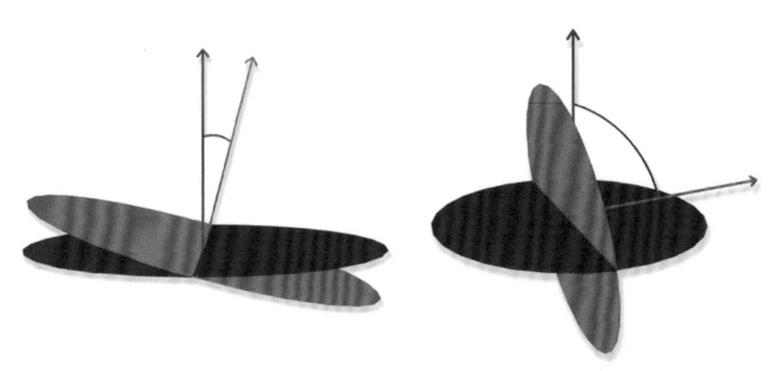

图 6.3.38　函数 sign(S_r)取值的示意图

图 6.3.39～图 6.3.42 分别为接触法向、法向接触力、切向接触力和枝向量的各向异性系数在加载过程中的演化曲线，从中可以得出以下几点结论。

接触法向和法向接触力的各向异性程度较大，切向接触力次之。枝向量的各向异性为负，表明枝向量的各向异性张量的主方向与应力张量的主方向的夹角较大，这是由于颗粒在外荷载作用下发生了长轴的重定向，即颗粒长轴逐渐向垂直于主加载的方向倾斜，此时按照式（6.3.45）计算可得 S_r 为负。

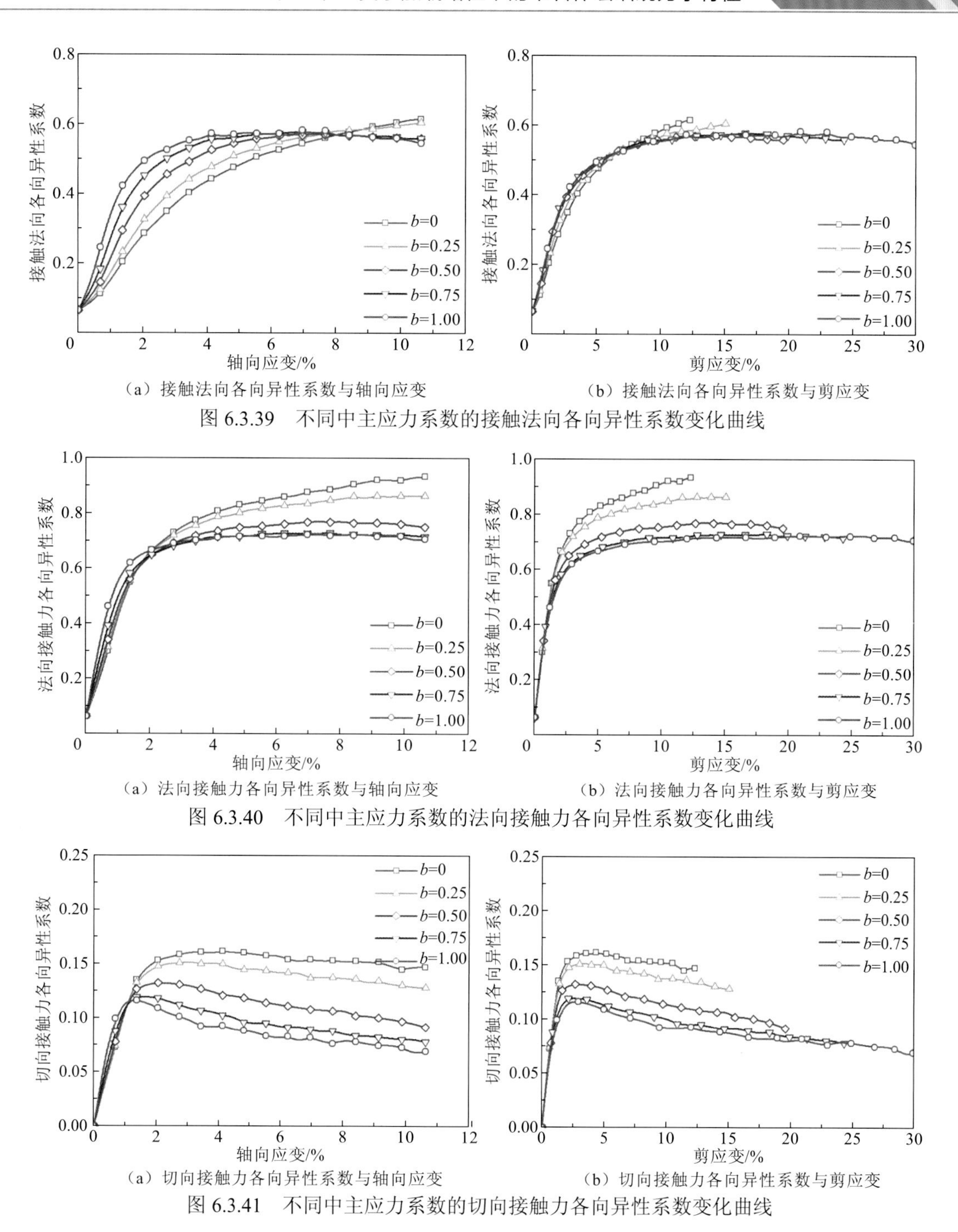

（a）接触法向各向异性系数与轴向应变　（b）接触法向各向异性系数与剪应变

图 6.3.39　不同中主应力系数的接触法向各向异性系数变化曲线

（a）法向接触力各向异性系数与轴向应变　（b）法向接触力各向异性系数与剪应变

图 6.3.40　不同中主应力系数的法向接触力各向异性系数变化曲线

（a）切向接触力各向异性系数与轴向应变　（b）切向接触力各向异性系数与剪应变

图 6.3.41　不同中主应力系数的切向接触力各向异性系数变化曲线

对比 $b=0$ 和 $b=1$ 两种应力路径的各向异性系数变化规律。当 $b=1$ 时，接触法向、法向接触力和切向接触力各向异性系数迅速从初始的一个小值增大到峰值，然后接触法向和法向接触力各向异性系数基本保持不变，而切向接触力的各向异性系数略微减小。当 $b=0$ 时，法向和切向接触力同样是迅速增大，且其值要大于 $b=1$ 时的相应值，但接触法向却是逐渐增大，并且在加载的大部分时候都是小于 $b=1$ 时的相应值。

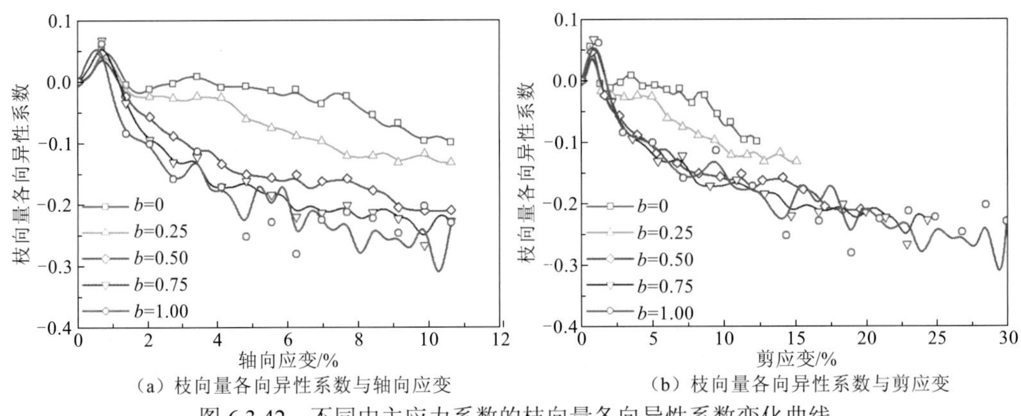

（a）枝向量各向异性系数与轴向应变　　（b）枝向量各向异性系数与剪应变

图 6.3.42　不同中主应力系数的枝向量各向异性系数变化曲线

6.4　等比例应变路径试验

6.4.1　材料失稳

如何定义、分析和模拟失稳是土力学中最具挑战性的难题之一。一个广泛接受的认识是对于非关联的弹塑性岩土材料，在塑性极限内存在多种失稳模式，如基于 Hill 失稳准则[32]的应变局部化失稳。发生应变局部化失稳时，材料中原先连续分布的位移模式被一种急剧不连续的位移梯度所替代，大量的变形积聚到相对狭窄的带状区域内，或者称为剪切带。很多学者通过室内试验和离散元数值模拟研究了颗粒类岩土材料应变局部化或者剪切带形成的细观机理和动力学基础，如图 6.4.1 所示。此外，对于非关联的弹塑性岩土材料，特别是颗粒类岩土材料，在应力状态尚处于塑性极限面以内时也会发生分散性失稳[33]，如图 6.4.2 所示。术语“分散性失稳”对应于应变局部化失稳，是为了强调失稳模式中没有出现应变局部化或者剪切带。

图 6.4.1　常规三轴试验中出现的应变局部化现象[58]

图 6.4.2　等体积三轴试验中出现的分散性失稳[50]

相比对应变局部化的研究，分散性失稳模式的研究开始较晚。Castro[34]最早在对饱和松砂进行静力加载试验时，发现在完全不排水条件下，当偏应力 q 达到峰值后，在试样轴向施加微小的应力增量，试样整体马上发生急剧的失稳。此时试样的应力状态尚处于峰值强度线以内，这种现象称为静力液化，以区别于饱和砂土在循环加载中出现的动力液化。随着试样相对密度的增加，静力液化现象越来越弱并最终消失。研究人员通过室内试验，研究了排水条件、围压、应力水平、相对密度等因素对静力液化起动机制的影响[35-40]。Lade[36]将不同试验条件下，静力液化时的应力状态在应力空间内连起来形成失稳线。当试样的应力水平在失稳状态线以上时，在不排水条件下通过轴向加载会发生急剧失稳。

通过对大量的边坡失稳案例的分析，研究人员认为由地下水引起的静力液化可能是边坡失稳的隐含机制之一[41]。1994 年南非 Merriespruit 尾矿坝溃坝事故导致 17 人死亡，Fourie 等[42]的失事调查认为由静力液化引起的流动是溃坝的主要原因。1907 年美国的 Wachusett 坝在初期蓄水时上游坝坡失稳，Olson 等[43]通过反馈分析认为静力液化是导致滑动失稳的主要原因。认识到静力液化与滑动失稳的强烈联系，大大扩展了人们对岩土失稳机制的认知深度和研究范围[36,44-45]。

对分散性失稳的认识最早来自松砂的静力液化现象，但随着研究的深入，人们发现即使对密实的颗粒集合体，通过控制试样在剪切过程中的体积变形也会出现与静力液化相似的现象。如前文所述，这种现象称为分散性失稳。由于不排水剪切试验时，试样的体积保持不变，可以认为松砂在不排水剪切试验中出现的静力液化是分散性失稳的一个特例。目前主要从室内试验、数值建模和离散元模拟三个方面来研究颗粒材料的分散性失稳。通常的研究思路是在室内试验或离散元模拟中沿不同的应变路径剪切颗粒集合体，控制其体积变形，研究其在不同体变情况下可能发生的分散性失稳。借助于高分辨率的可视化试验装置，Guo[46]采用光弹颗粒研究了其在各种应变路径下细观组构和接触力的演化规律。Ibraim 等[47]采用应变控制试验装置研究了模拟颗粒材料的应力剪胀特性。Lancelot 等[48]、Jrad 等[49]则采用常规的试验装置研究了颗粒材料在应变加载路径下的力学特性。许多研究者围绕颗粒材料的分散性失稳，综合采用室内试验[50-51]、理论建模[52-55]和离散元模拟[56-57]做了大量富有建设性的研究工作。

根据 Hill 的材料失稳理论，材料中一点的应力应变状态当其共轭的应力增量 $\mathrm{d}\sigma$ 和应变增量 $\mathrm{d}\varepsilon$ 对应的二阶功 d^2W 为负时，材料点发生失稳：

$$\mathrm{d}^2W = \mathrm{d}\sigma : \mathrm{d}\varepsilon < 0 \tag{6.4.1}$$

式中：$\mathrm{d}\sigma$ 和 $\mathrm{d}\varepsilon$ 分别为应力增量和应变增量。

一些学者基于 Hill 的材料失稳准则从理论推导、数值模拟和室内试验等途径研究了颗粒材料在完全排水或者不排水条件下出现的分散性失稳模式[50]，他们的研究发现二阶功准则是研究颗粒材料分散性失稳模式的一个有力理论工具。以轴对称的常规三轴试验为例，试样的二阶功 d^2W 用主应力和主应变表示为

$$\mathrm{d}^2W = \mathrm{d}\sigma : \mathrm{d}\varepsilon < 0 \tag{6.4.2}$$

将式（6.4.2）用静水压力 p、广义剪应力 q、体积应变 ε_v 和剪应变 ε_d 表示为

$$\mathrm{d}^2W = \mathrm{d}q\mathrm{d}\varepsilon_1 + \mathrm{d}p\mathrm{d}\varepsilon_\mathrm{v} \tag{6.4.3}$$

$$q = \sigma_1 - \sigma_3 \tag{6.4.4}$$

$$p = \frac{1}{3}(\sigma_1 + 2\sigma_3) \tag{6.4.5}$$

$$\varepsilon_\mathrm{v} = \varepsilon_1 + 2\varepsilon_3 \tag{6.4.6}$$

$$\varepsilon_\mathrm{d} = \frac{2}{3}(\varepsilon_1 - \varepsilon_3) \tag{6.4.7}$$

在等体积三轴剪切试验中 $\varepsilon_\mathrm{v} = \varepsilon_1 + 2\varepsilon_3 = 0$，式（6.4.3）可退化为

$$\mathrm{d}^2W = \mathrm{d}q\mathrm{d}\varepsilon_1 \tag{6.4.8}$$

可以看出，在峰值偏应力 $q(\mathrm{d}q = 0)$ 出现分叉点可以很好地用二阶功准则描述。

6.4.2　加载路径

为了研究堆石体的分散性失稳特性，本节设计了一组轴对称的等比例应变加载路径数值试验，数值试样和计算参数分别见图 6.1.3、表 6.1.1。采用应变增量的形式，将轴对称的等比例应变加载路径表示为

$$\begin{cases} \mathrm{d}\varepsilon_1 > 0 \\ \mathrm{d}\varepsilon_2 = \mathrm{d}\varepsilon_3 \\ \mathrm{d}\varepsilon_\mathrm{v} = \alpha\mathrm{d}\varepsilon_1 \end{cases} \tag{6.4.9}$$

式中：$\mathrm{d}\varepsilon_1$、$\mathrm{d}\varepsilon_2$ 和 $\mathrm{d}\varepsilon_3$ 分别为试样轴向和两个侧向的应变增量，$\mathrm{d}\varepsilon_v = \mathrm{d}\varepsilon_1 + \mathrm{d}\varepsilon_2 + \mathrm{d}\varepsilon_3$ 为体积应变增量。

在本节中体积应变以压缩为正，通过调整 α 的大小和正负来控制试样体积变形特性：

当 $\alpha = 0$ 时，试样体积变形为 0，对应于不排水剪切试验；

当 $\alpha > 0$ 时，试样发生体积收缩，α=1时对应于单轴压缩试验；

当 $\alpha < 0$ 时，试样发生体积膨胀。

此外，上述轴对称的等比例应变加载路径还可以表示为

$$\begin{cases} \mathrm{d}\varepsilon_1 > 0 \\ \mathrm{d}\varepsilon_2 = \mathrm{d}\varepsilon_3 \\ \mathrm{d}\varepsilon_1 + 2R\mathrm{d}\varepsilon_3 = 0 \end{cases} \tag{6.4.10}$$

当 $R = 1$ 时，试样体积变形为 0，对应于不排水剪切试验；

当 $R > 1$ 时，试样发生体积收缩，$R = 1$ 时对应于单轴压缩试验；

当 $0 < R < 1$ 时，试样发生体积膨胀。

由式（6.4.9）和式（6.4.10）可推导出 α 与 R 的关系如下：

$$\alpha = 1 - \frac{1}{R}, \quad R = \frac{1}{1-\alpha} \tag{6.4.11}$$

在轴对称的等比例应变加载路径数值试验中，先对试样施加各向等压的应力状态直至预定的围压值，然后按照上述的等比例应变加载路径，分别控制试样轴向和侧向刚性板的位移以保证试样的应变状态满足式（6.4.9）或式（6.4.10），如图 6.4.3 所示。本节分别进行了围压为 0.8 MPa、1.6 MPa、2.4 MPa 和 3.2 MPa 下的等比例应变加载路径数值试验，每个围压下控制应变路径的参数 α 分别取 0.25、0、−0.5、−1.0 和−1.5。

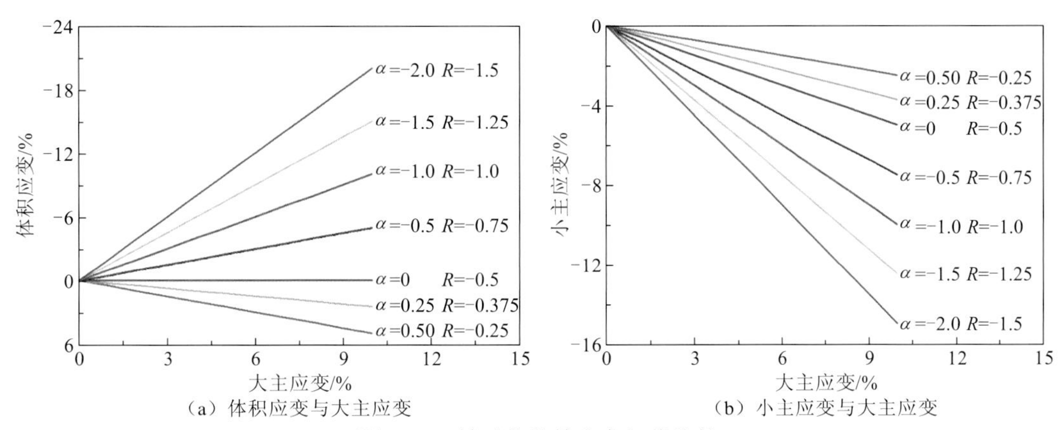

（a）体积应变与大主应变　　（b）小主应变与大主应变

图 6.4.3　轴对称的等应变加载路径

在轴对称加载情况下，有 $\sigma_2=\sigma_3$ 和 $\varepsilon_2=\varepsilon_3$，试样的应变状态可用 ε_1 和 ε_3 表示，对应的应力状态可用 σ_1 和 σ_3 表示，定义试样的能量密度 W 为

$$W = \varepsilon_1\sigma_1 + 2\varepsilon_3\sigma_3 \tag{6.4.12}$$

在等比例应变加载路径中，试样的应变状态用 ε_1 和 $\varepsilon_1 + 2R\varepsilon_3$ 来描述，对应的应力状态不再采用 σ_1 和 σ_3，而是 $\sigma_1 - \sigma_3 / R$ 和 σ_3 / R，可将式（6.4.12）中能量密度的定义改写为

$$\begin{aligned} W &= \varepsilon_1\sigma_1 + 2\varepsilon_3\sigma_3 \\ &= \varepsilon_1\left(\sigma_1 - \frac{\sigma_3}{R}\right) + (\varepsilon_1 + 2R\varepsilon_3)\frac{\sigma_3}{R} \end{aligned} \tag{6.4.13}$$

因此，在等比例应变加载路径数值试验中得到的宏观力学响应表示成 $\sigma_1 - \sigma_3 / R$ 和 ε_1 的关系曲线。此外，由于在等比例应变加载路径中有 $\Delta\varepsilon_1 + 2R\Delta\varepsilon_3 = 0$，因此二阶功可简化为

$$\begin{aligned} \mathrm{d}^2W &= \mathrm{d}\sigma_1\mathrm{d}\varepsilon_1 + 2\mathrm{d}\sigma_3\mathrm{d}\varepsilon_3 \\ &= \mathrm{d}\varepsilon_1\left(\mathrm{d}\sigma_1 - \frac{\mathrm{d}\sigma_3}{R}\right) + (\mathrm{d}\varepsilon_1 + 2R\mathrm{d}\varepsilon_3)\frac{\mathrm{d}\sigma_3}{R} \\ &= \mathrm{d}\varepsilon_1\left(\mathrm{d}\sigma_1 - \frac{\mathrm{d}\sigma_3}{R}\right) \end{aligned} \tag{6.4.14}$$

6.4.3 宏观力学响应

本节进行了 4 个围压、5 种等应变路径的数值试验，受篇幅的限制，这里只给出了围压为 2.4 MPa 时的数值试验结果。按照常规的试验结果整理方式，图 6.4.4 分别给出了不同等比例应变路径的广义剪应力 q、应力比 q/p、侧向应变 ε_3、体积应变 ε_v 与轴向应变 ε_1 的关系曲线。由图 6.4.4（a）和图 6.4.4（b）可以看出，试样的体积应变与轴向应变之间基本上呈线性关系，符合式（6.4.9）所描述的等比例应变关系，但在轴向应变较大时，体积应变曲线表现出轻微的非线性，这是由于本节所有的应变都是采用对数形式的定义以适应大变形。侧向应变与轴向应变之间的关系基本可以用式（6.4.10）描述，同样在轴向应变较大时出现了轻微的非线性，其原因与体积应变一样。

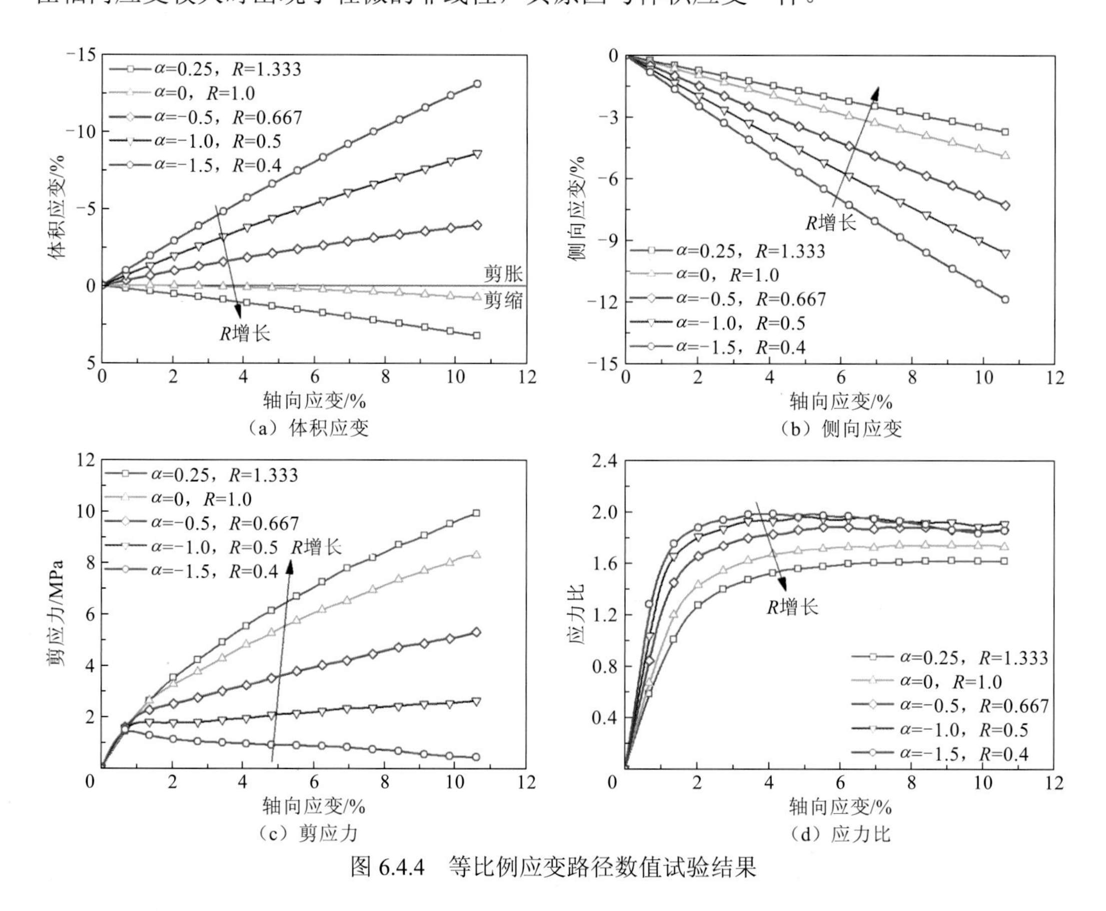

图 6.4.4　等比例应变路径数值试验结果

可见数值试验结果与等应变路径的控制参数 R 或者 α 有关，为了与其他学者的研究成果相适应，在此后的分析中均采用参数 R 来说明不同的等比例应变路径。由图 6.4.4（c）可以看出，剪应力与轴向应变关系曲线不同于常规三轴试验其他应力路径加载试验。当 $R \geqslant 0.667$ 时，剪应力曲线没有出现峰值，其随轴向加载呈非线性增大的趋势；当 $R = 0.5$ 时，剪应力在加载初期出现一个局部峰值后略微减小，然后继续增大至试验结束；当

$R=0.4$ 时，剪应力曲线出现明显的峰值，此后剪应力减小至试验结束，此时颗粒间不能再传递接触力。

将剪应力 q 用平均应力 p 归一化，其随轴向应变的变化曲线比较相似，在加载开始后应力比 q/p 迅速增大。当 R 较大时，曲线没有出现明显的峰值，而 R 较小时，曲线很快达到峰值随后缓慢减小。峰值应力比随着 R 的减小而增大，这是由于 $R<1$ 时，试样发生剪胀，如 6.3 节所讨论剪胀效应对颗粒集合体的宏观剪切强度有正面的贡献。而当 $R>1$ 时，对应于试样体积收缩，根据应力剪胀理论，此时的峰值应力比较小。

继续深入地研究等比例应变路径的数值试验结果，将结果整理成图 6.4.5 中的形式。图 6.4.5（a）为不同等比例应变路径的 ε_1-$(\varepsilon_1+2R\varepsilon_3)$ 关系曲线，可以看出在加载过程中 $\varepsilon_1+2R\varepsilon_3$ 基本上在 0 附近，表明预定的应变路径在数值试验完全生效。图 6.4.5（b）为不同等比例应变路径的 p-q 关系曲线。当 $R\geqslant 0.667$ 时，p-q 曲线没有出现峰值，剪应力持续增大至试验结束；当 $R=0.5$ 时，p-q 曲线存在一个局部峰值，剪应力在达到这个局部峰值后经过短暂的降低，此后又继续增大；当 $R=0.4$ 时，剪应力 q 在达到峰值后迅速减小，表明试样已丧失了承载能力。

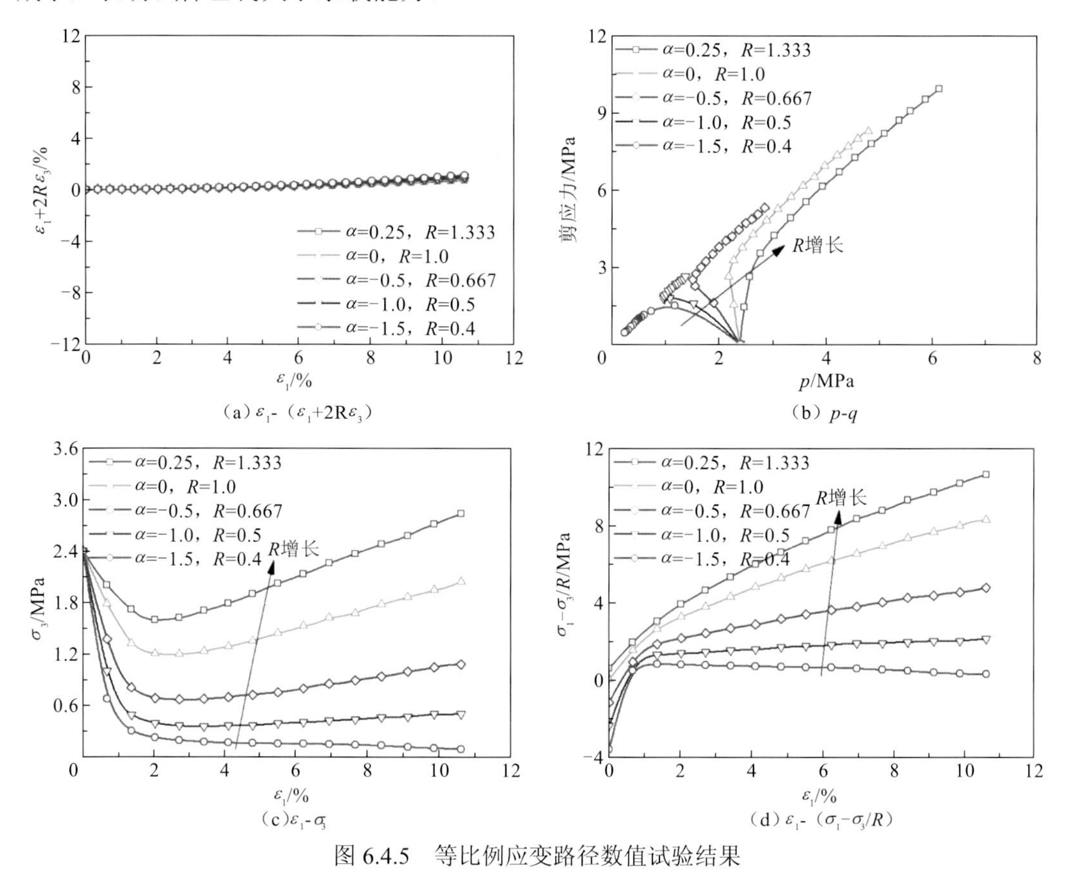

图 6.4.5　等比例应变路径数值试验结果

对于摩擦性颗粒材料来说，其大部分力学特性都与其围压约束密切相关，从细观层面来看颗粒间的几种作用机制如摩擦、咬合、破碎和重排列，都是因为颗粒受外界或其他颗粒的约束而不能自由“流动”。由图 6.4.5（c）可以看出，作用在试样侧面的小主应力 σ_3 在加载开始后迅速由初始围压减小，特别是试样体积膨胀的应变路径，即 R 越小时，小主应力减小的速率和程度都越明显；当 R 较大时，试样体积变形为收缩或者轻微的剪胀，颗粒集合体的细观结构在调整后，又能够发挥出较大的承载能力。在常规三轴剪切试验中，试样小主应力保持不变，颗粒集合体为了平衡围压在侧向演化出一定程度的变形。将围压为 2.4 MPa 时，常规三轴剪切和等比例应变加载路径的侧向应变绘于图 6.4.5（c）。常规三轴剪切试验中试样的侧向变形是非线性的，即侧向膨胀的速率逐渐加快。本节选取的几种应变路径，在刚开始加载时，试样侧向的膨胀变形均大于为了保持围压不变所需的变形。试样的等比例应变状态是通过移动试样四周的刚性板来实现的，因此可以认为小主应力降低的原因是刚性板向外侧移动的速率快于颗粒集合体在侧向的变形速率，其力学机制类似于被动挡土墙。继续分析 $R=1.333$ 的情况，随后试样侧向的膨胀变形均小于为了保持围压不变所需的变形，此时刚性板对颗粒集合体的作用也类似于主动挡土墙，小主应力也随之逐渐增大。

图 6.4.5（d）为不同等比例应变路径的 ε_1-$(\sigma_1-\sigma_3/R)$ 关系曲线。由于在加载过程中 $\mathrm{d}\varepsilon_1$ 始终为正值，式（6.4.14）中二阶功 d^2W 的正负取决于 $\mathrm{d}\sigma_1-\mathrm{d}\sigma_3/R$。当 $R\geqslant 0.667$ 时，$\sigma_1-\sigma_3/R$ 在加载过程中始终增加，因此 $\mathrm{d}\sigma_1-\mathrm{d}\sigma_3/R$ 始终为正值，试样的二阶功 d^2W 也始终为正，不满足 Hill 的材料失稳准则；当 $R=0.4$ 时，$\sigma_1-\sigma_3/R$ 曲线出现了一个明显的峰值，在达到峰值后，$\sigma_1-\sigma_3/R$ 逐渐减小直至试验结束。

根据 $R=0.667$、$R=0.5$ 和 $R=0.4$ 的等比例应变加载路径数值试验得到的结果，采用式（6.4.14）计算二阶功。将试样的二阶功在加载过程中的变化曲线绘于图 6.4.6 中，同时为了便于对比，将上述三个 R 值的剪应力 q、$\sigma_1-\sigma_3/R$ 与轴向应变的关系曲线同样绘于图 6.4.6 中。当 $R=0.4$ 时，二阶功 d^2W 在加载过程中减小到 0 以下，表明试样在此应变路径下发生了分散性失稳，而在其余几个应变路径下二阶功 d^2W 始终为正值。同样也发现，试样的二阶功 d^2W 从刚开始加载时的较大值都减小到 0 附近，而剪应力曲线没有表现出相应的变化规律。对比 $R=0.4$ 时的剪应力 q、$\sigma_1-\sigma_3/R$ 二阶功 d^2W 变化曲线，二阶功 d^2W 在剪应力 q 达到峰值后才变为 0。

从图 6.4.5（c）的小主应力曲线可以看出，当 $R=0.4$ 时，小主应力 σ_3 随着加载逐渐减小。定义小主应力的变化率为 $\dot{\sigma}_3=(\mathrm{d}\sigma_3/\mathrm{d}\varepsilon_1)\dot{\varepsilon}_1$，$\mathrm{d}\varepsilon_3/\mathrm{d}\varepsilon_1$ 是小主应力曲线的梯度，由于 $\mathrm{d}\varepsilon_3/\mathrm{d}\varepsilon_1<0$ 而 $\dot{\varepsilon}_1>0$，可得 $\mathrm{d}\varepsilon_3<0$。当 $\mathrm{d}q=0$ 时，$\mathrm{d}\sigma_1-\mathrm{d}\sigma_3/R=(1-1/R)\mathrm{d}\sigma_3>0$。当 $R<1$ 时，$\mathrm{d}\sigma_1-\mathrm{d}\sigma_3/R=(1-1/R)\mathrm{d}\sigma_3>0$，因此当剪应力曲线达到峰值时，$\sigma_1-\sigma_3/R$ 曲线尚处于上升阶段，这就解释了为什么剪应力曲线先于 $\sigma_1-\sigma_3/R$ 曲线达到峰值。

反之，当 $\mathrm{d}\sigma_1-\mathrm{d}\sigma_3/R=0$ 时，$\mathrm{d}q=(1/R-1)\mathrm{d}\sigma_3$。因此，当 $R<1$ 时，$\mathrm{d}q$ 的符号与 $\mathrm{d}\sigma_3$ 相同，由图 6.4.5（c）可以看出，此时小主应力 σ_3 仍在逐渐减小 $\mathrm{d}\sigma_3<0$，由此可得剪应力增量 $\mathrm{d}q<0$，即当 $\sigma_1-\sigma_3/R$ 曲线达到峰值时，剪应力曲线已处于下降状态。

通过上述分析，可以得到堆石体的典型分散性失稳模式如图 6.4.7 所示。采用平均主应力 p 和剪应力 q 描述堆石体的应力状态，在轴对称加载情况下有 $q=\sigma_1-\sigma_3$（σ_1 是轴

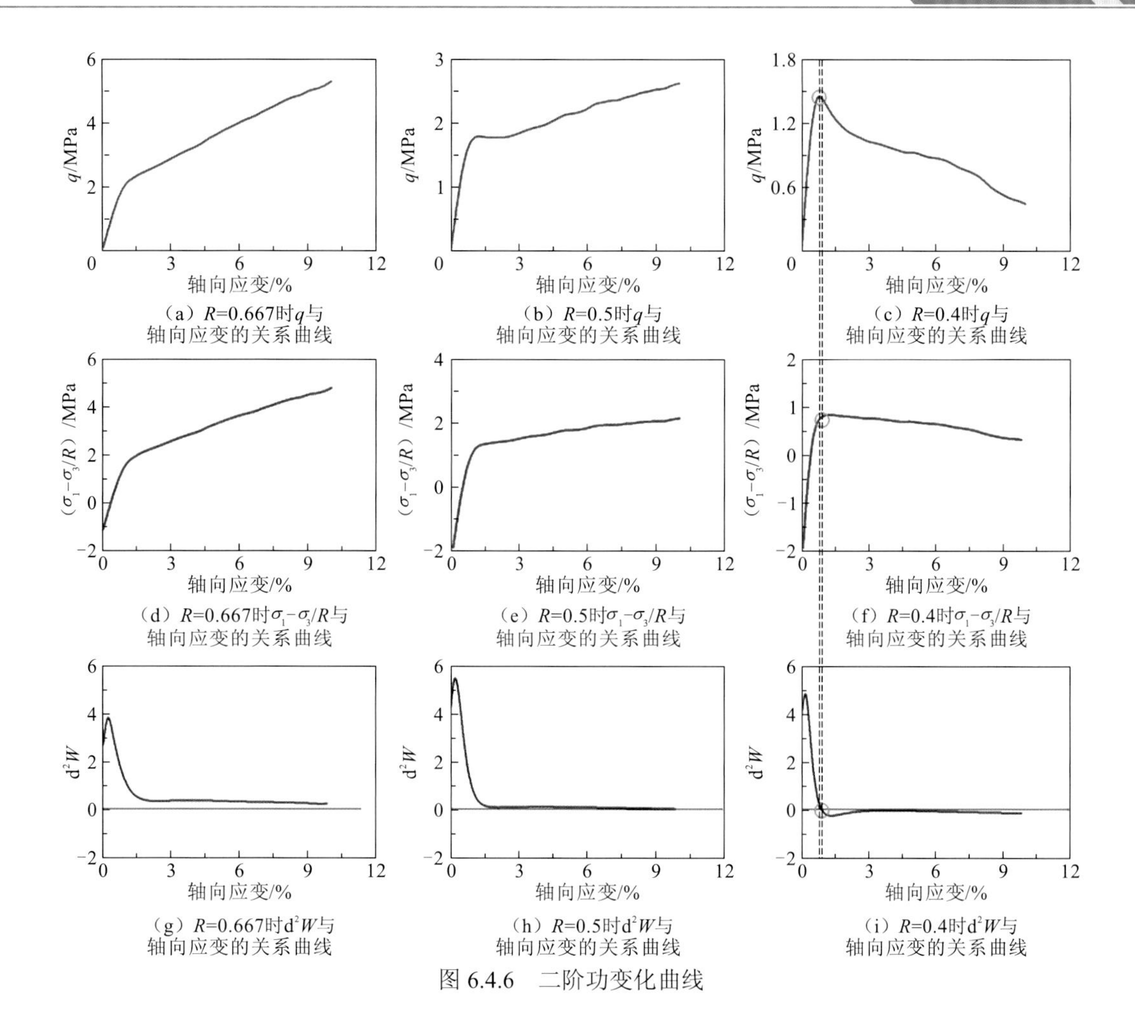

（a）R=0.667时q与轴向应变的关系曲线
（b）R=0.5时q与轴向应变的关系曲线
（c）R=0.4时q与轴向应变的关系曲线
（d）R=0.667时$\sigma_1-\sigma_3/R$与轴向应变的关系曲线
（e）R=0.5时$\sigma_1-\sigma_3/R$与轴向应变的关系曲线
（f）R=0.4时$\sigma_1-\sigma_3/R$与轴向应变的关系曲线
（g）R=0.667时d^2W与轴向应变的关系曲线
（h）R=0.5时d^2W与轴向应变的关系曲线
（i）R=0.4时d^2W与轴向应变的关系曲线

图 6.4.6　二阶功变化曲线

向应力，σ_3是侧向应力）。可以看出在给定的应变路径下，p-q 关系曲线存在一个峰值点，在达到这个峰值点后，如果继续施加一个无限小的轴向荷载，试样整体出现急剧失稳。当采用应变控制加载时，试验可以继续进行下去，此时平均主应力p和剪应力q持续减小直至 0。根据连续介质力学的小变形假设，Hill 的材料失稳准则采用共轭的应力增量$\mathrm{d}\sigma$和应变增量$\mathrm{d}\varepsilon$来判断材料的状态。对于一个材料点来说，在经历了一定的应力应变历史后，当其应力增量$\mathrm{d}\sigma$与其对应的应变增量$\mathrm{d}\varepsilon$满足$\mathrm{d}^2W=\mathrm{d}\sigma/\mathrm{d}\varepsilon<0$时，认为材料点发生了分散性失稳。将二阶功准则推广到更一般的情况，对一个体积为V的材料系统，当其总的二阶功满足$\mathrm{d}^2W=\int_V \mathrm{d}\sigma/\mathrm{d}\varepsilon<0$时，此时即使不改变施加在材料边界上的外荷载，也没有外部能量的输入，材料系统也会发生这种不可逆的整体失稳。回到不排水的常规三轴剪切试验，在轴对称加载情况下，二阶功可表示为$\mathrm{d}^2W=\mathrm{d}\sigma_1\mathrm{d}\varepsilon_1+2\mathrm{d}\sigma_3\varepsilon_3$，考虑试样的体积在加载过程中保持不变，有$\mathrm{d}\varepsilon_1+2\mathrm{d}\varepsilon_3=0$，二阶功可进一步改写为$\mathrm{d}^2W=(\mathrm{d}\sigma_1-\mathrm{d}\sigma_3)\mathrm{d}\varepsilon_1$，因此当剪应力出现峰值时，二阶功变为零，此时若在试样的轴向施加微小的荷载增量，试样即发生急剧的失稳。

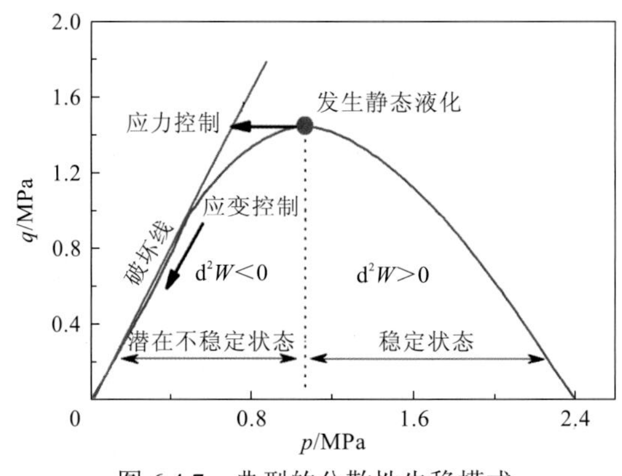

图 6.4.7 典型的分散性失稳模式

根据本节的数值试验结果，将 p-q 平面内的应力状态分成如图 6.4.8 所示的三个区域。以 $\alpha=0$ 的等体积加载路径得到的 p-q 曲线为界，分为剪胀区和剪缩区，剪缩区内的应力状态是稳定的，而剪胀区内以 $\alpha=-1.5$ 的 p-q 曲线为界，分为剪胀-稳定区和剪胀-非稳定区。剪胀-稳定区内试样的宏观力学特性表现为剪应力应变硬化、体积剪胀，而剪胀-非稳定区内试样的宏观力学特性则为剪应力应变软化、体积剪胀。

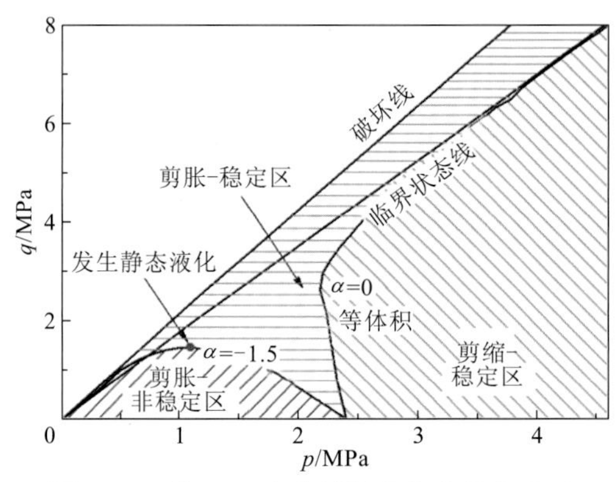

图 6.4.8 基于二阶功判据的应力状态分区

6.4.4 细观组构信息

这里继续分析颗粒层面的组构和接触力信息，以解释等比例应变路径下颗粒集合体所表现出的复杂力学特性。为了与 6.3 节保持一致，本节同时给出各个细观量随轴向应变和剪应变的变化曲线，在对其进行分析时，如果细观量与剪应变之间的关系曲线没有表现出特殊的规律，就不做详细描述。

1. 细观响应的平均值

图 6.4.9 为不同等比例应变路径的颗粒配位数在加载过程中的变化。当试样从应力控制的等压状态转为等比例的位移控制边界时，试样的配位数降低，特别是在试样体积膨

胀的应变路径中，如 $R=0.4$ 时，试样的配位数从初始的 6.0 减小到 3.5 左右。一个有趣的现象是在等体积应变路径或是体积收缩的应变路径中，试样的配位数也略微减小。出现这种现象的原因可能是颗粒集合体在由应力控制的边界转为位移控制边界时，颗粒集合体经过“自组织”的调整以适应外部边界条件的改变。以等体积应变路径为例解释颗粒集合体出现“自组织”调整的原因，由于试样轴向发生压缩变形，要保证试样体积不变，试样的侧向就必须向远离颗粒的方向发生膨胀。类比土力学中的挡土墙，当试样处于应力控制的等压状态时，颗粒集合体作用在侧向刚性板上的合力相当于挡土墙上的静止土压力，而试样的侧向发生远离颗粒的膨胀时，作用在其上的合力相当于主动土压力。主动土压力是小于静止土压力的，图 6.4.5（c）中的侧向刚性板上小主应力 σ_3 在开始加载后减小就证实了上述分析。反之，侧向刚性板上小主应力 σ_3 的减小表明其对颗粒集合体提供的侧向约束降低，此时颗粒集合体的接触密度必然会减小。

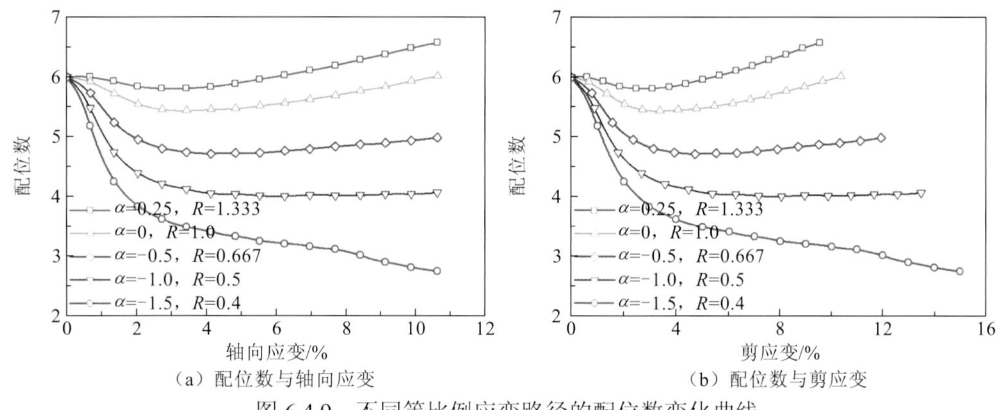

（a）配位数与轴向应变　（b）配位数与剪应变

图 6.4.9　不同等比例应变路径的配位数变化曲线

试样体积的膨胀量越大，其对应的配位数越小。但在等比例应变路径中，试样的体积应变随轴向应变线性变化，而配位数的变化则呈现出强非线性，这说明试样配位数的变化除了与试样体积变化有关外，还取决于其他因素，如试样的约束程度等。

图 6.4.10 为不同等比例应变路径的平均法向接触力在加载过程中的变化。可以看出，配位数与平均法向接触力的变化比较相似。在试样体积膨胀的应变路径中，配位数和平均法向接触力在加载开始后迅速减小，在经过一个拐点后，配位数和平均法向接触力减小的速率明显降低。而在试样体积收缩的应变路径中，平均法向接触力以一个相对稳定的速率大幅度增大，而颗粒配位数增加的幅度很小，这是由于本节所采用的数值试样的相对密度为 0.9，试样的颗粒配位数已经接近于这种级配、这种颗粒形状的颗粒集合体所能达到的配位数的极限。

图 6.4.11 为不同等比例应变路径的平均切向接触力在加载过程中的变化。可以看出，平均切向接触力在加载过程中的变化与图 6.4.4（a）中的体积变形规律相似。不同等比例应变路径下，平均切向接触力与轴向应变之间大致呈线性关系，在体积膨胀的应变路径中，平均切向接触力随轴向应变逐渐减小，而在体积收缩的应变路径中，平均切向接触力呈相反的变化规律。

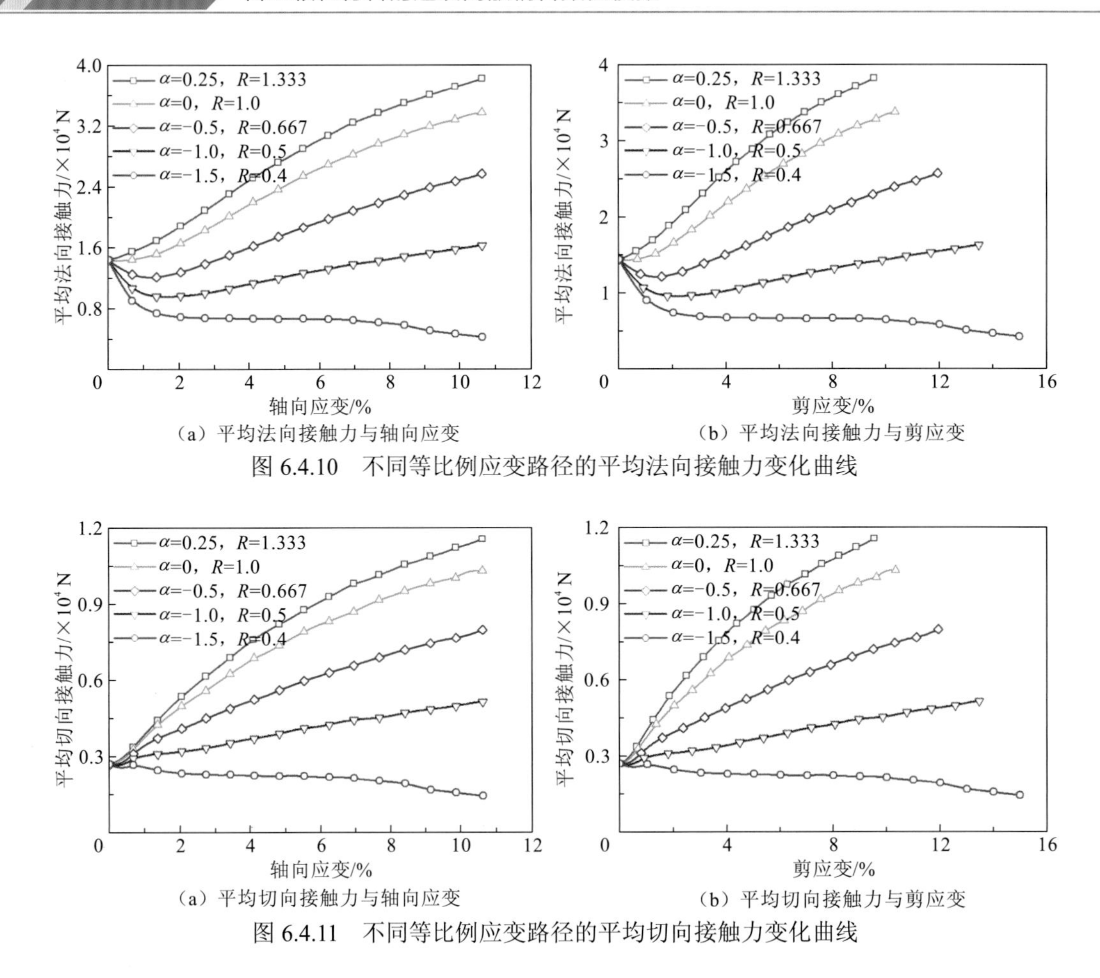

（a）平均法向接触力与轴向应变　（b）平均法向接触力与剪应变

图 6.4.10　不同等比例应变路径的平均法向接触力变化曲线

（a）平均切向接触力与轴向应变　（b）平均切向接触力与剪应变

图 6.4.11　不同等比例应变路径的平均切向接触力变化曲线

平均法向接触力与平均切向接触力在加载过程中的变化速率大不相同，导致颗粒集合体的失效接触比例在加载过程中发生了变化。以 $R=0.4$ 的应变路径为例，刚开始加载时，平均切向接触力减小的速率明显小于平均法向接触力减小的速率，导致发生滑动的颗粒接触数迅速增加，如图 6.4.12 所示。

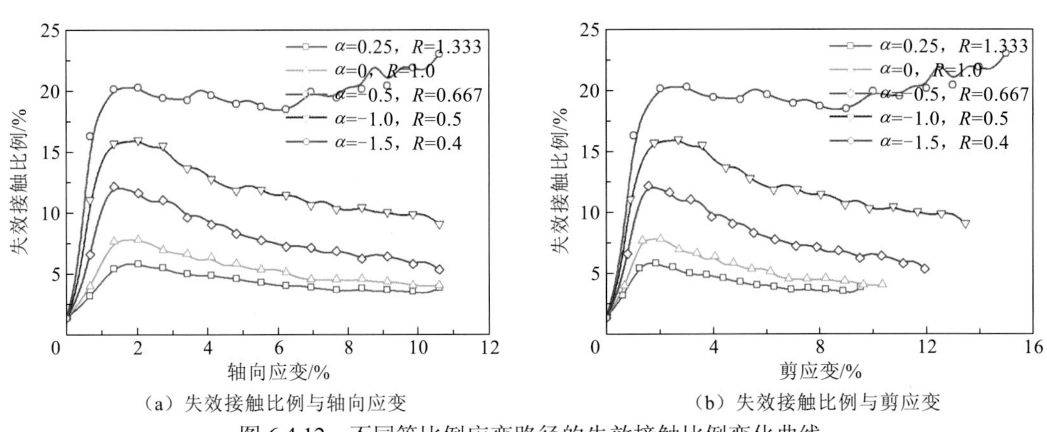

（a）失效接触比例与轴向应变　（b）失效接触比例与剪应变

图 6.4.12　不同等比例应变路径的失效接触比例变化曲线

颗粒间接触的摩擦激励程度同样反映了法向接触力与切向接触力的相对大小。不同等比例应变路径下，颗粒集合体的平均摩擦激励程度在加载过程中的变化如图 6.4.13 所示，其规律与失效接触比例相同，在此不再赘述。

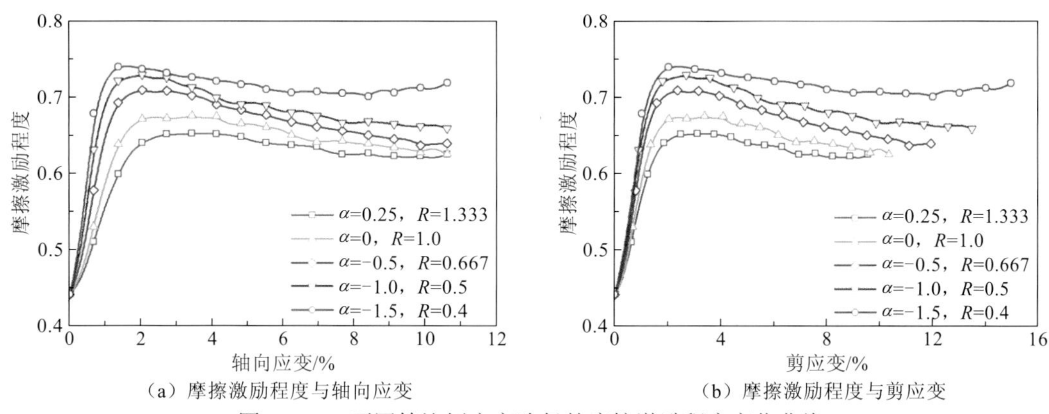

（a）摩擦激励程度与轴向应变　（b）摩擦激励程度与剪应变

图 6.4.13　不同等比例应变路径的摩擦激励程度变化曲线

2. 接触力分布

将不同等比例应变路径的数值试验在加载结束时的颗粒间法向接触力 f_n 用其平均法向接触力 $\langle f_n \rangle$ 归一化后，绘制 $f_n/\langle f_n \rangle$ 的概率密度分布于对数-线性坐标系上和双对数坐标系上（图 6.4.14）。同样，将颗粒间切向接触力 f_t 用其平均切向接触力 $\langle f_t \rangle$ 归一化后，绘制 $f_t/\langle f_t \rangle$ 的概率密度分布于对数-线性坐标系上和双对数坐标系上（图 6.4.15）。

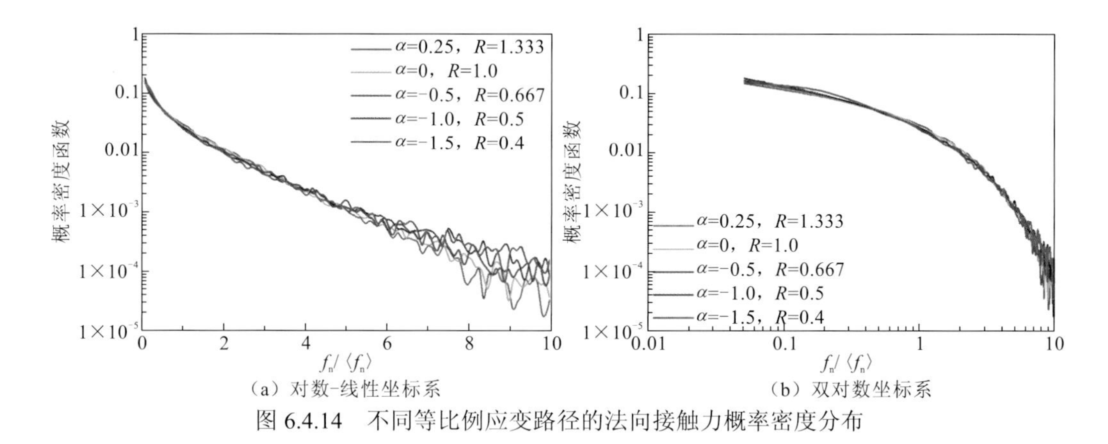

（a）对数-线性坐标系　（b）双对数坐标系

图 6.4.14　不同等比例应变路径的法向接触力概率密度分布

对比等静水压力等中主应力系数真三轴数值试验的法向接触力和切向接触力的概率密度分布图（图 6.3.25、图 6.3.26）可以看出，归一化后的法向接触力和切向接触力概率密度分布在应变路径和应力路径试验中基本一致，在此不再赘述。Azéma 和 Radjaï[59]的研究表明颗粒形状对颗粒间接触力的概率密度分布特性有明显的影响。本节研究了颗粒集合体的级配特征和相对密度对颗粒间接触力的概率分布特性的影响。由图 6.4.16～图 6.4.19 可以发现，颗粒集合体的级配特征对其接触力的概率密度分布特征有明显的影

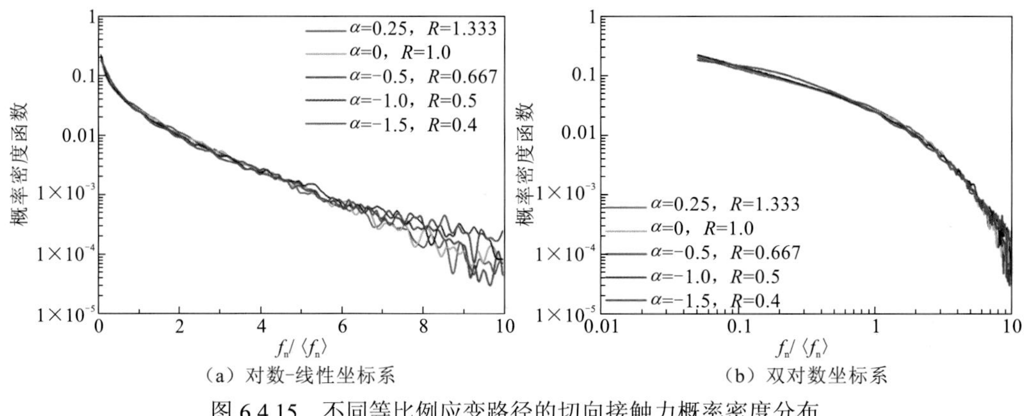

（a）对数-线性坐标系　（b）双对数坐标系

图 6.4.15　不同等比例应变路径的切向接触力概率密度分布

响，而相对密度对接触力的概率密度分布特征影响较小。综合上述研究，可以认为颗粒间法向接触力和切向接触力的概率密度分布特性只与颗粒集合体的级配和颗粒形状有关，而与其加载路径关系不大。

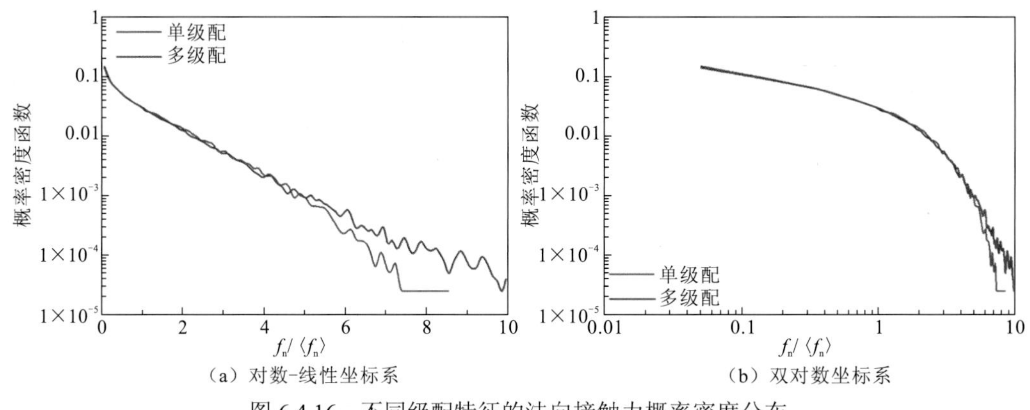

（a）对数-线性坐标系　（b）双对数坐标系

图 6.4.16　不同级配特征的法向接触力概率密度分布

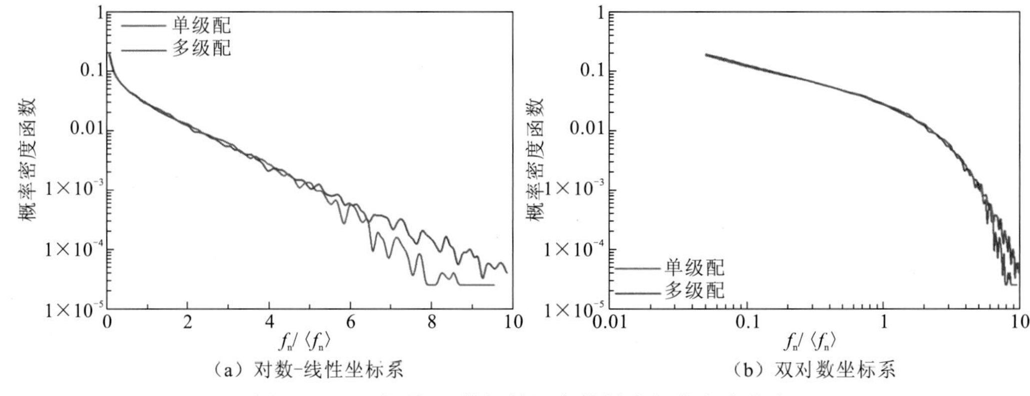

（a）对数-线性坐标系　（b）双对数坐标系

图 6.4.17　不同级配特征的切向接触力概率密度分布

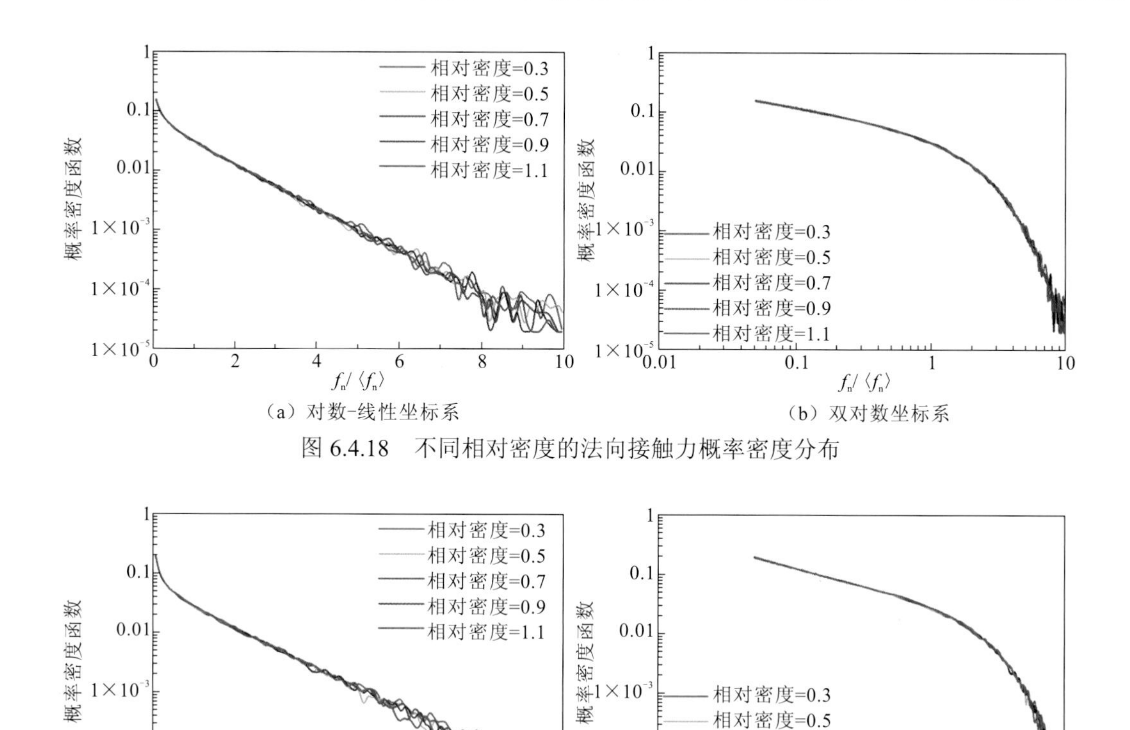

（a）对数-线性坐标系　（b）双对数坐标系

图 6.4.18　不同相对密度的法向接触力概率密度分布

（a）对数-线性坐标系　（b）双对数坐标系

图 6.4.19　不同相对密度的切向接触力概率密度分布

3. 各向异性

此处采用角域平均的方法研究组构量在空间中的分布。为了更加直观地观察接触法向的空间分布，分别将其投影至试样的 XY 平面、YZ 平面和 ZX 平面。XY 平面对应于 σ_1 - σ_3 作用面，YZ 平面对应于 σ_1 - σ_2 作用面，ZX 平面对应于 σ_2 - σ_3 作用面。

图 6.4.20～图 6.4.24 是不同等比例应变路径的数值试验在加载结束时，接触法向的空间分布在三个作用面上的投影。由于加载条件是轴对称的 $\sigma_2=\sigma_3$，接触法向的空间分布在 σ_1 - σ_2 和 σ_1 - σ_3 作用面上的投影相似，均呈“花生状”分布，接触法向的主方向位于主加载方向，即大主应力方向。由于是轴对称加载，接触法向在 σ_2 - σ_3 平面上的投影大致呈圆形。随着 R 的减小，即由试样体积收缩的应变路径过渡到体积膨胀的应变路径时，颗粒集合体的接触数逐渐减小，接触法向的空间分布在三个作用面上的投影逐渐缩小，但其投影的形状基本相似，没有因为应变路径的变化而发生较大的变化。

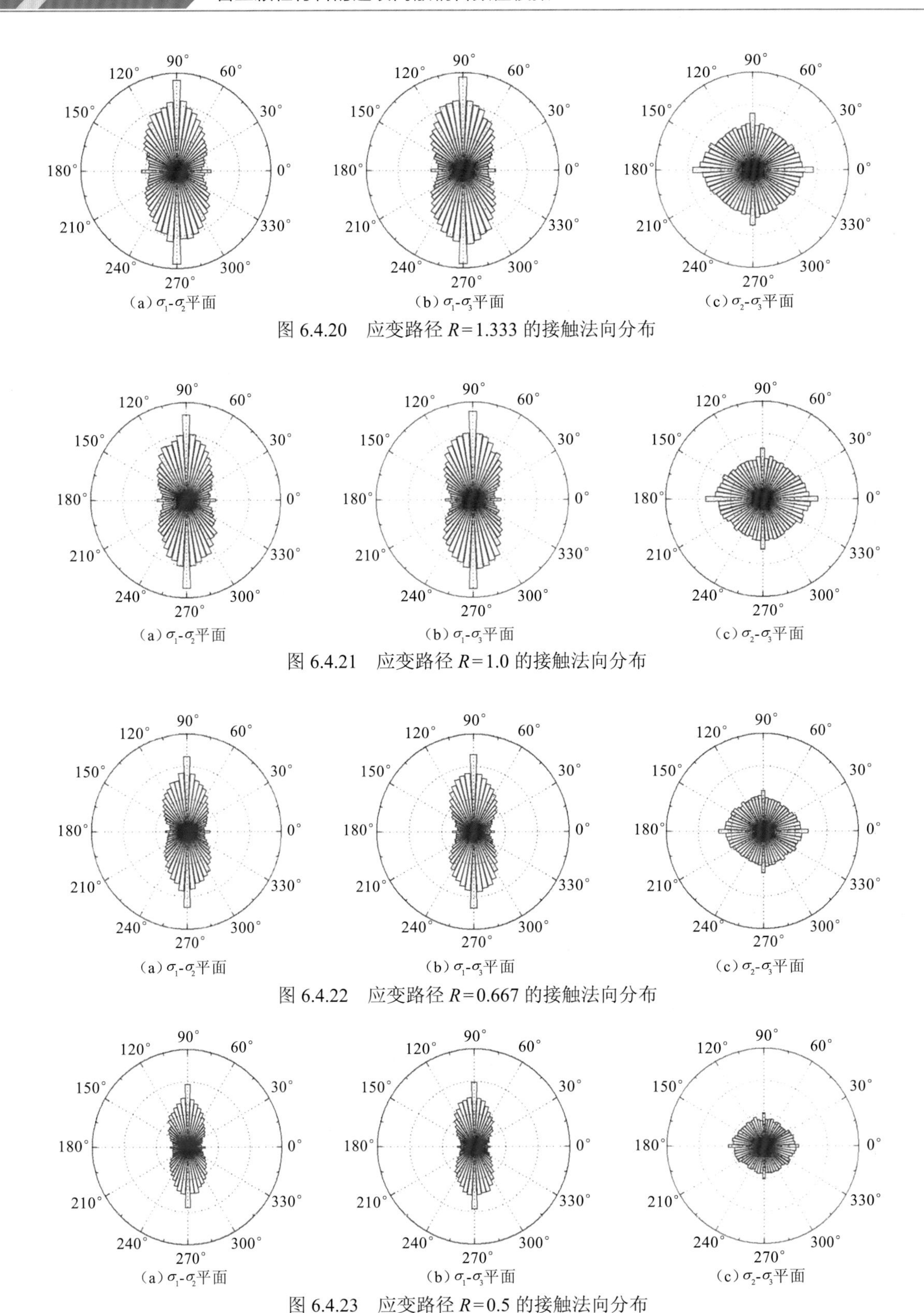

（a）σ_1-σ_2平面　（b）σ_1-σ_3平面　（c）σ_2-σ_3平面

图 6.4.20　应变路径 R=1.333 的接触法向分布

（a）σ_1-σ_2平面　（b）σ_1-σ_3平面　（c）σ_2-σ_3平面

图 6.4.21　应变路径 R=1.0 的接触法向分布

（a）σ_1-σ_2平面　（b）σ_1-σ_3平面　（c）σ_2-σ_3平面

图 6.4.22　应变路径 R=0.667 的接触法向分布

（a）σ_1-σ_2平面　（b）σ_1-σ_3平面　（c）σ_2-σ_3平面

图 6.4.23　应变路径 R=0.5 的接触法向分布

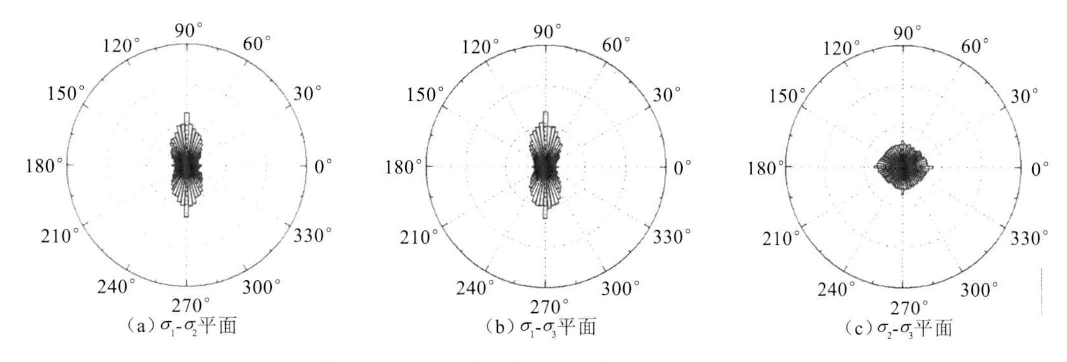

图 6.4.24　应变路径 $R=0.4$ 的接触法向分布

图 6.4.25～图 6.4.29 为不同等比例应变路径的数值试验在加载结束时，法向接触力的空间分布在三个作用面上的投影。同样由于轴对称加载条件，法向接触力的空间分布在 σ_1 - σ_2 和 σ_1 - σ_3 作用面上的投影相似，均呈“花生状”分布，法向接触力的主方向位于主加载方向，即大主应力方向。由于是轴对称加载，法向接触力在 σ_2 - σ_3 平面上的投影基本呈圆形。随着 R 的减小，即由试样体积收缩的应变路径过渡到体积膨胀的应变路径时，颗粒间的接触力逐渐减小，法向接触力的空间分布在三个作用面上的投影逐渐缩小，但其投影的形状基本相似，没有因为应变路径的变化而发生较大的变化。

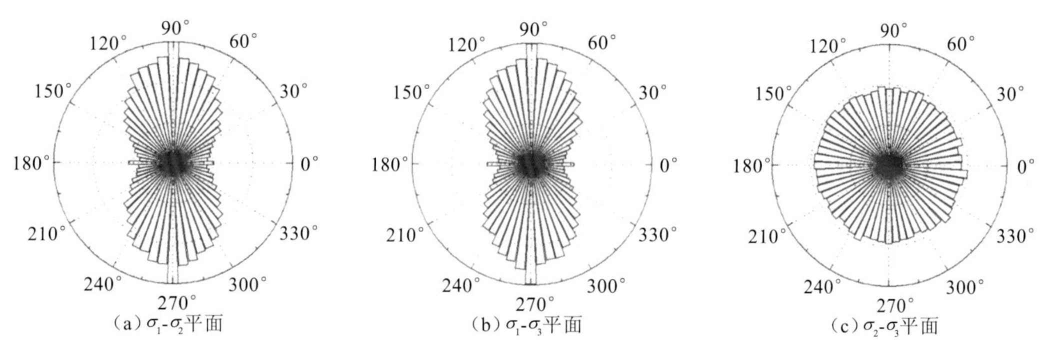

图 6.4.25　应变路径 $R=1.333$ 的法向接触力分布

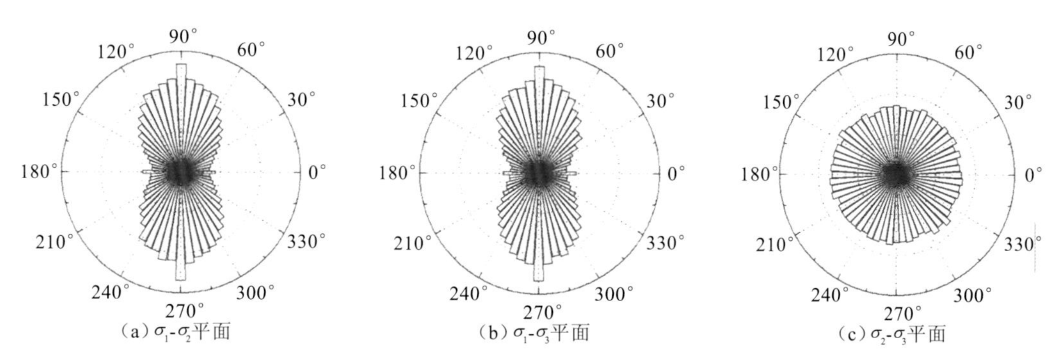

图 6.4.26　应变路径 $R=1.0$ 的法向接触力分布

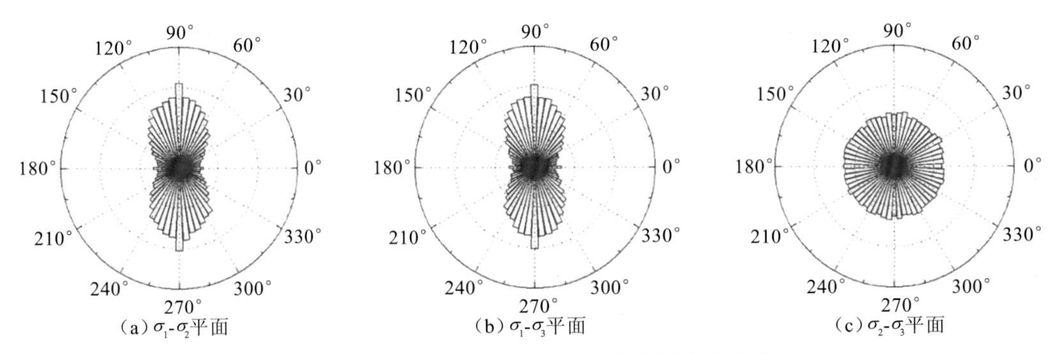

（a）σ_1-σ_2平面　（b）σ_1-σ_3平面　（c）σ_2-σ_3平面

图 6.4.27　应变路径 R=0.667 的法向接触力分布

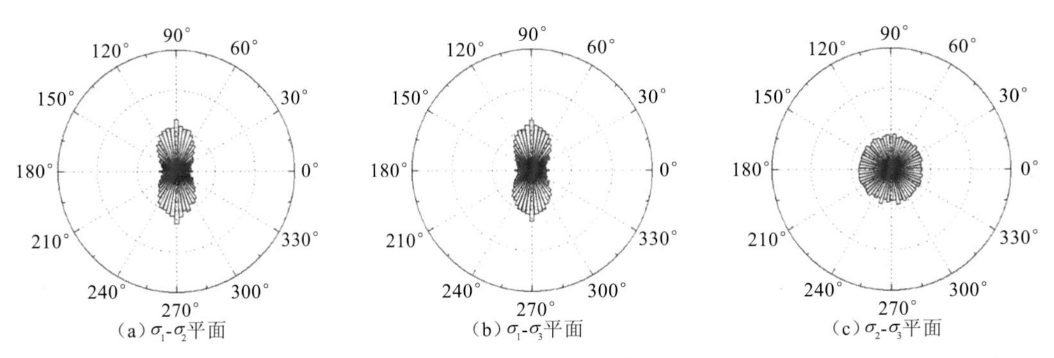

（a）σ_1-σ_2平面　（b）σ_1-σ_3平面　（c）σ_2-σ_3平面

图 6.4.28　应变路径 R=0.5 的法向接触力分布

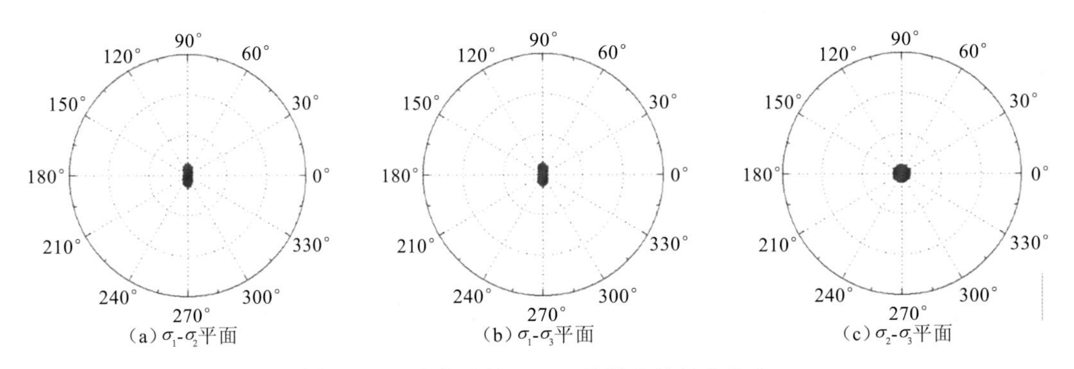

（a）σ_1-σ_2平面　（b）σ_1-σ_3平面　（c）σ_2-σ_3平面

图 6.4.29　应变路径 R=0.4 的法向接触力分布

上述不同等比例应变路径的接触法向和法向接触力的空间分布比较相似，只是空间分布面的大小有所区别。为了更进一步地量化细观组构量空间分布的各向异性特性，确定加载过程中的各向异性张量 a_{ij}^{l} 、 a_{ij}^{c} 、 a_{ij}^{n} 和 a_{ij}^{t} ，定义各向异性张量的不变量来反映其各向异性程度 $a_* = \sqrt{3/2a_{ij}^{*}a_{ij}^{*}}$ ，式中*表示接触法向 c、枝向量 l、法向接触力 n 和切向接触力 t。

各向异性系数反映了细观组构和接触力空间分布的各向异性程度，从图 6.4.30～图 6.4.33 的各向异性系数演化曲线可以看出，颗粒集合体在外荷载作用下，其细观组构和接触力逐渐从各向同性状态演化为各向异性状态。接触法向和法向接触力的各向异性程度较大，而切向接触力和枝向量各向异性对整体各向异性的贡献较小。接触法向各向异性系数在加载开始后迅速增加，在经过一个拐点后，增加的速率明显减小。对于法向接触力来说，其各向异性系数在加载开始后急剧增加，到达峰值后基本稳定下来不再发生变化。而切向接触力的各向异性系数在迅速增加到峰值后略微降低。对比接触法向、法向接触力和切向接触力的各向异性系数演化过程，接触法向的各向异性系数演化较慢，这是由于颗粒间咬合和摩擦作用导致颗粒间接触位置和方向的变化比较难，而颗粒间接触力的改变相对容易很多。此外，颗粒集合体要形成一个有效的承载结构，就必须对承载方向的主力链提供足够强的侧向约束，即颗粒集合体所能演化出的各向异性程度是有上限的，所以细观组构和接触力的各向异性演化的速率总是越来越慢。

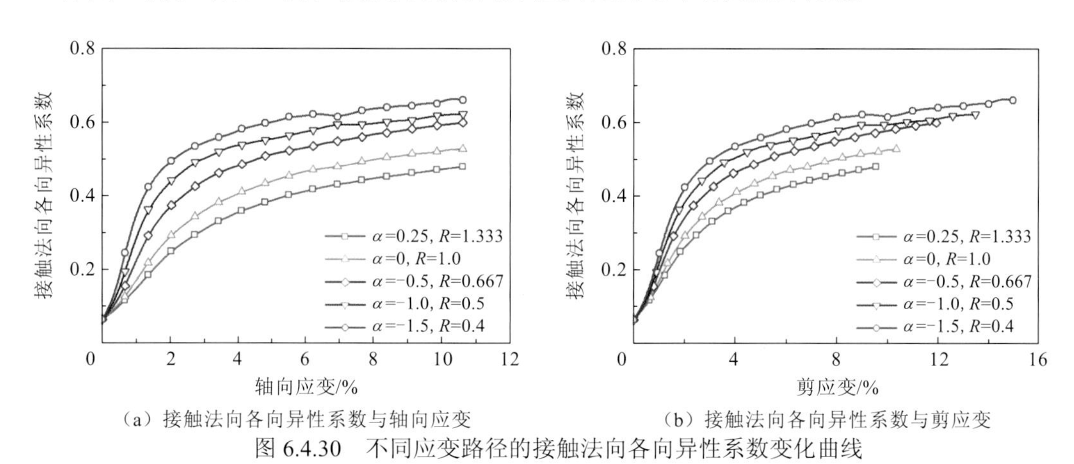

（a）接触法向各向异性系数与轴向应变　　（b）接触法向各向异性系数与剪应变

图 6.4.30　不同应变路径的接触法向各向异性系数变化曲线

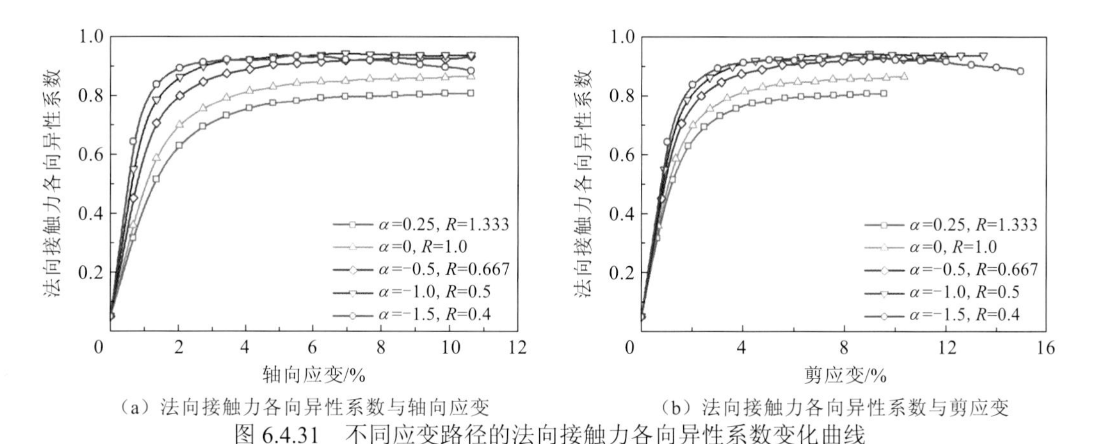

（a）法向接触力各向异性系数与轴向应变　　（b）法向接触力各向异性系数与剪应变

图 6.4.31　不同应变路径的法向接触力各向异性系数变化曲线

此外，枝向量的各向异性系数为负，表明其对颗粒集合体的整体各向异性为负的贡献。这是由于在加载过程中，越来越多的颗粒主轴逐渐倾向于小主应力方向，此时枝向量各向异性张量的主轴与应力张量的主轴之间的夹角为 $\alpha > \arccos(\sqrt{3}/3)$。

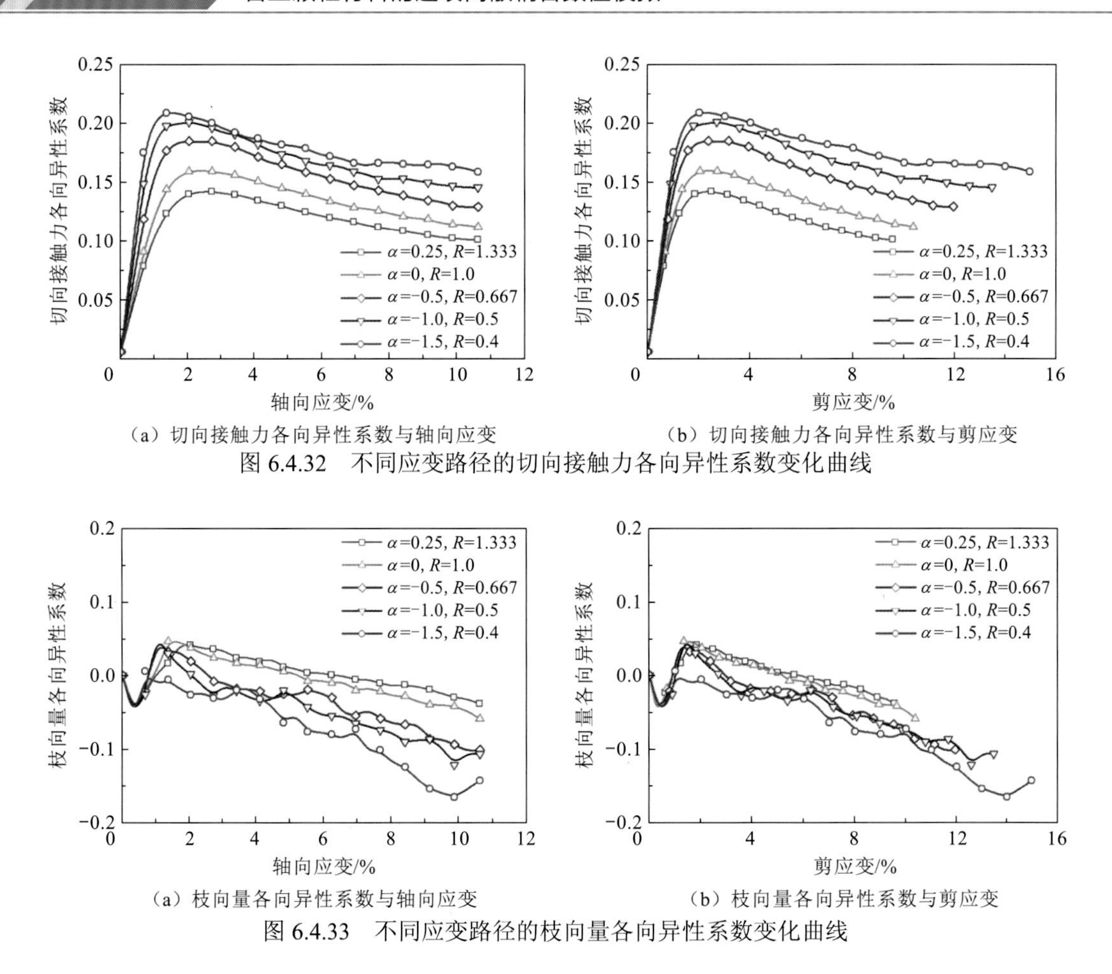

(a) 切向接触力各向异性系数与轴向应变　　(b) 切向接触力各向异性系数与剪应变

图 6.4.32　不同应变路径的切向接触力各向异性系数变化曲线

(a) 枝向量各向异性系数与轴向应变　　(b) 枝向量各向异性系数与剪应变

图 6.4.33　不同应变路径的枝向量各向异性系数变化曲线

4. 能量演化

图 6.4.34 为不同围压不平衡能量 E_u 占总外力功 E_w 的百分比在加载过程中的演化过程。不同等比例应变路径下，加载过程中不平衡能所占比例均小于 0.05%，表明本节选取的稳定时间步长能保证数值模拟的稳定性。由于数值试验采用准静态加载，加载速率

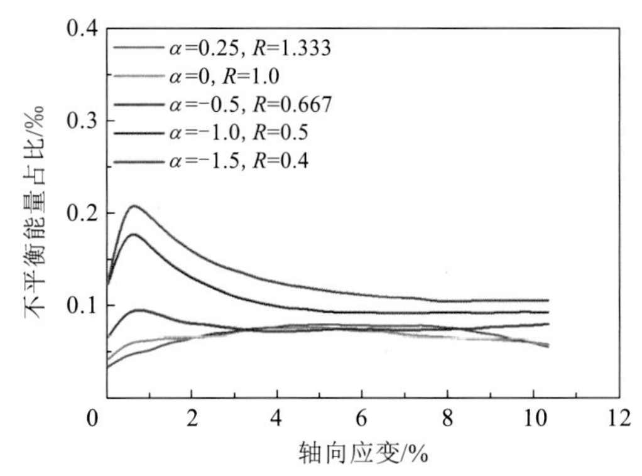

图 6.4.34　不同等比例应变路径的不平衡能量演化

足够小，整个颗粒集合体系统的动能 E_k 和黏滞耗散能 E_v 占总外力功 E_w 的比例很小，大部分外力功都以可恢复应变能的形式存储在颗粒中，或者耗散于颗粒间的摩擦和颗粒自身的破碎。

图 6.4.35 为不同等比例应变路径时，外力功 E_w、可恢复应变能 E_e、颗粒破碎耗散能 E_d 和摩擦耗散能 E_f 随轴向应变的演化曲线。外力功的随轴向应变的变化曲线与图 6.4.5（c）中 $(\sigma_1-\sigma_3/R)$ 极其相似，这也符合式（6.4.2）中关于二阶功的定义，同时也反映了颗粒集合体宏观剪切强度与系统总能量之间的一一对应关系。储存在颗粒内的可恢复应变能在加载后逐渐增加，特别是在体积收缩的等比例应变路径中。作用在颗粒集合体上的外力功，除了以可恢复应变能的形式储存在颗粒内外，其余绝大部分都通过颗粒破碎和颗粒间摩擦不可逆地耗散掉，如转化为热能等。颗粒破碎耗散能随着 R 的增大而增大，这是由于颗粒破碎在体积收缩的等比例应变路径中更显著，由此耗散的能量越大。一个值得注意的现象是，当 $R=0.4$ 时，颗粒间摩擦耗散能曲线存在一个明显的峰值，且此峰值对应的时刻与系统的二阶功消失的时刻基本一致，这说明对摩擦型的颗粒材料来说，当颗粒集合体不能通过颗粒间摩擦耗散能量时，颗粒集合体就不再是一个稳定的可以承载的结构，系统即发生失稳。

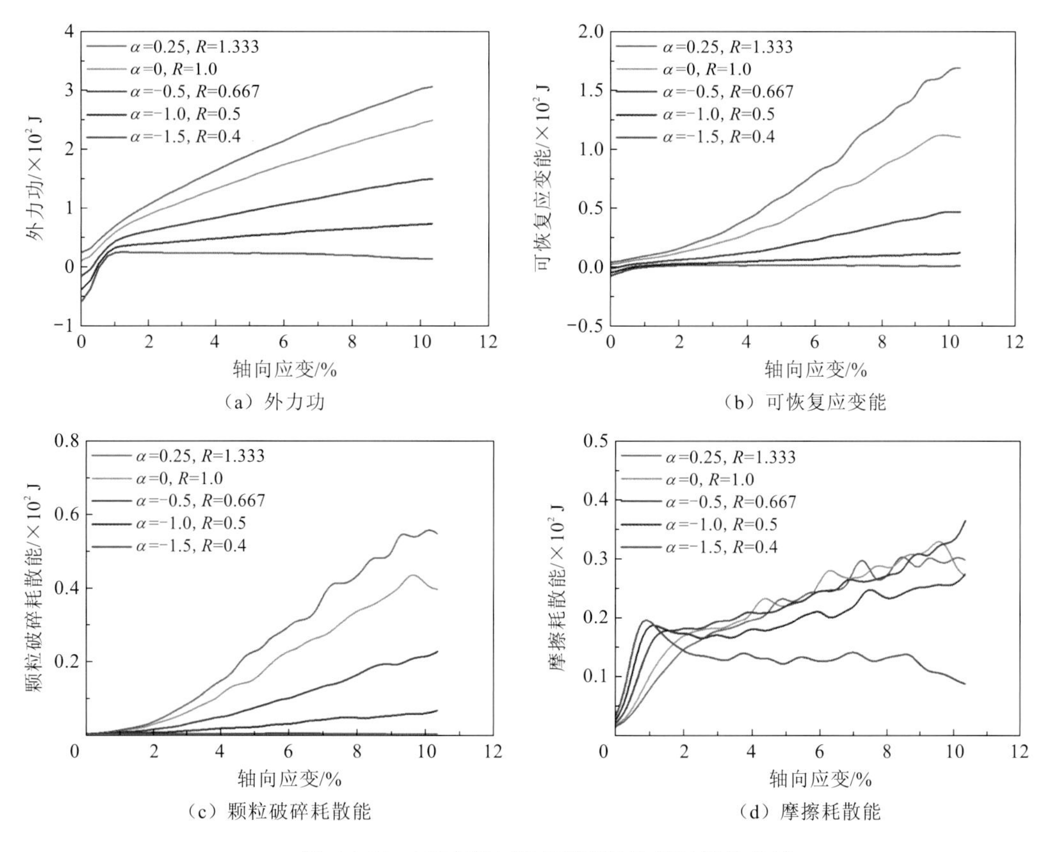

图 6.4.35　不同等比例应变路径的能量演化曲线

6.5 本章小结

本章采用伺服控制机制控制试样的应力或应变状态按照预定的路径变化，研究堆石体在复杂加载路径下的力学特性。本章的主要结论如下。

（1）不同中主应力系数时剪应力与剪应变关系曲线的初始段基本重合，这表明颗粒集合体的初始剪切模量 G_0 与中主应力系数 b 无关。体积应变与剪应变关系曲线也基本重合，没有表现出明显的中主应力相关性。中主应变、小主应变与大主应变之间均为非线性关系，而偏主应变之间近似为线性关系。

（2）对比了 4 个剪胀模型预测的剪胀曲线与数值试验结果，分析结果表明 Roscoe 剪胀模型和 Rowe 剪胀模型的预测能力较差，与数值试验结果相差较远，而 Roscoe 剪胀模型的两个改进形式的预测曲线与数值试验结果符合得很好。为了反映中主应力相关性，将剪胀模型中的特征应力比 M 和斜率 λ 表示为中主应力系数 b 或者应力洛德角 θ_σ 的函数，提出了一个新的剪胀模型，该模型的预测结果与数值试验结果符合得较好。

（3）对比了莫尔-库仑准则、Drucker-Prager 准则、Lade-Duncan 准则和 Matsuoka-Nakai 准则，莫尔-库仑准则没有考虑中主应力的影响，其预测的内摩擦角 φ_b 不随中主应力系数 b 而变化，是所有强度准则中最保守的，而 Drucker-Prager 准则却过高地估计了中主应力的影响，产生了不合理的预测值，因此这两个准则均不适合作为堆石体在复杂应力状态下的强度准则。Lade-Duncan 准则和 Matsuoka-Nakai 准则考虑了中主应力的影响，所以其预测的 φ_b-b 关系曲线比较接近数值试验的结果，但是这两个模型都不同程度地低估了内摩擦角，相比而言 Lade-Duncan 准则的预测精度要更高一些。

（4）在给定的应变路径下，p-q 关系曲线存在一个峰值点，在达到这个峰值点后，如果继续施加一个无限小的轴向荷载，试样整体出现急剧失稳，当采用应变控制加载时，试验可以继续进行下去，此时平均主应力 p 和剪应力 q 持续减小直至 0。根据连续介质力学的小变形假设，采用共轭的应力增量 $\mathrm{d}\sigma$ 和应变增量 $\mathrm{d}\varepsilon$ 来判断材料的状态。对于一个材料点来说，在经历了一定的应力应变历史后，当其应力增量 $\mathrm{d}\sigma$ 与其对应的应变增量 $\mathrm{d}\varepsilon$ 满足 $\mathrm{d}^2W = \mathrm{d}\sigma / \mathrm{d}\varepsilon < 0$ 时，认为材料点发生了分散性失稳。将二阶功准则推广到更一般的情况，对一个体积为 V 的材料系统，当其总的二阶功满足 $\mathrm{d}^2W = \int_V \mathrm{d}\sigma / \mathrm{d}\varepsilon \mathrm{d}V < 0$ 时，即使不改变施加在材料边界上的外荷载，也没有外部能量的输入，材料系统也会发生这种不可逆的整体失稳。

（5）将 p-q 平面内的应力状态分成三个区域，以 $\alpha = 0$ 的等体积加载路径得到的 p-q 曲线为界，分为剪胀区和剪缩区，剪缩区内的应力状态是稳定的，而剪胀区内以 $\alpha = -1.5$ 的 p-q 曲线为界，分为剪胀-稳定区和剪胀-非稳定区。剪胀-稳定区内试样的宏观力学特性表现为剪应力应变硬化、体积剪胀，而剪胀-非稳定区内试样的宏观力学特性则为剪应力应变软化、体积剪胀。

参考文献

[1] LADE P V. Assessment of test data for selection of 3-D failure criterion for sand[J]. International journal for numerical and analytical methods in geomechanics, 2006, 30(4): 307-333.

[2] 施维成. 粗粒土真三轴试验与本构模型研究[D]. 南京: 河海大学, 2008.

[3] 施维成, 朱俊高, 刘汉龙. 中主应力对砾石料变形和强度的影响[J]. 岩土工程学报, 2008, 30(10): 1449-1453.

[4] XIAO Y, LIU H L, ZHU J G, et al. Dilatancy equation of rockfill material under the true triaxial stress condition[J]. Science China-technological sciences, 2011, 54(SI): 175-184.

[5] 朱俊高, 王元龙, 贾华, 等. 粗粒土回弹特性试验研究[J]. 岩土工程学报, 2011, 33(6): 950-954.

[6] 褚福永, 朱俊高, 贾华, 等. 粗粒土卸载-再加载力学特性试验研究[J].岩土力学, 2012, 33(4): 1061-1066.

[7] BARRETO D, O'SULLIVAN C. The influence of inter-particle friction and the intermediate stress ratio on soil response under generalised stress conditions[J]. Granular matter, 2012, 14(4): 505-521.

[8] THORNTON C. Numerical simulations of deviatoric shear deformation of granular media[J]. Géotechnique, 2000, 50(1): 43-53.

[9] SAZZAD M M, SUZUKI K, MODARESSI-FARAHMAND-RAZAVI A. Macro-Micro responses of granular materials under different b values using DEM[J]. International journal of geomechanics, 2012, 12(3): 220-228.

[10] SUZUKI K, YANAGISAWA E. Principal deviatoric strain increment ratios for sand having inherent transverse isotropy[J]. International journal of geomechanics, 2006, 6(5): 356-366.

[11] 屈智炯. 粗粒土在高土石坝的应用研究[J]. 水电站设计, 1998, 14(1): 83-88.

[12] 柏树田, 周晓光, 晁华怡. 应力路径对堆石变形特性的影响[J]. 水力发电学报, 1999(4): 76-80.

[13] 朱百里, 沈珠江. 计算土力学[M]. 上海:上海科学技术出版社, 1985: 289-294.

[14] SUN D, HUANG W, YAO Y. An experimental study of failure and softening in sand under three-dimensional stress condition[J]. Granular matter, 2008, 10(3): 187-195.

[15] ROSCOE K H, SCHOFIELD A N, THURAIRAJAH A. Yielding of clays in states wetter than critical[J]. Geotechnique, 1963, 13(3): 211-240.

[16] CHANG C S, YIN Z Y. Modeling stress-dilatancy for sand under compression and extension loading conditions[J]. Journal of engineering mechanics, 2009, 136(6): 777-786.

[17] ROWE P W. The stress-dilatancy relations for static equilibrium of an assembly of particles in contact[J]. Proceedings of the royal society of London. Series A, mathmatical and physical sciences, 1962, 269(1339): 500-527.

[18] NOVA R. A constitutive model for soil under monotonic and cyclic loading[M]. PANDE G N, ZIENKIEWICZ O C, Soil Mechanics-Transient and Cyclic Loads, New Jersey: John Wiley & Sons Ltd., 1982: 343-362.

[19] JEFFERIES M G. Nor-Sand: a simle critical state model for sand[J]. Geotechnique, 1993, 43(1): 91-103.

[20] GAJO A, WOOD M. Severn-Trent sand: a kinematic-hardening constitutive model: the *q-p* formulation[J]. Geotechnique, 1999, 49(5): 595-614.

[21] LI X S, DAFALIAS Y F, WANG Z L. State-dependant dilatancy in critical-state constitutive modelling of sand[J]. Canadian geotechnical journal, 1999, 36(4): 599-611.

[22] YANG Y, MURALEETHARAN K K. The middle surface concept and its application to the elasto-plastic behaviour of saturated sands[J]. Geotechnique, 2003, 53(4): 421-431.

[23] LAGIOIA R, PUZRIN A M, POTTS D M. A new versatile expression for yield and plastic potential surfaces[J]. Computers and geotechnics, 1996, 19(3): 171-191.

[24] 郑颖人. 岩土塑性力学[M]. 北京: 中国建筑工业出版社, 2010: 86-87.

[25] LADE P V, DUNCAN J M. Elastoplastic stress-strain theory for cohesionless soil[J]. Journal of the geotechnical engineering division, 1975, 101(10): 1037-1053.

[26] MATSUOKA H, NAKAI T. Stress-deformation and strength characteristics of soilunder three different principal stresses[J]. Proceedings of the Japan society of civil engineers, 1974, 232: 59-70.

[27] LADE P V. Elasto-plastic stress-strain theory for cohesionless soil with curved yield surfaces[J]. International journal of solids and structures, 1977, 13(11): 1019-1035.

[28] RADJAI F, ROUX S, MOREAU J J. Contact forces in a granular packing[J]. Chaos: an interdisciplinary journal of nonlinear science, 1999, 9(3): 544-550.

[29] PETERS J F, MUTHUSWAMY M, WIBOWO J, et al. Characterization of force chains in granular material[J]. Physical review E, 2005, 72(4): 041307.

[30] TORDESILLAS A, MUTHUSWAMY M. On the modeling of confined buckling of force chains[J]. Journal of the mechanics and physics of solids, 2009, 57(4): 706-727.

[31] HUNT G W, TORDESILLAS A, GREEN S C, et al. Force-chain buckling in granular media: a structural mechanics perspective[J]. Philosophical transactions of the royal society A: mathematical, physical and engineering sciences, 2010, 368(1910): 249-262.

[32] HILL R. A general theory of uniqueness and stability in elastic-plastic solids[J]. Journal of the mechanics and physics of solids, 1958, 6(3): 236-249.

[33] LADE P V, NELSON R B, ITO Y M. Instability of granular materials with nonassociated flow[J]. Journal of engineering mechanics, 1988, 114(12): 2173-2191.

[34] CASTRO G. Liquefaction and cyclic mobility of saturated sands[J]. Journal of the geotechnical engineering division, 1975, 101(6): 551-569.

[35] KRAMER S L, SEED H B. Initiation of soil liquefaction under static loading conditions[J]. Journal of geotechnical engineering, 1988, 114(4): 412-430.

[36] LADE P V. Static instability and liquefaction of loose fine sandy slopes[J]. Journal of geotechnical engineering, 1992, 118(1): 51-71.

[37] YAMAMURO J A, LADE P V. Static liquefaction of very loose sands[J]. Canadian geotechnical journal, 1997, 34(6): 905-917.

[38] UTHAYAKUMAR M, VAID Y P. Static liquefaction of sands under multiaxial loading[J]. Canadian geotechnical journal, 1998, 35(2): 273-283.

[39] LEONG W K, CHU J, TEH C I. Liquefaction and instability of a granular fill material[J]. Geotechnical testing journal, 2000, 23(2): 178-192.

[40] WANATOWSKI D, CHU J. Static liquefaction of sand in plane strain[J]. Canadian geotechnical journal, 2007, 44(3): 299-313.

[41] OLSON S M. Liquefaction analysis of level and sloping ground using field case histories and penetration resistance[D]. Urbana-Champagne: University of Illinois, 2001.

[42] FOURIE A B, BLIGHT G E, PAPAGEORGIOU G. Static liquefaction as a possible explanation for the Merriespruit tailings dam failure[J]. Canadian geotechnical journal, 2001, 38(4): 707-719.

[43] OLSON S M, STARK T D, WALTON W H, et al. 1907 static liquefaction flow failure of the north dike of Wachusett dam[J]. Journal of geotechnical and geoenvironmental engineering, 2000, 126(12): 1184-1193.

[44] DARVE F, LAOUAFA F. Instabilities in granular materials and application to landslides[J]. Mechanics of Cohesive-frictional Materials, 2000, 5(8): 627-652.

[45] BORJA R I. Condition for liquefaction instability in fluid-saturated granular soils[J]. Acta geotechnica, 2006, 1(4): 211-224.

[46] GUO P J. Micromechanical investigation of a 2-D granular material with respect to structure evolution and loading paths[J]. Numerical models in geomechanics, 2004: 99.

[47] IBRAIM E, LANIER J, WOOD D M, et al. Strain path controlled shear tests on an analogue granular material[J]. Géotechnique, 2010, 60(7): 545-559.

[48] LANCELOT L, SHAHROUR I, AL MAHMOUD M. Instability and static liquefaction on proportional strain paths for sand at low stresses[J]. Journal of engineering mechanics, 2004, 130(11): 1365-1372.

[49] JRAD M, SUKUMARAN B, DAOUADJI A. Experimental analyses of the behaviour of saturated granular materials during axisymmetric proportional strain paths[J]. European journal of environmental and civil engineering, 2012, 16(1): 111-120.

[50] DAOUADJI A, ALGALI H, DARVE F, et al. Instability in granular materials: experimental evidence of diffuse mode of failure for loose sands[J]. Journal of engineering mechanics, 2009, 136(5): 575-588.

[51] NICOT F, DAOUADJI A, HADDA N, et al. Granular media failure along triaxial proportional strain paths[J]. European journal of environmental and civil engineering, 2013, 17(9): 777-790.

[52] DARVE F, SERVANT G, LAOUAFA F, et al. Failure in geomaterials: continuous and discrete analyses[J]. Computer methods in applied mechanics and engineering, 2004, 193(27): 3057-3085.

[53] NICOT F, DARVE F. A micro-mechanical investigation of bifurcation in granular materials[J]. International journal of solids and structures, 2007, 44(20): 6630-6652.

[54] NICOT F, DARVE F. Diffuse and localized failure modes: two competing mechanisms[J]. International journal for numerical and analytical methods in geomechanics, 2011, 35(5): 586-601.

[55] PRUNIER F, NICOT F, DARVE F, et al. Three-dimensional multiscale bifurcation analysis of granular

media[J]. Journal of engineering mechanics, 2009, 135(6): 493-509.

[56] SIBILLE L, DONZÉ F V, NICOT F, et al. From bifurcation to failure in a granular material: a DEM analysis[J]. Acta geotechnica, 2008, 3(1): 15-24.

[57] NICOT F, HADDA N, BOURRIER F, et al. Failure mechanisms in granular media: a discrete element analysis[J]. Granular matter, 2011, 13(3): 255-260.

[58] DESRUES J, CHAMBON R. Shear band analysis and shear moduli calibration[J]. International journal of solids and structures, 2002, 39(13): 3757-3776.

[59] AZÉMA E, RADJAÏ F. Force chains and contact network topology in sheared packings of elongated particles[J]. Physical review E, 2012, 85(3): 031303.

第7章

考虑颗粒延迟破碎的堆石体流变特性

目前，堆石体流变的研究大致是建立经验流变模型或者元件流变模型，通过室内试验确定相应的模型参数，或者通过堆石坝的原型观测资料反馈流变模型参数，然后进行计入流变效应的堆石坝应力变形分析。相比对堆石体流变规律的把握，对流变机理的研究还比较滞后，这主要是由于堆石体结构复杂，研究人员只能通过工程实践和室内试验定性地分析流变机理，做出一些假设。然而受试验仪器的限制，难以对岩土颗粒材料细观组构进行动态观测，所以无法为上述关于流变机理的论述提供试验数据的有力佐证。而新兴的细观数值模拟方法可以实时观察颗粒在加载过程中的滑移、旋转和破碎，能够方便地提取各个组构量，是研究堆石体流变的有效手段。

7.1 堆石体流变机理

王勇[1]最早进行了堆石体流变机理的研究，他认为堆石与土的粒径、粒间接触形式和颗粒矿物成分不同，导致它们的流变机理不同。堆石体由尺寸不同的块石经成层铺筑、碾压而成，排水自由不存在固结现象。其流变机理可解释为：在局部高接触应力的作用下堆石会发生破碎，高接触应力释放、调整和转移，颗粒重新排列，同时导致其他部位的堆石发生高接触应力下的破碎及重新排列，这一过程不断重复并越来越缓慢，最后趋于相对静止。梁军等[2]在大型压缩仪上完成堆石体的流变试验，并结合颗粒破碎测试试验，对流变产生的机理进行了简要的理论分析，将颗粒破碎分为主压缩破碎和蠕变破碎，认为由蠕变破碎产生的细化破碎颗粒充填孔隙是发生流变的主要原因，在蠕变过程中颗粒破碎率不断增加，如图 7.1.1 所示。

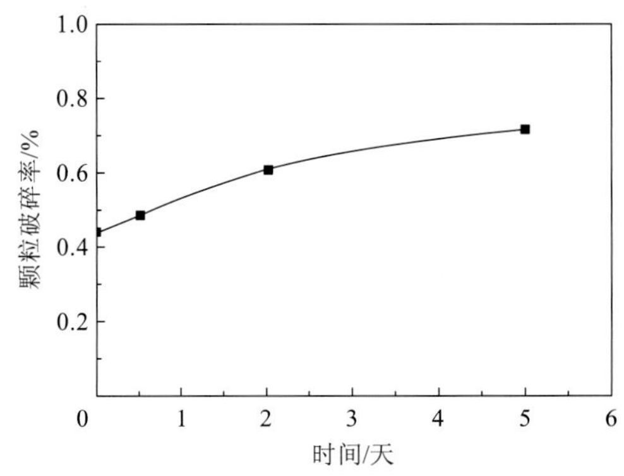

图 7.1.1　堆石体颗粒破碎率与时间的关系[2]

堆石坝在运行过程中，必然会受到日晒雨淋和气温变化等环境因素的影响，进而导致堆石体物理力学性质的劣化。王海俊和殷宗泽[3]在常规三轴试验仪上研究了等围压荷载作用下干湿循环对堆石体长期变形特性的影响，研究结果表明单纯由颗粒破碎和重排而产生的流变会很快稳定下来，而由日晒雨淋引起的干湿循环对堆石体流变发展的影响明显。孙国亮等[4]利用新研制的大型堆石体风化试验仪，对一典型泥质粉砂岩堆石体进行了荷载作用下干湿和温度耦合变化的风化试验，试验表明环境因素的改变，如水位升降、降雨入渗、蒸发及温度变化等都会使堆石体产生明显的劣化，劣化变形应是高堆石坝后期变形的重要组成部分。

殷宗泽[5]将堆石体流变产生的原因归结为 4 个方面：颗粒自身的流变；颗粒在接触点的相互滑移和颗粒破碎；由外界环境变化（温度变化、干湿循环、日晒雨淋）等引起的变形；荷载周期性变化引起的变形。在上述 4 种长期变形中，外界环境变化和荷载周期性变化产生的变形是堆石体流变的主要部分。与堆石坝所处的环境相比，室内流变试验时外界环境比较稳定，而且围压和应力水平均保持恒定，导致室内流变试验只需要几小时就可以趋于稳定，而堆石坝的实测资料表明流变变形会持续若干年。

Oldecop 和 Alonso[6]从细观角度提出了堆石体的压缩性和流变变形的机理，他们认为随着压缩的进行，堆石体的孔隙率减小而颗粒配位数增大，颗粒间处于咬合状态，此时如果没有新的颗粒破碎就不会产生宏观变形增量；但颗粒在应力和环境因素（水、腐蚀介质等）的共同作用下，颗粒内部的裂纹以一定的速率发展，也就是本章所说的应力腐蚀，如图 7.1.2 所示；裂纹扩展导致颗粒破碎和新一轮的颗粒位置调整并达到一个新的稳定状态，在此过程中会产生宏观变形增量。

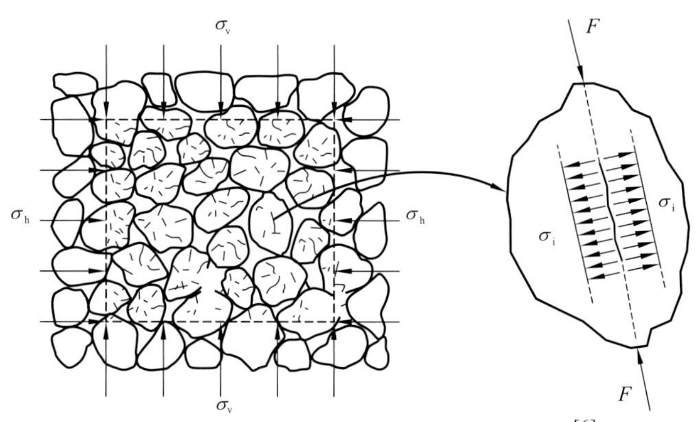

图 7.1.2　堆石体压缩性和流变的概念模型[6]

σ_v 是法向应力；σ_h 是侧向应力；F 是颗粒接触力；σ_i 是裂纹张拉应力

综上所述，堆石体流变的主要机理为：由水位变化、降雨入渗、日晒雨淋等环境因素导致颗粒产生应力腐蚀，与此同时颗粒发生高接触应力-破碎和重新排列-应力释放、调整和转移，这一过程由于堆石体的劣化而不断重复。

7.2　颗粒的延迟破碎

7.2.1　亚临界裂纹扩展理论

在岩石断裂力学理论中，岩石是含有微缺陷和不连续节理面的非均匀材料，在外部荷载与环境的共同作用下，微缺陷会逐渐发展形成微裂纹，微裂纹的发展受外部环境（主要是相对湿度和应力条件）、应力强度因子及其断裂韧度控制。根据断裂力学理论，当应力强度因子超过材料的断裂韧度时裂纹便扩展。但在长时间或循环加载条件下，即使应力强度因子小于断裂韧度，裂纹也会发生稳定而缓慢的扩展，这种现象就是亚临界裂纹扩展。亚临界裂纹扩展是岩体稳定时间效应的主要原因之一。

在亚临界裂纹扩展中，裂纹是否扩展，取决于应力强度因子 K_I 、起裂韧度 K_0 和断裂韧度 K_c 。当 $K_I < K_0$ 时，微裂纹不发展；当 $K_0 < K_I < K_c$ 时，裂纹以极慢的速度稳定扩展；当 $K_I \geq K_c$ 时，裂纹的扩展速度发生突变，岩石迅速断裂。在一系列的岩石强度试验或蠕变试验中，观察到裂纹长度随时间增加，在加速蠕变阶段，裂纹的扩展和贯通更加明显，岩石的宏观强度随时间降低，这些现象进一步证实了岩石的破裂是由应力腐蚀机制作用下

引起的裂纹扩展所致[7-18]。环境因素（水、腐蚀介质等）对亚临界扩展特性有较大的影响[19-20]，水对岩体的应力强度因子和裂纹扩展的方向均有较大影响，水还能加剧裂纹扩展，使裂纹由稳定扩展发展为不稳定扩展，导致岩石出现软化，宏观强度降低。

采用基于热力学量的化学反应速率理论来描述裂纹扩展的动力学特性[21-22]。从微观的角度来看，裂纹的扩展是因为材料中固相介质与环境媒介之间发生化学反应，导致原子间连接键的破裂。Wiederhorn 和 Bolz[23]将静态疲劳理论应用到玻璃材料中，提出描述裂纹扩展速率的方程：

$$\begin{cases} V = V_0 \exp\left(\dfrac{-E^* + v^+\sigma}{RT}\right) \\ E^* = E^+ + v_M\gamma / \rho \end{cases} \tag{7.2.1}$$

式中：V_0 是试验常数；E^* 是表观活化能；v^+ 是活化体积；σ 是裂纹尖端的应力；R 是通用气体常数；T 是热力学温度。表观活化能 E^* 又包含以下几项：E^+ 是无压力的活化能；v_M 是玻璃的莫尔体积；γ 是玻璃的界面能；ρ 是裂纹尖端曲率所对应的半径。

在线弹性断裂力学（linear elastic fracture mechanics，LEFM）中，二维裂纹尖端的应力与应力强度因子之间有如下关系 $\sigma = 2K_I / \sqrt{\pi\rho}$ 。Wiederhorn 和 Bolz[23]进一步将式（7.2.1）中的裂纹尖端应力 σ 和活化体积 v^+ 替换为应力强度因子 K_I 和与裂纹尖端结构有关的经验常数 b ，由此得到 Wiederhorn-Bolz 公式：

$$V = V_0 \exp\left(\frac{-E^* + bK_I}{RT}\right) \tag{7.2.2}$$

式中：$b = 2v^+ / \sqrt{\pi\rho}$ ；V_0、E^*和 b 是试验常数。这个经验公式已被广泛用作描述亚临界裂纹扩展的速率方程[9,24-26]。

在线弹性断裂力学中，驱动裂纹扩展的是裂纹尖端的应力强度因子，裂纹扩展速率 V 与应力强度因子 K_I 的关系表示为

$$V = \begin{cases} 0, & K_I < K_{th} \\ \alpha_1 e^{\alpha_2 K_I / K_c}, & K_{th} \leqslant K_I < K_c \\ \infty, & K_I > K_c \end{cases} \tag{7.2.3}$$

式中：K_c 是材料的断裂韧度；K_{th} 是发生应力腐蚀的断裂韧度阈值；α_1 和 α_2 是材料参数。

7.2.2 颗粒强度劣化模型

由应力腐蚀导致的亚临界裂纹扩展是岩石时间相关特性的内在机理，基于这个认识，Potyondy[27,28]通过在黏结颗粒模型（bonded-partical model，BPM）的平行黏结中引入损伤速率这一概念，提出了平行黏结应力腐蚀（parallel-bond stress corrosion，PSC）模型来模拟岩体由于应力腐蚀而产生的复杂力学特性。在 BPM 中，用大小不同的圆盘或者圆球颗粒的密实集合体来表示岩石，用颗粒与颗粒之间连接（bond）的损伤和破坏来模拟微裂纹的萌生、扩展、连通及整个岩石的破坏。BPM 可以再现岩石内部微力和微力矩的局部非均匀性，可以反映在拉伸和压剪情况下断裂和破坏特性的不同。在

PSC 模型中，基于 Wiederhorn-Bolz 公式建立颗粒黏结的损伤速率模型。此外，PSC 模型还做了如下假定。

（1）将岩石作为胶结类颗粒材料，在 BPM 中，采用圆盘或者圆球代表岩石中的颗粒，采用平行黏结代表岩石中的胶结基质。

（2）应力腐蚀反应只发生在胶结基质中，它不会影响颗粒，因此在 PSC 模型中，只有平行黏结才会发生损伤，采用平行黏结直径的变化来表示其损伤程度，如图 7.2.1 所示。

（3）应力腐蚀的速率与平行黏结处的应力状态有关。

（4）只有当平行黏结处的应力状态超过某阈值时，才会发生应力腐蚀。

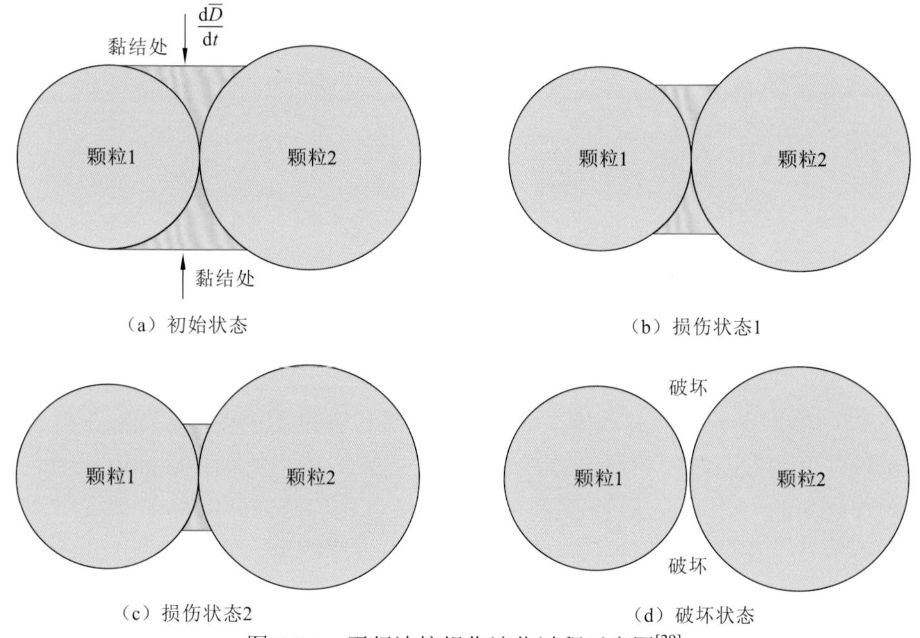

图 7.2.1　平行连接损伤演化过程示意图[29]

在 PSC 模型中，将岩石离散为密实颗粒集合体及其之间的平行黏结，并描述了微裂纹从萌生、扩展直至贯通的全过程，因为微裂纹的长度与颗粒自身的尺度相差不多，所以线性断裂力学理论中的应力强度因子不能表示微裂纹尖端的应力状态，应力强度因子也就不能作为 PSC 模型中微裂纹扩展的驱动力。基于式（7.2.1）和式（7.2.2），在 PSC 模型中，将应力腐蚀速率表示为平行黏结的直径 $\bar{D}$ 的减小速率：

$$\frac{d\bar{D}}{dt} = -(\alpha V_0 e^{-E^*/RT}) e^{-v^+ \sigma / RT} \tag{7.2.4}$$

式中：α 是反映化学反应速率和应力腐蚀速率比值的常数。

根据式（7.2.2），将平行黏结的应力腐蚀速率表示为

$$\frac{d\bar{D}}{dt} = \begin{cases} 0, & \bar{\sigma} < \bar{\sigma}_a \\ -\beta_1 e^{\beta_2 \bar{\sigma}/\sigma_c}, & \bar{\sigma}_a \leqslant \bar{\sigma} \leqslant \sigma_c \\ -\infty, & \bar{\sigma} > \sigma_c \end{cases} \tag{7.2.5}$$

式中：$\bar{\sigma}$ 是平行黏结处的拉应力；σ_c 是平行黏结的抗拉强度；σ_a 是开始应力腐蚀的应力阈值；β_1 和 β_2 是反映应力腐蚀速率的参数。线弹性断裂力学和 PSC 模型中应力腐蚀模型的对比如图 7.2.2 所示。

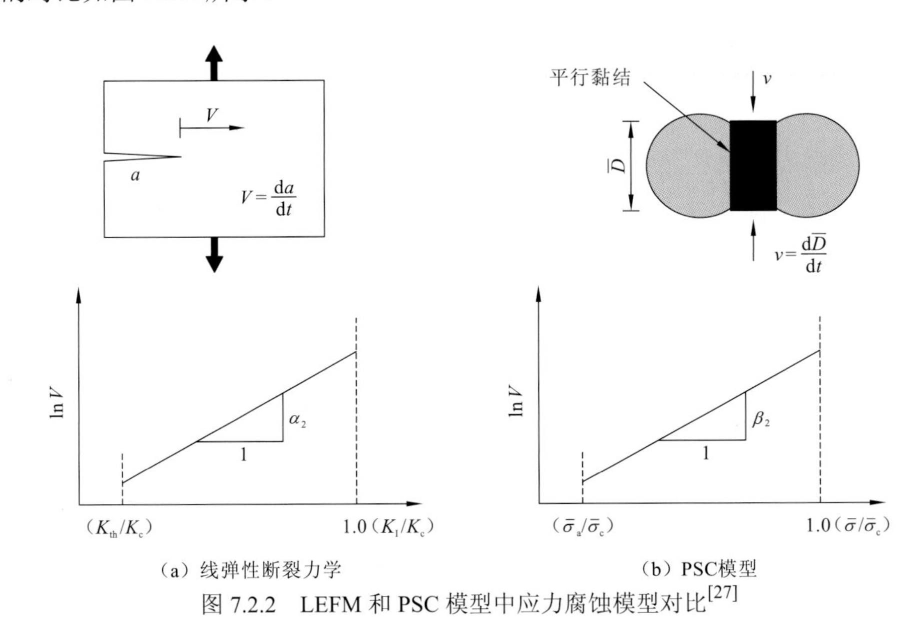

（a）线弹性断裂力学　　（b）PSC模型

图 7.2.2　LEFM 和 PSC 模型中应力腐蚀模型对比[27]

结合 PSC 模型中的应力腐蚀模型，本节提出颗粒强度劣化模型。颗粒强度劣化模型描述了颗粒强度参数随时间的演化过程。在基于内聚力模型的颗粒破碎模拟中，颗粒沿预设在颗粒内部的界面单元开裂，界面单元的破坏准则为带拉断的莫尔-库仑准则，因此颗粒强度可用三个参数表示：抗拉强度、内聚力和内摩擦角。假定内摩擦角不随时间变化，界面单元的抗拉强度和内聚力随时间的演化表示为

$$\begin{cases} f_n^t = f_n^0(1-\beta_3\int_0^t \kappa \mathrm{d}t) \\ c^t = c^0(1-\beta_3\int_0^t \kappa \mathrm{d}t) \\ \kappa = \begin{cases} \mathrm{e}^{\beta_2(t_n - t_n^a)/f_n^0}, & \tau_n^a \leqslant \tau_n < f_n^t, \\ 0, & 其他 \end{cases} \end{cases} \tag{7.2.6}$$

式中：f_n^0 、c^0 是初始时刻的抗拉强度和内聚力，表示颗粒的瞬时强度；f_n^t 、c^t 是 t 时刻的抗拉强度和内聚力；τ_n^a 是控制应力腐蚀的阈值拉应力；τ_n 是作用在界面单元上的拉应力，当作用在界面单元上的拉应力 τ_n 等于此时的抗拉强度 f_n^t 时，界面单元开始出现损伤并逐渐演化直至完全失效；当界面上的拉应力 τ_n 小于应力腐蚀的阈值拉应力 τ_n^a 时，t 时刻的强度 f_n^t 、c^t 不发生演化；β_1 、β_2 和 β_3 是模型参数，描述了颗粒强度演化曲线的形状，参数 β_1 控制应力腐蚀的阈值 $\tau_n^a = \beta_1 f_n^0$ ，参数 β_2 和 β_3 定义颗粒强度的演化速率。

界面单元的失效速率与界面单元上的应力有关，一系列的界面单元失效使颗粒内部裂纹萌生和扩展，最终导致颗粒破碎。在颗粒强度劣化模型中，界面单元的应力状态可

以划分为以下 3 个区域，如图 7.2.3 所示。在区域 I 内，界面单元的强度不会随时间演化，也不会出现损伤；在区域 II 内，界面单元的强度在有限的时间内，从瞬时强度演化到长期强度，演化速率取决于作用在界面单元上的拉应力，只有当界面单元上的应力状态位于区域 II 的子域（图 7.2.3 中的阴影部分），才会出现应力腐蚀，进而导致颗粒强度劣化；区域 III 是界面单元不可承受的应力状态。

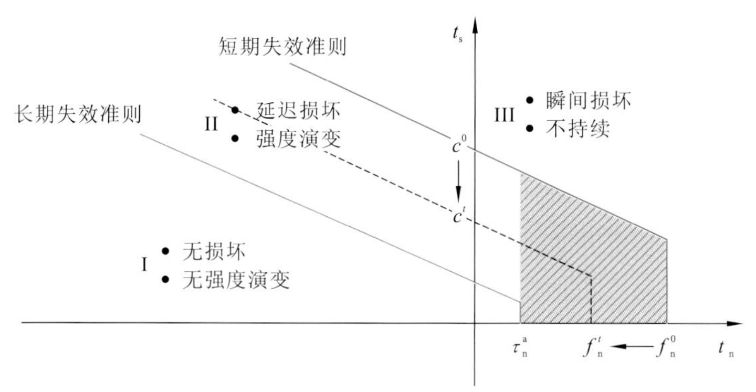

图 7.2.3　界面单元的强度劣化模型

假设作用在界面单元上的拉应力 τ_n 不变。当 τ_n 大于或等于初始抗拉强度 f_n^0 时，界面单元出现损伤的时间 $T=0$；当界面上的拉应力 τ_n 小于应力腐蚀的阈值拉应力 τ_n^a 时，$T=\infty$，表明界面单元永远不会出现损伤；当界面上的拉应力 τ_n 等于应力腐蚀的阈值拉应力 τ_n^a 时，$T_{max}=(1-\beta_1)/\beta_3$。当 $\tau_n^a<\tau_n<f_n^0$ 时，由式（7.2.7）可得界面单元出现损伤时的时间 T：

$$T=\frac{1-(f_n^t/f_n^0)}{\beta_3 e^{\beta_2(\tau_n/f_n^0-\beta_1)}} \tag{7.2.7}$$

通过上述分析，参数 β_1 和 β_3 定义了界面单元从无损状态到出现损伤的时间长度，而参数 β_2 则反映了界面单元强度参数演化曲线的形状，如图 7.2.4～图 7.2.6 所示。

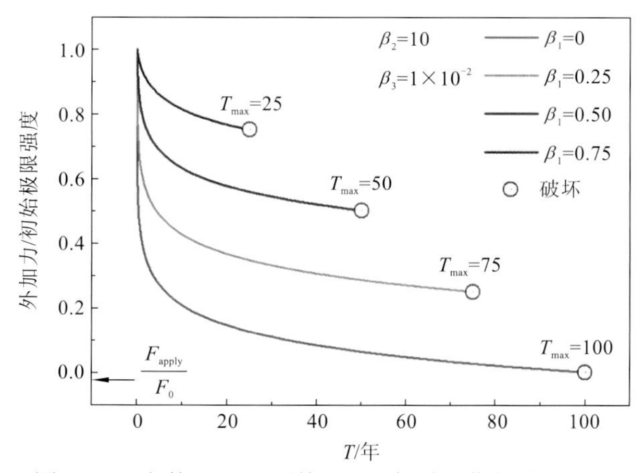

图 7.2.4　参数 β_1 对界面单元出现初始损伤的时间影响

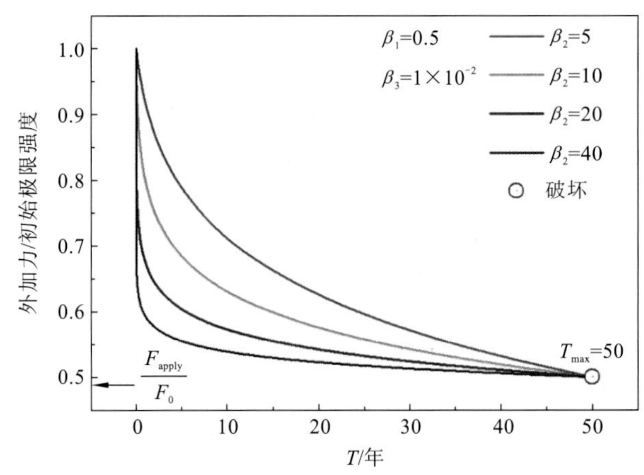

图 7.2.5　参数 β_2 对界面单元出现初始损伤的时间影响

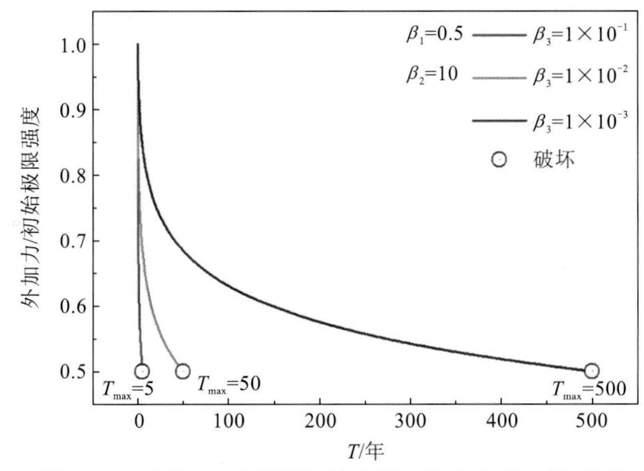

图 7.2.6　参数 β_3 对界面单元出现初始损伤的时间影响

7.2.3　流变时间策略

连续离散耦合分析方法通过显式时步步进的方法求解运动方程，计算中累计的时间为颗粒真实的运动时间。为了保证计算结果的稳定性，时间步长的选取必须遵循一定的原则，即时间步长要小于临界步长 $t_{\text{crit}}=\sqrt{m/k}$（$m$ 是最小颗粒的质量，k 是最大的接触刚度）。在此条件限制下，稳定时间步长 Δt 很小，一般为 $10^{-4}\sim10^{-6}$ s。而堆石体的流变是一个长期的过程，通常历时几个月、几年甚至几十年。如果采用连续离散耦合分析方法直接模拟颗粒集合体在真实流变时间尺度内的运动，所需要的增量步数将达数兆亿级别，因此不能直接使用连续离散耦合分析方法里面的时间轴去模拟真实的流变时间。

借鉴 Jin 和 Zhang[30]将流变本构模型引入离散单元法和 Potyondy[27]采用 PFC 模拟岩石应力腐蚀的思路，采用准静态方法近似模拟流变。在数值模拟中存在两套时间系统：颗粒集合体的计算时间、真实的流变时间。颗粒集合体的计算时间是为了让颗粒系统达到新的静力平衡状态，而颗粒的强度在真实的流变时间尺度内演化。将整个流变计算过

程划分为 N 个时步，如图 7.2.7 所示。在每个时步之前，根据颗粒强度劣化模型计算当前流变时间对应的强度参数，将其代入连续离散耦合分析数值模拟中，求解颗粒集合体的运动方程，在达到静力平衡状态后，随后进入下一个流变时步，直至模拟结束。该方法将连续离散耦合分析运算视为一个个的时间节点，仅仅是为流变计算提供静力平衡状态，这些强度不断演化的时间节点串联形成整个流变计算过程。

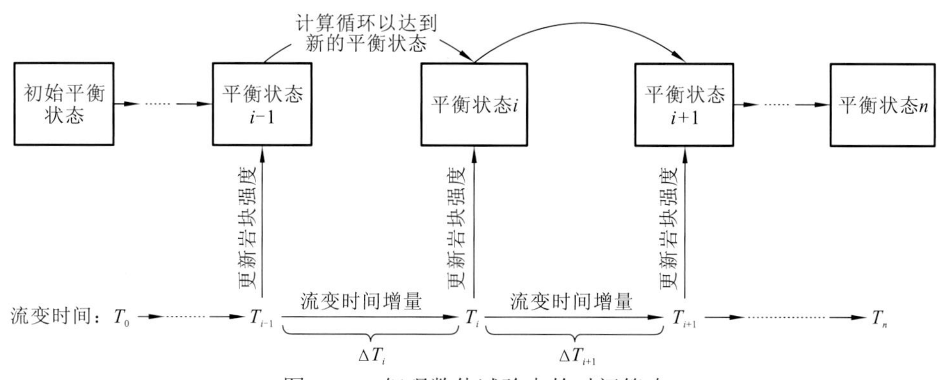

图 7.2.7　细观数值试验中的时间策略

在大多数情况下，位于堆石坝上下游面附近的堆石体易受到自然环境的风化侵蚀作用，如干湿循环、冻融循环、降雨侵蚀等。正如在堆石体流变机理一节所述，自然环境的风化侵蚀作用是颗粒劣化的主要原因，因此在堆石体流变的细观数值模拟中，必须考虑它们的作用。一个直观的认识是在雨季和冻融期等不利情况下，颗粒的劣化速率将加快，因此风化和侵蚀作用可通过改变强度劣化模型参数来体现。如式（7.2.3）所示，颗粒强度劣化模型表达为积分形式，通过对颗粒所经历的时域积分，将当前经历的应力状态和与环境状态对应的劣化模型参数代入式（7.2.3），就可以考虑颗粒在变应力和变环境状态下的劣化特性。

7.3　堆石体流变数值试验

7.3.1　双轴流变数值试验

与室内流变试验相同，在进行双轴流变数值试验前，对数值试样进行双轴压缩数值试验，以获取其峰值偏应力 $(\sigma_1-\sigma_3)_{\max}$ 。定义应力水平为偏应力与峰值偏应力之比 $\mathrm{SL}=(\sigma_1-\sigma_3)/(\sigma_1-\sigma_3)_{\max}$ 。在流变数值试验中，先将数值试样剪切至预定的应力水平，然后将试样轴向刚性板的位移控制边界转换为应力控制边界，并保持试样的围压和应力水平不变直至试验结束。数值试样与第 6 章双轴压缩数值试验所用相同，如图 6.1.3 所示。

堆石体在外荷载作用下，根据滞后变形理论，总应变可以分为弹塑性应变和黏滞性应变两部分。弹塑性应变是瞬时发生的，而黏滞性应变即流变。目前在堆石体流变试验中，尚未有普遍接受的区分弹塑性变形和流变的标准。在流变数值试验中，如何区分流变和弹塑性变形，目前未见有文献讨论。本章采取如下处理：在试样的剪切阶段，给数值试样的轴向刚性板施加非常缓慢的位移边界，直至达到指定的应力水平，以此来消除弹塑性应变的影响，从而得到流变曲线。

在堆石体流变的细观数值试验中需要很多参数，根据它们的用途可以分为三类，式中各参数意义在上文中均已解释：

$$\begin{cases}\text{实体单元:}\{\rho,E,\upsilon,K_{\mathrm{n}},K_{\mathrm{s}},\mu\}\\ \text{界面单元:}\{k_{\mathrm{n}}^{0},k_{\mathrm{s}}^{0},\phi,c,f_{\mathrm{n}},G_{\mathrm{I}}^{\mathrm{c}},G_{\mathrm{II}}^{\mathrm{c}}\}\\ \text{颗粒强度劣化模型:}\{\beta_{1},\beta_{2},\beta_{3}\}\end{cases} \tag{7.3.1}$$

一般情况下，计算参数需通过颗粒尺度的物理试验取值，或者根据颗粒系统的试验结果来率定。但本章的目的是通过细观数值试验定性地研究堆石体的流变特性，因此根据经验在各个参数的合理范围内取值，所用参数见表 7.3.1。在堆石坝工程中，堆石体是通过人工爆破岩石获得，常见的有砂岩、花岗岩、大理岩、玄武岩，甚至是泥质页岩。文献中可参考的关于岩石长期强度的试验资料非常有限，而且大多数试验的持载时间小于 12 h。而堆石坝中颗粒的强度劣化会持续数月、数年，甚至几十年，因此表 7.3.1 中所给出的颗粒强度劣化模型参数只能是大概的取值，但至少能帮助我们定性地研究堆石体的流变特性。

表 7.3.1　双轴流变数值试验计算参数

实体单元	界面单元	颗粒强度劣化模型
ρ=2 600 kg/m^3	$k_{\mathrm{n}}^{0}=5E/l_{\mathrm{e}}=3.75\times10^{12}$ N/m^3 $l_{\mathrm{e}}=0.048$ m(单元平均尺寸)	$\beta_1=0.2,0.4,0.6$
$\upsilon=0.25$	$\dfrac{k_{\mathrm{s}}^{0}}{k_{\mathrm{n}}^{0}}=\dfrac{1}{2(1+\upsilon)}=0.4$	$\beta_2=10,20,30,40$
E=30 GPa	$c=18.65$ MPa	$\beta_3=1\times10^{-1},1\times10^{-2},1\times10^{-3},1\times10^{-4}$ /年
$K_{\mathrm{n}}=30\times10^{9}$ N/m^3	$\varphi=40°$	
$\dfrac{K_{\mathrm{s}}}{K_{\mathrm{n}}}=\dfrac{1}{2(1+\upsilon)}=0.4$	$f_{\mathrm{n}}=8$ MPa	
	$G_{\mathrm{I}}^{\mathrm{c}}=100$ N/m	
	$G_{\mathrm{II}}^{\mathrm{c}}=1\,000$ N/m	

7.3.2　颗粒强度劣化模型验证

进行下一步的研究前，我们需要通过与室内流变试验结果对比来验证颗粒强度劣化模型的合理性。强度劣化模型参数通过试算获得，参数 $\beta_1 = 0.1$ 、$\beta_2 = 100$ 和 $\beta_3 = 1$ ，其他计算参数见表 7.3.1。大多数室内流变试验的持载时间不超过 3 个月，因此模型参数 β_2 和 β_3 的取值位于表 7.3.1 所列参数取值范围以外，对应于颗粒强度在较短时间内迅速地演化。

数值试验与室内试验的轴向流变变形随时间的演化曲线如图 7.3.1（a）所示，可以看出通过流变数值试验，不仅可以再现堆石体流变的规律，而且流变的大小与试验结果很接近。因此可以认为，上述关于堆石体流变机理的认识是合理的，通过选择合适的计算参数，颗粒强度劣化模型能再现堆石体的流变特性。图 7.3.1（b）为累积界面单元失效率在持载过程中的演化曲线，其演化规律与流变的规律基本一致，表明堆石体的流变与颗粒的破碎具有极强的内联关系。图 7.3.1（b）同时给出了不同时刻失效界面单元的分布图，图中一点代表一个失效的界面单元。在第 6 章的双轴压缩数值试验中，颗粒破碎主要发生在剪切带附近，而在流变数值试验中，颗粒破碎发生在试样的各个部位，没有表现出明显的区域特性。图 7.3.2 为流变数值试验前和试验结束时模型的局部放大图。

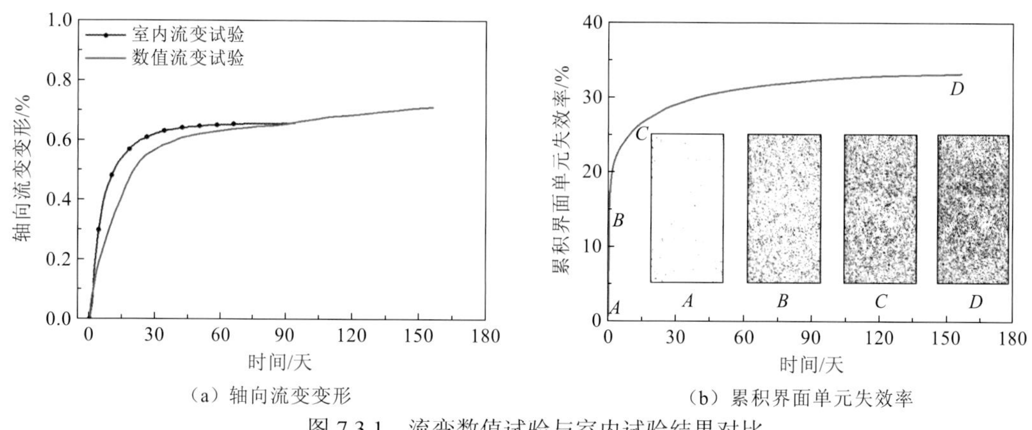

图 7.3.1　流变数值试验与室内试验结果对比

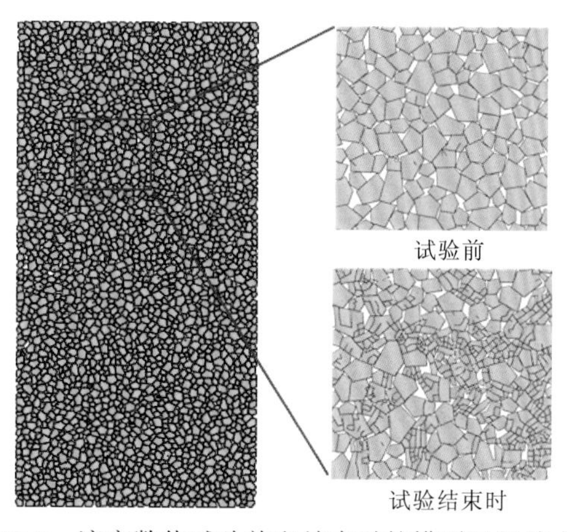

图 7.3.2　流变数值试验前和结束时的模型局部放大图

7.3.3 参数敏感性分析

通过流变数值试验，可以对颗粒强度劣化模型参数进行敏感性分析。本节分别进行了三组流变数值试验，研究参数 β_1、β_2 和 β_3 对堆石体流变特性的影响，模型参数取值见表 7.3.2。在流变数值试验中，试样的侧向和轴向应力保持为 2.0 MPa 和 5.0 MPa。根据双轴压缩数值试验结果，得到围压为 2.0 MPa 时的峰值偏应力为 5.05 MPa，因此上述应力状态对应的应力水平为 0.6。

表 7.3.2　强度劣化模型参数的敏感性分析

参数敏感性分析	β_1	β_2	β_3
图 7.3.3（a）、图 7.3.4（a）	0.2/0.4/0.6	40	1×10^{-2}
图 7.3.5（a）	0.2	10/20/30/40	1×10^{-2}
图 7.3.6（a）	0.2	40	$1\times10^{-1}/1\times10^{-2}/1\times10^{-3}/1\times10^{-4}$

参数 β_1 控制了应力腐蚀的阈值拉应力大小，当其等于 0 时，由应力腐蚀导致的强度劣化过程会被任意大小的拉应力所触发。如图 7.3.3（a）所示，当参数 β_1 等于 0 时，流变数值试验得到一个典型的三阶段流变曲线，分别是初期流变、二期流变和三期流变。在经过初始的瞬时弹塑性变形后，颗粒由于应力侵蚀而产生延迟破碎，宏观上表现出了随时间发展的流变变形。在初期流变阶段，轴向流变变形一开始就迅速发展，但其发展速率随时间逐渐减小。紧接着是二期流变，此时流变变形速率降到最低，并趋于稳定。二期流变也常被称为稳态流变或中期流变。随着持载的继续进行，轴向流变变形演化曲线出现一个拐点，此后流变变形速率急剧增大，直至试样破坏，此阶段称为三期流变或加速流变。颗粒集合体的流变速率与时间的关系整体呈“降低—稳定—渐近增长—急剧上升”的特点。颗粒集合体的累积界面单元失效率演化曲线与轴向流变变形的演化过程大致相同：具体为在初期流变阶段，界面单元的失效速率逐渐减小至一个稳定值；在二期流变阶段，一些界面单元逐渐失效，随后界面单元的失效呈现加速趋势并直至试样破坏。

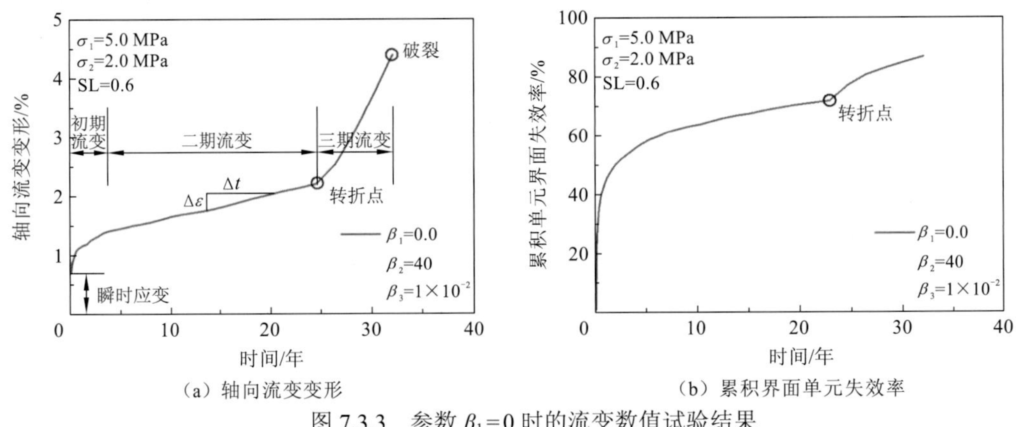

（a）轴向流变变形　　（b）累积界面单元失效率

图 7.3.3　参数 $\beta_1=0$ 时的流变数值试验结果

图 7.3.4 为当参数 β_1 为 0.2、0.4 和 0.6 时的轴向流变变形与累积界面单元失效率随持载时间的演化曲线。参数 β_1 控制阈值应力的大小，只有当界面单元上的法向应力为拉应力并大于该阈值时，界面单元的强度参数才会随时间而演化。参数 β_1 越小，出现应力腐蚀的阈值应力越小，颗粒集合体中颗粒越容易出现应力腐蚀。界面单元在应力腐蚀的作用下，强度随时间降低；当强度降低至界面单元的应力状态满足破坏准则后，界面单元开始出现损伤并逐步演化直至完全失效，颗粒发生破碎，颗粒集合体宏观上出现流变变形增量。因此参数 β_1 越小，颗粒集合体的轴向流变变形越大。参数 β_1 对流变的演化特性也有影响：当参数 β_1 为 0.2 时，流变变形随时间的演化曲线包括初始流变和中期流变两个阶段；而当参数 β_1 为 0.4 和 0.6 时，流变变形的演化曲线只有初始阶段，几乎所有的流变变形和界面单元失效都发生在持载的最开始阶段。

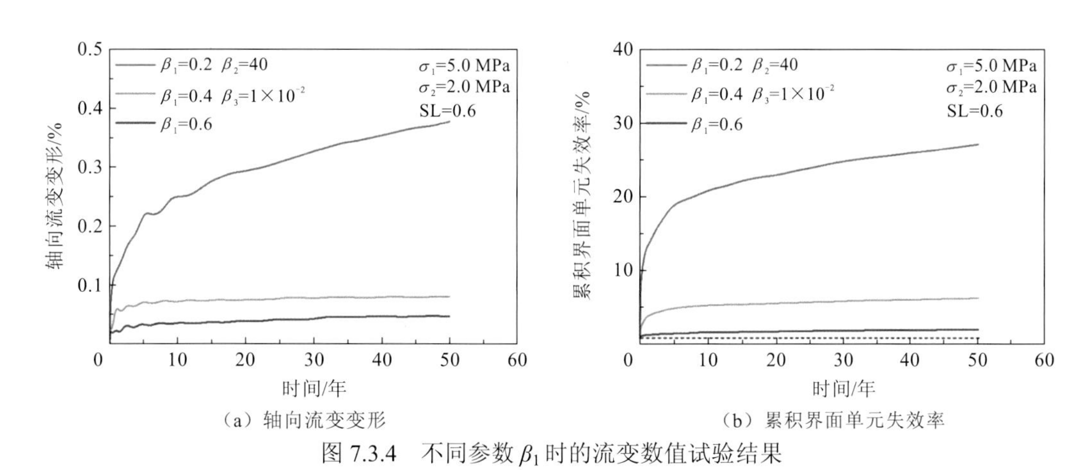

（a）轴向流变变形　（b）累积界面单元失效率

图 7.3.4　不同参数 β_1 时的流变数值试验结果

不同参数 β_2 和 β_3 的流变数值试验结果如图 7.3.5 和图 7.3.6 所示。从图 7.3.5 可以看出，参数 β_2 控制着强度劣化曲线的形状，参数 β_2 的下限对应于缓慢的强度劣化过程，而参数 β_2 的上限对应于颗粒强度在较短时间内迅速劣化。当作用在界面单元上的拉应力 τ_n 相同时，参数 β_2 越大，界面单元越早出现损伤和破碎，相应颗粒集合体的轴向流变变形

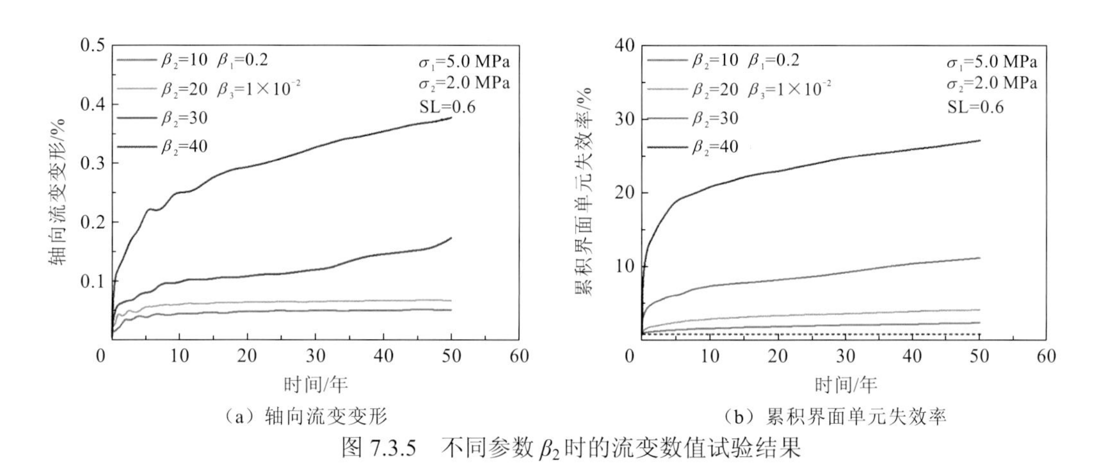

（a）轴向流变变形　（b）累积界面单元失效率

图 7.3.5　不同参数 β_2 时的流变数值试验结果

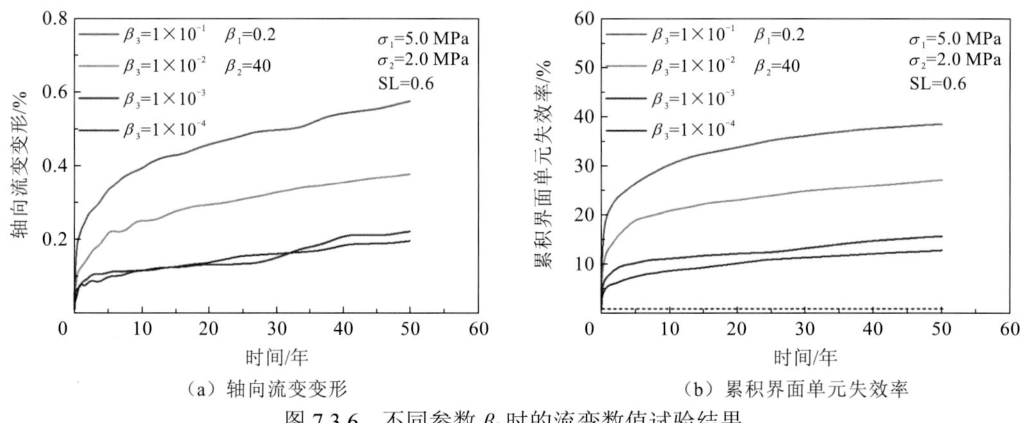

（a）轴向流变变形　　（b）累积界面单元失效率

图 7.3.6　不同参数 β_3 时的流变数值试验结果

越大。参数 β_3 控制强度劣化的速率，参数 β_3 越大，强度劣化的速率越快，界面单元越容易出现损伤和破碎，颗粒集合体的流变变形越大。通过在流变数值试验中采用不同的强度劣化参数组合，可以再现岩土颗粒材料的不同流变特性。

7.3.4　细观组构信息

由于颗粒的延迟破碎，颗粒集合体的细观结构在持载过程中逐渐演化，这里主要考虑细观结构的组构和接触力各向异性与接触力的概率分布特性。在二维情况下，对于由凸多边形颗粒组成的多分散颗粒系统，其组构和接触力的空间分布可用接触法向的角分布来表示。接触法向的单位矢量 $\boldsymbol{n}$ 用角度 θ 表示，定义 S_θ 为接触法向落于角域 $[\theta-\Delta\theta/2,\theta+\Delta\theta/2]$ 的接触组成的集合，$\Delta\theta$ 为角域的大小，$N_c(\theta)$ 为集合 S_θ 中接触的个数。因此，接触法向在空间中的分布用角域平均的方法表示为

$$P(\theta)=\frac{N_c(\theta)}{N_c} \tag{7.3.2}$$

式中：$N_c=\int_\theta N_c(\theta)\mathrm{d}\theta$ 是颗粒集合体中的总接触数。

同样，将颗粒间的接触力沿局部坐标系 $(\boldsymbol{n},\boldsymbol{t})$ 分解，$\boldsymbol{t}$ 为与法向单位矢量 $\boldsymbol{n}$ 正交的切向单位矢量。可以得到均匀化的法向接触力和切向接触力的角域分布函数：

$$\langle f_n\rangle(\theta)=\frac{1}{N_c(\theta)}\sum_{c\in S(\theta)}f_n^c \tag{7.3.3}$$

$$\langle f_t\rangle(\theta)=\frac{1}{N_c(\theta)}\sum_{c\in S(\theta)}f_t^c \tag{7.3.4}$$

式中：f_n^c 和 f_t^c 分别是接触 c 处的法向和切向接触力。

为了简化起见，这里只分析了强度劣化模型参数为 $\beta_1=0.2$, $\beta_2=20$, $\beta_3=1\times10^{-2}$ 的流变数值试验结果。组构和接触力分布的空间各向异性和非均匀性是颗粒材料最重要的细观结构特性。图 7.3.7 为颗粒集合体在持载开始前和结束时接触法向、法向接触力和切向

接触力的角域分布。由于大主应力位于铅直方向，大多数的接触都倾向于铅直方向，而且铅直方向的接触承担更大的接触力。对比持载前后，可以看出大量的颗粒出现延迟破碎，各个方向的接触个数明显增加，平均接触力反之减小。从配位数与平均法向接触力随持载时间的演化曲线（图 7.3.8）可以看出，由于颗粒的延迟破碎，产生了大量的新接触，使得颗粒集合体的配位数显著增大，而平均接触力反而减小。

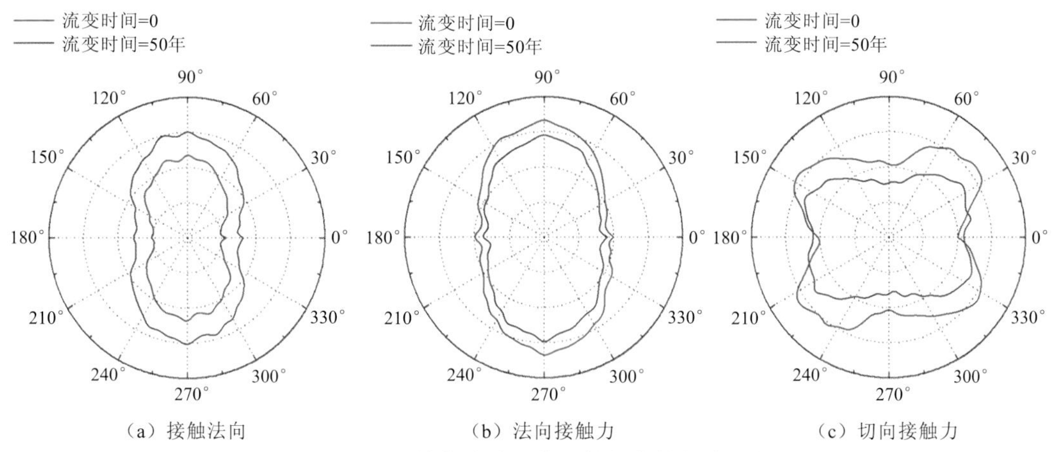

图 7.3.7　颗粒集合体组构和接触力的角域分布

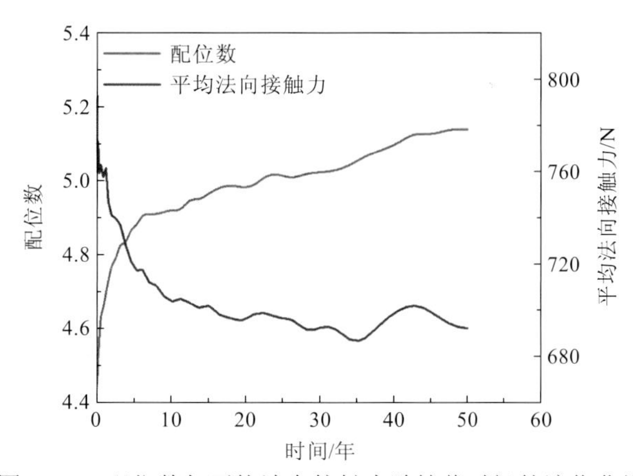

图 7.3.8　配位数与平均法向接触力随持载时间的演化曲线

图 7.3.9 为颗粒集合体在持载开始前和结束时法向接触力和切向接触力的概率密度分布曲线。正如平常所观察到的，颗粒集合体中绝大多数颗粒传递的法向接触力小于平均法向接触力，而大于平均法向接触力的接触数随着接触力的增加呈指数衰减。由于大量颗粒发生了延迟破碎，持载结束时接触力分布的非均匀程度有所提高，意味着弱接触系统所占比例也有一定增大。

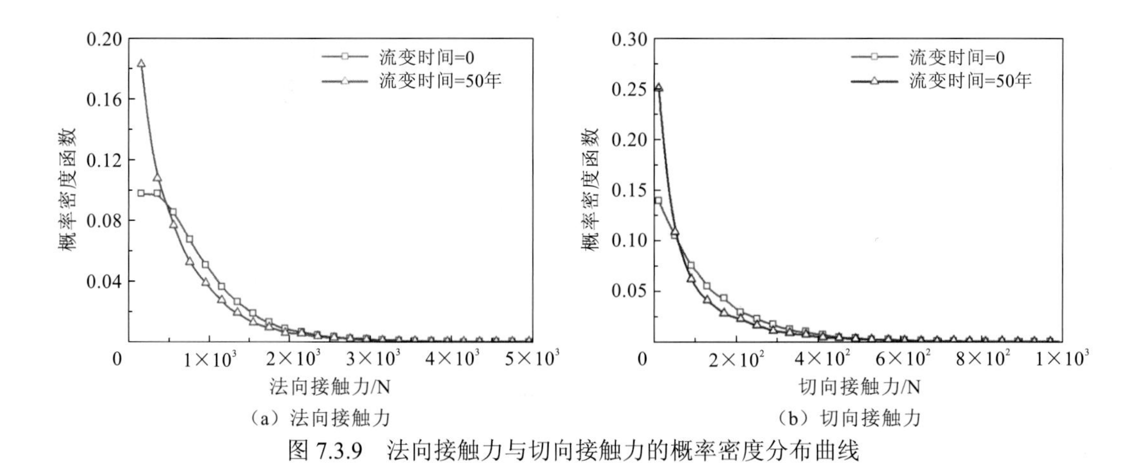

（a）法向接触力

（b）切向接触力

图 7.3.9　法向接触力与切向接触力的概率密度分布曲线

7.4　堆石体的流变特性

7.4.1　风化侵蚀和循环加载的影响

受水库水位波动和自然环境的周期性变化影响，堆石坝工程中的堆石体始终处于循环加卸载的状态，颗粒自身也伴随着从干到湿、从湿到干的往复变化。本节研究风化侵蚀和循环加卸载对堆石体流变特性的影响。专门研究风化侵蚀对岩石力学特性影响的试验资料较少，仅有的一些试验研究，其试验时间相对于堆石体所经历的数月、数年来说极短。因此从定性研究的角度出发，采用两套参数分别表示颗粒在干燥和饱水状态下的强度劣化特性 $\beta_1^{\text{dry}}=\beta_1^{\text{wet}}=0.2$、$\beta_2^{\text{dry}}=20$、$\beta_3^{\text{dry}}=5\times10^{-3}$、$\beta_2^{\text{wet}}=40$、$\beta_3^{\text{wet}}=1\times10^{-2}$，上标“dry”表示干燥状态，“wet”表示饱水状态。其他细观模拟参数见表 7.3.1。

从地理位置上来说，大多数堆石坝工程所经历的风化侵蚀和循环加载的周期可近似为 0.5 年，即将一年分为雨季和旱季。在雨季时水库水位升高，堆石坝处于加载状态，此外由于降雨入渗和坝体内浸润线升高，部分颗粒吸水饱和。在旱季时水库水位降低，堆石坝处于卸载状态，并且部分颗粒的状态由饱和转为干燥。本节考虑一个典型的加卸载情况，即试样的应力水平在 0.5～0.6 往复变化，伴随着颗粒强度劣化模型的参数由“dry”到“wet”。此外为了突出主要矛盾，在细观数值模拟中做了如下简化[31]。

（1）颗粒从一种状态到另一种状态的转化是瞬时、均匀的，即不考虑颗粒的吸水和脱水过程。

（2）风化侵蚀仅改变颗粒强度劣化模型参数，其他参数在模拟中均保持不变。

（3）不考虑浮力的影响，Silvani 等[32]的研究表明浮力不是堆石坝沉降变形的主要因素。

本节做了五组双轴流变数值试验，见表 7.4.1，研究风化侵蚀和循环加卸载对堆石体流变特性的影响。

表 7.4.1　五组双轴流变数值试验

数值试验编号	应力水平	颗粒状态	周期/年
T1	SL=0.5	dry	—
T2	SL=0.5⇆ SL=0.6	dry	0.5
T3	SL=0.5	dry⇆wet	0.5
T4	SL=0.5⇆ SL=0.6	dry⇆wet	0.5
T5	SL=0.6	wet	—

在分析流变数值试验结果前，可以预料颗粒集合体在饱水状态和较高应力水平下，即 T5 的流变变形会是 5 组试验的上限，而在干燥状态和较低应力水平下，即 T1 的流变变形会是 5 组试验的下限。图 7.4.1 是考虑风化侵蚀和循环加载的双轴流变数值试验结果。为了便于描述，接下来将用表 7.4.1 中的数值试验编号来描述流变数值试验结果。采用累积界面单元失效率来量化颗粒破碎程度，这个指标从 T1 时的 2.6%增大到 T5 时的 16%，表明风化侵蚀会显著地加剧颗粒破碎，颗粒破碎的增加导致颗粒集合体表现出更大的随时间发展的流变变形。循环加卸载也会导致颗粒集合体出现更大的流变变形，但是颗粒破碎程度的增大幅度并不明显，这说明由循环加载导致的流变变形增大的原因不是颗粒破碎，而是颗粒位置调整的结果。流变数值试验 T4 同时考虑了风化侵蚀和循环加载，一次循环对应一次周期性的水库蓄水和放空，所以 T4 最接近堆石坝工程中堆石体的实际情况。在风化侵蚀和循环加载的共同作用下，颗粒破碎程度和流变变形都会明显增大，流变变形接近 T5 的上限。从以上的分析可以看出，水库水位的涨落和风化侵蚀会导致堆石体产生额外的流变变形，这个现象可归因于两个细观机制的耦合作用：由风化侵蚀导致的颗粒破碎和由循环加卸载导致的颗粒重排列。

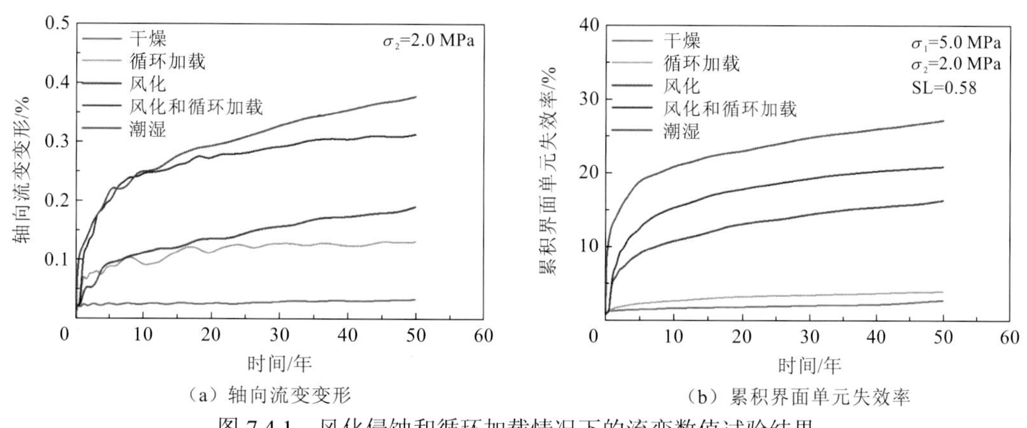

（a）轴向流变变形　（b）累积界面单元失效率

图 7.4.1　风化侵蚀和循环加载情况下的流变数值试验结果

7.4.2 堆石体流变的应力历史依赖性

围压和应力水平对堆石体流变变形的影响是流变试验研究的重点，大多数的经验流变模型也是基于围压和应力水平对最终流变变形和流变速率的影响规律提出的。在流变数值试验中，应该不会出现室内试验所遗漏的新现象和新规律，但为了保持研究的完整性并验证流变数值试验的合理性，这里进行了相同围压下不同应力水平的流变数值试验。围压为 2.0 MPa，应力水平分别为 0.2、0.4、0.6 和 0.8。颗粒强度劣化模型参数 $\beta_1 = 0.2$、$\beta_2 = 40$、$\beta_3 = 1\times10^{-2}$，其他参数见表 7.3.1。轴向流变变形和累积界面单元失效率随时间的演化曲线如图 7.4.2 所示，瞬时加载时的界面单元失效事件从累积界面单元失效率中扣除。分析数值试验结果，可以得到以下规律。

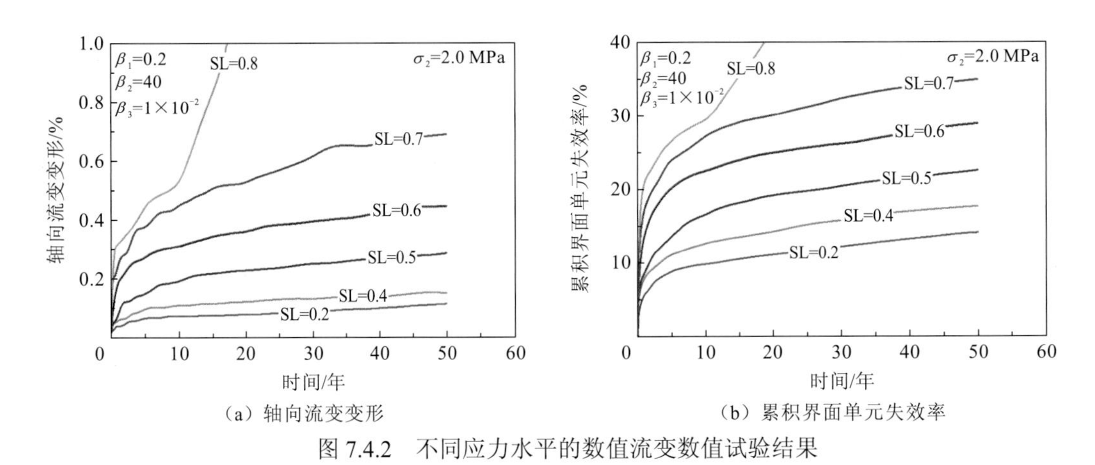

（a）轴向流变变形　　（b）累积界面单元失效率

图 7.4.2　不同应力水平的数值流变数值试验结果

不同应力水平下，大多数界面单元失效事件发生在流变试验的前期，此时颗粒破碎比较明显，导致颗粒集合体产生较大的轴向流变变形。以应力水平 0.6 为例，到第 5 年时，颗粒集合体完成了最终流变变形的 60%和最终界面单元失效事件的 69%。

轴向流变变形随应力水平的增大而增大，与室内流变试验规律一致。轴向流变变形随时间的演化规律可表示为 $\varepsilon_a(t) = \varepsilon_a^f(1-\ell^{-\lambda t})$，式中 ε_a^f 是最终流变变形的渐进值，ℓ,λ 是拟合参数，其中 λ 是反映流变速率的参数。采用上式拟合不同应力水平的轴向流变演化曲线，得到最终流变变形的渐近值 ε_a^f。图 7.4.3 为最终流变变形的渐进值与应力水平的关系曲线，可以采用双曲线形式拟合。

应力水平不仅影响流变变形的大小，对流变演化曲线的形状也有影响。可以看出不同应力水平下的轴向流变演化曲线可以分为三类：三期流变只在应力水平为 0.8 时出现；当应力水平小于 0.5 时，流变演化曲线只表现出初期流变而没有二期流变；当应力水平在 0.5～0.7 时，初期流变后紧接着发生二期流变。

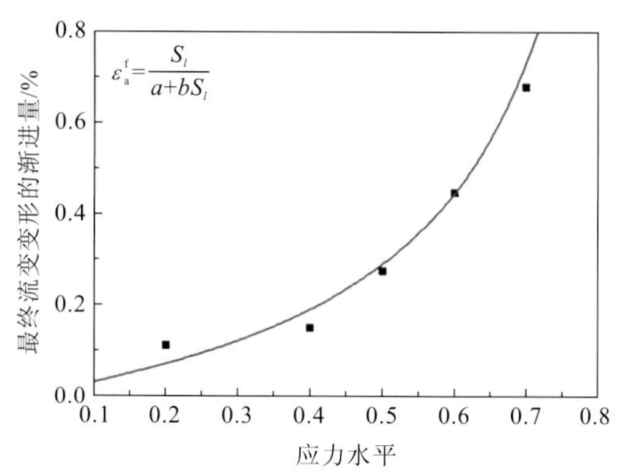

图 7.4.3　最终流变变形的渐进值与应力水平的关系曲线

a 和 *b* 是拟合参数

通常采用单级加载和多级加载流变试验研究堆石体的流变特性，考虑实际堆石坝工程是逐层填筑坝体，因此多级加载流变试验更符合堆石体的实际情况。本节补充了一个多级加载流变数值试验，通过与单级加载流变数值试验对比，研究堆石体流变的应力历史依赖性。第一级加载的轴向应力是 3.0 MPa，第二级加载的轴向应力是 4.0 MPa，第三级加载的轴向应力是 5.0 MPa，围压保持为 2.0 MPa 不变，每级加载的持载时间为 12 年。各级加载对应的应力水平分别为 0.2、0.4 和 0.6。

将单级加载和多级加载流变数值试验得到的轴向应变随时间的演化曲线绘于图 7.4.4。有趣的是多级加载时，每一级加载后的轴向变形与该应力水平下单级加载的轴向变形非常接近。但是图 7.4.4 中的轴向变形由两部分组成：剪切产生的瞬时变形和颗粒延迟破碎产生的流变变形，因此不能过早地下结论认为堆石体的流变不存在应力历史依赖性。将图 7.4.4 中轴向变形的瞬时部分扣除，剩余的部分即流变变形，其随时间的演化曲线如图 7.4.5 所示。在单级流变和多级流变数值试验中，处于相同的应力水平时，其所表现出的流变变形差别比较明显，说明堆石体的流变存在应力历史依赖性。可能的解释是在流变过程中发生的颗粒破碎和颗粒位置重排列会强化颗粒集合体的细观结构，进而导致颗粒集合体在接下来的瞬时剪切中产生较小的瞬时变形。另外，颗粒破碎和颗粒位置重排列会削弱颗粒集合体中颗粒间接触力的非均匀性，导致更多颗粒的应力增加。这个

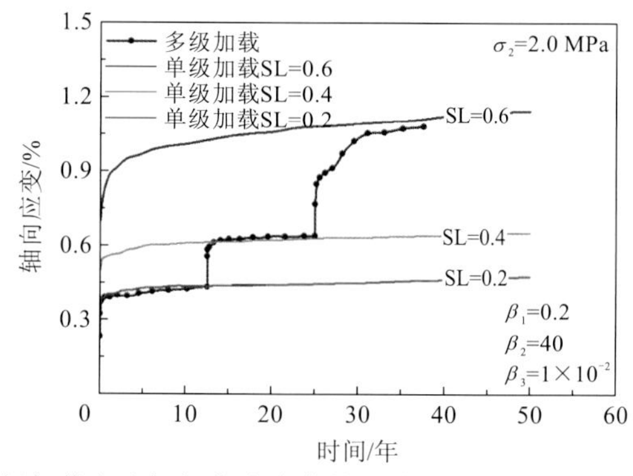

图 7.4.4　单级加载和多级加载流变数值试验的轴向应变随时间的变化曲线

过程会导致更多的颗粒强度发生劣化并产生颗粒破碎，最终导致颗粒集合体出现更大的流变变形。图 7.4.6 为单级加载和多级加载流变数值试验的累积界面单元失效率随时间的演化曲线。反映颗粒破碎程度的指标累积界面单元失效率，在多级加载情况下明显高于相同应力水平的单级加载，这就验证了本节对堆石体流变应力历史依赖性的解释。

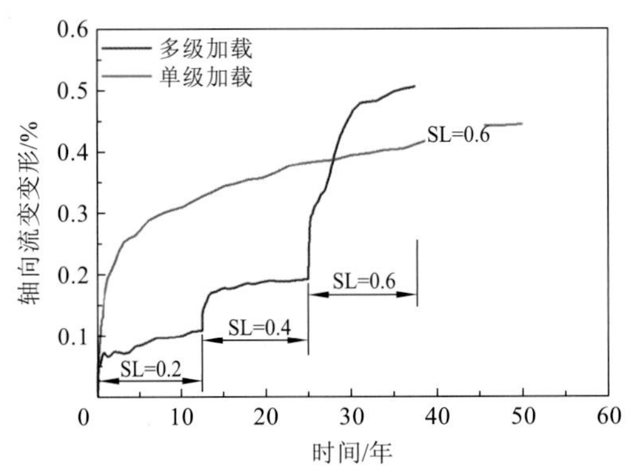

图 7.4.5　单级加载和多级加载流变数值试验的轴向流变变形随时间的变化曲线

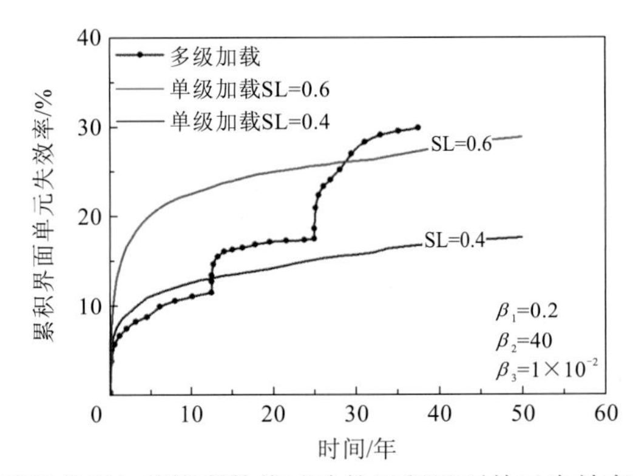

图 7.4.6　单级加载和多级加载流变数值试验的累积界面单元失效率随时间的变化曲线

7.5　本章小结

（1）由应力侵蚀导致的裂纹亚临界扩展是岩石材料时间相关特性的内在机理，采用基于热力学量的化学反应速率理论来描述裂纹扩展的动力学特性，推导了颗粒强度劣化模型。提出了堆石体长期变形模拟方法，在计算程序中存在两套时间系统，一种是颗粒集合体计算本身的时间，另一种是长期变形模拟时间。将整个流变计算过程划分为 N 个时步。在每个时步之前，根据界面单元的强度演化模型计算当前流变时间的强度参数，然后求解颗粒集合体的运动方程，达到静力平衡状态后，随后进入下一个时步，直至计算结束。该方法将连续离散耦合分析运算视为一个个的时间节点，仅仅是为流变计算提供静力平衡状态，这些强度不断演化的时间节点串联形成整个流变计算过程。

（2）在经过初始的瞬时弹塑性变形后，颗粒由于应力侵蚀而产生延迟破碎，宏观上表现出了随时间发展的流变变形。整个流变过程可以分为三个阶段：第一个阶段是减速流变区，这一阶段流变速率随时间而减小；第二阶段是稳定流变区，这一阶段流变速率接近常数；第三阶段是加速流变区，这一阶段流变速率随时间急剧增大。颗粒集合体的流变速率与时间的关系整体呈“降低-稳定-渐近增长-急剧上升”的特点。

（3）风化侵蚀会显著地加剧颗粒破碎，颗粒破碎的增加导致颗粒集合体表现出更大的随时间发展的流变变形。循环加载也会导致颗粒集合体出现更大的流变变形，但是颗粒破碎程度的增大幅度并不明显，这说明由循环加载导致的流变变形增大的原因不是颗粒破碎，而是颗粒位置调整的结果。水库水位的涨落和风化侵蚀会导致堆石体产生额外的流变变形，这个现象可归因于两个细观机制的耦合作用：由风化侵蚀导致的颗粒破碎和由循环加载导致的颗粒重排列。

（4）多级加载的轴向变形与该应力水平下单级加载的轴向变形非常接近，但扣除瞬时变形后，其所表现出的流变变形差别比较明显，说明堆石体的流变存在应力历史依赖性。可能的解释是在流变过程中发生的颗粒破碎和颗粒位置重排列会强化颗粒集合体的细观结构，进而导致颗粒集合体在接下来的瞬时剪切中产生较小的瞬时变形。另外，颗粒破碎和颗粒位置重排列会削弱颗粒集合体中颗粒间接触力的非均匀性，导致更多颗粒的应力增加。这个过程会导致更多的颗粒强度发生劣化并产生颗粒破碎，最终导致颗粒集合体出现更大的流变变形。

参 考 文 献

[1] 王勇. 堆石流变的机理及研究方法初探[J]. 岩石力学与工程学报, 2000, 19(4): 526-530.

[2] 梁军, 刘汉龙, 高玉峰. 堆石蠕变机理分析与颗粒破碎特性研究[J]. 岩土力学, 2003, 24(3): 479-483.

[3] 王海俊, 殷宗泽. 堆石料长期变形的室内试验研究[J]. 水利学报, 2007, 38(8): 914-919.

[4] 孙国亮, 孙逊, 张丙印. 堆石料风化试验仪的研制及应用[J]. 岩土工程学报, 2009, 31(9): 1462-1466.

[5] 殷宗泽. 高土石坝的应力与变形[J]. 岩土工程学报, 2009, 31(1): 1-14.

[6] OLDECOP L A, ALONSO E E. A model for rockfill compressibility[J]. Geotechnique, 2001, 51(2): 127-139.

[7] KRANZ R L. Crack growth and development during creep of Barre granite[C]//International Journal of Rock Mechanics and Mining Sciences & Geomechanics Abstracts. Pergamon, 1979, 16(1): 23-35.

[8] WILKINS B J S. Slow crack growth and delayed failure of granite[C]//International Journal of Rock Mechanics and Mining Sciences & Geomechanics Abstracts. Pergamon, 1980, 17(6): 365-369.

[9] WIEDERHORN S M, FULLER E R, THOMSON R. Micromechanisms of crack growth in ceramics and glasses in corrosive environments[J]. Metal science, 1980, 14(8-9): 8-9.

[10] LAJTAI E Z, BIELUS L P. Stress corrosion cracking of Lac du Bonnet granite in tension and compression[J]. Rock mechanics and rock engineering, 1986, 19(2): 71-87.

[11] 陈有亮, 孙钧. 岩石的流变断裂特性[J]. 岩石力学与工程学报, 1996, 15(4): 323-327.

[12] 肖洪天, 杨若琼, 周维垣. 三峡船闸花岗岩亚临界裂纹扩展试验研究[J]. 岩石力学与工程学报,

1999, 18(4):447-450.

[13] EBRAHIMI M E, CHEVALIER J, FANTOZZI G. Slow crack-growth behavior of alumina ceramics[J]. Journal of materials research, 2000, 15(1): 142-147.

[14] LEI X L, KUSUNOSE K, RAO M V M S, et al. Quasi-static fault growth and cracking in homogeneous brittle rock under triaxial compression using acoustic emission monitoring[J]. Journal of geophysical research: solid earth, 2000, 105(B3): 6127-6139.

[15] 邓广哲, 朱维申. 蠕变裂隙扩展与岩石长时强度效应实验研究[J]. 实验力学, 2002, 14(2): 177-183.

[16] 陈有亮. 岩石蠕变断裂特性的试验研究[J]. 力学学报, 2003, 35(4): 480-484.

[17] 李江腾, 曹平, 袁海平. 岩石亚临界裂纹扩展试验及门槛值研究[J]. 岩土工程学报, 2006, 28(3): 415-418.

[18] 赵延林, 万文, 王卫军, 等. 类岩石裂纹压剪流变断裂与亚临界扩展实验及破坏机制[J]. 岩土工程学报, 2012, 34(6): 1050-1059.

[19] 曹平, 杨慧, 江学良, 等. 水岩作用下岩石亚临界裂纹的扩展规律[J]. 中南大学学报(自然科学版), 2010, 41(2): 649-654.

[20] 万琳辉, 曹平, 黄永恒, 等. 水对岩石亚临界裂纹扩展及门槛值的影响研究[J]. 岩土力学, 2010, 31(9): 2737-2742.

[21] LAIDLER K J. Theories of chemical reaction rates[M]. New York: McGraw-Hill, 1969.

[22] MASEL R I. Chemical kinetics and catalysis[M]. New York: Wiley, 2001.

[23] WIEDERHORN S M, BOLZ L H. Stress corrosion and static fatigue of glass[J]. Journal of the American ceramic society, 1970, 53(10): 543-548.

[24] MICHALSKE T A, FREIMAN S W. A molecular interpretation of stress corrosion in silica[J]. Nature, 1982, 295(5849): 511-512.

[25] FREIMAN S W. Effects of chemical environments on slow crack growth in glasses and ceramics[J]. Journal of geophysical research: solid earth, 1984, 89(B6): 4072-4076.

[26] LOCKNER D A. A generalized law for brittle deformation of Westerly granite[J]. Journal of geophysical research: solid earth, 1998, 103(B3): 5107-5123.

[27] POTYONDY D O. Simulating stress corrosion with a bonded-particle model for rock[J]. International journal of rock mechanics and mining sciences, 2007, 44(5): 677-691.

[28] POTYONDY D O, CUNDALL P A. A bonded-particle model for rock[J]. International journal of rock mechanics and mining sciences, 2004, 41(8): 1329-1364.

[29] 花俊杰. 堆石体变形特性细观数值试验研究[D]. 武汉: 武汉大学, 2011.

[30] JIN F, ZHANG C H. Creep modeling in excavation analysis of a high rock slope[J]. Journal of geotechnical and geoenvironmental engineering, 2003, 129(9): 849-857.

[31] SILVANI C, DÉSOYER T, BONELLI S. Discrete modelling of time-dependent rockfill behaviour[J]. International journal for numerical and analytical methods in geomechanics, 2009, 33(5): 665-685.

[32] SILVANI C, BONELLI S, PHILIPPE P, et al. Buoyancy and local friction effects on rockfill settlements: a discrete modelling[J]. Computers and mathematics with applications, 2008, 55(2): 208-217.

第8章

基于分形理论的堆石料级配优化

本章基于颗粒粒径–质量分布的分形模型，设计了分形维数为 D=2.0～2.8 的 6 组堆石体级配曲线，基于连续离散耦合分析方法，生成随机多面体颗粒数值模型，开展堆石料的压实特性研究，探讨分形维数 D 与堆石料的压实特性之间的关系。并以相对密度作为堆石料的压实控制标准，进行不考虑颗粒破碎和考虑颗粒破碎的常规三轴数值试验，分析分形维数 D 与堆石料的宏观力学特性和细观组构之间的关系，研究堆石料的级配特性对其宏细观力学特性的影响，探讨堆石料的分形维数在级配优化设计过程中的作用和影响。

8.1 分形理论及其在岩土工程中的应用

Fractal 一词原意是“不规则的、分数的、支离破碎的”物体，在 1975 年由 Mandelbrot 首次提出，并在其专著 *Fractals*：*form*，*chance and dimension*（《分形：形态，偶然性和维数》）[1]中系统阐述了分形几何的基本理论。分形几何[2]的主要内容是自相似分形，用来处理极不规则、无一定标度的几何体，具有极强的应用性。而岩土材料本身组成结构复杂，受到周围环境作用、应力历史和生成条件等诸多因素的影响，宏观表现为模糊性、不规则性和非线性等特征，采用经典数学模型难以描述，却正是分形研究的内容。近 30 年来，分形几何已被广泛应用于岩土力学领域诸如岩石断裂、岩石和土颗粒表面形态、岩石节理粗糙度等方面，为工程中复杂随机却又存在某些内在规律的系统提供了定量描述的方法。

本章在堆石料颗粒级配研究中引入分形几何理论，建立描述堆石料结构的分形模型，寻求反映堆石料颗粒填充结构的合理几何参数，深入探讨分形维数在堆石料颗粒结构密实程度方面的影响，分析其对堆石料力学特性的影响。

8.2 颗粒粒径–质量分形模型

堆石料的颗粒级配分布本质上是一个几何问题，但由于其颗粒粒度组成的非线性和复杂性，采用传统几何学手段与方法很难进行准确的定义，分形理论为定量描述堆石料的级配特性提供了新的有效途径。本章采用颗粒粒径–质量分形模型来描述堆石料颗粒的级配特性。

分形维数是描述颗粒分形特征的一个重要参数，Turcotte[3]定义的颗粒粒径分布的分形关系表示为

$$N \propto \gamma^{-D} \tag{8.2.1}$$

式中：N 是大于某一特征尺度 γ 的颗粒数；D 是分形维数。由式（8.2.1）可推断出

$$\frac{N}{N_{\mathrm{m}}} = \left(\frac{\gamma}{\gamma_{\mathrm{m}}}\right)^{-D} \tag{8.2.2}$$

式中：γ_{m} 是最小半径；N_{m} 是粒径大于最小粒径 γ_{m} 的颗粒数目，也称颗粒总数。

基于颗粒粒度与相应颗粒数的概率分布函数即可得到分形维数 D 。在实际工程中通常是根据颗粒的质量分数来计算颗粒级配，若按此处颗粒粒径进行相应颗粒数的统计较为不便。因此，有必要找出颗粒粒径与质量之间的关系。Turcotte[3]假设颗粒质量服从 Weibull 分布：

$$\frac{M(\gamma)}{M_{\mathrm{T}}} = 1 - \exp\left[-\left(\frac{\gamma}{\sigma}\right)^{\alpha}\right] \tag{8.2.3}$$

式中：$M(\gamma)$ 是粒径小于 γ 的颗粒质量；M_{T} 是颗粒总质量；σ 与平均尺寸有关。如果

$\gamma/\sigma \ll 1$，式（8.2.3）级数展开后可简化为如下幂函数：

$$\frac{M(\gamma)}{M_{\mathrm{T}}}=\left(\frac{\gamma}{\sigma}\right)^{\alpha} \tag{8.2.4}$$

可通过式（8.2.1）、式（8.2.4）建立颗粒粒径与质量之间的关系。将式（8.2.4）求导后得

$$\mathrm{d}M \propto \gamma^{\alpha-1}\mathrm{d}\gamma \tag{8.2.5}$$

同理，式（8.2.1）求导后得

$$\mathrm{d}N \propto \gamma^{-D-1}\mathrm{d}\gamma \tag{8.2.6}$$

已知颗粒数增量与质量增量的关系为

$$\mathrm{d}N \propto \gamma^{-3}\mathrm{d}M \tag{8.2.7}$$

将式（8.2.5）、式（8.2.6）代入式（8.2.7）可得

$$\alpha = 3-D \tag{8.2.8}$$

由此可得分形维数 D 与 α 之间的关系，其中 $\gamma/\sigma \ll 1$ 假定将限制其适用范围。不考虑该假设，可以通过颗粒数与粒径之间的分形关系改写式（8.2.1）。因此，大于颗粒粒径 d 的颗粒数为

$$N(x>d)=Cd^{-D} \tag{8.2.9}$$

式中：C 是比例因子。对式（8.2.9）两边求导得

$$\mathrm{d}N(x)=CDx^{-D-1}\mathrm{d}x \tag{8.2.10}$$

颗粒粒径小于 d 的颗粒质量为

$$M(x<d)=\int_{d_{\min}}^{d} s\rho x^{3}\mathrm{d}N(x) \tag{8.2.11}$$

式中：s 是颗粒形状因子；ρ 是颗粒密度；$d_{\min}$ 是最小粒径。将式（8.2.10）代入式（8.2.11）中，积分可得粒径小于 d 的颗粒质量为

$$M_{d}(x<d)=\frac{CDs\rho}{3-D}(d^{3-D}-d_{\min}^{3-D}) \tag{8.2.12}$$

定义 $d_{\max}$ 为颗粒最大粒径，试样总质量为

$$M_{\mathrm{T}}=M_{d}(x<d_{\max})=\frac{CDs\rho}{3-D}(d_{\max}^{3-D}-d_{\min}^{3-D}) \tag{8.2.13}$$

颗粒级配曲线上累计质量分数为

$$\frac{M_{d}(x<d)}{M_{\mathrm{T}}}=\frac{d^{3-D}-d_{\min}^{3-D}}{d_{\max}^{3-D}-d_{\min}^{3-D}} \tag{8.2.14}$$

假定颗粒最小粒径 $d_{\min}=0$，则式（8.2.14）为

$$\frac{M_{d}(x<d)}{M_{\mathrm{T}}}=\left(\frac{d}{d_{\max}}\right)^{3-D} \tag{8.2.15}$$

对式（8.2.15）两边取对数可得

$$\lg[M_{d}(x<d)/M_{\mathrm{T}}]=(3-D)\lg(d/d_{\max}) \tag{8.2.16}$$

式（8.2.16）中，表达式左侧的 $M_{d}(x<d)$ 可根据颗粒筛分试验确定，利用最小二乘法拟合回归曲线，得到该直线的斜率即式（8.2.15）中的指数 $(3-D)$，因此可以计算得

到分形维数 D。采用双对数坐标 $\lg(M_d / M_{\mathrm{T}}) - \lg(d / d_{\max})$ 所绘制的曲线可称作粒度分形曲线。根据已有的研究成果发现，若粒度分形曲线为直线分布，则表明各粒组的质量分数严格自相似或具有统计相似性，颗粒的粒径分布连续，颗粒之间的填充密实性强，级配特性良好；若粒度分形曲线为折线分布关系，则表明该级配曲线为多重分形相似，说明颗粒级配中缺乏中间粒径的颗粒或颗粒粒径均匀，不容易被压实，此类级配的颗粒一般表现为级配不良[4]。粒度分形曲线能描述各个粒径范围内的颗粒质量分数，对于具有严格自相似性的粒度分形曲线，其具有唯一且确定的分形维数，与传统级配评价指标——不均匀系数和曲率系数在表征级配优良特性方面的模糊性和不确定性相比，分形维数能够更准确地描述级配曲线特性[5]。

8.3　堆石料的级配分形特性

应用颗粒粒径-质量分形模型，对国内外已建、在建堆石坝工程的堆石料、垫层料和过渡料的原型级配进行分形特性验证和分形维数的统计。由于堆石料在外荷载作用下会发生颗粒破碎并影响其颗粒的粒径分布（particle-size distribution，PSD）状况，Turcotte[3]指出随着颗粒破碎的发生，任何初始分布的颗粒均会呈现一种自相似的分形分布，因此应用颗粒粒径-质量分形模型，结合各类粗、细粒土的室内试验前、后（发生颗粒破碎）级配进行分形特性研究。此外，针对单颗粒破碎试验后的级配开展粒度分形的研究，分析和探讨了单颗粒材料发生破碎后其级配的分形特性。本节分别从大尺度体系（原型级配）、实验室规模体系（室内试验前后级配）和单颗粒三个层面出发，分析各试样的颗粒级配曲线的颗粒粒径-质量分布分形之间的联系，并统计其级配拟合分形维数的取值范围，以及颗粒破碎对堆石料颗粒级配曲线分形特性的影响。

8.3.1　原型级配分形

基于颗粒粒径-质量分形模型，研究了国内外已建、在建的堆石坝工程的堆石料、垫层料或过渡料的共 33 条级配曲线的分形维数 D，见表 8.3.1，并绘制了各筑坝料的级配曲线，统计了分形维数 D 的分布范围及频率，如图 8.3.1 所示。

表 8.3.1　各工程堆石料最大粒径及分形维数

堆石料分区	堆石坝工程	最大粒径 $d_{\max}$/mm	分形维数 D	相关系数 R
堆石料	Alto Anchicaya	591	2.620	0.984 7
	Foz Do Areia	591	2.492	0.986 9
	Cethana	574	2.524	0.998 4
	猴子岩（灰岩）	400	2.613	0.999 7

续表

堆石料分区	堆石坝工程	最大粒径 d_{max}/mm	分形维数 D	相关系数 R
堆石料	猴子岩（流纹岩）	800	2.491	0.998 3
	茨哈峡（上游）	300	2.671	0.994 5
	茨哈峡（下游）	800	2.741	0.993 9
	如美	800	2.624	0.982 0
	古水	800	2.470	0.998 6
	水布垭	800	2.630	0.998 0
	夹岩	600	2.610	0.998 6
	双江口	600	2.530	0.996 7
	马吉	700	2.598	0.999 3
	小浪底	500	2.516	0.999 6
	西北口	591	2.539	0.978 9
	天生桥	800	2.694	0.978 1
	鲁布革	300	2.676	0.983 2
	紫坪铺	800	2.551	0.999 9
	龙滩	600	2.695	0.997 9
垫层料	Cethana	80	2.659	0.998 7
	古水	80	2.699	0.998 2
	水布垭	80	2.680	0.999 5
	马吉	60	2.637	0.997 9
	西北口	70	2.660	0.996 2
	天生桥	70	2.669	0.997 2
	广州抽水蓄能电站	100	2.666	0.996 4
	万安溪坝	60	2.588	0.999 5
	关门山	150	2.528	0.995 4
过渡料	Foz Do Areia	165	2.584	0.979 9
	水布垭	300	2.508	0.999 2
	古水	300	2.532	0.996 4
	马吉	200	2.455	0.999 7
	小浪底	200	2.348	0.992 1

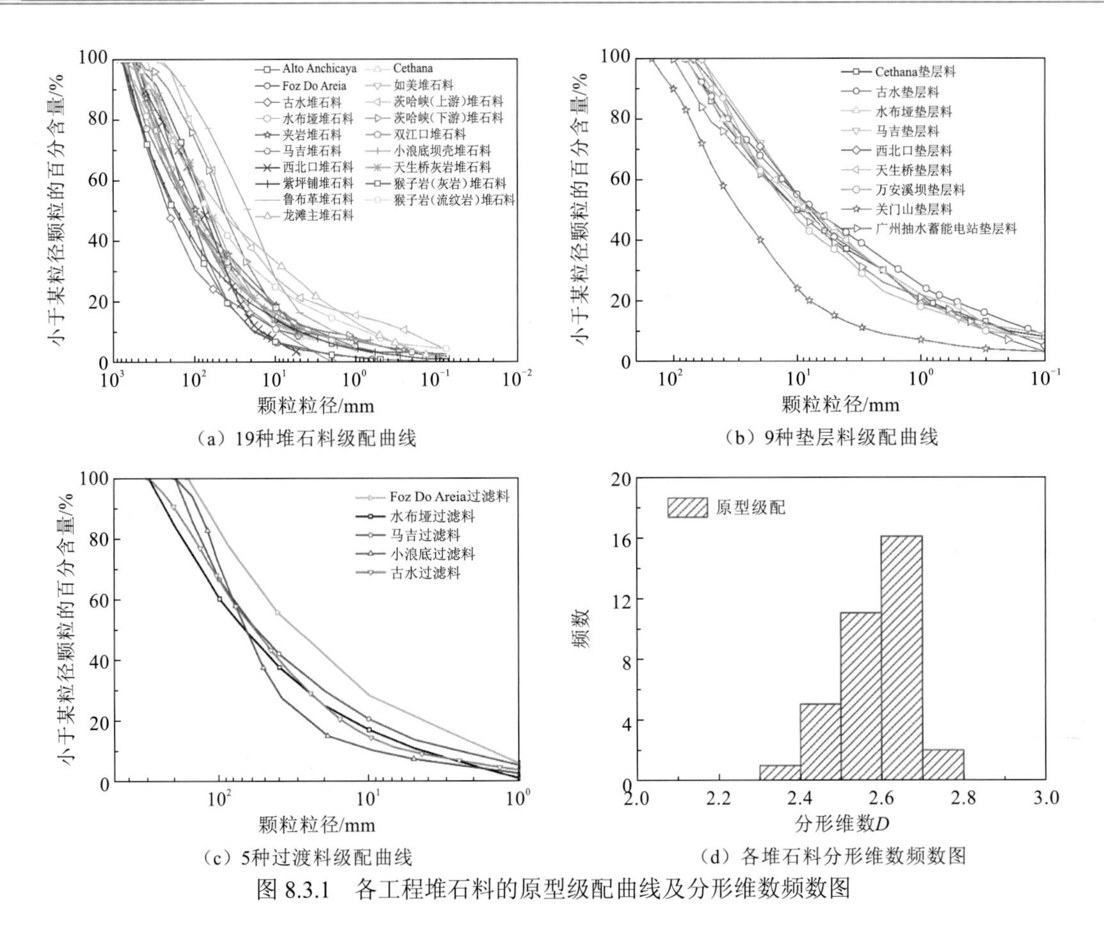

（a）19种堆石料级配曲线（b）9种垫层料级配曲线
（c）5种过渡料级配曲线（d）各堆石料分形维数频数图

图 8.3.1 各工程堆石料的原型级配曲线及分形维数频数图

对于粗粒料而言，若颗粒级配的粒度分布符合分形特征，则其粒度分形维数取值应在 2.0～3.0[4]。由图 8.3.1 和表 8.3.1 可知，采用颗粒粒径-质量分形模型，拟合各工程堆石料、垫层料和过渡料的级配曲线，得到堆石料级配曲线拟合分形维数 D 在 2.470～2.741；垫层料拟合分形维数 D 在 2.487～2.699；过渡料拟合分形维数 D 在 2.348～2.584。由图 8.3.1（d）可知，各堆石料级配拟合的分形维数集中分布在 2.5～2.7，相关系数均高于 0.978，表明各堆石料的原型级配具有明显的分形特性，堆石料的颗粒粒径-质量分形模型能较好地体现堆石料的级配分布特征，分形维数 D 在定量描述堆石料的级配特征方面具有一定的可靠性[5]。

8.3.2 室内试验级配分形

堆石坝工程中广泛使用的堆石料，最大粒径一般为 600～800 mm，与之对应的大型试验设备的发展却并不匹配。目前国内的大型三轴试验仪器绝大多数为直径 300 mm、高度 600～750 mm，允许的试样级配最大粒径仅为 60 mm，因此进行堆石料的室内试验时有必要对原型级配进行缩尺，以满足试验仪器对尺寸的要求。

由表 8.3.2 可知，根据颗粒粒径-质量分形模型，研究了 7 座堆石坝工程堆石料的共

8 条室内试验前后级配曲线的分形维数，堆石料室内试验前级配曲线拟合分形维数 D 为 2.176～2.602，室内试验后拟合分形维数 D 为 2.439～2.660，级配拟合相关系数均在 0.995 以上，表明堆石料室内试验前后的粒径分布即级配具有良好的分形特性。高峰和谢和平[6]通过试验观察提出，堆石料的宏观破碎由小破裂群体集中而形成，小破裂又由更微小的裂隙演化和集聚形成，此种自相似的行为必然导致破碎后碎块的块度也具有自相似特征，因此可用堆石料的粒度分形描述破碎前后的堆石料级配特性。同时在试验过程中，颗粒因外部荷载作用而发生破碎，导致细粒含量增加，引起堆石料的级配分形维数 D 增大。

表 8.3.2　7 座堆石坝工程堆石料室内试验前后分形维数

堆石料	最大粒径 d_{max}/mm	室内试验前		室内试验后		分形维数增量 ΔD
		分形维数 D	相关系数 R	分形维数 D	相关系数 R	
古水	60	2.176	0.999 6	2.439	0.996 6	+0.263
水布垭	60	2.383	0.997 9	2.607	0.995 5	+0.224
西北口	60	2.602	0.989 7	2.637	0.990 3	+0.035
天生桥	60	2.508	0.999 6	2.589	0.998 2	+0.081
紫坪铺	60	2.476	0.999 4	2.576	0.997 5	+0.100
河口村水库	60	2.384	0.997 0	2.519	0.995 2	+0.135
宜兴抽水蓄能电站主堆石	60	2.411	0.996 7	2.660	0.995 0	+0.249
宜兴抽水蓄能电站次堆石	60	2.326	0.995 9	2.646	0.977 6	+0.320

本节的研究对象不局限于工程堆石料，对不同粒径的粗粒料的室内试验级配也进行了分析和统计，拟合了 15 条粗粒料的室内试验前后级配分形维数 D，统计结果见表 8.3.3。不同粒径的粗粒料室内试验前级配拟合分形维数 D 为 1.539～2.686，室内试验后级配拟合分形维数 D 为 2.359～2.769，相关系数均大于 0.937，表明室内试验前后粗粒料的粒径分布呈现良好的分形特性。同时在外部荷载作用下粗粒料会产生破碎，导致细粒含量增加，分形维数增大，在试验前后的级配特性变化与堆石料相似。

表 8.3.3　部分粗粒料室内试验前后分形维数

粗粒料名称	最大粒径 d_{max}/mm	室内试验前		室内试验后		分形维数增量 ΔD
		分形维数 D	相关系数 R	分形维数 D	相关系数 R	
南海地区钙质砂	2	2.302	0.939 6	2.532	0.944 1	+0.230
南沙群岛永暑礁钙质砂	2	2.517	0.949 0	2.630	0.938 0	+0.113
长江石英砂砾	5	2.255	0.982 0	2.396	0.996 4	+0.141
长江武汉段石英砂 1	10	2.663	0.937 2	2.769	0.959 7	+0.105

续表

粗粒料名称	最大粒径 d_{max}/mm	室内试验前		室内试验后		分形维数增量 ΔD
		分形维数 D	相关系数 R	分形维数 D	相关系数 R	
长江武汉段石英砂 2	10	2.686	0.934 0	2.726	0.971 5	+0.040
饱和破碎泥岩	15	2.154	0.994 0	2.359	0.992 0	+0.205
矸石	15	2.047	0.995 4	2.705	0.996 1	+0.658
泥岩	15	2.047	0.995 4	2.686	0.993 0	+0.639
砂岩	15	2.047	0.995 4	2.523	0.999 4	+0.476
灰岩	15	2.047	0.995 4	2.481	0.996 3	+0.434
砂岩	50	1.728	0.989 9	2.476	0.987 8	+0.749
砂质泥岩	50	1.539	0.997 6	2.617	0.977 8	+1.078
弱风化砂岩 1	60	2.501	0.998 8	2.644	0.995 7	+0.143
弱风化砂岩 2	60	2.364	0.998 9	2.577	0.997 2	+0.213
弱风化砂岩 3	60	2.299	0.998 3	2.568	0.996 5	+0.269

以水布垭主堆石料和紫坪铺堆石料为例，将室内试验前、后堆石料的级配曲线绘制于图 8.3.2（a）中，可清晰地发现在室内试验结束后，小粒径处级配曲线尾部明显上抬，细颗粒含量明显增多，堆石料粒径-质量分布的分形维数 D 增大，将二者进行比较可发现，水布垭主堆石料试验前后细粒含量增量明显高于后者，分形维数 D 的增大程度也越高。同样地，以长江武汉段石英砂和砂岩试验前后的级配曲线绘制于图 8.3.2（b）中，外力作用使颗粒破碎，引起细粒含量增多，对应试验后粗粒料的分形维数 D 增大程度越高。

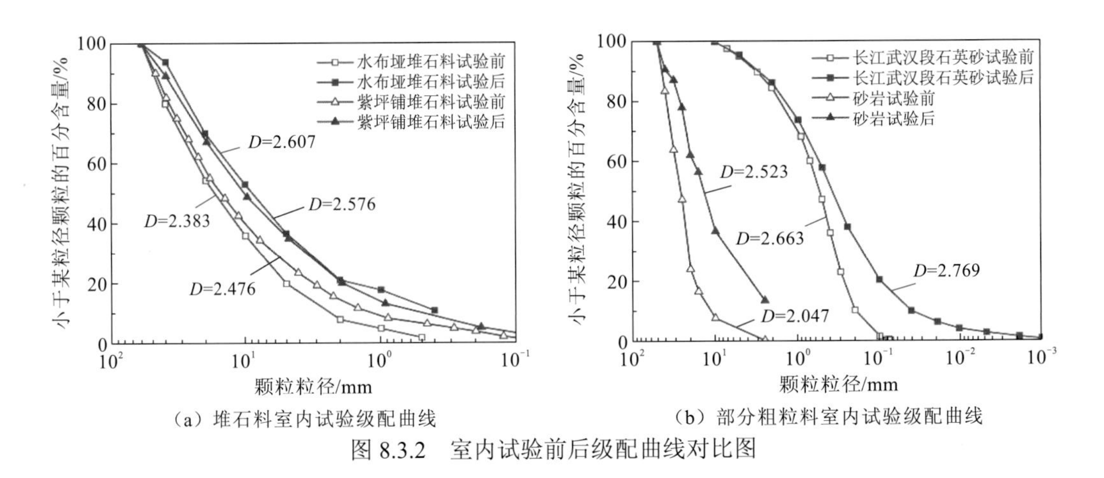

（a）堆石料室内试验级配曲线　　（b）部分粗粒料室内试验级配曲线

图 8.3.2　室内试验前后级配曲线对比图

将室内试验前后各统计试样的级配拟合分形维数 D 的分布范围及频率绘制于图 8.3.3

中。试验前除个别试样的分形维数 D 低于 2.0 外，其他各试样的分形维数 D 集中分布在 2.2～2.4，试验后各试样由于颗粒破碎引起细粒含量增大，分形维数 D 增大且集中分布在 2.5～2.7，相关系数均较高，破碎后的颗粒级配仍具有良好的分形特性。而分形维数 D 也可考虑作为描述颗粒破碎后粒径大小、均匀程度的一个新指标。

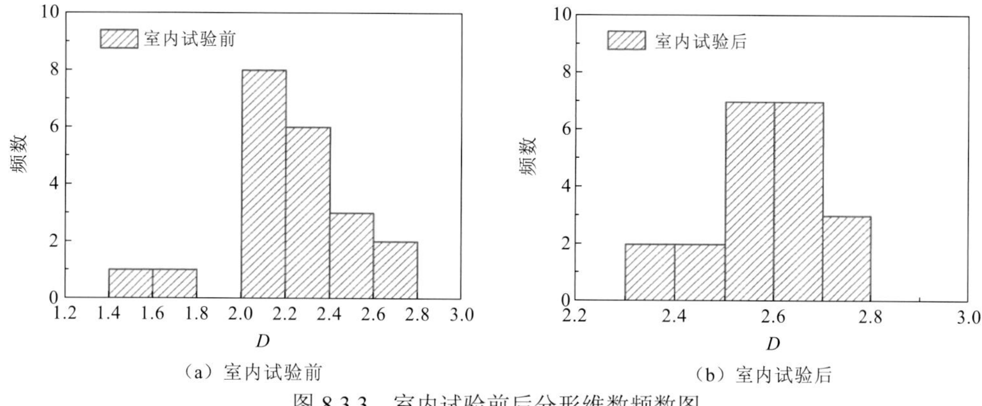

（a）室内试验前　（b）室内试验后

图 8.3.3　室内试验前后分形维数频数图

8.3.3　单颗粒破碎分形

由于受外力作用粗粒料会发生颗粒破碎而引起颗粒级配的改变，从而影响其力学性质。而实际工程中的颗粒材料大多是由不同粒径的颗粒组成，很难分别研究每个粒径组的破碎规律，颗粒料的整体破碎规律更复杂。因此，很多学者选择从单一粒径组入手，研究其破碎规律。

基于颗粒粒径-质量分形模型，拟合得到 11 组不同粒径粗粒料在进行单颗粒破碎试验后级配曲线分形维数 D，见表 8.3.4。根据 11 组数据拟合结果，发现单颗粒试验后级配分形维数 D 在 1.180～2.451，其拟合相关系数高于 0.955，表明各粗粒料进行单颗粒破碎试验后颗粒粒径分布具有明显的分形特性。

表 8.3.4　单颗粒破碎试验后分形维数

名称	试验前	试验后		
	粒径或粒径组 d/mm	最大粒径 d_{max}/mm	分形维数 D	相关系数 R
大连石灰石	60～40	40	2.076	0.972 3
	40～20	20	2.299	0.955 3
	20～10	10	2.332	0.972 1
	10～5	5	2.291	0.975 3
广西某碳酸锰矿石	45～10	45	2.451	0.997 0
大理岩（汉白玉）	32～6	5	2.431	0.999 4

续表

名称	试验前	试验后		
	粒径或粒径组 d/mm	最大粒径 d_{max}/mm	分形维数 D	相关系数 R
鹅卵石	26	15	1.180	0.979 9
花岗岩	26	15	1.599	0.989 9
钽铌矿石	26	15	1.817	0.997 4
南海地区钙质砂 1	2～1	2	2.310	0.993 8
南海地区钙质砂 2	1～0.5	1	2.056	0.997 5

以初始粒径相同的鹅卵石、花岗岩和钽铌矿石为例，将试验后颗粒级配绘制于图 8.3.4 中，对比发现破碎后，三种粗粒料破碎后的粒径分布大不相同，鹅卵石大颗粒含量明显最多，细粒级的颗粒含量最少，对应分形维数 D 最小，大颗粒质量占总质量百分比大，颗粒分布不均匀；而钽铌矿石颗粒破碎后细粒颗粒群最多，对应分形维数 D 最大，大颗粒含量很少；花岗岩则处于两者之间。分形维数 D 可以表征颗粒质量的分布状况和颗粒均匀程度，也能反映颗粒材料的破碎难易程度，进一步说明分形维数 D 作为描述颗粒破碎后粒径大小、均匀程度指标的可行性。

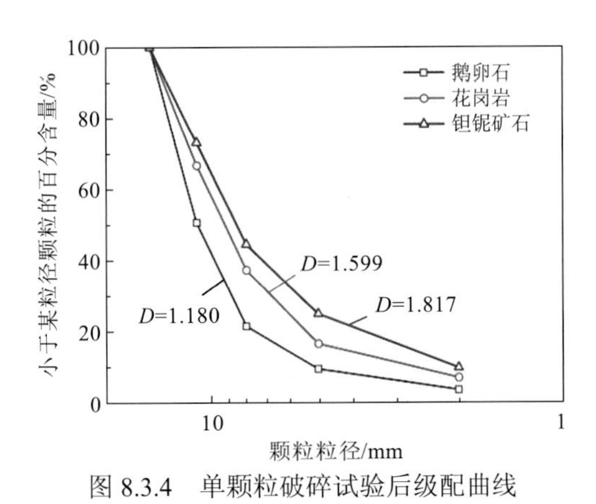

图 8.3.4　单颗粒破碎试验后级配曲线

8.4　堆石料压实度试验

相对密度是控制堆石料碾压质量的重要指标，因此，可通过相对密度数值试验研究级配特性对堆石料压实性能的影响。基于古水堆石坝工程的垫层料原始级配曲线，根据式（8.3.15），设计 6 组分形维数 D=2.0～2.8 的级配曲线（图 8.4.1）。按颗粒随机生成算法生成不规则凸多面体颗粒，数值试样尺寸为 300 mm×600 mm，最大粒径 d_{max} 为 50 mm。

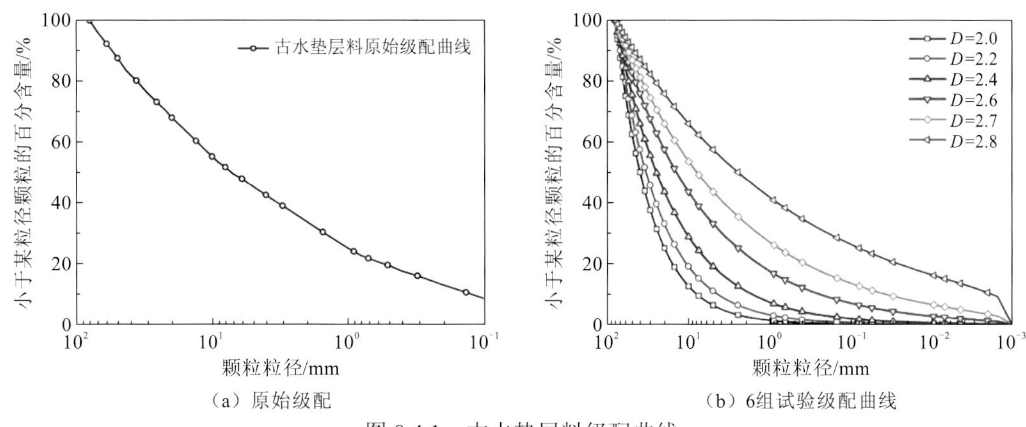

（a）原始级配　　（b）6组试验级配曲线

图 8.4.1　古水垫层料级配曲线

Deluzarche 等[7]、黄青富等[8]提出了在离散元数值模拟中确定最大和最小孔隙比的方法，定义最疏松状态为摩擦颗粒集合体在重力作用下自然堆积的状态，而最密实状态是通过逐渐改变颗粒间的摩擦系数，并且各向压缩颗粒集合体的边界获得。在堆石料压实度数值试验中，最大孔隙比采用了 Deluzarche 等[7]提出的方法，但最小孔隙比由各向压缩无摩擦颗粒集合体的刚性边界获得。

数值试样及三轴压缩数值试验的装置如图 8.4.2 所示。将尺寸为 300 mm×600 mm 的数值试样置于顶部、底部均为无摩擦刚性板，四周为柔韧橡胶薄膜的模具之间。连续离散耦合分析方法采用可变形薄膜单元模拟橡胶膜，该单元为仅能传递平面内作用力且无弯曲刚度的 Odgen 超弹性材料，能够模拟试样变形。试验加载时，固定上下刚性板，在橡胶膜上施加恒定的围压固结试样，轴向采用位移控制法进行加载，达到 15%的轴向应变时停止加载，整个加载过程在无重力作用下完成。

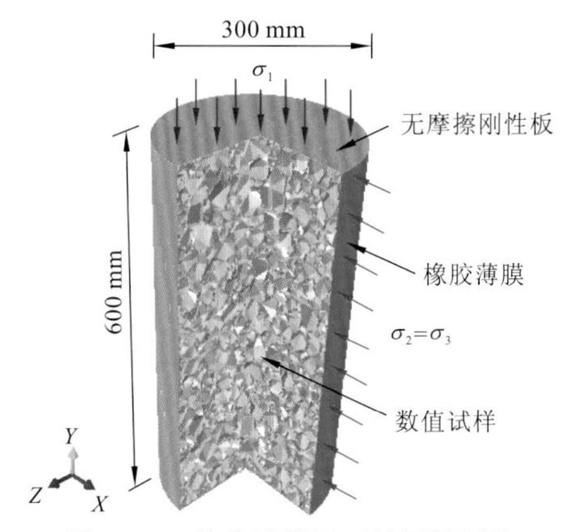

图 8.4.2　数值试样及三轴压缩试验

由图 8.4.3 可以看出，随着分形维数 D 的增大，粗颗粒含量减小，细颗粒含量越来越多。理论上而言，对于光滑的球形颗粒，其级配分形维数 D 越高，颗粒的整体结构表现越细，所得填充状态越密实[9]。根据图 8.4.3 可以发现，随着分形维数 D 从 2.0 增大至 2.8，数值试样的最大和最小孔隙比均呈现先减小后增大的趋势，当分形维数值 $D=2.7$ 时达到极小值，即分形维数 $D=2.7$ 对应的数值试样密实度最好。这是由于堆石料的颗粒形状极不规则、颗粒表面不光滑，对颗粒试样之间相互接触的数量影响显著，而颗粒间的接触数目与试样密实度关系密切，颗粒越小将越偏离圆形，越有可能形成稳定的架空结构。因此，对于颗粒集合体将会出现一个最大密实状态的分形维数，此处当分形维数 $D=2.7$ 时数值试样达到最密实状态。

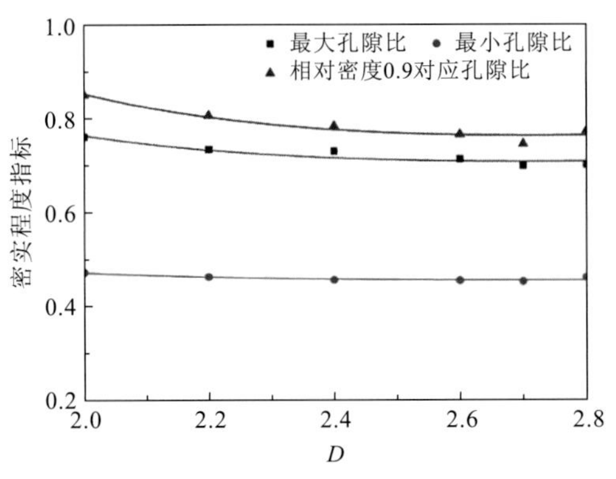

图 8.4.3　密实程度指标与分形维数关系

8.5　三轴剪切数值试验

8.5.1　常规三轴数值试验

以古水垫层料为研究对象，基于颗粒粒径-质量分形模型，设计分形维数 $D=2.0$～2.8，最大粒径 d_{max}=50 mm 的 6 组级配曲线，如图 8.4.1 所示。采用不规则多面体随机生成算法生成数值试样，尺寸为 300 mm×600 mm，以相对密度 $D_r=0.9$ 控制制样密度，按图 8.4.2 所示的试验装置分别进行不考虑颗粒破碎和考虑颗粒破碎的三轴剪切数值试验。采用相同的数值试样，消除了试样颗粒的初始架构对颗粒破碎的影响。数值试样参数见表 8.5.1，细观参数取值见表 8.5.2。

表 8.5.1　数值试样参数

试样	d_{max}/mm	e_{max}	e_{min}	D_r	孔隙率	颗粒数	单元数	节点数
$D=2.0$	50	0.762	0.472	0.90	0.334	6 864	214 446	551 965
$D=2.2$	50	0.735	0.463	0.90	0.329	8 709	233 198	610 053
$D=2.4$	50	0.731	0.456	0.90	0.326	11 400	261 013	696 063
$D=2.6$	50	0.714	0.455	0.90	0.325	15 508	306 238	833 660
$D=2.7$	50	0.699	0.452	0.90	0.323	18 353	339 356	932 341
$D=2.8$	50	0.701	0.461	0.90	0.327	21 853	381 858	1 058 548

表 8.5.2　数值试验细观参数

K_n/（N/m³）	K_n/K_s	E/GPa	υ	μ	f_t/MPa
400×10^9	1.0	40	0.2	0.5	12
K_s^c/（N/m³）	K_n^c/（N/m³）	c/GPa	φ_i/（°）	G_n^c/（N/m）	G_s^c/（N/m）
4000×10^9	4000×10^9	56.27	40	200	500

在细观数值模拟中，采用线性接触模型模拟颗粒间的接触，设定的细观参数如下：颗粒间切向和法向接触刚度 K_s，K_n；摩擦系数 μ；细观单元弹性模量 E，泊松比 υ；界面单元的切向和法向刚度 K_s^c，K_n^c；界面单元抗拉强度 f_t；界面单元内聚力 c，内摩擦角 φ_i。具体细观参数取值见表 8.5.2。

8.5.2　宏观力学特性

图 8.5.1 为分形维数 $D=2.0\sim2.8$ 时，数值试样的偏应力、体积应变与轴向应变关系曲线，体积变形以剪缩为负。在加载初始阶段，偏应力随轴向应变的增加迅速增加，试样整体表现出剪缩，试样进一步被压密，分形维数 D 和颗粒破碎的影响较小；在达到峰

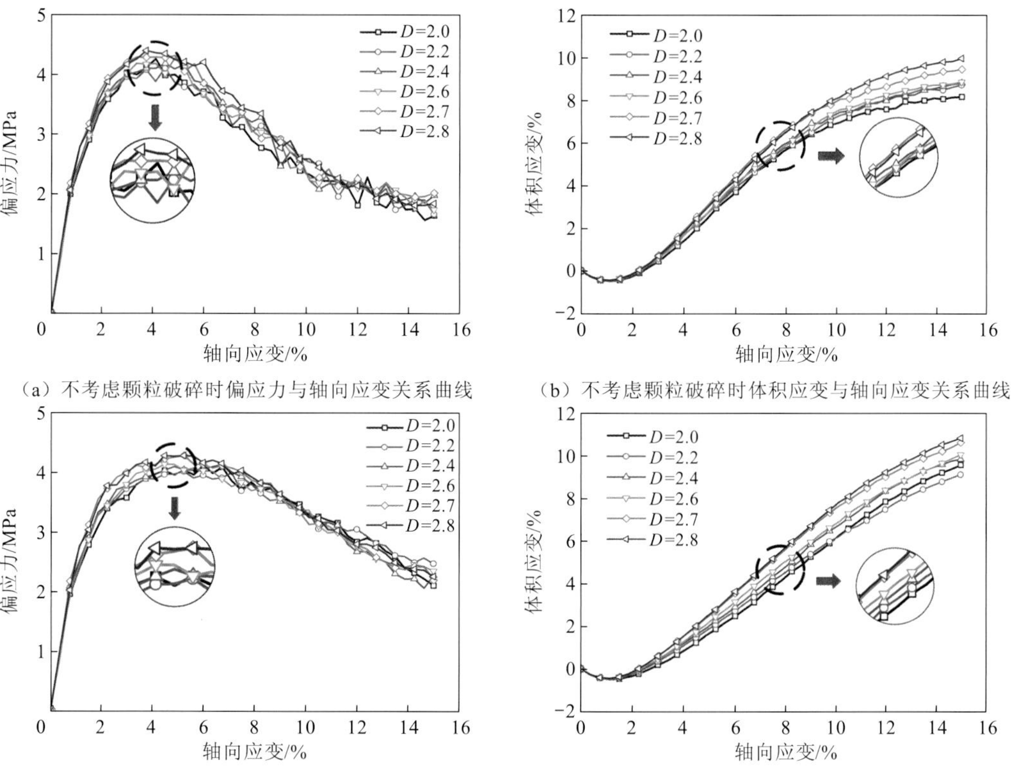

（a）不考虑颗粒破碎时偏应力与轴向应变关系曲线　（b）不考虑颗粒破碎时体积应变与轴向应变关系曲线

（c）考虑颗粒破碎时偏应力与轴向应变关系曲线　（d）考虑颗粒破碎时体积应变与轴向应变关系曲线

图 8.5.1　不同分形维数的偏应力、体积应变与轴向应变关系曲线

值偏应力后，应力-应变曲线出现软化，试样开始发生剪胀变形，应变软化和剪胀程度与分形维数 D 和模拟中是否考虑颗粒破碎有关，分形维数 D 越大，试样发生应变软化和剪胀程度越明显，颗粒破碎进一步加剧剪胀变形，但是应变软化受到抑制。数值试样的偏应力、体积应变与轴向应变关系曲线符合一般试验规律。

图 8.5.2 分形维数 $D=2.0$ 时，不同条件下的数值试样的偏应力、体积应变与轴向应变关系曲线。在初始加载阶段，不考虑颗粒破碎的偏应力与轴向应变关系曲线高于考虑颗粒破碎的结果，且峰值偏应力所对应的轴向应变较小，试样应变软化程度更大，剪胀变形更明显。不考虑颗粒破碎时，试样的宏观剪切强度源于颗粒间的咬合作用，超过峰值偏应力之后，颗粒间的咬合作用减小，颗粒之间发生滑移，试样体积开始剪胀，导致偏应力曲线明显降低；对于可破碎颗粒而言，外荷载超过承载力后颗粒发生破碎，破碎产生的小颗粒开始移动并填充孔隙，不再约束周围颗粒，颗粒间的咬合作用降低，宏观上表现为较弱的应变软化特征和较大的体积收缩变形。

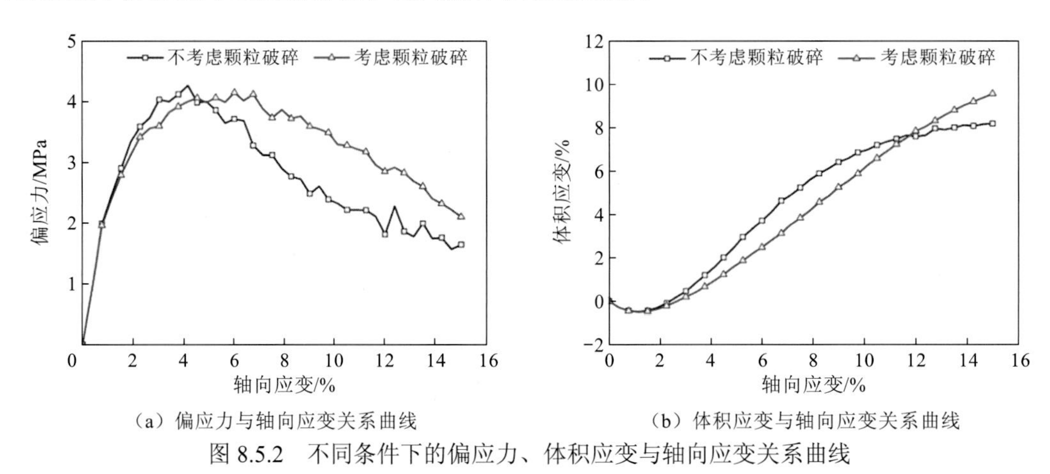

（a）偏应力与轴向应变关系曲线　（b）体积应变与轴向应变关系曲线

图 8.5.2　不同条件下的偏应力、体积应变与轴向应变关系曲线

图 8.5.3 为分形维数 $D=2.0\sim2.8$ 时，不同条件下的数值试样的强度和变形特性。在强度特性方面，考虑颗粒破碎后，峰值内摩擦角有所降低，分形维数 D 对数值试样的力学性能有较大影响，当分形维数 $D=2.2$ 时，数值试样的强度最低，此后随着分形维数 D

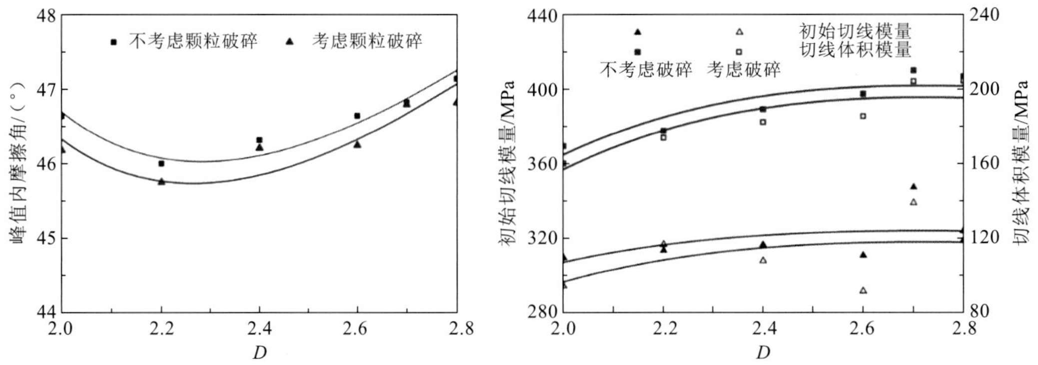

（a）强度特性　（b）变形特性

图 8.5.3　不同条件下的强度及变形特性

的增大，数值试样的强度逐渐增加，在分形维数 $D=2.8$ 时强度最大；在变形方面，颗粒破碎对数值试样的初始切线模量 E_i 、切线体积模量 B_t 的影响较小，在分形维数 $D=2.7$ 时，两者均出现极大值。

8.5.3　细观组构信息

堆石料细观数值试验可以直观地观察堆石料细观结构在加载过程中的演化过程，方便地分析各种细观组构量，包括接触失效率、接触力各向异性、接触力分布等演化规律，以此建立堆石料的宏观力学特性与细观组构机理的内在联系，揭示堆石料宏观力学特性的细观机理。

数值试样在加载过程中存在着旧接触的失效和新接触的形成，而配位数的变化则反映了何种机制占主导作用。图 8.5.4 为分形维数 $D=2.0\sim2.8$ 时，不同条件下的数值试样的颗粒配位数加载演化过程。加载初期，试样进一步被压实，表现为剪缩体变，此时配位数明显增加，表明试样不断产生新的接触，初始配位数受颗粒破碎影响较小。随着加载的进行，颗粒配位数达到峰值后逐渐减小，表明颗粒接触失效率开始高于新接触生成率，数值试样不能演化出新的细观结构，对应的偏应力曲线出现软化和体积应变曲线发生剪胀；考虑颗粒破碎的试样配位数减小缓慢且变化值较小，表明由于颗粒的大量破碎，颗粒的接触密度大大增加，颗粒配位数减小程度较低。

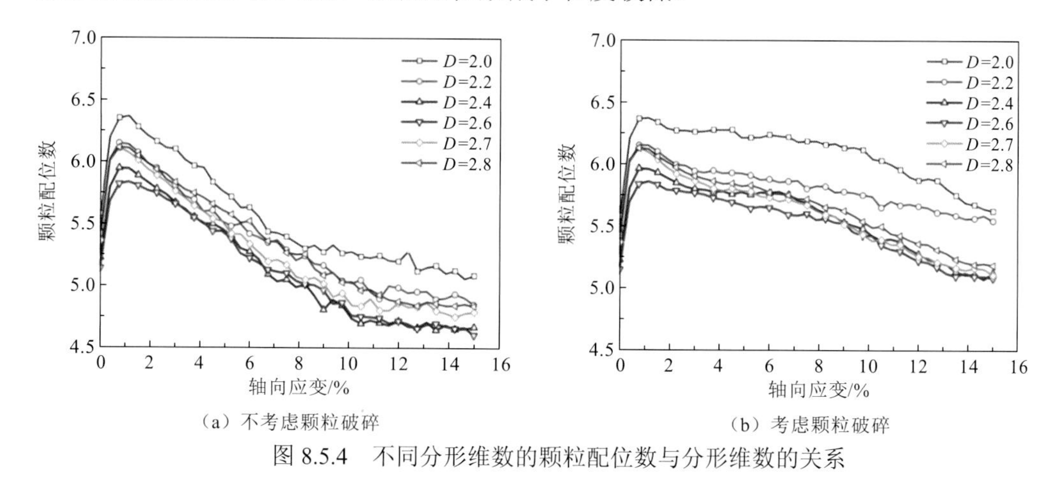

图 8.5.4　不同分形维数的颗粒配位数与分形维数的关系

将发生滑动的接触数占总接触数的比例定义为接触失效率，图 8.5.5 为分形维数 $D=2.0\sim2.8$ 时，不同条件下数值试样的接触失效率的加载演化过程。加载初期，数值试样从各向等压应力状态逐渐进入剪切状态，切向接触力增大，而法向接触力及滑动摩擦系数无法提供足够的抗滑能力，引起接触失效率迅速增加，颗粒破碎产生影响较小。随着加载的进行，颗粒间接触失效率逐渐减小并保持在一个相对稳定的状态，颗粒破碎引起的试样接触失效率低于不考虑破碎的试样。同时，随着分形维数 D 的增大，数值试样所激励出的宏观剪切强度越大，在分形维数 $D=2.8$ 时达到极大值，即此时堆石料试样的颗粒间接触处于最稳定状态。

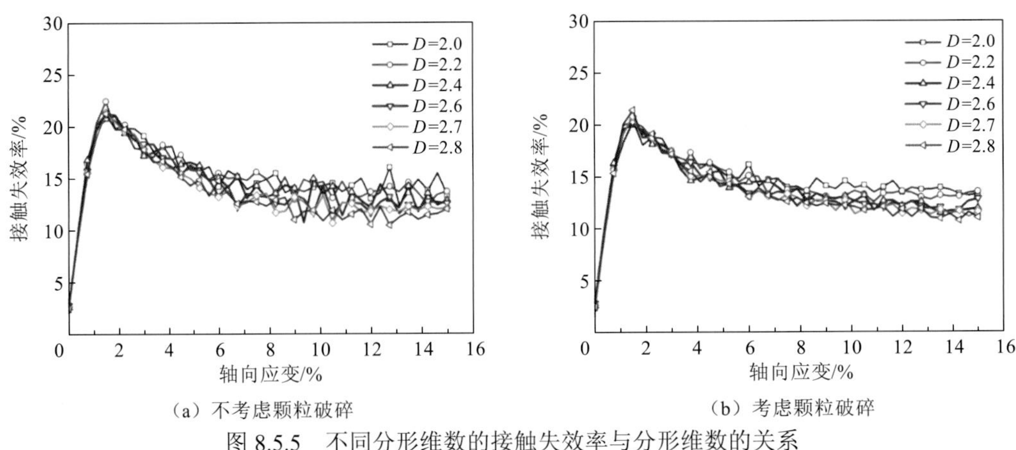

（a）不考虑颗粒破碎　　（b）考虑颗粒破碎

图 8.5.5　不同分形维数的接触失效率与分形维数的关系

颗粒间的相互摩擦对维持力链网络形态的稳定极为有利，为了研究颗粒接触处的摩擦特性，定义摩擦激励指标 $I_m = |f_t|/(f_n \tan\varphi_u)$，其中，$f_t$、$f_n$ 分别表示颗粒间的切向接触力和法向接触力。图 8.5.6 为分形维数 $D=2.0\sim2.8$ 时，不同条件下数值试样的平均摩擦激励指标 I_m 的加载演化过程，I_m 对应试样中所有接触处的平均摩擦激励。数值试样发生剪切变形后，在颗粒的接触处随机激励出较大程度的摩擦，此时颗粒破碎产生的影响不明显。随着加载的进行，摩擦激励指标继续增大至峰值，随后逐渐下降，减小到一个相对稳定的残余值，由于颗粒破碎，颗粒间的摩擦激励指标残余值大于不考虑颗粒破碎的试样。同时，摩擦激励指标随分形维数 D 的增大而增大，在分形维数 $D=2.8$ 时达到极大值，此时对应的数值试样的力链网络结构最稳定。

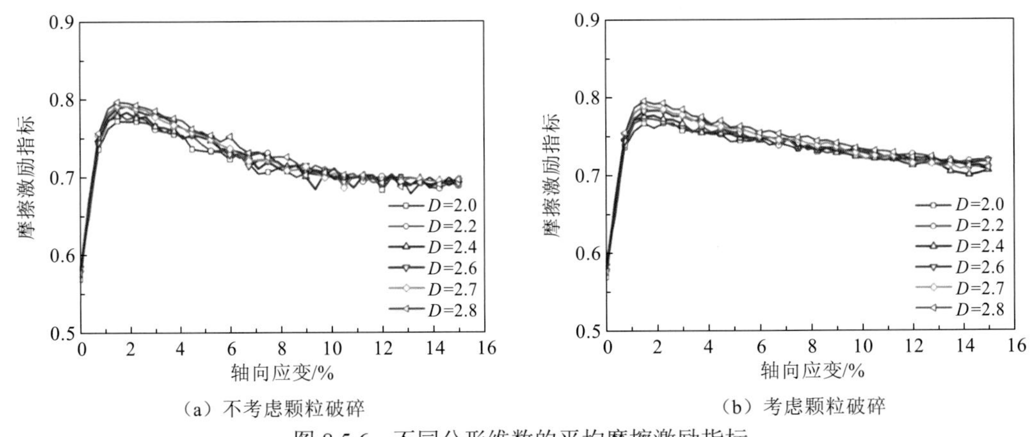

（a）不考虑颗粒破碎　　（b）考虑颗粒破碎

图 8.5.6　不同分形维数的平均摩擦激励指标

在外荷载的作用下数值试样的相邻颗粒之间将发生相互接触，并产生较多强度各异的力链，力链之间相互交叉作用构成复杂的网络形态，非均匀地分布在颗粒网络体系中。力链结构和接触力分布的非均匀性及各向异性是颗粒材料的重要性质[10]。

图 8.5.7 为分形维数 $D=2.0\sim2.8$ 时，法向接触力在峰值强度时各向异性分布玫瑰图。玫瑰图每 2° 绘制一个区间，法向接触力取接触法向落入该角度区间内接触点处法向接触力的平均值。由图 8.5.7 可知，在加载过程中，颗粒间法向接触力的主方向呈竖直方向，竖向接触的数目较多，曲线形状呈“花生状”，表现出明显的各向异性。在加载过程中，颗粒间的平均法向接触力随着分形维数 D 的增大呈递减规律，在分形维数 $D=2.8$ 时达到极小值。由于颗粒破碎，竖向和水平向的法向接触力的差异要略小于不考虑破碎的试样，表明可破碎的试样法向接触力的各向异性程度略低于不可破碎的试样，颗粒破碎引起的平均法向接触力稍有减小。

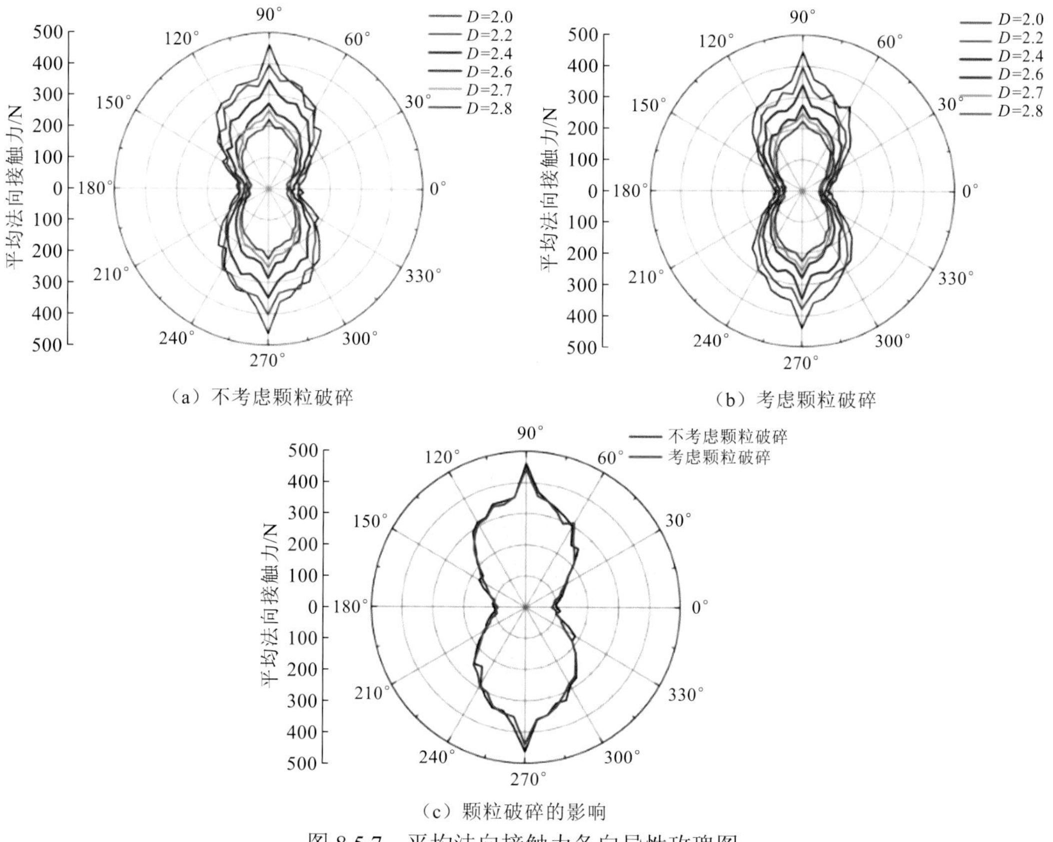

（a）不考虑颗粒破碎

（b）考虑颗粒破碎

（c）颗粒破碎的影响

图 8.5.7　平均法向接触力各向异性玫瑰图

图 8.5.8 为分形维数 $D=2.0\sim2.8$ 时，切向接触力在峰值强度时各向异性分布玫瑰图。加载过程中切向接触力主方向呈水平方向，竖向接触数较少，曲线呈“蝴蝶状”，具有明显的各向异性，法向接触力的各向异性程度远大于切向接触力的各向异性程度。在加载过程中，平均切向接触力随着分形维数 D 的增大呈递减规律，当 $D=2.8$ 时达到极小值。由于颗粒破碎，竖向和水平向的切向接触力的差异要小于不考虑颗粒破碎的试样，表明可破碎的试样切向接触力的各向异性程度低于不可破碎的试样，颗粒破碎使平均切向接触力大大减小。

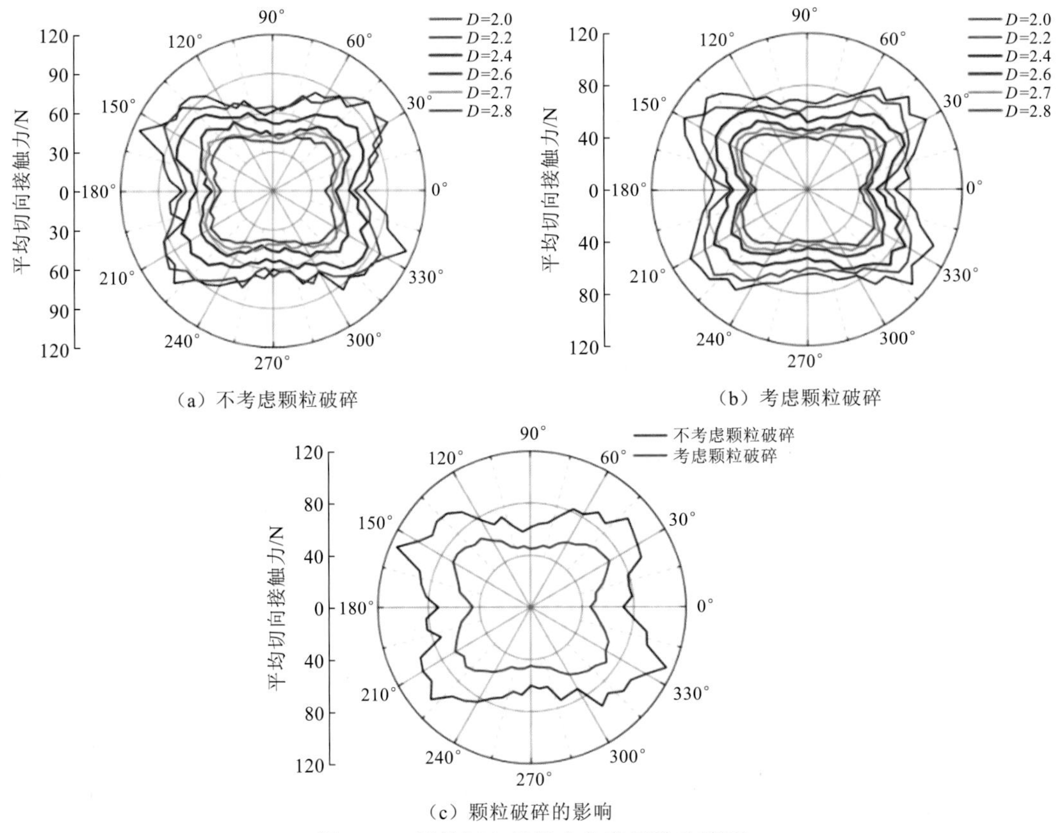

（a）不考虑颗粒破碎

（b）考虑颗粒破碎

（c）颗粒破碎的影响

图 8.5.8　平均切向接触力各向异性玫瑰图

图 8.5.9 为分形维数 $D=2.0\sim2.8$ 时，不同条件下数值试样的法向接触力和切向接触力概率密度双对数曲线图。接触力的概率分布明显地反映出了不规则颗粒集合体接触力的非均匀性。已有研究表明[11-12]，颗粒集合体中大多数接触处的接触力小于平均接触力，构成弱力链网络，仅有小部分的接触力大于平均接触力，构成强力链网络，其接触数随着接触力的增加呈指数衰减。

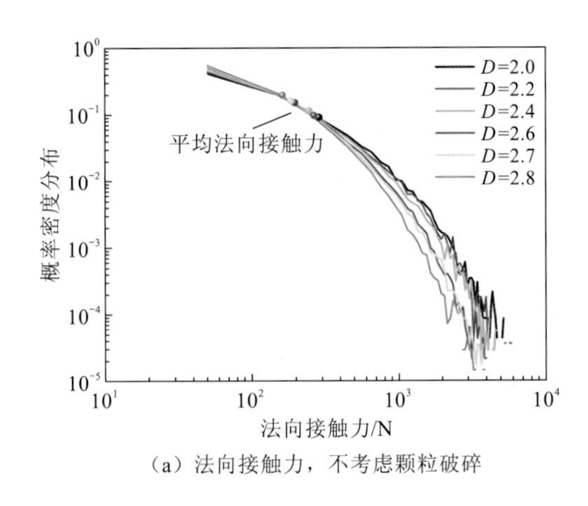

（a）法向接触力，不考虑颗粒破碎

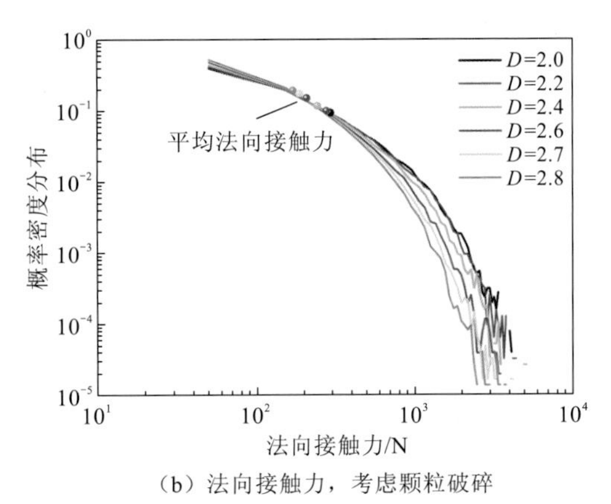

（b）法向接触力，考虑颗粒破碎

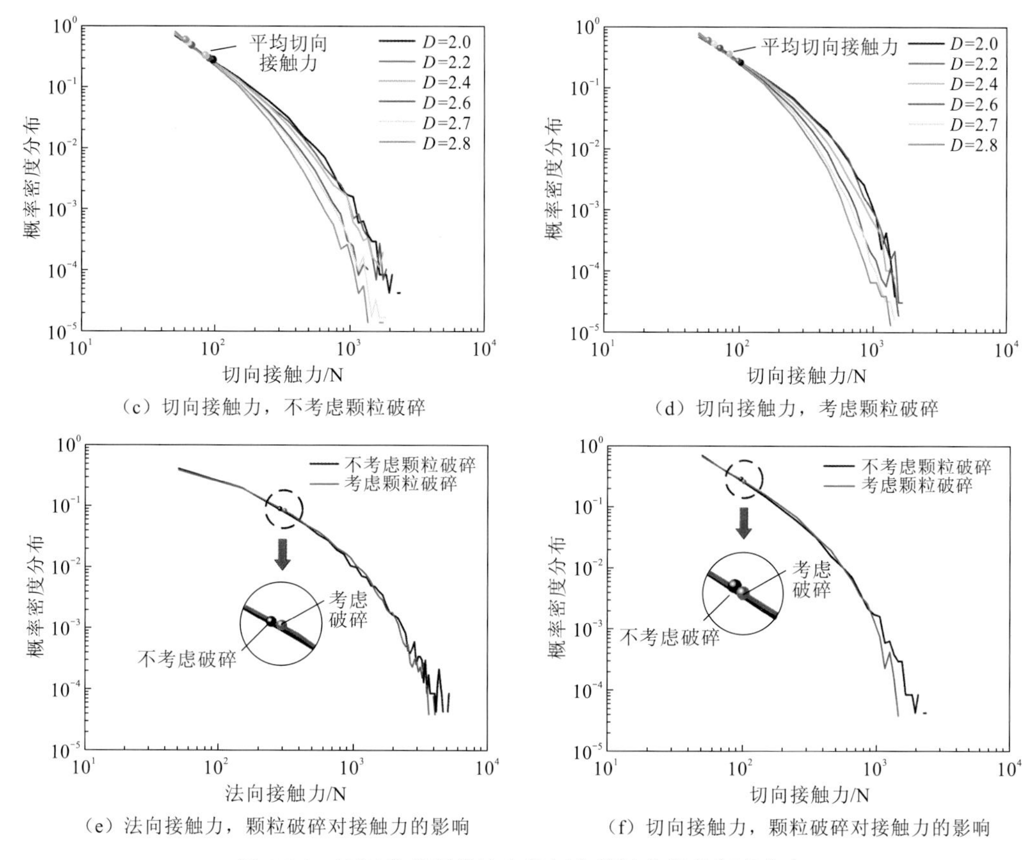

（c）切向接触力，不考虑颗粒破碎　（d）切向接触力，考虑颗粒破碎

（e）法向接触力，颗粒破碎对接触力的影响　（f）切向接触力，颗粒破碎对接触力的影响

图 8.5.9　不同条件下的法向和切向接触力概率密度分布

以颗粒间的法向接触力为例，其概率分布特征以平均法向接触力为界，分别采用指数形式和幂函数形式拟合：

$$P(f_n) \propto \begin{cases} e^{-\alpha_n (f_n / \langle f_n \rangle)}, & f_n > \langle f_n \rangle \\ \left(\dfrac{f_n}{\langle f_n \rangle} \right)^{\beta_n}, & f_n < \langle f_n \rangle \end{cases} \tag{8.5.1}$$

式中：α_n 和 β_n 是拟合参数。

图 8.5.9（a）中标注处为平均法向接触力，数值试样中大于平均法向接触力的强力链数目所占比例不超过 32%，法向接触力分布中弱力链占据绝大部分，强力链数目较少却传递较大的力。随着分形维数 D 的增大，法向接触力逐渐减小，强接触数目减少，即强力链的数目随着分形维数 D 的增大而减少，颗粒间的接触力也越来越小，接触力分布非均匀性越高，当分形维数 $D=2.8$ 时达到极大值。同样地，图 8.5.9（b）中标注处为平均切向接触力，数值试样中大于平均切向接触力的强力链数目所占比例不超过 31%，其具有与法向接触力类似的分布特性。

当颗粒不可破碎时，接触力概率密度分布的非均匀性较明显，对应试样中弱接触所占的比例稍高于可破碎的试样，如图 8.5.9（c）所示。在不可破碎的数值试样中，强力链能传递更大的接触力，但由于强力链条数有限，一旦其中一条力链因屈曲而失稳，整个试样将出现强烈的应变软化特征。对于可破碎的数值试样，力链结构可能在其达到屈曲极限之前，便因力链中颗粒破碎而垮塌，储存在力链中的能量得到释放，因为此时力链结构中尚未形成较大的接触力，所以力链的垮塌逐渐影响试样的宏观剪切强度。

8.6 级配评价指标

不均匀系数 C_u 和曲率系数 C_c 常作为评价粗粒料级配优劣的指标，对于级配组成具有分形特性的堆石料而言，可考虑采用分形维数 D 取代不均匀系数 C_u 和曲率系数 C_c 来反映堆石料的级配特性。不均匀系数 C_u 和曲率系数 C_c 的表达式如下：

$$C_u=\frac{d_{60}}{d_{10}},\quad C_c=\frac{d_{30}^2}{d_{60}\times d_{10}} \tag{8.6.1}$$

式中：d_{10},d_{30},d_{60} 分别是颗粒含量小于 10%、30%、60%的粒径。

设堆石料颗粒粒径-质量分布曲线如图 8.6.1 所示，斜率为

$$3-D=\frac{\lg 60-\lg 10}{\lg d_{60}-\lg d_{10}}=\frac{\lg 6}{\lg(d_{60}/d_{10})} \tag{8.6.2}$$

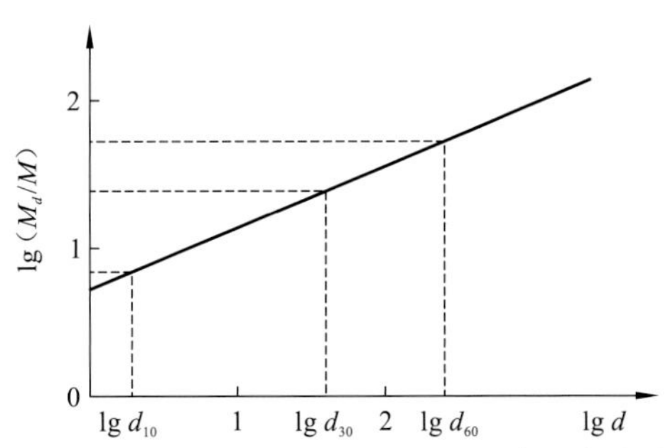

图 8.6.1　具有分形结构的堆石料粒度分布曲线

由此推导出不均匀系数为

$$C_u=\frac{d_{60}}{d_{10}}=6^{\frac{1}{3-D}} \tag{8.6.3}$$

同理可得 $\frac{d_{30}}{d_{10}}=3^{\frac{1}{3-D}}$，$\frac{d_{30}}{d_{60}}=\left(\frac{1}{2}\right)^{\frac{1}{3-D}}$，推导可得曲率系数为

$$C_c=\frac{d_{30}^2}{d_{60}\times d_{10}}=3^{\frac{1}{3-D}}\times\left(\frac{1}{2}\right)^{\frac{1}{3-D}}=\left(\frac{3}{2}\right)^{\frac{1}{3-D}} \tag{8.6.4}$$

当颗粒级配同时满足 $C_u \geqslant 5$，$C_c=1\sim3$ 时称为良好级配，此时分形维数 D 满足：

$$1.887\leqslant D\leqslant 2.631 \tag{8.6.5}$$

当颗粒粒径-质量分布的分形维数满足 $D=1.887\sim2.631$ 时，其级配可称为良好级

配，故计算出分形维数就可判断级配良好与否。朱晟等[13]提出将 $C_u \geqslant 5$ 作为良好级配分界点，充填关系之间差异较大，可进行适当修正来确定分形维数的范围。

将统计的各堆石坝工程的堆石料原型级配曲线的不均匀系数 C_u 和曲率系数 C_c 随分形维数 D 和最大粒径 d_{max} 的变化关系绘制于图 8.6.2 中。由图 8.6.2（a）知，分形维数和最大粒径都会影响堆石料级配的不均匀系数，不均匀系数随着最大粒径的增大而逐渐增大，随着分形维数的增大先增大后减小，在分形维数 $D = 2.7$ 附近取得极大值，相较于最大粒径，分形维数的改变对不均匀系数的影响更显著。同样地，由图 8.6.2（b）可知，曲率系数随着最大粒径的减小而逐渐增大，随着分形维数的增大先增大后减小，在分形维数 $D = 2.7$ 附近取得极大值，曲率系数的改变受到分形维数的影响要强于最大粒径。分形维数对传统的级配评价指标——不均匀系数和曲率系数有较大影响，相对于不均匀系数和曲率系数在级配描述特性方面的不确定性，分形维数能更准确地描述堆石料的级配特性，因此可考虑将其作为描述级配特性的一个新指标。

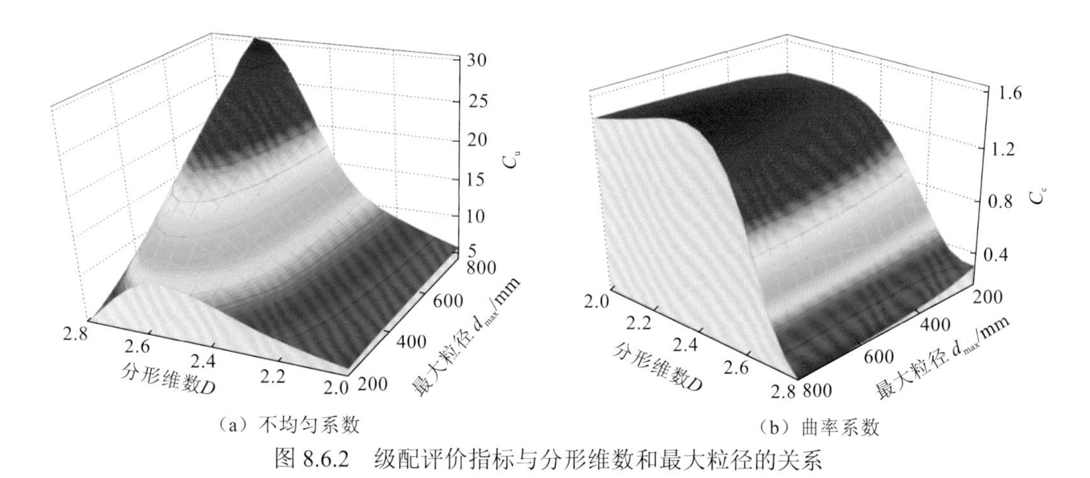

（a）不均匀系数　　　　（b）曲率系数

图 8.6.2　级配评价指标与分形维数和最大粒径的关系

8.7　本章小结

本章以古水堆石坝的垫层料作为研究对象，基于颗粒粒径-质量分形模型，设计 6 组堆石料级配曲线，引入内聚力模型考虑颗粒破碎，进行三轴数值剪切试验，研究堆石料的压实性能及分形维数对于堆石料的宏细观力学特性的影响，并考虑将其作为堆石料的级配评价指标。

（1）当分形维数 $D = 2.7$ 时，堆石料的压实性能最好。分形维数 D 越大，偏应力曲线达峰值后的软化程度和体积应变曲线的剪胀越明显，颗粒破碎会抑制应变软化并加剧剪胀变形；初始切线模量 E_i、切线体积模量 B_t 在 $D = 2.7$ 时均出现极大值，颗粒破碎对其影响较小；在细观响应方面，分形维数 D 越大，法向接触力和切向接触力越小，其各向异性程度越高，接触力分布的非均匀程度越明显，且平均摩擦激励指标越高；当分形

维数 $D = 2.8$ 时，接触力最小且分布的非均匀程度最高，此时力链网络也最稳定。

（2）在不可破碎的试样中，强力链有限但能传递较大的接触力，一旦一条力链失稳将引起整个试样强烈的应变软化；考虑颗粒破碎后，力链结构可能未达到屈曲极限便因力链中颗粒破碎而垮塌，而此时力链结构中接触力尚较小，对试样宏观剪切强度的改变是渐进的。

（3）压实性和力链分布的非均匀性是衡量堆石料级配特性的重要指标，综合考虑确定分形维数为 $D = 2.7$ 时的级配为优化级配。相对于不均匀系数 C_u 和曲率系数 C_c 在描述级配特征时的不确定性，可考虑将分形维数 D 作为反映堆石料级配特性的一个新指标，为描述堆石料的力学特性及其级配优化研究提供一种新的思路。

参考文献

[1] MANDELBROT B B. Fractals: form, chance and dimension[M]. San Francisco: W.H. Free man and company, 1977.

[2] MANDELBROT B B. The fractal geometry of nature [J]. San Francisco: W.H. Free man and company, 1983.

[3] TURCOTTE D. Fractals and fragmentation[J]. Journal of geophysical research solid earth, 1986, 91(B2): 1921-1926.

[4] 舒志乐. 土石混合体微结构分析及物理力学特性研究[D]. 成都: 西华大学, 2007.

[5] 陈镠芬, 高庄平, 朱俊高, 等. 粗粒土级配及颗粒破碎分形特性[J]. 中南大学学报(自然科学版), 2015, 46(9): 3446-3453.

[6] 高峰, 谢和平. 岩石块度分布的分形性质及细观结构效应[J]. 岩石力学与工程学报, 1994, 13(3): 240-246.

[7] DELUZARCHE R, CAMBOU B, FRY J J. Modeling of rockfill behavior with crushable particles[C]// Proceedings of the First International PFC Symposium. Germany: Gelsenkirchen, 2002: 219-224.

[8] 黄青富, 詹美礼, 盛金昌, 等. 基于颗粒离散单元法的获取任意相对密实度下级配颗粒堆积体的数值方法[J]. 岩土工程学报, 2015, 37(3): 537-543.

[9] 朱晟, 王永明, 翁厚洋. 粗粒筑坝材料密实度的缩尺效应研究[J]. 岩石力学与工程学报, 2011, 30(2): 348-357.

[10] AZEMA E, RADJAI F. Stress-strain behavior and geometrical properties of packings of elongated particles[J]. Physical review E, 2010, 81(5): 703-708.

[11] MUETH D M, JAEGER H M, NAGEL S R. Force distribution in a granular medium[J]. Physical review E statistical physics plasmas fluids & related interdisciplinary topics, 1999, 57(3): 3164-3169.

[12] RADJAI F, JEAN M, MOREAU J J, et al. Force distributions in dense two-dimensional granular systems[J]. Physical review letters, 1996, 77(2): 274-277.

[13] 朱晟, 邓石德, 宁志远, 等. 基于分形理论的堆石料级配设计方法[J]. 岩土工程学报, 2017, 39(6): 1151-1155.